螺旋藻生物技术手册

缪坚人　周文广　编著

科学出版社

北　京

内 容 简 介

本书综合、系统地对螺旋藻开发利用的生物技术做了介绍，内容包括：螺旋藻生物学特性、原种保持与扩大培养、大生物量生产培养制式、培养基营养成分配制、提高生物产率与产量的各种技术因子的调控、采收和干燥加工技术、化学营养成分和蛋白质质量评价、产品的营养学与毒理学研究，以及螺旋藻作为健康食品和医药化学品等原料开发利用的价值等。本书侧重应用技术，充分介绍了国内外螺旋藻大生物量工业化生产的先进制式和技术，这对我国现行和中长期大规模开发利用微藻蛋白质资源，具有重要的借鉴意义。本书以大量权威性的科学试验数据为依据，内容阐述力求翔实，既具有可靠的生物学理论意义，又具有实际可操作性。

本书可供生物、食品、营养等专业师生，生物学科技工作者和生物产业开发者参考和应用。

图书在版编目（CIP）数据

螺旋藻生物技术手册/缪坚人，周文广编著. —北京：科学出版社，2021.11

ISBN 978-7-03-062474-1

Ⅰ.①螺… Ⅱ.①缪… ②周… Ⅲ.① 螺旋藻属–生物工程–手册 Ⅳ.①Q949.22-62

中国版本图书馆CIP数据核字（2019）第218325号

责任编辑：马 俊 李 迪 / 责任校对：严 娜
责任印制：吴兆东 / 封面设计：无极书装

科学出版社 出版
北京东黄城根北街16号
邮政编码：100717
http://www.sciencep.com
北京虎彩文化传播有限公司 印刷

科学出版社发行 各地新华书店经销

*

2021年11月第 一 版 开本：787×1092 1/16
2022年6月第二次印刷 印张：20 3/4
字数：489 000

定价：268.00元

（如有印装质量问题，我社负责调换）

谨以此书敬献给

全体参加“七五”国家科技攻关计划

螺旋藻项目的同仁

作者简介

缪坚人　微藻生物技术研究员。1939年11月生，江苏溧阳人，毕业于扬州大学。历任江西省农业科学院科技情报研究所所长、江西省科技情报研究所所长、江西省科技发展研究中心特约研究员。1982年在我国倡导和开辟微藻生物蛋白质新资源——螺旋藻开发利用生物技术的研究。1983年从法国、印度和德国等引进螺旋藻藻种和培养技术，1984年建立我国螺旋藻中试工厂化培养系统。曾承担“七五”国家科技攻关计划螺旋藻研发项目[75-02]；承担农业部“螺旋藻开发应用”协作项目；主持江西省重点生物技术课题——螺旋藻培养生产与应用技术；引进、驯化螺旋藻优良藻种共8个株系，并推广至全国。1985年创建了螺旋藻大规模工厂化大池生产培养系统；1995～2008年独立研制发明了微藻大规模工业化生产光合生物反应器系统，并申请获得了国家发明专利。在国内外发表科研论文70多篇，共获省部级科技成果奖18项。

周文广　博士，教授，博士生导师。南昌大学“学科领军人才”，南昌大学鄱阳湖环境与资源利用教育部重点实验室执行主任兼资源科学与工程系主任。荣获第七届中国侨界贡献奖，江苏省“双创”创新人才，江西省“杰出青年人才资助计划”入选者，首届南昌大学十大“立德树人”标兵等。学术兼职有：国际应用藻类学会执行理事、第10届亚太藻类应用国际会议（APCAB）主席、中国藻类协会微藻分会指导委员会委员、中国环境科学学会水处理与回用专业委员会理事、中国生态经济学会工业生态经济与技术专业委员会常

务理事、中国生态学会产业生态学专委会常务理事、国家重点研发计划专家库成员、国家科技奖励办专家库成员、江西省第十二届政协人口资源环境委员会专家组成员、国际藻类学期刊 *Algal Research* 主编，以及 30 多家国际学术期刊特邀审稿人等。发表论文 100 余篇，申请并获得美国及中国专利 30 余项，受邀参加在该领域重要影响力的国际国内会议 40 余次。

从左至右为周文广、李飞、缪坚人、王宁

序　I

螺旋藻是一种光能转化率极高的微藻。经研究测定，螺旋藻的光能转化率高达18%，而一般C_4农作物（如玉米、高粱、甘蔗）只能达到5%～6%。螺旋藻的这种高光效特征，正是人们充分利用太阳能和二氧化碳来制造食物的巨大潜力所在。根据江西省农业科学院多年培养试验分析，淡水螺旋藻大规模工业化生产一般可达到10～12g（干重）/（d·m^2），而且粗蛋白质含量高达58%～71%。以此推算的螺旋藻年产量可达35～42t（干重）/hm^2，即每公顷可收获蛋白质25t左右。而常规农业小麦每公顷约收获4.5t，折收粗蛋白质450kg左右。就连素有“植物蛋白含量之王”美称的大豆，以每公顷收获3t计算，折收蛋白质也只有1000kg。20世纪80年代以来，日本、法国、美国、以色列和泰国等国家，均已先后建起了年产50～700t规模的螺旋藻生产系统，并已全面走向工业化商品生产。我国在1994年，国内厂家的生产水平也达到了藻粉年产量35t/hm^2。而现今，据统计全国藻粉的年生物产量已超过10 000t。螺旋藻生产已开始成为我国欣欣向荣的生物新产业。

中国科学院青岛海洋研究所曾呈奎院士主持“七五”国家科技攻关计划，对江西省农业科学院螺旋藻研究开发成绩予以高度肯定（2002年）

目前，形形色色的保健食品、绿色食品、天然食品等应时崛起，风靡全球。但在众多的“保健食品”中，唯有螺旋藻这种青绿色的微藻是特别得到国际权威机构——联合国工业发展组织（United Nations Industrial Development Organization，UNIDO）和联合国粮食及农业组织（Food and Agriculture Organization of the United Nations，FAO）的肯定和认可的，并被推荐为“人类最好的食物”。这是因为通过世界上众多的生物学家近二十年的研究和营养成分的检测评价，发现和证实螺旋藻含有几乎包含了人体所需要的一切天然营养物质而无任何毒副作用，因而健康价值与社会效益是巨大的。

现在国际上对于螺旋藻的开发和大规模生产方兴未艾，许多生物技术开发商纷纷注以高额投资，兴办螺旋藻产业。对此，一些经济学家就螺旋藻生产的成本做了具体分析，一般工业化程度较高的生产制式，所生产的藻粉达到保健食品级和医药级的每千克干重粉成本约12美元；另一种是亚热带地区简易型开放式生产，成本则相对要低得多。但无论哪种生产制式生产的藻粉，经过深加工以后一般都可以增值4～6倍，从企业生产角度看，可以产生显著的经济效益。

1982年，江西省农科院以缪坚人同志为首的科技人员，从印度和法国引进了螺旋藻的优良品种和开发研究技术，率先在国内组织了螺旋藻协作课题组，承担了省级课题、农业部协作课题任务和“七五”国家科技攻关计划（75-02 螺旋藻项目，1985—1990 年）科研任务，借鉴了中科院等全国多家科研单位微藻开发的宝贵经验，并先后邀请法国、德国和印度的同行专家来华进行合作与交流。他们汇集了世界各国微藻培养的经验与教训，研究制定了自己的攻关计划，坚定信心向微藻开发进军。1985 年，法国洛魁得实验室 R. D. 福克斯（Fox）博士来华访问时还将他亲自收集和分离的螺旋藻优良藻株（*Spirulina platensis* 和 *Spirulina maxima* 等）赠送给以缪坚人为首的螺旋藻协作课题组。印度中央食品技术研究所原所长 L. V. 文卡塔拉门（Venkataraman）博士也将他们多年与德国合作研究的宝贵技术资料和优良藻种赠给缪坚人。江西省农业科学院的螺旋藻开发研究工作以较快的步伐融进全国微藻开发的队伍中。从此，螺旋藻的大面积大生物量的研究与开发踏上了中国大地。经过全国微藻开发大军的积极努力和研究开发的不断发展、深化，终于形成了今天从南到北的螺旋藻工业化产业规模，成为奉献给中国人民的一件绿色瑰宝。

我很高兴这本由缪坚人、周文广同志编著的，在螺旋藻培养、生产和开发方面兼有重大科学价值与实用意义的论著面世。该书以翔实的研究资料，精辟的工艺技术，从理论到实践，全面地介绍了螺旋藻室内外培养和工业化生产方面的技术问题，对指导螺旋藻生产和向深度开发具有重要参考价值。这本书不仅代表了作者在科学上的贡献，而且对藻类的开发也是一本有价值的实施指南。我希望的是，作者在该书中所倾注的一腔心血，会在中华大地上结出螺旋藻开发的丰硕之果！

曾呈奎

中国科学院院士

Foreword II

With high potentials of biotechnology for better health, higher food productivity, cleaner environment and pollution control, biological materials are receiving greater attention than ever before. Algal applications in different spheres which were more academic two decades ago are going in for varied uses now. In this scenario, cyanobacterium *Spirulina* has the highest promise. No other algal form has been researched as well as *Spirulina* globally with greater incite into its complex potentials coming out with time. This is perhaps, the most nutrient dense material known with proven applications as food, feed and in pharmaceuticals.

In the international scenario, Chinese scientists have contributed significantly in exploiting *Spirulina* by developing and appropriate technology for large scale production and also for applications in foods and feeds. Though not much published literature is available on this.

I had the pleasure of interacting with professor Miao Jian-Ren of Nanchang for the past sixteen years whose abiding interest in this organism is commendable. I was also quite impressed on the efforts of commercialization of *Spirulina* in China and also the privilege of interacting with Chinese Scientists working on *Spirulina.*

This comprehensive publication of Professor Miao will be useful for having information on all aspects of *Spirulina* in one document. Though several books have been published internationally on *Spirulina* both on technical and general aspects, this hand book will provide most up-to-date information. Since the book is in Chinese, it will benefit the scientists of China in this emerging field. I am quite impressed by the sincere commitment and dedication of Professor Miao and would like to wish him all the best in this endeavor.

Dr. L. V. Venkataraman

Central Food Technological Research Institute,

Mysore-570013, India

Foreword III

As early as in April of 1985, I received a letter from Mr. J. R. Miao (缪坚人), Director of the Agro Information Institute, Nanchang, inviting me to come to China and discuss the production of *Spirulina* with his colleagues from various institutions throughout China. On my arrival in Beijing I found that the samples I was bringing were unnecessary as our friend Dr. L.V. Venkataraman already had sent samples I had given him previously and they were growing in glass flasks, plastic trays and jerrycans everywhere Mr. Miao took me. You were off to a good start! We enjoyed 30 hours of discussion over the next 3 weeks in Beijing, Nanjing, and Nanchang, where we explained techniques for stirring the cultures so as to provide better yield – and all other aspects of production, nutrient media, basin construction, harvesting, and drying, *etc*. All this was possible due to the many years of work by C. K. Tseng (曾呈奎) and his coworkers who established the scientific basis for the exploitation of algae in China, and to the enthusiasm and dedication of J. R. Miao.

The fact that you people in China put these lectures to good use and in less than 10 years have become major producers of *Spirulina* is a source of enormous satisfaction to me. Thanks for all your hard work.

Now there is still a task ahead of us. We must put all this algae biomass to good use. *Spirulina* (*Arthrospira platensis*) is such a remarkable organism that its uses are many.

i. As a health food supplement providing excellent protein, pro-vitamin A (beta-carotene), and the polyunsaturated fatty acid 18: 3 omega-6 or gamma linolenic acid.

ii. As a medicine against certain cancers (the antioxidant beta-carotene); and also the pigment phycocyanin for the same group of diseases.

iii. As a means of reducing cholesterol levels in the blood.

iv. As a source of vitamin B_{12} and assimilable iron for the treatment of anemia.

v. As a means of strengthening the immune system through the action of gamma linolenic acid derivatives on cell membranes.

We know also that *Spirulina* is an excellent food for larval stages of fish, prawns, and shellfish; that its role in the advancement of aquaculture is expanding rapidly; and that one day it may will nourish men in space, on the Moon and Mars! There are some aspects of *Spirulina* culture to interest nearly every bioscientist.

But, please, remember that the most important use for *Spirulina* is to feed and bring back to good health the many millions of children in the world who suffer from malnutrition. Today, there are 30,000,000 children who are at high risk of dying from malnutrition or malnutrition-induced diseases. Throughout the world, nearly 40,000 of them die each day. This is completely unnecessary for we know that just 10 grams of *Spirulina* a day plus a minimum of calorie foods can save them and allow them to become useful citizen. All we need to do is to make the worldwide political and moral decision to give priority to these children. This should be very easy – one of these children might have been you.

Dr. R. D. Fox
Laboratoire De La Roquette
34190 Saint-Bauzille-de-Putois, France

Foreword IV

Interest in algal biomes production dates back to the late 1940s, based on the assumption that microalgae might satisfy the need for unconventional crops. The earliest relevant research work was carried out by several groups in the United States, Germany, and England and later on in Czechoslovakia, Israel, Japan and other countries. This work is summarized in a book, edited in 1953 by Burlew, entitled "Algae Culture: from Laboratory to pilot plant". Since then, increasing world population, energy and food shortages, waste disposal problems, *etc.* have motivated several countries to intensify their research efforts on the production and utilization of microalgae as an alternative food additive and cheaper source of feed and energy, and enthusiastic predictions were made of the role microalgae can play in ameliorating resource scarcity. Initially, the attempt was to use the green alga *Chlorella* for large scale production of food, with the main question being whether the high productivity measured in the laboratory for this species could be maintained in larger outdoor systems. Later, continuous cultivation under partially or fully controlled conditions became an important development proposing various economic possibility. However, there came widespread criticism of the exploitation of unconventional protein sources in general, and an increasing recognition of the complex technical problems related to this special field of biotechnology *i.e.* maintaining high production rates, recycling of medium, contamination by other competing algae or predators, maintaining optimal environmental conditions, efficient harvesting and processing, high production costs, acceptability problems and safety criteria affected the potential use of algae as supplementary food for human consumption.

Breaking down of the complicated process of algal production into its basic elements has led to a greater understanding of the various steps involved. It has become obvious that several of the limiting details are related to the algal species initially chosen for cultivation *i.e.* the very small unicellular species *Chlorella* and *Scenedesmus*.

A major step forward in algal production was the introduction of the filamentous cyanobacterium *Spirulina* into cultivation, mainly due to the following major advantages.

i. The protein content of this species is higher than that found for any other algae, constituting up to 70% of its dry weight with many other desirable components in small amounts.

ii. Due to its cell wall components, which are typical for procaryotic organisms, it is much easier to digest than the green algae with their cellulosic cell walls.

iii. Since *Spirulina* is a filamentous form, simple harvesting techniques such as filtration can by applied as compared to the unicellular forms, which have to be separated from the medium by expensive methods.

iv. The environmental conditions preferred by *Spirulina*, for instance high pH, high salinity and high temperature are not conducive to the growth of many other organisms which in turn facilitates the maintenance of a pure monoculture in open ponds.

It is difficult to reconstruct why this species was accepted so late for large-scale cultivation since the recorded history of use of this species as food extends back to the 16th century in Mexico, where a preparation of *Spirulina* was consumed by the Indians living there. In the meantime, different techniques for the production and processing of *Spirulina* have been successfully developed in several countries and an attempt in this direction is worth while in the developing countries as well.

Consequently, extensive research on different fundamental and applied aspects was carried out, demonstrating that algal biomass can be used for a wide spectrum of applications including animal feed, biofertilizer, soil conditioner, feed in aquaculture, and as a source for the production of a variety of compounds such as polysaccharides, lipids, pigments vitamins, enzymes, antibiotics, pharmaceuticals, and other fine chemicals.

Recent publications dealing in depth with the various aspects of microalgae biology, cultivation and product development clearly demonstrate the advantages and limitations of algal biotechnology and give a realistic appraisal of the possible developments in this field.

The long and winding track in the development of an economical algal production technology over the past thirty years has moved microalgae biotechnology from the pilot plant to a commercial reality, resulting in the operation of a number of large-scale *Spirulina* plant facilities in several countries around the world. Among those, the Peoples' Republic of China plays an important role, where during the last decade several algae production units have been initiated. There is no doubt that one of the leading pioneers in this development is Mr. Miao Jian-Ren, whom I have had the pleasure to know for many years and whose competence and enthusiasm in this field I esteem highly.

Unfortunately, most of the findings generated in industrial-scale *Spirulina* production facilities remain unpublished, particularly data on technological details, actual yields, costs and market conditions. Therefore, the efforts of Mr. Miao to undertake the painstaking task of summarizing the wealth of his own experiences – collected during many years of laboratory and field studies – and additional useful data from the literature into this comprehensive book on *Spirulina* cultivation, which indeed covers all aspects related to the production and utilization of this organism deserves to be recognized.

After having witnessed personally the abiding and sincere interest of Chinese scientists as well as entrepreneurs in the commercial production of *Spirulina*, I am convinced that there is a need to publish all relevant up-to-date information on *Spirulina* biotechnology in Chinese with the hope that the technical data presented here will be of relevance and value for further development in the field of algae biotechnology in this country and also will generate additional interest in those who are committed to work on *Spirulina* and its applications.

Dr. E. W. Becker

Tubigen (Germany)

前　言

有史以来，食物与营养是攸关人类生命与健康的第一要素。当代中国是一个人口众多的发展中国家，改革开放40多年来，中国农村释放出巨大的生产力，使得数亿人摆脱了贫困。但是全国人民的“吃饭问题”仍然在依靠有千百年传统的常规种养农业。最近10年，全国粮食总产量持续稳定在6500亿kg的水平上。一个在中国很流行的说法是，中国用世界8%左右的耕地，养活了世界22%的人口。客观地评价，这的确是中国做出的一大贡献。然而，目前中国的人均耕地面积仅为1.38亩[①]，约为世界平均水平的40%；人均淡水资源占有量约2100m^3，仅为世界平均水平的28%。土壤退化，粮食增产后劲不足。生态与资源危机，也已日益凸显。再以我国的粮食消费水平来考量，我国粮食年总产以现有人口14亿计，人均不足180kg，年需进口粮食9300万t。长期以来我国粮食安全一直注重量的保障，而忽视了质的保障。以稻米、小麦的淀粉为主食的中国人，糖尿病、高血压等营养障碍性疾病已成为“世纪病”。战略专家认为，如不发生新的绿色革命，全国7000亿kg的粮食总产已是上限，我国的常规农业已走到了尽头。

面对这种严峻形势的挑战，一些有远见的战略科学家指出，21世纪的常规农业已经是举步维艰，增长潜力十分有限，人们如果仍旧依靠常规农业（以粮为纲）来进行种植，即使再扩大耕地面积一倍多，采用超高产育种，也不可能指望获得2倍或3倍的生产率，以满足人口呈几何级数增长的需求。更何况进入21世纪以来，多种自然灾害频繁横扫地球。再从当代人们的食物与营养状况来说，进入21世纪的中国人，开始过上了小康生活，人们对于生活质量的提高，也比以往任何时期更加关注。现代新营养学要求，现代人的营养标准是，成年人须达到人均日摄入热能10 048kJ，蛋白质70g，其中动物性蛋白不少于30%。我国城镇居民在20世纪90年代，人均日摄入热能就已经达到11 053kJ，但日摄入的蛋白质（且偏于植物蛋白）却不足61g。这种高热能与低蛋白摄入的营养差距说明，我国虽已基本上解决了温饱问题，但是，如果从总体营养质量来评价，人们的营养状况和健康水平依然严重。世界卫生组织早年就已预测：2020年中国与膳食营养相关的慢性病占死亡原因的比例将达79%。其中最重要的问题是日粮中蛋白质水平和生命要素营养仍然普遍偏低。在此种严峻态势下，我们唯一的选择，只有继续进行绿色革命，开辟可持续发展的非常规农业和生物农业之路，以寻求人类食物营养的全面解决方案。

21世纪第二个十年，党和国家领导和组织全国各族人民打了一场攻坚克难的脱贫战，2021年，中国向世界宣告“我国脱贫攻坚战取得了全面胜利”！取得脱贫胜利的中国人民，未来的发展目标一定有“健康和营养”。

---

① 1亩≈666.7m^2。

其实，从20世纪中国改革开放之初，国家领导人即以战略高度决策进行单细胞蛋白资源螺旋藻的开发并将其列入国家“七五”计划，当时项目拨款500万元，组织了中国的科研人员“要像搞原子弹一样进行协作攻关”，以此首先解决老百姓的食物与营养问题。从20世纪80年代初至今，我国螺旋藻产业企业的先行者，已经用他们多年的生产实践做出了回答：螺旋藻的大规模生产，可以达到每日每亩（培养池面积）7～8kg（干重）的生物产率，而且这是在近代生产技术条件下已经普遍达到的收获水平了。以此计算，螺旋藻的年生物产量（以实际连续生产6个月计）可以达到18～20t（干重）/hm^2，也就是说，每公顷土地上约可收获粗蛋白12吨多。这一产量与常规农作物相比，已十分令人鼓舞。通常，每公顷小麦约收8～9t，折收蛋白质约1～1.2t；每公顷水稻约收10～13t，折收蛋白质约0.7～0.9t；每公顷马铃薯可收获约40t，折收蛋白质约2.6t。甚至有“植物蛋白质之王”美称的大豆，以每公顷收获4t计，折收蛋白质也只有1.4t。从目前我国螺旋藻的实际年平均产量20t和连续多年达到每公顷25～33t的年产量（100%纯藻粉，每吨实际生产成本20 000元，低于奶粉）水平来看，依靠发展螺旋藻来解决人类未来食物与营养短缺和不足的问题，已是切实可行的了。

螺旋藻以其强大的光合作用，能高效转化二氧化碳，是目前世界上最优秀的捕碳生物。事实上，近三十年来和现阶段，国内微藻生物量的大规模产业化生产，多是采用二氧化碳为主要原料和少量的氮磷钾肥，已形成上万吨纯净藻粉的生产规模。我国螺旋藻开发利用从20世纪80年代初由宋平同志和杜润生同志（中共中央农村政策研究室）亲自倡导和发端已有38年历程；以中国科学院院士曾呈奎（中国科学院海洋研究所）和黎尚豪院士（中国科学院水生生物研究所）亲自主持螺旋藻开发研究项目，全体科研人员奋力以研究与开发螺旋藻为已任，共同完成了我国藻类生物产业的基础研究。本书编著者在承担科研过程中，搜集积累了第一手科研资料和国际同行合作专家赠予的科研著作及论文，在曾呈奎和黎尚豪两位院士的鼓励下，于十余年前开始撰稿，并且一直跟进国内微藻开发进程与自己的创新积累，以求书稿与时俱进。

在本书编著过程中，江西省科技发展研究中心周崚研究员，南昌大学周文广教授的博士研究生韩佩和硕士研究生张佩东长期负责誊稿、校对、图表制作和清稿直至完稿，谨对他们所付出的艰辛努力表示由衷的谢忱。

目　录

绪　论

人类精美的潜力食物——螺旋藻

螺旋藻有提供优质蛋白质营养的无限生物量潜力。这对于这个人口越来越多，而粮食种植面积日益减小的蓝色星球来说至关重要。

有史以来，食物与营养是攸关人类生命与健康的第一要素。当代中国仍是一个巨大人口的发展中国家，改革开放40年来，中国农村释放出巨大的生产力，使得数亿人摆脱了贫困。但是全国人民的“吃饭问题”仍然在依靠有千百年传统的常规种养农业。最近10年，全国粮食（禾谷类）总产量持续稳定在65亿kg的水平上。一个在中国很流行的说法是，中国用世界8%左右的耕地，养活了世界22%的人口。客观地评价，这的确是中国做出的一大贡献。然而，目前中国的人均耕地面积仅为1.38亩，约为世界平均水平的40%；人均淡水资源占有量约2100m^3，仅为世界平均水平的28%。土壤退化，粮食增产后劲不足。与此同时，生态与资源危机，也已日益凸显。再以我国的粮食消费水平来考量，我国粮食年总产以现有人口13亿计，人均不足180kg，年需进口大豆、玉米等粮食9000多万t。长期以来我国粮食安全一直注重量的保障，而忽视了质的保证，以致以稻米、小麦淀粉为主食的当代中国人，糖尿病、高血压等营养障碍性疾病已成为“世纪病”。战略专家认为：如不开发当代新的绿色资源食物，全国每年7000亿kg的粮食总产已是上限，我国的常规农业已走到了尽头。

为此，我国应重新思考和制定新的食物战略，优化传统常规农业结构，突破以稻麦为主产作物的单一常规农业，建立以生物农业为平行产业的“双轨制”农业。采用非常规农业（设施农业、生物农业、微藻类蛋白资源农业、基因工程与分子农业等），尽快开发以营养质量为主的大健康产业农业，才是实现我国粮食产量和质量并举，推进可持续发展最重要的抉择。

其中，作为一种高光合效率、高二氧化碳转化机制和高产率与产量的吸碳生物，螺旋藻将是应对地球上庞大人口的非常规农业食物新资源。那么，螺旋藻作为人类当前和未来重要的蛋白质食物进行大规模的开发与应用，它具有何等重要的战略意义？实际可行性究竟如何？这是作者根据我国微藻开发35年实践提出的建言。

1 粮食需求是人类永恒的主题

当今世界，日益紧迫的人口、资源、环境与发展问题，已成为困扰人类继续生存与繁衍的共同话题。其中首要的问题是人口增长速度过快，这是造成全球粮食与营养供需不济的重大原因。联合国人口基金会公布，截至2011年10月31日，全球人口总数已达到70亿。人口专家预警说：全球人口在以每12年10亿的速度增长，到2050年将达到94亿，而地球的实际承载能力已经到了只能养活今后25年内增加人口的程度。中国目前已有约14.1亿人口，预计到2030年还将增加4亿多人口，届时，全国粮食年综合生产能力必须从目前的6500多亿kg至少增加到

7500 亿 kg，也就是说，即使在保持住现有耕地面积的情况下，粮食单产水平还要比现在再有大幅提高。更何况近代工业化和城镇化的发展，耕地减少的速度也在加快。

面对这种严峻形势的挑战，一些有远见的战略科学家指出，21 世纪的常规农业已经是举步维艰，增长潜力十分有限，人们如果仍旧依靠常规农业来进行种植，即使再扩大耕地面积一倍多，采用超高产育种，也不可能指望获得很高的生产率，以满足人口快速增长的需求。我们唯一的选择，只有继续进行绿色革命，开辟可持续发展的非常规农业和生物农业之路，以寻求人类食物营养的全面解决方案。

再从当代人们的食物与营养状况来说，进入 21 世纪的中国，人们对于生活质量的提高，也比以往任何时期更加关注。现代新营养学要求，现代人的营养标准是，成年人须达到人均日摄入热能 10 048kJ，蛋白质 70g，其中动物性蛋白不少于 30%。我国城镇居民在 20 世纪 90 年代，人均日摄入热能就已经达到 11 053kJ，但日摄入的蛋白质（且偏于植物蛋白）却不足 60g。这种高热能与低蛋白摄入的营养差距说明，我国虽已基本上解决了温饱问题，但是，如果从总体营养质量来评价，人们的营养状况和健康水平问题依然严重。世界卫生组织预测：2020 年中国与膳食营养相关的慢性病占死亡原因的比例将达 79%。其中最重要的问题是日粮中优质蛋白质水平和生命要素营养仍然普遍偏低。

2　二氧化碳减排、捕获与再利用是当务之急

从人类的生存环境来考量，单细胞蛋白资源螺旋藻的开发利用具有极为深远的意义。因为人类未来进行食物生产的最大的自然资源，仍然是太阳辐射能和愈来愈浓厚的大气中的二氧化碳。人类近百年来由于工业化活动的结果，使大气中的二氧化碳含量增长了 32%。有人测算，全球二氧化碳一年的排放量已超过 65 亿 t，长此下去，到 2100 年，二氧化碳的年排放量将会达到甚至超过 300 亿 t，那时，二氧化碳在大气中的含量将要增加 2 倍多（图 1）。

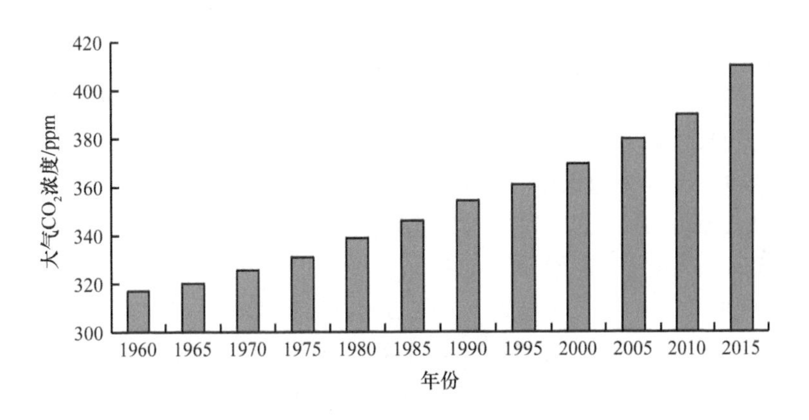

图 1　我国 50 年中大气 CO_2 浓度逐年递增

显然，这种高浓度的大气中的二氧化碳对于人类的生存环境将会产生严重的影响，气候的变化是其主要的方面。可是，对于植物来说，高浓度的二氧化碳却又是一种更加丰富的“气肥”，它使光合作用的转化效率更高。在这一情势下，如若人类乘机大力开发螺旋藻，将会带来更大的生机。因为，高光合效率的螺旋藻具有很强的吸碳能力，生产 1000kg（65% 的动物性蛋白）的螺旋藻（干粉）需要消耗吸收 1850kg 的二氧化碳，同时在光合作用中放出氧气 1340kg。既可以帮助人类实现工业化二氧化碳的减排，又可以实现二氧化碳的循环再利用，将二氧化碳直接转化生产出极为丰富的精美食物！

事实上，现阶段我国微藻生物量的大规模工业化生产多是采用二氧化碳为主要原料，已形成生产上万吨藻干粉的生产规模。实践已经证明：螺旋藻的培养生产，对于二氧化碳的减排和利用是行之有效的手段。由此可见，人类继续向生物光合作用的深度进军，以先进的工业化手段，开发利用高强光合作用机制的藻类生物，将是开辟人类新的食物资源和新的生物能源的巨大希望所在。

3 作为生物农业单细胞蛋白开发的现实可行性业已存在

21 世纪初以来，我国螺旋藻产业企业的先行者农民企业家，已经用他们多年的生产实践做出了回答：螺旋藻的大规模生产，可以达到每日每亩（培养池面积）7 ～ 8kg（干重）的生物产率，而且这是在近代生产技术条件下已经普遍达到的收获水平了。以此计算，螺旋藻的年生物产量（以实际连续生产 6 个月计）已经达到 18 ～ 20t（干重）/hm^2，也就是说，每公顷土地上约可收获粗蛋白 12t 多。这一产量与常规农作物相比，已十分令人鼓舞。通常，1hm^2 小麦约收 8 ～ 9t，折收植物性蛋白质约 1 ～ 1.2t；1hm^2 水稻约收 10 ～ 13t，折收植物性蛋白质约 0.7 ～ 0.9t；1hm^2 马铃薯可收获约 40t，折收蛋白质约 2.6t。甚至有“植物蛋白质之王”美称的大豆，以每公顷收获 4t 计，折收蛋白质也只有 1.4t。从目前我国螺旋藻的实际年平均产量已普遍达到每公顷 20t，和连续多年达到每公顷 25 ～ 33t 的年产量（100% 纯藻粉，每吨实际生产成本 20 000 元，低于奶粉）水平来看，依靠发展螺旋藻生物蛋白来解决人类未来食物与营养短缺和不足的问题，已是切实可行的了。

实际上，国内外的螺旋藻产业开发，从中试生产到大规模工业化生产，已经形成了成熟的生产技术路线。从法国人最早在地中海的一座小岛上建立的螺旋藻中试培养池，到（1978 年）在墨西哥开办的日产 4t 藻粉的工场；从日本人在泰国和中国海南建立的 DIC 螺旋藻公司，到美国人 20 世纪 80 年代初在加利福尼亚州内陆区建起的 Earth Rise（FARM）螺旋藻产业基地农场，以及在夏威夷岛建立的 Cyano-tech 微藻公司，分别建成了生产规模达 7 ～ 13hm^2 的培养池，年产藻粉 600 多 t，早已形成庞大的商业化生产产业。2019 年 1 月 9 日美国总统签发的一项法案“开发藻类农业”，在联邦政府全国推行。以色列在 20 世纪 80 年代初以来，则在内盖夫半干旱的沙漠区建成了螺旋藻生产培养系统，欲使沙漠变成绿洲；此外，南美洲的巴西和智利等国家十多年前就在大力开发螺旋藻产业，并已形成较大规模的产业群。螺旋藻生产与产业已在全球展开。

4　开发高光合效率螺旋藻是人类开辟非常规农业的战略之举

其实，生物学家们早就认识到，在自然界的绿色宝库里，还深深蕴藏着人类营养需求的重大基因组资源。早在 1949 年，Spoehr 和 Milner 等生物科学家就曾建议，开发微生物与藻类蛋白质资源，将是一条走出常规农业困境，帮助克服全球性营养不足的光辉道路。全世界曾有众多的生物科学工作者，不约而同地奔向“藻类王国”这一高光效、高营养质量的低等生物界。他们所持的观点是：许多单细胞生物尤其是微藻类的粗蛋白质含量都在 30% ～ 50%，甚或更高，只要人们的生物技术运用得当，完全可以做到实际生物质的年收获产量超出 100t（纯干重）/hm^2，可以比常规农业单位面积产量高出 4 ～ 5 倍，甚至更多。

人类未来在穷尽常规农业之路后，要想求得继续生存与发展，或许只能指望从开辟非常规农业中找到出路。其中包括：大力采用新农业生物技术，开辟新生物资源产业（包括微藻蛋白质资源）和开展分子育种等生物工程技术产业。唯如此，才能使人类的食品与营养资源问题，获得新的突破性的解决。

研究宏观战略的科学家说，当代在继续发展常规农业的同时，尽早选择发展生物农业产业，已是时不我待！开发利用具有极高太阳辐射能与极高 CO_2 转化机制的光合自养性微生物，这是增加人类食物与改善生存环境的一条最重要的战略性抉择。20 世纪 60 年代前后，我国曾遭遇严重自然灾害，甚至发生饿殍遍野的情况。时任国务院副总理的习仲勋同志，曾组织生物技术专家指导全国上下开展开发单细胞微藻小球藻运动；1984 年 5 月，时任国家计委主任的宋平同志曾对开发单细胞蛋白螺旋藻作出重要批示，并由杜润生同志亲自部署，立项于“七五”国家重点科技项目（攻关）计划（图 2）。

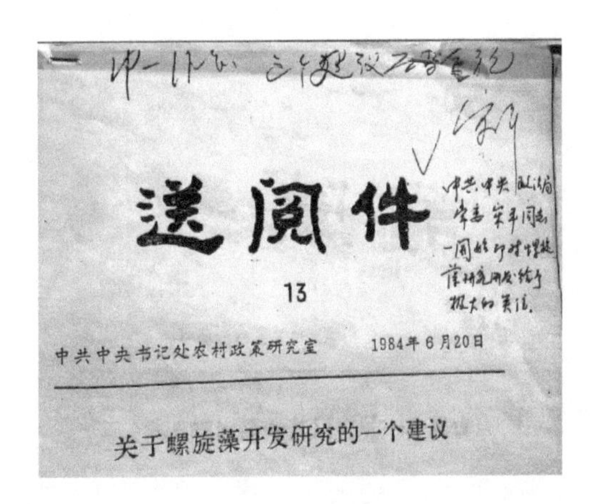

送阅件

13

中共中央书记处农村政策研究室　　1984年6月20日

关于螺旋藻开发研究的一个建议

图 2　中国改革开放之初的首要战略之举是解决老百姓的“吃饭问题”，将开发螺旋藻列为“七五”国家重点科技攻关计划

事实上，我国的生物技术专家近年已创新研发出国际上最先进的4.0技术制式——智能化（AI）微藻生产线，可以不占耕地，实行全天候微藻螺旋藻的大规模、大生物量（万吨级）生产，其产率与产量是目前老式（1.0技术）大池生产培养产率的6～8倍（图3，图4）。

图3　当前我国南北通行的微藻螺旋藻和小球藻的生产（1.0）制式

图4　在荒漠地区大规模开发生产螺旋藻的生产（4.0）制式

5　绿色复苏——实现可持续发展战略的巨大希望所在

一位生态学家在思考农业与人类未来时，忧心忡忡地说：“农业的发展使人类陷入两难的境地——农业是人类繁衍和繁荣的助推器，但也是地球上大部分生态问题的根源。农业意味着毁林种粮，意味着农药和肥料中的氮渗入土壤，农业用水耗用了人类总用水量的85%，我们实际上是在蚕食地球上的其他生物！”

6　开发螺旋藻可以使地球资源得到合理的配置

螺旋藻生产培养是优质资源节约型产业。对此，比利时皇家科学院西里尔西龙瓦尔教授算了一笔账，他说：“以1hm^2水面养殖螺旋藻，一年可产50t（折合粗蛋白30t），而1hm^2土地只能产出大豆3t或牛肉160kg。”再说，“生产1kg牛肉蛋白需消耗的水量，为生产同样数量的螺旋藻蛋白的40倍之多”。再比较一下螺旋藻蛋白质资源的开发与粮食作物的蛋白质生产，就可以更加清楚地看到螺旋藻代替谷物蛋白的巨大优势和前景。中国人通常以大米和小麦、淀粉为主食。如以一个成年人平均每天消耗粮食312g（含蛋白质8%）计算，他所摄取的蛋白质（其实是人体的非必需蛋白）约25g。那么，全国13亿人口每年直接消费的粮食总量约为1亿多吨。按每公顷年产粮4.5t计，则需要粮食生产面积约数千万公顷（图5）。

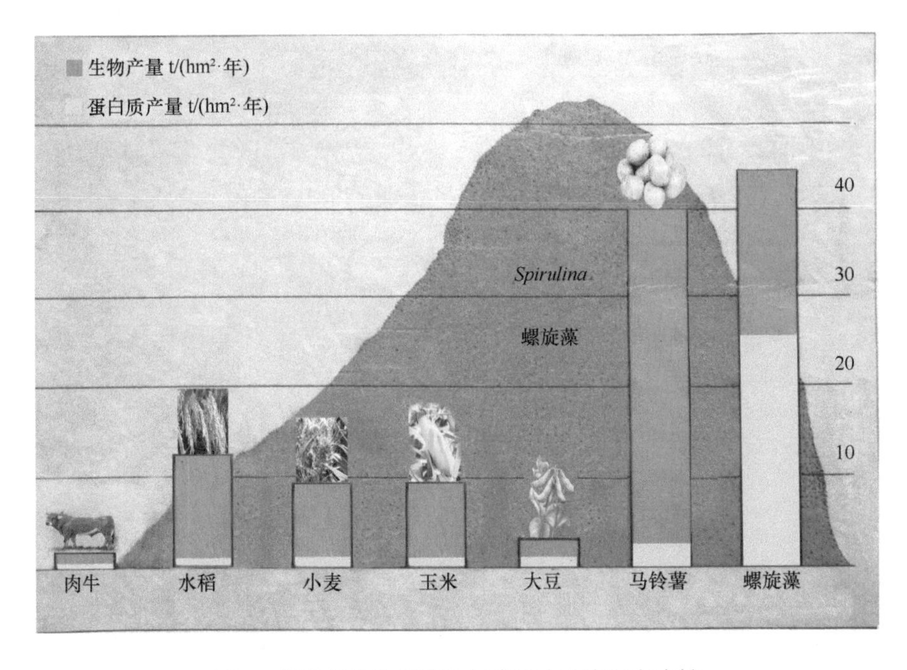

图5　螺旋藻生物质产量与常规农业产量之比较

如果人们以螺旋藻作为蛋白质日粮资源，每天只需食用50g藻，就可以满足他当日所需的全部营养和部分能量。每个成年人每天需要的优质（指动物性）蛋白约25g，以螺旋藻60%的蛋白质含量计，一天只需食用41g螺旋藻，一年只需约15kg。如按10亿成年人口计，则每年约需要生产、提供1500万t螺旋藻。按目前我国螺旋藻（干粉）的初级生产水平20t/（hm^2·年）计算，则螺旋藻的生产面积（以现行的大池养殖方式进行生产）约需75万hm^2。目前全国已建成并已形成2万t的螺旋藻生产养殖面积，因此，只需要将目前全国的生产能力扩大750倍（或者用智能新技术），即可基本实现上述目标。

这不是理想主义，更不是虚妄之谈！请看：近年来，在我国北方，在老一辈战略专家，中国螺旋藻产业开发倡议人——宋平同志支持下，在内蒙古鄂尔多斯地区的荒漠盐碱地上，人们正在大举开办螺旋藻养殖场，已实现年产干藻粉4000多t。事实足以证明：养殖螺旋藻，不必占用现有的耕地和水域，而是可以直接利用沙漠荒地、盐碱地等土地资源，使地球上的荒凉不毛之地成为生命的“绿洲”。这也是人类有史以来，首先以螺旋藻养殖的方式，使荒漠盐碱地变成人类精美食品的出产地！

从20世纪80年代初开始，我国的螺旋藻生物技术列入农业部的科技计划和国家“七五”科技计划，已成功地研究开发出一整套适合我国国情的生产技术制式。目前国内推行的螺旋藻生产制式，基本上是采用江西省农业科学院在20世纪80年代初倡导和建立的敞开式浅池环流生产系统，已在全国许多地方推广应用。这种制式的优点是基础建设简单，可以不占用良田，只要有充足的阳光、良好的水源，就可以在通常的农业生产季节内进行螺旋藻生产。1995年以来，我国的螺旋藻生产已遍布全国，从海南三亚到东北大庆和内蒙古鄂尔多斯，从黄海、东海之滨的山东、上海到内地的云南、四川，都已建起了螺旋藻培养生产基地。甚至有不少农民个体户也成功地办起了螺旋藻养殖场，年产纯干藻粉少则两三吨，多则数百吨。这种情况说明，螺旋藻养殖，作为一种成熟的生产技术已为我国广大群众所掌握。因此，有理由认为，螺旋藻作为一种非常规农业进行大规模开发与利用，具有广阔的前景！

第 1 章

螺旋藻的起源、生命史与人类的利用

螺旋藻是一种深青色的丝状微生物。这是一种在20世纪中叶才被生物科学家发现的人类可食蛋白质新资源。

在低倍显微镜下可以看清楚它的形态——由多个细胞单列构成的纤细螺旋状藻体（图1.1）。尽管近代生物分类学家有依其细胞结构属于原核生物（prokaryote），且其一些基本形态学和生理学特征类同于细菌，将其分类为蓝细菌（cyanobacteria）（Stanier and Van Niel，1962），但国际上多数生物学家迄今仍认同螺旋藻属于蓝藻门、蓝藻纲、裂殖藻目、颤藻科、螺旋藻属，而且约定俗成称之为蓝藻螺旋藻（Ciferri，1983），也有近代科学家研究发现其生长繁殖与生活习性兼具菌、藻性状，因此又称之为蓝菌藻。

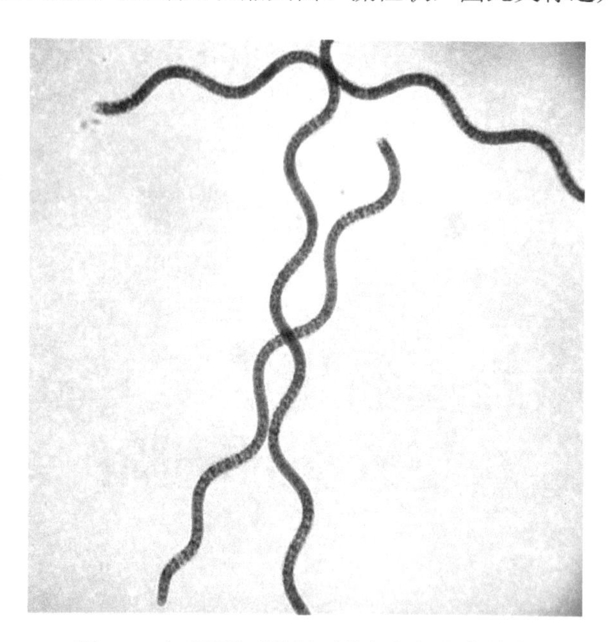

图1.1　由多细胞单列构成的纤细螺旋状藻体

这种古老而奇妙的绿色低等生物，处于地球生物演化系统树的基部（图1.2），新的研究观察发现，这是一种在生物进化链上界乎动物与植物之间的一种特殊的生命形式。因为，如说它是动物，它恰似具有极高光合效率（C_4植物，3%）的超级植物，能以其体内丰富的叶绿素a进行超高光能利用率（18%）的光合作用；如说它是植物，每条藻丝体皆以独立游离的方式在群集内生存，并能在它的生长培养液中微微作扭转与伸屈运动，而且用人工方法愈促其（被动）运动，生长繁殖速率愈快。更为奇妙的是，螺旋藻的最适生长温度（35～37℃）竟与人的体温相接近。

科学考察表明，蓝细菌（螺旋藻）是我们这颗星球上最早出现并延续生存至今最古老的一种绿色生命。但直到20世纪60年代初，在螺旋藻惊人的营养学意义被生物科学家们发现以后，才引起世人广泛的关注。

早在20世纪70年代中期的一天，科学家们在澳大利亚北部皮尔巴拉地区的考察中，发现了一些极古老的微体化石（图1.3），经过具体考证，这些化石痕迹是一些巨型蓝细菌的遗骸，其年代至少已有35亿年。科学家从化石的形态学结构及其生存的生理学环境

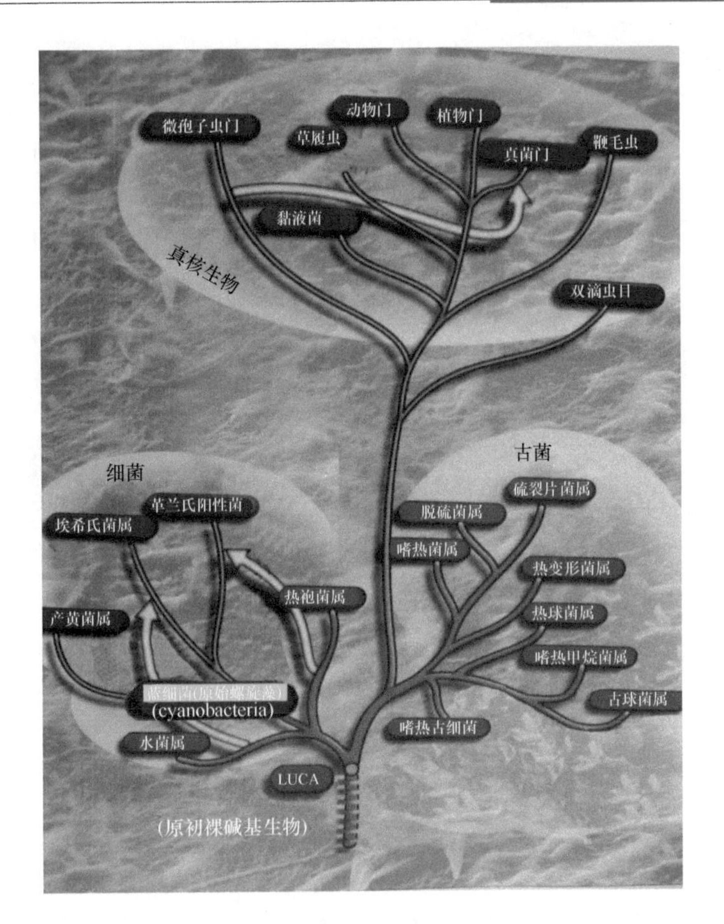

图 1.2　处于地球生物演化系统树基部的原始螺旋藻（蓝细菌）

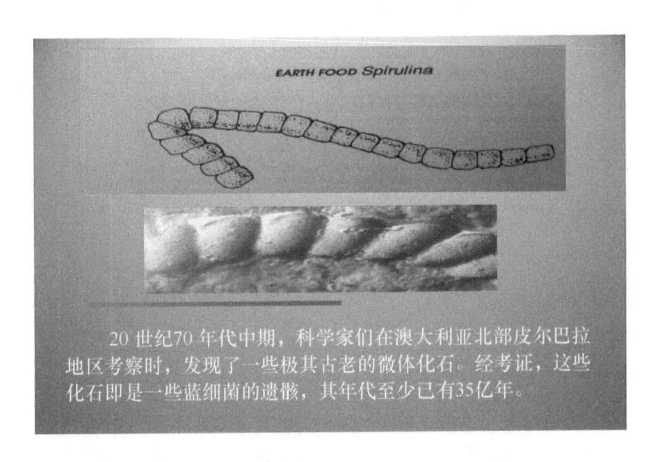

图 1.3　澳大利亚北部皮尔巴拉地区发现的一些极古老的微体化石

特征进一步推证，这些蓝细菌化石的子孙即是地球上至今依然顽强生存的螺旋藻。这一发现，大大地扩展了人类关于地球上最早生命起源的知识。

科学家们回顾到历史上更早发生的生命佐证是，1883 年，印度尼西亚喀拉喀托火山爆发后，在生命完全绝迹的火山周围冷却的熔岩中，首先出现的生物，同样也是一种深青色的丝状微藻。

1973 年 7 月，来自世界各地的 450 名科学家在西班牙巴塞罗那召开的生命起源国际讨论会上，都持一种倾向性观点，即认为，地球上最早出现的这种绿色原始生命，是一种能自我复制、繁殖的蛋白质基因组（图 1.4），同时又是能在恶劣的自然环境中发生适应性变异的单细胞生物。

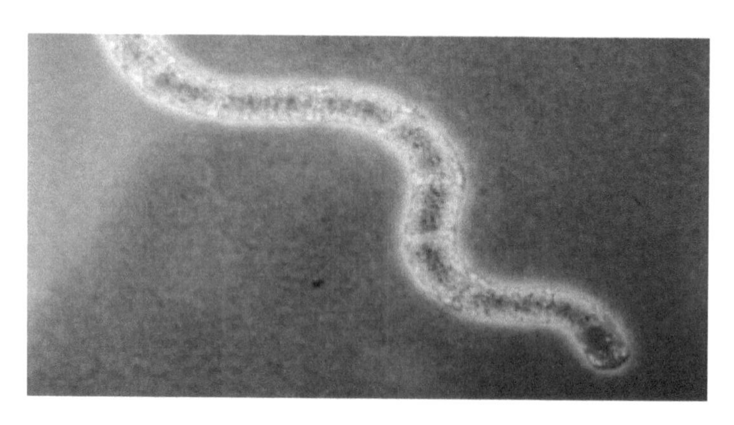

图 1.4　生命起源国际讨论会认为地球上最早出现的绿色原始生命

最令科学家惊讶的是：这种神奇的充满叶绿素的原始原核菌藻类生物——蓝细菌，竟从地球形成的最早期起，即以其太古基因生物体捕获太阳辐射能光量子和吸收二氧化碳进行光合作用，并能利用氮、磷、硫和钾等元素合成以氨基酸乃至蛋白质为主的生物质（biomass），同时进行着自我复制、遗传，顽强地生存并繁衍到现在。真可谓是大自然为生物进化精心设计的一个顽强的基因组。

1.1　从“原始汤浆”中发生的进化史

螺旋藻或者被法国科学家 Patrick Forterre 依据一种太古菌的分类而沿称其为蓝细菌（cyanobacterium）的神奇生物，是地球上最早出现的绿色生物之一，距今至少已有 35 亿年的历史。

早在我们的这个蔚蓝色星球处于混沌初开的地质年代，天空中年轻的太阳尚只能以它 75% 的热力呵护地球。那时的大地上到处是火山喷发过后的溶岩浆，经过一些年代后，许多地方形成为大片的原始汤浆（primitive broth）——碱性的碳酸盐泥沼。当时包围地球的大气层，呈现为一片棕红色的帷幔，其中没有任何游离的氧气，充满大气的只是氮气（N_2）、甲烷（CH_4）、二氧化碳（CO_2，其浓度是今天的 100 倍）、氨气（NH_3）和氢气（H_2）等组成的弥雾。那时的海洋，还只是呈现含铁、硫元素和其他化合物的溶液状。当时的陆地和海洋就靠着这些物质捕捉和吸收太阳的热辐射能，以致地面上热浪蒸腾；另外，地球的大气物质和海水中的矿质元素互相起着脱氧与吸氧的化学反应，严密控制着任何游离氧气在大气中的出现。

尽管如此，大气的这种热力环境注定要助长生命的滋生。终于，在地球的漫长演化中出现了某种氨基酸有机物；又在随后的地质年代里，从大地上这种混沌的原始“培养液”（碳酸盐和二氧化碳以及氮、磷、钾、硫等元素）的环境中，首次越出以酶的反应而存在的氨基酸形式，演化出一种含有叶绿素 a，且有核糖体结构（图 1.5）的能够进行光合自养的原核生物（无明显细胞核和细胞器的生物）——原始蓝细菌（archi-cyanobacterium），图 1.6 或许我们可以称之为蓝细菌的最初始祖。

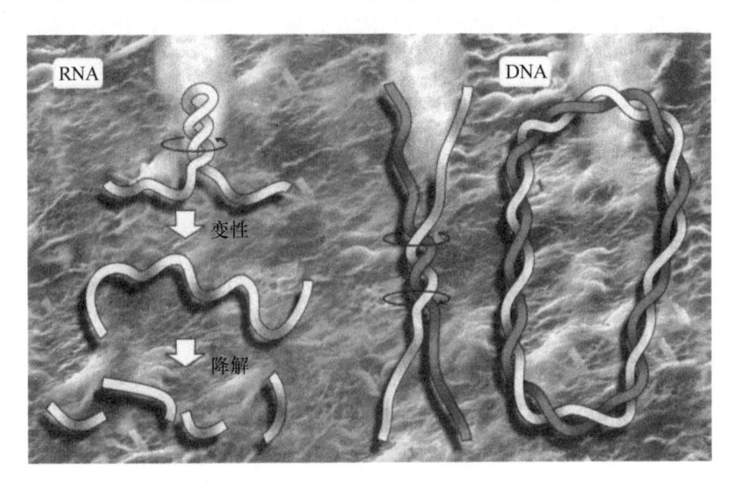

图 1.5　碱性的原始汤浆（primitive broth）是生命的摇篮，地球上最早出现的核糖核酸（RNA）碱基对，是生命最早的信息

图 1.6　在 35 亿年前的早期地球原始岩浆中，孕育出现了一种原始蓝细菌（archi-cyanobacterium）

最初，这些原始的蓝菌藻生物，凭着自身的捕光色素——叶绿素，进行着光合作用和放氧。但在光合作用的早期过程中所释放的这一点点氧气，很快就被海洋中的吸氧物质（当时的地球上存在着大量未氧化的铁、硫等化学元素）吸收掉，远不能发生氧气的富余和积累。

随着原始蓝菌藻生命活动的广泛展开，藻的群体生物量逐渐蔓延并主宰全球。与此同时，一种甲烷细菌也开始出现和滋生，它们与生俱来的特性和“责任”似乎就是把死亡的含碳素的蓝菌藻“噬食”掉，使其重新转化成甲烷和二氧化碳，再回归到大气中。这样，在漫长的岁月里，蓝菌藻们在进行生物光合作用中消耗掉的二氧化碳，又通过这些甲烷菌的“噬食”，让大气重新得到了补偿和回归。大自然中，这种微妙的生态制约和生态平衡机制实在令人惊叹！

科学家们的考证研究发现，蓝菌藻是地球上一切生物得以进化的最古老的链环和生命的“发动机”。正是由于这种原始的生物“放氧器”的伟大贡献，在经过了多少亿年的辛勤“工作”后，才使得地球大气中有了游离的氧气。并逐渐有了积蓄。

大约又经过了 10 亿年，陆地上和海洋中一切能够吸氧的物质终于接近殆尽（变成了氧化物），地球到了这一地质年代，生物放氧才有了富余，大气开始加快了氧的蓄积。大约在 23 亿年以前，大气中的氧浓度逐渐蓄积达到了 1% 的含量。相应地，甲烷——这种产生“温室效应”的气体则从大气中逐渐消退，于是地球开始变得寒冷了。

然而，地球在它创造生命的进程中并没有停步，反而加快了步伐。这是因为，生物的光合作用已经点燃了全球生命之火，并且光合作用的效率比先它存在的酶的反应要高出 20 倍，于是地球上的生物萌发与进化变得更加热烈起来。经过生物自身为适应环境不断的进化，以及大气中氧气的蓄积逐渐增多，此时有核细胞生物开始出现了（图 1.7）。

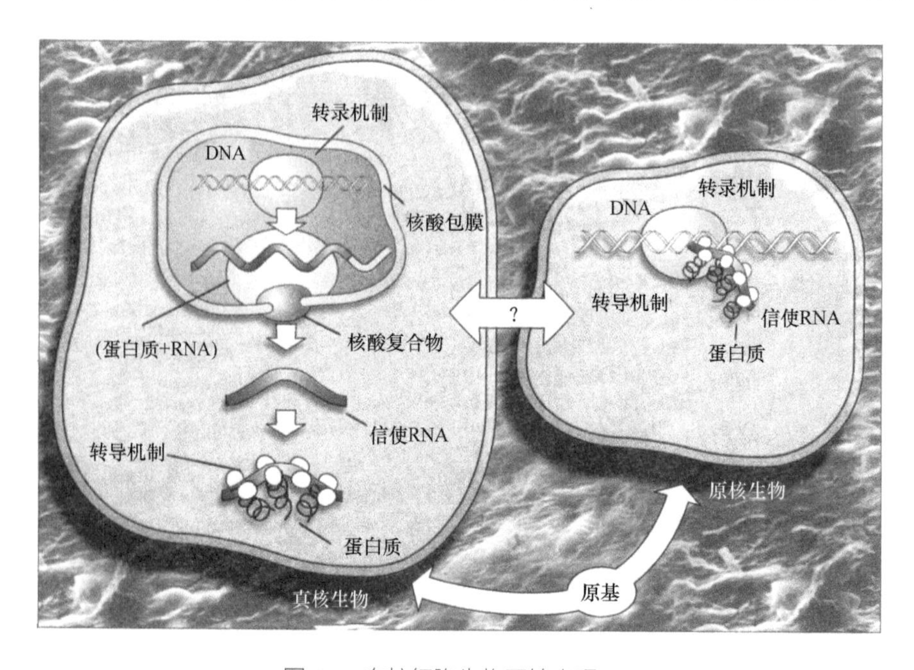

图 1.7　有核细胞生物开始出现

这种具有较复杂结构的真核生物（Eucaryota）——如微藻中之绿藻小球藻类（*Chlorella* spp.）一经出现，立即开始了以其原始的光合器在细胞中进行强大的光化学反应，叶绿体也就此诞生。

地球上自叶绿体诞生，大自然的各种生机迅速发生，并且很快展现出生物世界的美丽与多姿多彩。由于广泛发生的生物光合作用，大自然进一步得到了高浓度氧气的支撑，地球的生态环境随之发生了显著的变化。到了大约 6 亿年以前，地球的大气构成差不多进入了我们目前的这个状态。于是，生物物种发生了多样性的大爆发，各种生物大量进行有性繁殖与无性繁殖，高级耗氧性生物所需要的高浓度氧气的生存环境条件已能得到满足。此时大气的氧浓度已达到并稳定在 21% 的水平。高等植物在充分进化，各种大型生物，如树木、恐龙等开始出现，地球上的生命空前活跃起来。

蛋白质是生命的基础。原核生物螺旋藻是地球上最早出现的单细胞蛋白质基因组有机体之一,一切多细胞生命有机体无不从单细胞基因组开始进化。

1.2　人类对螺旋藻的利用和螺旋藻对于人类的价值

1.2.1　人类利用螺旋藻的历史

螺旋藻及其他生物的生长与存在，后来曾经成为孕育地球人和古代文明的摇篮。玛雅文化考古学家发现，在 900 多年前突然消逝的曾经在中美洲繁荣约 1000 年的玛雅人，即是以螺旋藻和玉米为主食。他们不但留下了博南帕克神庙、金字塔等伟大的建筑和辉煌的科学文化，还遗留下了许多密布的螺旋藻培养生产池道。他们的邻居——墨西哥 Texcoco（特斯科科）湖沼的居民，一直沿用螺旋藻作为食物。这一事实早在 400 多年前西班牙殖民者就已作了描述，早有了历史的注脚。

1960 年，一队由比利时组织的科学探险队深入撒哈拉大沙漠考察，到达非洲中部地区的乍得湖畔时，他们惊奇地发现，在如此干旱燥热的地方，竟生息繁衍着一支健壮的坎纽布部落。在他们的考察中发现，当地人在季风来临时，从湖沼中捞来一种青色的“藻花”(图 1.8)，被支在沙地挖的穴坑上晾干，再揉进花生粉，做成香喷喷的“地叶”(dih'é) 充作主食。有的家庭制作得多了，甚至拿到集市上去交易。若干世纪以来，非洲乍得湖地区的居民即以此为食物。随队的一位植物学家 J. Leonard 从湖沼中取了样带回欧洲，样本经法国国家石油研究所 G. Clement 博士等在实验室加以培养和分析，他们惊奇地发现：世界上竟有如此神奇的生物，其蛋白质含量竟高达 65%，而且其氨基酸组成十分合理，尤其是人体必需氨基酸、维生素、多糖、不饱和脂肪酸及矿质营养元素十分丰富，简直是大自然为人类早就准备好的一份“超级营养包”。

从 20 世纪 70 年代以来，微藻生物学家在非洲和其他地区，如澳大利亚、印度和泰国的内陆碱性湖中，相继发现和采集到 10 多个天然原生态螺旋藻藻种及其株系（图 1.9）。

图 1.8　湖沼中捞到的一种青色的“藻花”

图 1.9　生物学家从碱湖中发现天然原生态螺旋藻

可食生物微藻螺旋藻这一伟大发现，立即引起了世界微藻生物科学家和生物技术开发商的广泛兴趣和开发热情。一些国际权威机构的食品检验分析也一致证明：螺旋藻的蛋白质氨基酸组成模式基本上与鸡蛋和鱼类一样属于动物性的，含量高达 68% ～ 72%，其中必需氨基酸组成基本上与 FAO/WHO 的推荐标准相符合。而且螺旋藻与以往所研究开发的小球藻（*Chlorella* spp.）和栅列藻（*Scenedesmus* spp.）等绿藻类显著不同的是：其形成细胞壁结构的纤维素极少，无须经过复杂的加工即可被人和动物直接消化吸收。据丹麦 B. O. Eggum 博士等在印度所做的联合分析试验，螺旋藻的蛋白质基本上是水溶性的，不但质量高，而且其真消化率（true digestibility，TD）高达 75%。尤其是螺旋藻蛋白质中含有较丰富的赖氨酸、苏氨酸和含硫氨基酸（蛋氨酸 + 胱氨酸）等人体必需氨基酸类，而这正是醇溶性的谷物蛋白质所缺乏的。因此，把螺旋藻用作食品，可以起到与其他植物性蛋白质的营养互补作用，尤其可以解决通常谷物蛋白质含量少且营养价值低的问题。

1974 年，法国人杜朗 • 切塞尔（Hubert Durand Chastel）（图 1.10）在墨西哥 Texcoco（特斯科科）湖沼率先创办了世界上第一座大规模螺旋藻工厂，当年生产藻粉 300t。

1985 年、2004 年本书作者两次与杜朗 • 切塞尔在法国开会相叙（图 1.10）。

图 1.10　缪坚人与杜朗 • 切塞尔先生

1974 年，联合国召开的世界食品会议正式宣布：螺旋藻是未来最好的食物。从 20 世纪 80 年代以来，许多国家的深层次产品开发应用显示，螺旋藻不仅是人类精美的潜力食物，而且在作为生物医药、功能食品和精细化工原料的开发利用方面，具有十分广阔的前景。

1.2.2　螺旋藻的化学成分和营养学意义

人工培养生产的优质螺旋藻比天然生长的纯净，在外观色泽上与其他鲜嫩绿色植物，如菠菜一样，呈深青色，无任何刺激性异味。经喷雾干燥的藻粉有如奶粉一般匀润，发散出香酥气味。无论是新鲜藻泥或藻粉，均可直接调制食用。

螺旋藻的营养价值，不同于一般食品那样仅含有某种单一的或某几种营养素，它是一种均衡全价营养，并且与人体直接需要的营养物相一致的物质。特别是蛋白质、氨基酸、维生素、不饱和脂肪酸、矿物质等在螺旋藻藻体中丰富存在且比例均衡（对人类食用来说）。所以说在人类的食物资源中，螺旋藻是能够综合提供人体基本体能和组织结构所需要的“超级生物营养包”。

螺旋藻的化学成分和营养学意义基本上可以归纳为以下几个方面。

1.2.2.1 人体极易消化吸收的优质水溶性蛋白质

螺旋藻富含人体极易消化吸收的优质水溶性蛋白质。首先是其蛋白质含量高达68%～72%，在人类的常规蛋白质食品中，牛肉、鱼类的蛋白含量只不过18%～20%；鸡蛋只含12%；大豆的粗蛋白质含量33%。至于常规食物大米、小麦的蛋白质只含7%～12%。还有与众不同的是，螺旋藻的蛋白质基本上是水溶性的。此外，螺旋藻与其他生物不同，其细胞壁是由多糖组成，几乎不含有纤维素。因此，螺旋藻被食用后，其包含的营养物绝大部分可以被人体迅速消化和吸收。据消化试验测定：在18h内，85%的藻体蛋白质及其氨基酸和维生素类在人体内被消化吸收并得到转化利用。螺旋藻的可消化率达83%～95%，净蛋白质利用率53%～61%，相当于乳酪的85%～92%。

其实，从生理学来说，人体直接需要的不是蛋白质本身，而是从蛋白质降解得到的各种氨基酸（现代必需氨基酸包括了精氨酸和组氨酸）。螺旋藻含有人体需要的18种氨基酸和其中的8种必需氨基酸，而且各项必需氨基酸的指标均能达到联合国粮食及农业组织（FAO）和世界卫生组织（WHO）的推荐标准。

氨基酸在人体内参与蛋白质、糖原（动物淀粉）的生成和能量的贮存。虽然许多常规食品中也包含某几种氨基酸营养成分，但在人体的合成代谢过程中，很难积攒到生成特定蛋白质的全部氨基酸。只要其中的某一种氨基酸缺失，机体需要的特定蛋白质便不能被合成。

人体中一些特殊的功能性蛋白质——酶类，在生成动物淀粉（糖原）以及在转化糖类以释放能量的活动过程中，亦取决于肝和肾中的某些色素和氨基酸的存量；氨基酸在大脑化学物质多肽和荷尔蒙的生成中也是十分重要的，它对于制造人体胰岛素的内分泌腺系统也具有重要的调节功能。在这方面，螺旋藻能满足人体对于各种氨基酸的基本需求。

螺旋藻还是天然色素藻蓝蛋白的宝库。每10g藻粉中就含藻蓝素1700mg。藻蓝素及其伴生的其他色素有助于合成调节人体代谢的多种重要的酶。同时藻蓝蛋白对于抑制癌细胞生长和促进人体正常细胞的新生具有重要的调节作用。此外，螺旋藻的核糖核酸（RNA）占藻体总量的3.5%，脱氧核糖核酸（DNA）占1%。所以，螺旋藻包含的蛋白质与核酸是一种优质、速效、安全、适合人体需要的完整蛋白质，这对于中老年人、贫血症患者以及胃肠功能衰退变弱的人来说，具有很重要的营养学意义。

1.2.2.2 浓缩人体必需的各种维生素

螺旋藻的神奇之处还在于它浓缩有满足人类生命活动需要的多种重要的维生素。首

先是维生素 B_{12} 的含量很高。在迄今所发现的植物资源中，螺旋藻是天然维生素 B_{12} 含量最丰富的一种生物，在每千克干重中含有 5mg 之多，而且在人体中其可利用率高达 20%，远远超过一切其他资源的维生素 B_{12}。在藻体中其他重要的 B 族维生素还有维生素 B_1（硫胺素），每 100g 干重中含 5.5mg；维生素 B_2（核黄素）4mg，其含量水平分别达美国 FDA 和我国国家推荐标准的 100% 和 80%；其他如 B_6（吡哆素或抗皮炎素）0.8mg；此外，在每 100g 干重中还含有烟酸 14.6mg，肌醇 35mg，叶酸 0.05mg，d-Ca- 泛酸 1.1mg。因此，一位正常成年人每日只需食用 3g 螺旋藻，这些 B 族维生素即可得到基本的满足。

众所周知，β-胡萝卜素（维生素 A 的前体）对于提高人体的免疫防御系统具有很大的功效。螺旋藻含有丰富的类胡萝卜素，在每千克干重中含有约 4000mg，这一含量比天然胡萝卜高出 18 倍。其中以顺式（cis-）β-胡萝卜素对于人体健康最具有意义，其含量多达 170mg/100g 干重，即约 94 630 国际单位。据世界卫生组织研究人员测算，被体内消化吸收的 β-胡萝卜素约有 16% 转化为维生素 A，直接参与人体中重要的合成代谢和作为人体重要的抗氧化剂。在每 20g 螺旋藻中含有 30mg β-胡萝卜素，而等量的猪肝只含有 16mg，牛肝的含量只有它的 1/4。所以成年人每天只需食用 2.5g 螺旋藻，即可充分满足体内代谢的需要。近代医学证明，β-胡萝卜素是一种不可缺乏的维生素，因为人与动物的机体自身不能制造胡萝卜素，所以它们在营养学上和对于人类的健康尤其具有特殊重要的作用。据 1990 年美国《科学新闻》报道，哈佛大学医学院的迈克尔 • 冈察亚诺及其同事，经多年临床观察和研究发现：β-胡萝卜素对于防止和治疗动脉粥样硬化具有极好的效果。这种情形在我国也是一样，现在已有许多生活优裕或饮食习惯不良的人，由于过多地摄入低密度的脂蛋白食物，这种脂蛋白与血液的活性氧相互反应，对人体产生严重的危害——破坏血细胞的排列，加速血栓形成，即血栓症，这是心肌梗死发生的主要因素。β-胡萝卜素的抗氧化特性主要是它能够防止特别有害的低密度脂蛋白的形成。所以食用螺旋藻，不但有强化血管的功能，并且能降低血清胆固醇，预防动脉硬化、血栓症、心肌梗死等疾病。

1.2.2.3　含量丰富的天然不饱和脂肪酸——γ- 亚麻酸

螺旋藻也是迄今发现的在自养生物中唯一含有丰富 γ- 亚麻酸的生物。在螺旋藻所含的类脂物中，差不多全是人体需要的重要的不饱和脂肪酸类，而其胆固醇含量极微。螺旋藻的多不饱和脂肪酸（PUFA）的主要组成部分是 γ- 亚麻酸（GLA）和双聚 γ- 亚麻酸（DGLA）。在每千克藻粉中，γ- 亚麻酸含量高达 11 970mg，约占其干重质量的 1.25%，占藻体脂肪酸类的 20% ～ 30%。

临床医学证明，不饱和脂肪酸在体内首先在 δ-6- 脱饱和酶的作用下转化成 GLA，然后 GLA 又转化成 DGLA，乃至生成 PGE1，也就是前列腺素 E1。前列腺素在人体内起到多种重要的调节功能，如调节血压，调节胆固醇合成，控制炎症发生以及细胞增殖等。尤其是γ- 亚麻酸降低血浆胆固醇的作用比亚麻酸 LA 强 170 倍。由于许多疾病，如糖尿病、老年症、病毒感染和特异反应紊乱等，都会干扰人体内 δ-6- 酶的功能而限制 GLA 的生成。

因此通过食用螺旋藻可以直接补充GLA，有助于改善心血管系统机能、生成人体荷尔蒙。这对于中老年人恢复机体健康和增强体质具有显著的作用。

螺旋藻所含的不饱和脂肪酸花生四烯酸（二十碳四烯酸）和二十二碳六烯酸能预防和治疗多种间质性硬化症；有助于血小板的抗凝聚作用和抑制钠盐引发的高血压等。所以服用螺旋藻最大的好处是可以减少动脉粥样硬化和冠状动脉血栓发生的风险。

1.2.2.4 生物性络合多种重要的矿物质元素

螺旋藻在其生长过程中需要吸收与络合各种矿物质和微量元素，因此在藻产品中的矿物质和微量元素约占其总量的9%。其中铁的含量为一般含铁食物的20倍。铁元素对于人体红细胞的生成具有重要意义。缺铁性贫血是一种世界病，以妇女和儿童居多。螺旋藻中之生物络合性铁，在人体中极易被消化吸收，其吸收率比从蔬菜和肉类获得的铁高2倍。通常食用10g螺旋藻，人体可以获得15mg的有机铁——相当于美国推荐的补铁标准80%的量。除了铁之外，螺旋藻还含有强筋固骨的活性钙和提高肌肉神经传导性的活性镁。1978～1980年，德国临床医学专家的研究结果已多次报道，螺旋藻经硒、锌剂富集处理后，硒、锌的含量可提高数十倍。这种富硒螺旋藻和富锌螺旋藻，对于防治儿童生长发育过程中该种矿物质和微量元素缺乏症，具有很好的临床医学意义。此外，螺旋藻对于碘的络合功能尤其强大，而且螺旋藻的生物性络合碘，其生理作用远超过无机碘盐且未发现任何毒副作用，它被人体吸收后直接存在于甲状腺荷尔蒙中，其中T_4占52%，T_3占18%。这对于促进青少年生长发育具有明显的作用。

1.2.2.5 丰富的超氧化物歧化酶

螺旋藻所含蛋白质主要是水溶性蛋白质，且它含有比其他生物产品或制剂更多种重要的活性酶，其中最为重要的是超氧化物歧化酶（superoxide dismutase，SOD）。据美国厄斯赖思（螺旋藻）公司测定，每10g螺旋藻干物质中，含有10 000～37 000单位的活性SOD。

SOD是自然界中动植物和好氧微生物中普遍存在的一种重要的生命物质。这是一种活性金属元素蛋白质。这种活性酶能专门促使超氧自由基起歧化反应，使之蜕变为无害的分子氧与过氧化氢。因此可以说SOD是自由基的克星。现代医学证实，人体的组织细胞衰退变化是过氧化自由基直接损害人体蛋白质、核酸、细胞膜和细胞器的结果。因此，对于人类和一切好气生物来说，没有SOD的存在，生命就难以存在，缺少SOD，生命就将受到严重的威胁。现代医学研究还证明，SOD是人体内的一种重要的细胞保护酶，既能防辐射损伤，也能有效地抵抗过氧化自由基，延缓细胞衰老，调节机体代谢和提高人体的组织细胞自身免疫功能。螺旋藻是供应人体必需SOD的理想的天然食品。而且螺旋藻SOD的分子量比作为食物的动物血液或肝的SOD更小，因此更容易被人体吸收，能更全面地调节人体的各种代谢机能。

1.2.2.6 强大的体能潜力——动物淀粉多糖类

水溶性的葡聚糖——多糖，是螺旋藻的碳水化合物存在的主要形式。螺旋藻的碳水化合物含量达 14%，主要是动物淀粉性多糖，而其植物性淀粉含量极少。

螺旋藻的神奇之处在于其糖原能直接存贮于人体的肝与肌肉组织中，可随时调用供人体代谢需要使用。螺旋藻糖原能促进血液循环，激活体内荷尔蒙的产生，尤其是肾上腺素与胰岛素的产生，可提高神经系统的反应速度和促进肌肉增生。通过食用螺旋藻可以“现场”向肌肉提供糖原能量，产生爆发力和经久的耐力，既不增加胰腺的负担，又不会造成低血糖。这一优点对于运动员、宇航员和其他体能消耗量大的劳动者来说，具有十分重要的运动医学意义。近几年来，墨西哥和美国的奥林匹克运动员都把螺旋藻食品作为参赛前和参赛时的必备食物。

1.2.2.7　补血造血的天然血红素资源——叶绿素 a

螺旋藻是天然叶绿素 a 的资源宝库，量多而质优。其叶绿素 a 的含量约占藻体的 1.1%，是大多数陆生植物的 2 ～ 3 倍。在每千克螺旋藻中，含有叶绿素 a 约 7600mg，这一点也是 20 世纪 60 年代的小球藻及其他绿色食品无法媲美的。那类绿藻食品中虽然也含有叶绿素，但多半是营养学意义较低的叶绿素 b，更不能起到补血作用。只有螺旋藻叶绿素 a 堪称是“绿色的血液”。研究发现，一般植物细胞的叶绿体仅限制在细胞中某个位置，而螺旋藻的叶绿素则广泛分布在细胞质中，它与血红蛋白在人体的血液中自由移动十分相似，叶绿素 a 与血红蛋白的结构也十分相似；叶绿素 a 分子中卟啉的中心位置是活性镁离子，而血红蛋白的卟啉中心是铁离子，所以从叶绿素 a 到血红素的转变可以立刻到位。临床医学试验证明，螺旋藻以其丰富的叶绿素 a 和藻细胞里的铁离子，对于人体补血、造血和增强、活化组织细胞，具有很好的效果。

20 世纪 70 年代以来，美国、法国、英国、德国、日本、意大利和以色列等国的食品化学部门和预防医学机构，对于螺旋藻的化学营养成分、重金属离子和细菌农药残留物等先后进行了毒理学检测试验。联合国工业发展组织（UNIDO）出于食品安全的考虑，于 1978 ～ 1980 年，聘请 G. Chamorro 等专家进行了为期 100 周的毒理学试验，得出的结论是，螺旋藻以 10%、20%、30% 的日粮水平，在所做的常规亚急性和慢性毒性学试验、繁殖与泌乳试验、诱变试验和畸胎发生试验中，均不产生有任何生理参数方面的异常。在为期两年、历经 3 代动物的试验中，取得的繁殖与泌乳研究结果证明，在受胎、妊娠、幼仔生活力和母体授乳等方面均未见异常（Chamorro，1980）。UNIDO 公布的这一结论，实际上为世界公众对于螺旋藻蛋白资源的开发与利用开了绿灯。所以螺旋藻得到了联合国工业发展组织，联合国粮食与农业组织和世界卫生组织一致的推荐。从 20 世纪 80 年代以来，螺旋藻作为人类食物的新资源已在全球得到共识。可以确信，在未来世纪以太阳辐射能和二氧化碳为主要资源，以高效率生物“反应器”——螺旋藻进行大规模生物量生产，将在净化人类生存环境，开辟人类食物新资源和国家倡导的大健康产业等方面发挥巨大的作用。

第2章
螺旋藻形态学及其生态特征

2.1 形态学一般特征

螺旋藻，我国现有种的拉丁学名 *Spirulina platensis*（钝顶螺旋藻）和 *S. maxima*（玛西马螺旋藻），是一种深青色、多细胞单列的丝状体微藻。螺旋藻因其基本上属于单细胞原核生物，细胞无功能分化，其单个细胞的形态学和细胞结构与普通革兰氏阴性细菌类似，因此国际学术界起初定义为蓝细菌。然而当代植物学家和藻类学家根据其具有超级细菌的形态，而同时具有显著的藻类生理学特征及其具有极高光合效率的捕光色素这一特征，认为它应该属于植物学之蓝藻植物（cyanophyte）中蓝藻类（blue-green algae），或具体称为蓝菌藻（cyanobacterium）。

在低倍显微镜下观察，螺旋藻呈深青色丝状体（图 2.1，图 2.2）。藻丝体由数个或多达数十乃至上百个圆柱状单细胞末端连接，形成单列式不分枝的螺旋形，体表有胶鞘，在高倍显微镜下鞘膜呈粉红色（图 2.3）。藻丝体的长度一般为 300 ～ 500μm，在某些生长情况下甚至可以长达 1300μm 以上。藻丝体（不同株、系的细胞）宽 2 ～ 8μm。从每个单细胞观察，则呈扁圆柱形，细胞之间有明显的细胞横壁，近横壁处有许多色素颗粒，其颗粒的清晰程度因不同藻株系而异。

图 2.1　螺旋藻的单丝体形态

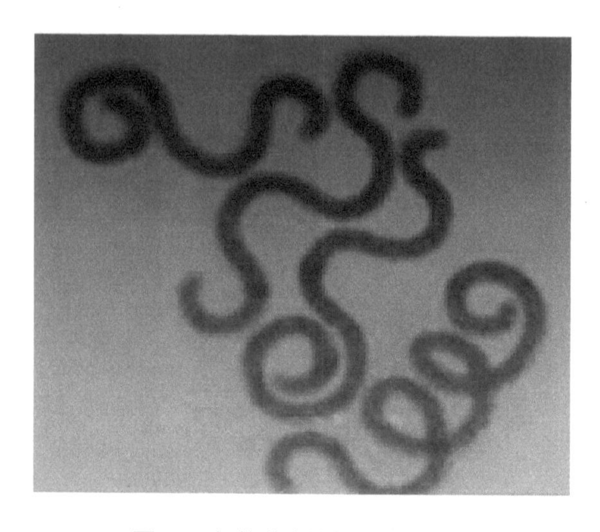

图 2.2　螺旋藻在培养皿中的形态

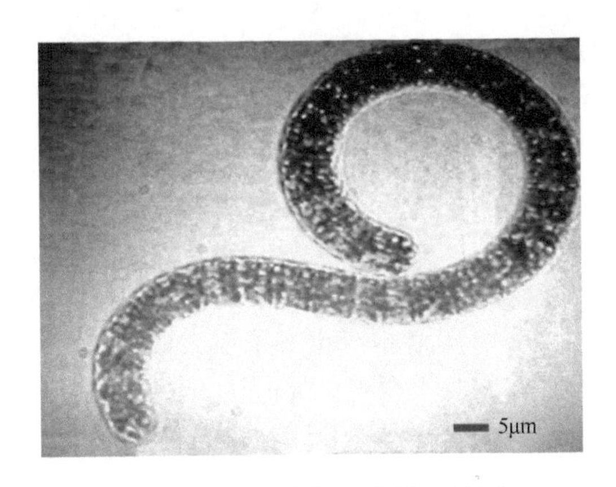

图 2.3　螺旋藻在倒置显微镜下的形态

大多数螺旋藻（*Spirulina platensis* 和 *Spirulina maxima*）的生理小种和藻株，在其丝体细胞中除色素颗粒外含有较多的微细空泡，空泡多为气泡。因此螺旋藻的上浮特性，视其空泡多寡而表现不同。有的藻株因其空泡丰富，在生长过程中始终表现为上浮于培养液中；有的藻株和一些小型藻株，细胞质呈均质性，细胞中气泡极少，因此在培养液中基本上处于下沉生长状态，除非加以通气或搅动使之上浮。

螺旋藻螺旋形的长丝体，具有较严格的属性特征。不同的生理小种和藻株，在适宜的培养条件下其丝体呈相对稳定的紧密或疏松之螺旋，其螺旋形态与基因组核酸 DNA 的双螺旋体右旋极为相似（图 2.4）。但其螺旋形态的生物学参数，即螺距、螺旋宽、藻丝宽与藻丝体长度，均随不同的生理小种和藻株而有不同。即使在同一个株系中这些参数也互有差别。一般形态较小的藻株，其细胞横壁（隔膜）宽度为 1 ～ 3μm，而形态较大的藻体细胞，横壁宽度达 6 ～ 8μm。藻丝体细胞的横壁长于纵壁。据 Ciferri（1983）对从非洲乍得湖沼中取样分离培养的藻种 *S. platensis* 和从墨西哥特斯科科湖沼取样分离的藻种 *S. maxima* 做了比较测定试验，在实验室相同培养条件下，*S. maxima* 的螺旋宽度为 50 ～ 60μm，螺距为 80μm；而 *S. platensis* 的螺旋宽则为 35 ～ 60μm，螺距 60μm，但其细胞体的宽度达 6 ～ 8μm，比 *S. maxima*（4 ～ 6μm）相对宽度要大，因此乍得种看

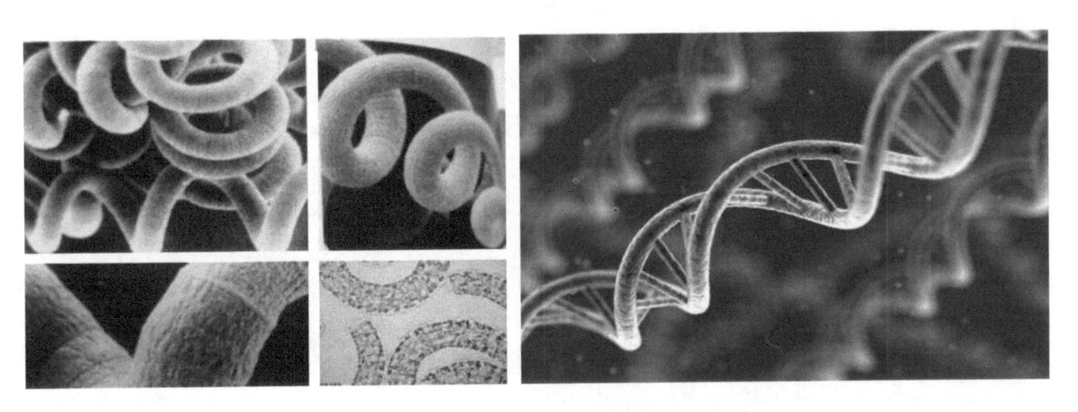

图 2.4　螺旋藻形态与 DNA 双螺旋体结构之比较

左：螺旋藻；右：DNA 形态

上去较粗壮。国内外迄今对于螺旋藻的观察，尚未发现有异形细胞存在，也无分枝藻体存在。

2.2 分类学与命名讨论

近代藻类生物学家已发现和鉴定的藻类约 30 000 余种，多属于真核生物。对于它们的分类学认识均有约定俗成。分类学本身也有了很大的进步。过去偏重于形态学分类，这是可以理解的。因为当时人们对于微观世界的认识，从技术水平和实验手段看都不及今天。只有到了近代才能做到从生物化学和超显微结构特征上，甚至在分子生物学水平上对藻类进行比较严格的科学分类。

大约 35 亿年前，地球上原初发生和繁荣的生物皆是原核生物（prokaryote）。至今，原核生物的代表是两大支单细胞生物类型：古菌（archae）和细菌（bacteria），其他现存的生物皆是真核生物（eukaryote）。原核生物是单细胞生命体，无明显核结构，无独立行使功能的细胞器。所谓单细胞，并不是单个细胞体。真核生物在结构上更复杂，是由真核细胞构成的生物，具有细胞核、核膜和其他细胞器，如线粒体等。

长期以来，对于属于原核生物的螺旋藻，由于其形态特性的多样，生物学特征也常随环境条件的改变而有变异，所以国内外生物学家对于蓝藻类（blue-green algae）的分类地位，仍然存在着诸多争议。尤其是对于螺旋藻在种及其株系水平上的分类，迄今仍没有确定的统一意见。但总的说来，对于该藻在属的水平以上的分类，大体上已有比较接近的看法。本书作者依据中国科学院水生生物研究所（武汉）黎尚豪先生 1983 年直接命名的钝顶螺旋藻（*Spirulina platensis*），并参照当代国外学者 L.V. 文卡塔拉门（Venkataraman）（印度）和 E.W. 贝柯（Becker）（德国），对螺旋藻（以钝顶螺旋藻为例）的分类学序位总结如表 2.1。

表 2.1　螺旋藻在生物分类学各阶元层级上的排列

阶元	拉丁名	中文名
界（Kingdom）	Procaryotae	原核生物界
门（Phylum）	Cyanophyta	蓝藻门
纲（Class）	Cyanophyceae	蓝藻纲
目（Order）	Schizogoniales	裂殖藻目
科（Family）	Oscillatoriaceae	颤藻科
属（Genus）	*Spirulina*	螺旋藻属
种（Species）	*Spirulina platensis*	钝顶螺旋藻

虽然国内外藻类专家，根据藻株的自然特性，将螺旋藻属（*Spirulina*）区分为 30 多个种、株，但原始藻种在经历了不断地人工传代培养的过程中，其典型形态学特征还在不断发生变异，这给藻种的鉴定带来了诸多的困难。Fott 和 Karim（1973）曾对螺旋藻（*Spirulina* spp.）的分类进行过详细的研究，并对前人命名过的一些重要的藻种的同义名重新进行了整理和描述。

1. 钝顶（宽胞）螺旋藻 *Spirulina platensis*（Nordstedt）Geitler（1925）

同义名：郑氏螺旋藻宽胞变种 *Spirulina jenneri* var. *platensis* Nordstedt。

宽胞节旋藻 *Arthrospira platensis*（Nordstedt）Gomont。

形态特征：该藻的生物质呈鲜青色，藻丝体青色，细胞横壁处稍呈收缢状，螺旋较规则，螺旋宽 26 ～ 36μm，螺距 43 ～ 57μm，丝状体两端不变细或稍有变细，顶端细胞钝圆，藻丝体细胞横壁宽 6 ～ 8μm，纵壁长 2 ～ 6μm。

栖生地：含盐碱的池泽，或含盐碱的内陆湖沼。

2. 吉氏螺旋藻 *Spirulina geitleri* De Toni（1939）

同义名：玛西马螺旋藻 *Spirulina maxima*（Setchell & Gardiner）Geitler（1932）。

大节旋藻 *Arthrospira maxima* Setchell & Gardiner（1917）。

宽胞颤藻 *Oscillatoria platensis*（Nordstedt）Bourelly（1970）。

钝顶（宽胞）螺旋藻 *Spirulina platensis* auct Rich（1981），Leonard & Compere（1967），Thomasson（1960）及其他论文著者。

形态特征：该藻种分别取样于乍得 Jebel Marra 和埃塞俄比亚的湖沼。藻丝体呈有规则螺旋并向两端逐渐变细；藻丝体细胞在横壁处一般无收缢，但某些藻株可见到丝体在横壁处略有收缢。藻丝体两端稍变细（顶端细胞横壁宽约比丝体中部细胞小 1/10 ～ 1/5）。顶端细胞呈钝圆，其横壁有时较粗厚。丝体细胞宽 3.4 ～ 13.5μm，纵壁长为丝体宽度的 1/3 ～ 1/2。螺旋宽 20 ～ 70μm。

栖生地：含碱盐的池泽，或含盐碱的内陆湖沼。

Fott 和 Karim 将吉氏螺旋藻（*Spirulina geitleri*）又区分为：

1）*Spirulina geitleri* f. geitleri Fott & Karim（1973）

同义名：钝顶（宽胞）螺旋藻 *Spirulina platensis* act.，采样于非洲。

形态特征：顶端细胞钝圆，有时其外层胞壁变厚呈杯状。藻丝体宽 6 ～ 13.5μm，螺旋宽 42 ～ 70μm，螺距 33 ～ 80μm。

栖生地：乍得盐碱性湖沼，埃塞俄比亚 Addis Abeba 湖和绿湖，以及苏丹 Dariba 湖等。

2）小吉氏螺旋藻 *Spirulina geitleri* f. *minor*（Rich）Foot & Karim（1973）

同义名：宽胞节旋藻 *Arthrospira platensis*（Nordstedt）Gomont f. *minor* Rich。

宽胞颤藻 *Oscillatoria platensis*（Nordstedt）Bourelly var. *minor* Rich（1970）。

形态特征：藻丝体终端细胞呈槌头状，细胞壁较粗厚，藻丝体细胞宽 3.4 ～ 6μm，螺旋宽 37 ～ 67μm，螺距 38 ～ 76μm。

栖生地：肯尼亚 Rift 谷地和乍得 Kanen 湖以及苏丹 Dariba 湖等。

Fott 和 Karim 认为，之所以把 f. *geitleri* 与 f. *minor* 两者区分开来，这是因为虽然它们同时栖生于大达里巴湖的浮游生物群体中，但两者无过渡形体，首先是藻丝体的宽度有显著差别，其次是顶端细胞不同，f. *minor* 呈槌头状，而 f. *geitleri* 却呈宽圆状。

螺旋藻属是 Turpin 于 1827 年为 *S. oscillarioides* 的命名确定的，但 Turpin 在对于分离藻株进行观察和形态特征的描述时，未提到有细胞隔膜的存在。于是在 1852 年，Stizenberger 根据他观察到有清晰的隔膜这一点，将蓝菌藻属（*Cyanobacteria*）首次改命名为节旋藻属（*Arthrospira*），而且自此开始沿用了 100 年。1892 年 Gomont 把形体较大的、有明显隔膜的一类螺旋藻（*S. platensis*），归入节旋藻属（*Arthrospira* Stizenberger），与此同时，把形体较小，隔膜不明显的一类藻种归入螺旋藻属（*Spirulina* Turpin），并描述称为"单细胞丝状藻"。

1917 年，Gardiner 对前人以隔膜有无来划分节旋藻和螺旋藻提出了质疑。他经过反复观察比较，终于认为这种分类原则不恰当。但他还是沿用了习惯名称，把那些具有明显细胞横壁的保留称为节旋藻属（*Arthrospiro*），把细胞横壁不明显的一类称之为螺旋藻属（*Spirulina*）。但事隔几年，Figini 的实验证明，所有属内藻种均有隔膜存在。在采用适当的染色方法后，对所属 13 种之多的螺旋藻（包括最微小的藻，如 *S. subtilissima*）的干、鲜藻体标本染色观察，均看到有细胞隔膜存在。

1932 年，德国植物学家 Geitler 对于蓝菌藻的分类与命名提出了极具影响力的建议：将蓝菌藻亚纲中所有具螺旋状藻丝体的一类蓝菌藻——亦即 *Arthrospira*（节旋藻属）和 *Spirulina*（螺旋藻属）统一命名为 SPIRULINA GENUS（螺旋藻属）。Geitler 以后又对原来把两属归并为一属的分类作了修改，他在其下再分为亚属 I （节旋藻 *Arthrospira*），其描述的特征是："形态较大，在活体藻细胞中可见到明显的隔膜"；亚属 II （真螺旋藻 *Euspirulina*），特征是："形态较小，隔膜不能被观察到"。对于 Geitler 的这一划分原则，直到 1959 年以前竟无异议提出。

1961 年，Welsh 毫不留情地指出："问题不在有无细胞隔膜可见，主要在于被观察的对象是活细胞还是死细胞，以及观察采用的显微技术。如果你采用了当代相差显微镜，那么在 Geitler 发表研究成果那个年代观察不到的许多细胞结构成分，如今都可以看到。" Welsh 而且建议："螺旋藻属 *Spirulina* 这个属名，虽比节旋藻属 *Arthrospira* 这个属名古老，还是应该采用，不能以有无可见隔膜而论。"

然而到了 1968 年，Drouet 依然坚持划分两个不同的属，即有明显横壁的 *Arthrospira* 属和"单细胞形态、无明显横壁"的 *Spirulina* 属。与此同时，更有一些专家根据藻丝体顶端细胞外层膜的一些形态学上的差异，把 *S. maxima* 和 *S. platensis* 划分为微鞘藻属（*Microccoleus*）和鞘丝藻属（*M. lyngbyaceus*），这就更加引起了混淆。

于是在一年后，发生了一场更大的争议，Bourrelly 提出了一个论点："区分螺旋藻属（*Spirulina*）和颤藻属（*Oscillatoria*）的唯一特征是藻丝体的螺旋形态"。他认为，某些颤藻也呈丝状藻体，且具螺旋形态，而螺旋藻的螺旋化程度却是易变的，有时甚至会变成直条形丝体。据此，Bourrelly 建议应把螺旋藻属定为颤藻科（Oscillatoriaceae）的一个亚属，同时，钝顶（宽胞）螺旋藻种 *S. platensis* 也应改名为钝顶（宽胞）颤藻（*O. platensis*）；吉氏螺旋藻（*S. geitleri*）（玛西马螺旋藻 *S. maxima*）应改名为假钝顶（宽胞）颤藻（*O. pseudoplatensis*），即大颤藻（*O. maxima*）和吉氏颤藻（*O. geitleri*），认为这样就可以区别于其他蓝菌藻（cyanobacteria）。

对此，大多数生物学家表示不能接受。Lewin 评论道：对于蓝藻属的分类，历来都是依形态学特征来区分，这种形态学的区分确有几方面的特征可资佐证，如大多数颤藻科的成员都表现为不分枝、不定长、圆柱形的细胞体和丝状藻体，无细胞分化和分工，仅是顶端细胞形态略有不同，丝状体的颜色和鞘膜特征均随培养条件而变化。然而，只有螺旋藻属才具有规则的螺旋形，这正是螺旋藻属唯一的属性特征。这种特性依然可以作为属种的一个分类学标准。

Lewin 还评论道，过去对于节旋藻属（*Arthrospira*）与螺旋藻属（*Spirulina*）的区分，仅是根据细胞之间有无横壁来定，但自从相差显微镜和电子显微镜问世以来，一下揭示了即使细小螺旋藻都有隔膜存在这一事实。于是历史上沿用的这一分类法不用宣告即已停止。

Ciferri（1983）从细胞结构层面上，仔细研究了螺旋藻与节旋藻的区别，认为仅是种内的差异，并不需要命名的不一致。两者的共同特征是：藻丝体能移行，两者均为专性光合自养生物，两者都不能固氮，两者都合成藻青蛋白、别藻蓝蛋白和藻蓝蛋白，前者含有粉红色藻红素，但后者缺如，两者都能耐高碱盐度的培养基，都能在淡水和海水中存活。

1993 年，法国巴斯德研究所 Gerard 等，重新提出了螺旋藻属和节旋藻属在蓝藻中的不同分类地位。他们以该所收集保存的几株纯种螺旋藻藻种——*Spirulina major*（pcc 6313）、*Spirulina platensis*（pcc 7345）为依据，从活体藻的丝肽体形态，细胞超显微结构，藻丝体的裂殖繁殖方式，遗传学特性，GC%，16S RNA 序列，有无气泡及某些生理学特征等多方面进行了研究鉴别（表 2.2）。

表 2.2　两种螺旋藻的研究辨析

辨析指标	*Spirulina major*（pcc 6313）	*Arthrospira platensis*（pcc 7345）[*Spirulina platensis*（pcc 7345）]
原栖生地	从污水中分离到（美国加利福尼亚州）	从碱盐湖沼中分离到（美国加利福尼亚州）
螺旋形态	紧密螺旋	松散大波形
丝体直径	2μm	8 ～ 9μm
藻体折叠	—	可见
裂殖方式	断裂式	中间细胞枯断
终端细胞	无分化形	形成为帽状钝顶
肽聚糖厚	10nm	16nm
气孔	若干排（半环）	1 列（环状）
气泡	—	+++
GC 含量	53.4 mol%	44.3 mol%

"—"表示未见

从上列鉴别明显可证，其 pcc 6313 藻种并非（*Spirulina*）的生理形态特征，却肯定为螺旋藻；而其 pcc 7345 藻种，结果被 Orio Ciferri 先生改称为 *Arthrospira platensis*。

近年，Rippka 及其同事再次肯定说：螺旋藻属（*Spirulina*）的螺旋形态是该属的一个稳定的属性，它具有高度螺旋化的丝状体，生活在高盐碱性和较高 pH 的湖沼中。根据这些特征，完全可以区别于其他丝状藻类和非异形蓝藻。此外，螺旋藻属（*Spirulina*）和颤藻属（*Oscillatoria*）之间的差异还表现在染色体组的大小，细胞的化学组分（尤其是脂肪酸），抗原性和超微结构等方面。事实上，对于螺旋藻属及其种钝顶（宽胞）螺旋藻（*S. platensis*）和玛西马螺旋藻（*S. maxima*）[或称吉氏螺旋藻（*S. geitleri*）] 的命名，目前已在各种文献中得到广泛的采纳和应用。

2.3 细 胞 结 构

螺旋藻因其无完整的细胞核结构，其所有核酸物质散布于细胞质中，所以属于原核生物（图 2.5）。螺旋藻含有很强的光合结构——叶绿素色素颗粒，其中最主要的是其丰富的叶绿素 a（图 2.6）。由于除此而外的细胞内部结构与细菌相似，因此许多生物学家如 Roger、Steinier 等称之为蓝细菌（cyanobacterium）。

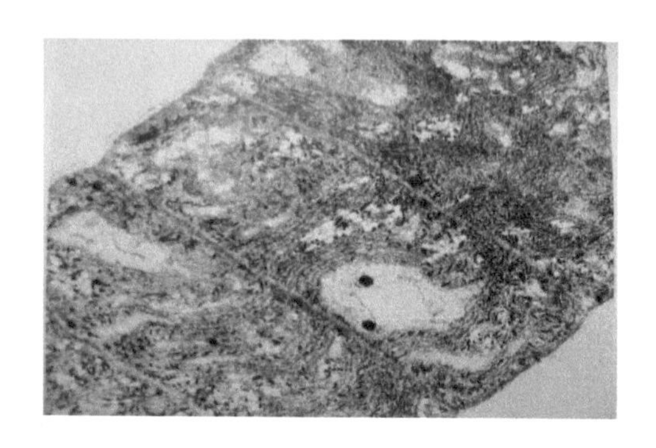

图 2.5　螺旋藻细胞的超微结构

透射电镜（TEM）×35 000

对螺旋藻进行电子显微镜超薄层观察，可见其细胞壁由四层膜构成（图 2.7）。最外层（L Ⅳ）是一层与藻体轴线方向一致，呈线性排列的物质，一般认为与革兰氏阴性细菌膜物质类似；由外而内的第二层（L III）可能是朊纤丝，以螺旋形状绕在丝状体细胞的四周；第三层（L Ⅱ）则为肽葡聚糖层，折叠成为藻体胞壁的内层，并与最内层（L Ⅰ）胞质膜的原纤维（据推测）紧密结合在一起。胞质膜紧裹住原生质体，它在若干处还与类囊体光合膜相贴切，与类囊体膜一起形成一种互联的同心网膜层。

藻细胞的横壁主要是一种肽葡聚糖。成体藻细胞的横壁（a1）常呈一极薄之盘片状，部分折叠，并遮盖住一部分横壁之表面。横壁折叠与螺距大小有密切之关系，即螺距越大，折叠面越小，反之则折叠面越大。据测算，*S. platensis* 藻株的折叠面约占细胞隔膜的 5%；而 *S. maxima* 藻株，其螺距较大，故其折叠面仅占 3%。螺旋藻在生长条件发生变化的情况下，常会发生藻丝体变直，此时横壁折叠也就随之消失。

由图 2.7 可见，在胞壁处附近尚有突起的新生隔膜（a2）。这种突起的新生（或形成中）的隔膜（ingrowing septum），也是下一代细胞的发生处。

在螺旋藻细胞中观察到的最明显的胞质结构是类囊体。类囊体从质膜中生成。类囊体与胞内间体很不相同。类囊体有时以轴心旋的方式排列，这种情况尤其是在成熟细胞

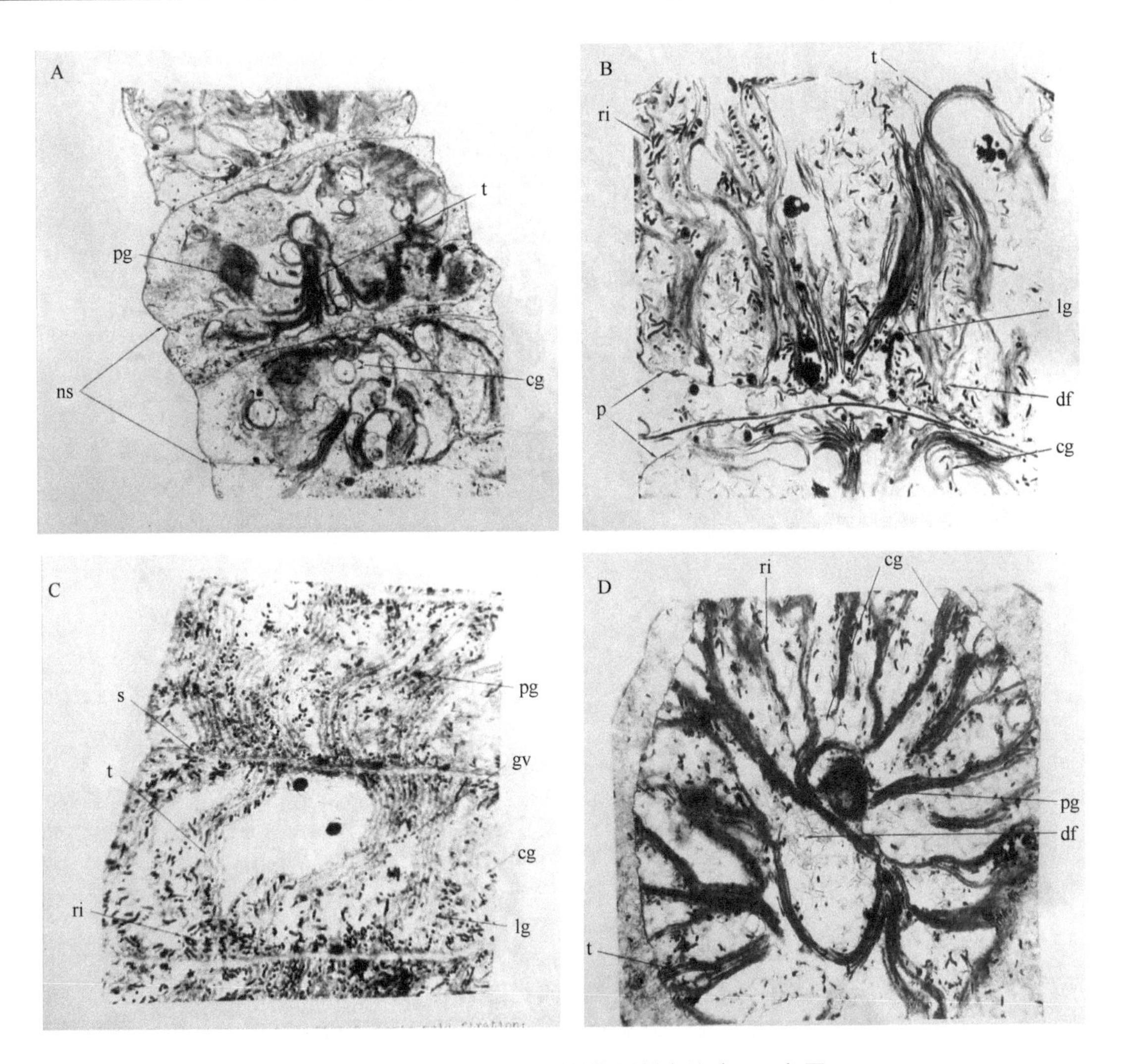

图 2.6　螺旋藻细胞的超微结构透射电镜（TEM）图

cg. 藻青（蓝）素；df. DNA 纤丝；gv. 浮泡（调节气体）；lg. 脂质颗粒；ns. 胞壁发生（内陷形成）；p. 细胞质膜；pg. 磷酸盐颗粒；ri. 核糖体（核蛋白体）s. 细胞壁；t. 类囊体；

A. *Spirulina platensis* × 35 000；B. *Spirulina platensis* × 26 000；C. *Spirulina platensis* × 15 200；D. *Spirulina platensis* × 35 000

图片由 R. D. Fox 和 R. Hunzinger 提供

内。在细胞分裂期，质膜从外部向细胞中心逐步内陷，内生隔膜逐渐演化成新细胞，以至类囊体生成并断开。断开的类囊体随着子细胞的形成而分布在新生细胞内。这时细胞中的其他颗粒，如藻胆体、高分子藻蓝蛋白聚合物等，均趋附于类囊体，于是立即变成为摄取光能的“触手”。

在钝顶螺旋藻（*Spirulina platensis*）细胞中，蓝藻颗粒体是细胞中的一种贮藏物质，由氨基酸的集聚物组成，即由聚 -L- 天冬氨酸与精氨酸形成总键，并附着在 β- 羟基团上。螺旋藻藻蓝素颗粒体的数量多寡，随培养液中营养成分、细胞日龄及生长培养的温度改变而有不同。其他颗粒如葡聚糖颗粒、柱状小体、羧肽体及间体等，在螺旋藻细胞中均有发现。

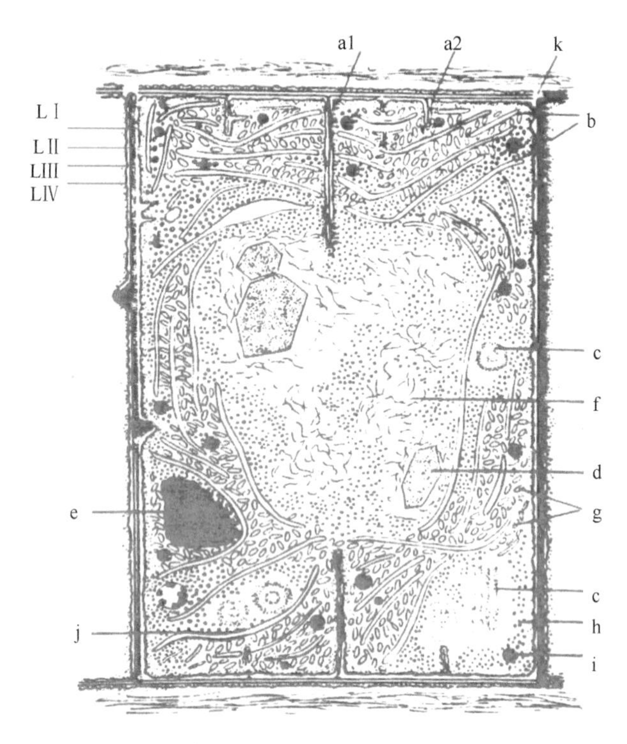

图 2.7　螺旋藻藻细胞剖面示图

a1. 细胞壁（cell wall）；a2. 形成中的横壁与新细胞发生层（ingrowing septum）；b. 类囊体 / 光合膜（thylakoidas）；c. 柱状体 / 气泡（cylindrical body）；d. 多面体（储能体）（polyhedral body）；e. 藻蓝素颗粒（cyanophycin granules）；f. DNA（位于中心质内）；g. 糖原颗粒（glycogen granules）；h. 核蛋白体（ribosomes）；i. 类脂小球（lipid globule）；j. 藻胆蛋白体（phycobilosomes）；k. 管孔（pore）

R. Hunzinger 对螺旋藻的细胞器作了描述，并研究了螺旋藻培养物在不同温度与光照条件下以及在不同浓度的硝酸盐培养液中，细胞内含物的发生情况。在低温情况下，藻细胞生长速度下降，但蓝藻颗粒体反而变成为细胞中最丰富的细胞组分，约占细胞总容量的 18%。随着温度的逐步提高，这些蓝藻颗粒即行减少；当温度上升至 25 ～ 31℃时，它们就基本上检测不到了。葡聚糖颗粒在低温培养情况下（15 ～ 17℃）也是如此，即细胞中含量丰富，但当温度升高时，其浓度随之下降。至于其他细胞器的相对浓度则受光照和温度的影响较小。

螺旋藻的羧肽体和核酮糖 -1,5- 双磷酸羧基酶是光合作用的主要反应酶。*S. platensis* 在适宜的光照条件下培养生长时，在培养液中含有较高浓度的碳酸根离子（CO_3^{2-}）和硝酸盐时，羧肽体和核酮糖 -1,5- 二磷酸羧化酶（Ribulose-1,5-bisphosphate carboxylase，即 RuBP 酶），在细胞中积极动员。RuBP 酶是螺旋藻进行光合作用转化 CO_2 的主要酶。在饱和光照条件下，以及培养液中有较高浓度的 CO_2 时，藻细胞呈现活跃的羧化反应；而在高温高光照强度时，或者培养液中发生氧饱和时，羧基体即呈加氧反应。

螺旋藻细胞不似真核生物中之小球藻，它无液泡存在，但有较多的气泡。气泡呈中空柱状，两端呈锥体形，其直径约 65nm，长达 1μm。小气泡之膜由蛋白质分子绕成圈状，间隔 4 ～ 5nm（很可能其他这类膜都是这种类型的结构）。这种小气泡细胞器起到细胞漂浮之作用，于是藻丝体可以在水中四周分布，促使藻细胞充分接收到光量子（表 2.3）。

表 2.3　原核生物微藻（以螺旋藻为例）与真核生物微藻（以小球藻为例）细胞的差别

辨析项目	原核生物	真核生物
细胞壁	胞壁分四薄层，由黏聚物与多糖（果胶复合物 - 胞壁质小囊）组成；胞壁中无纤维素物质。胞壁极易崩解，胞壁物质与细胞内含物均易被人体消化吸收	胞壁坚厚，由多层纤维素构成，内膜系果胶、纤维素、以及纤维素与别种多糖的结合物；外层亦由纤维素黏聚物和果胶组成，须用超声波打破胞壁，其营养物才能被利用
细胞膜	细胞质膜，膜薄，具有渗压屏障和积极运送营养物的作用；也是重要的酶类反应活动的场所	细胞质膜，膜薄而脆，具有可渗透性，由亚纤维结构物质生成
叶绿体	无完整叶绿体存在，但有类囊体——一种色素性线体，无包膜，叶绿素散见于细胞质中	有叶绿体，双层膜包裹，呈多种形态，但均为成对片状；含有叶绿素类囊体的基粒或丛生粒
液泡	无液泡，但有调节细胞上浮性之气泡	有液泡，具有运输离子与调节渗透压的作用
高尔基体	无高尔基体	有高尔基体，多糖生成器，并具有其他功能
线粒体	无线粒体	有线粒体，呼吸作用发生器，并能进行脂肪酸的代谢
细胞核	无细胞核，细胞质中有分散的核酸物质 DNA 和 RNA，但无包膜性结构	有细胞核，具有膜结构，内含核仁 DNA 和蛋白质
核仁	无核仁	一种核内结构，含 RNA 和蛋白质
核糖体	有核糖体，蛋白质合成的场所，与真核细胞中核糖体相似，核糖体的沉降系数为 70s	有核糖体，具有模板机制，能从氨、氨基酸合成蛋白质；并与信使核糖核酸（mRNA）的作用有关；以及起到运输 RNA、三磷酸鸟苷能量转换的作用，沉降系数为 80s
气泡	气泡呈圆柱状体，通过调节藻丝体上浮性，以控制细胞接收光能的量	无
类脂物	类脂（脂肪）微滴	无
多面体	很可能起贮藏核糖核酸的作用	无
聚磷颗粒	多磷酸盐颗粒物质，贮藏和转换能量	无
纤丝	去氧核糖核酸纤丝	无
内生隔膜	内生隔膜，并由此生成新的细胞	无
胶鞘	不同藻株胶鞘厚度互有很大差别	无
色素	仅有叶绿素 a，无叶绿素 b，有 cis-β 胡萝卜素、水溶性四吡咯色素类（藻青甙、藻红朊）以及典型的类胡萝卜素 - 糖苷复合物（黏液叶黄素、偏振黄嘌呤）	有叶绿素 a 和叶绿素 b，含类胡萝卜素，其光谱与高等植物相似
贮藏产物	糖原、藻青素、类脂微滴	淀粉、糖蛋白、类脂
繁殖方式	主要通过二分裂增殖，藻体细胞在顶端与中间分裂裂殖。无性繁殖	细胞分裂、有性繁殖

T. E. Jensen 等对 30 多种不同的蓝藻（其中有两种是螺旋藻藻株），在进行细胞学研究中发现，其中有多种不同寻常的“包涵体”，而且在一般蓝藻中有好几种包涵体，但也有某一两种蓝藻仅有一种包涵体。这些包涵体的功能究竟如何，目前还难以确切评价。有研究人员推测，这些包涵体可能是某种未查明的活动性的细胞器，或者是未充分发育的细胞器成分。

2.4 部分国外引进藻种的形态学特性观察

自然界中已知存在的螺旋藻约有30余亚种及其株系。迄今，被认为最具有培养生产价值的螺旋藻藻种是非洲乍得湖中分离到的钝顶螺旋藻（*Spirulina platensis*）和墨西哥SOSA TEXCOCO碱业公司碳酸氢盐蒸发池中分离出来的玛西马螺旋藻（*Spirulina maxima*）。

1983年，我国农业部螺旋藻课题组从（印度）中央食品技术研究所（Central Food Technological Research Institute，CFTRI）引进的优良钝顶螺旋藻藻种（*Spirulina platensis*）编号为Sp.D，与从国外征集到的其他螺旋藻种进行了对比观察，各株的丝体大小、形态各不相同，生物产量表现有很大差异。课题组从生产应用价值出发，对征集到的6个主要螺旋藻藻株从生物学特性方面进行了比较，从中筛选出适宜国内各地区生长的螺旋藻藻株，供大面积生产开发应用（图2.8）。

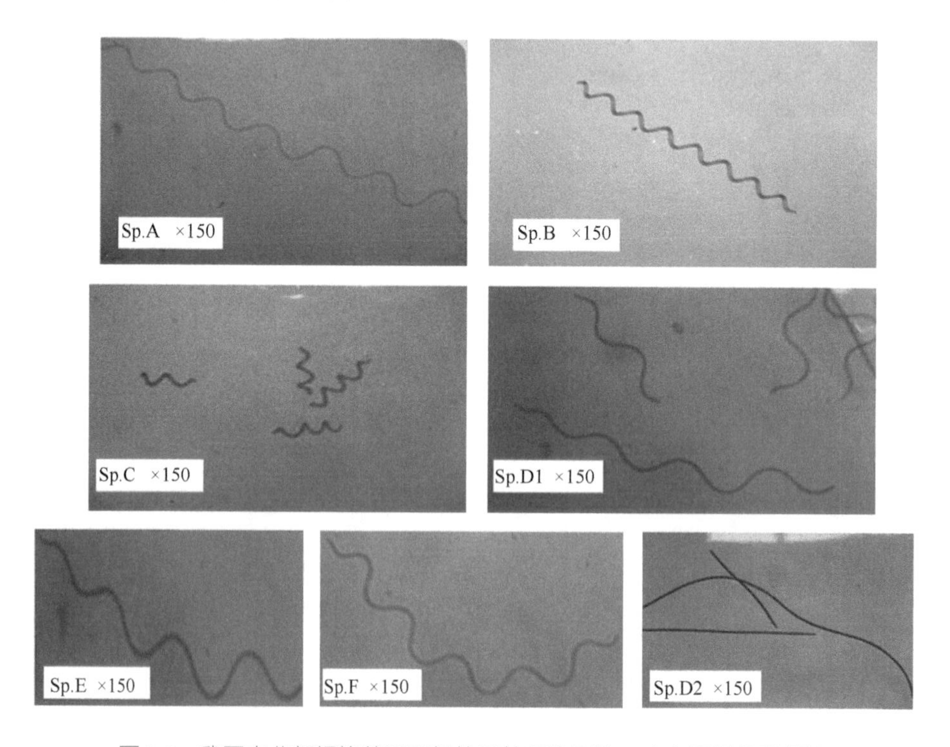

图2.8 我国农业部螺旋藻课题组从国外征集到的6个主要螺旋藻藻株

Sp.A（*Spirulina platensis*），来源于美国，中国科学院水生生物研究所提供；Sp.B（*Spirulina platensis*），来源于乍得，中国科学院植物研究所提供；Sp.C（*Spirulina platensis*），南京大学生物系提供；Sp.D（*Spirulina platensis*），来源于印度，江西省农业科学院提供；Sp.E（*Spirulina platensis*），法国R. D. Fox博士提供；Sp.F（*Spirulina platensis*），法国R. D. Fox博士提供

2.4.1 在液体培养基中的形态学特征

螺旋藻极少以单个细胞形态独立生存（除非是分裂之初的段殖体），绝大多数是以其

较典型的生理小种和株系特征的藻丝体形态生存。在生长繁殖旺盛时，藻丝体浓集。据中国农业大学生物学院杨世杰、商树田等对从国外引进的若干株有代表性的藻株进行形态学比较研究（表 2.4），其中 Sp.A 藻株的平均长度超过其余各个藻株，选测到最长者达 1395μm，螺旋呈正弦波形，螺旋环数 28 个，但藻丝体则较其他株为细，体色深青，在培养液中常发生结团下沉为其显著特征；Sp.C 藻丝体最短，螺旋紧密，螺距最短，每个旋环的细胞数最少；Sp.D 藻丝体较长，呈缓波浪形，螺距最大，体表胶鞘明显，近横壁处有明显颗粒，这是区别于其他藻株的显著特征；Sp.F 藻株端部螺旋窄细，近横壁处颗粒较少。从上列各藻株特点可以分辨出，它们在形态学上相对来说仍是有明显的区别。

表 2.4　螺旋藻不同藻株丝体形态特征比较

藻株	丝体长度（μm）	螺旋宽度（μm）	藻丝宽度（μm）	螺旋环数（个）	螺距（μm）	每环细胞（个）	近横壁处皱裂	丝体端部形态	藻体颜色	浮沉特性
Sp.A	686（480 ～ 1395）	17（15 ～ 20）	7.1（6.3 ～ 7.5）	12.3（8 ～ 28）	＜6（48 ～ 63）	18（14 ～ 22）	有	螺旋变窄小	深青色	结团下沉
Sp.B	337（180 ～ 513）	38（27 ～ 53）	8.9（7.5 ～ 10）	5.9（3.8 ～ 7）	65（29 ～ 75）	23（16 ～ 28）	有	螺旋变小	青色	上浮
Sp.C	119（70 ～ 238）	28（24-33）	11.6（7.5 ～ 15.8）	3.0（2 ～ 4）	32（25 ～ 45）	16（12 ～ 21）		螺旋宽	青色	上浮
Sp.D	515（225 ～ 675）	45（30 ～ 60）	9.3（8.3 ～ 10）	3.3（2 ～ 4.5）	153（90 ～ 195）	45（34 ～ 60）	有（明显）	螺旋变小	青色	上浮
Sp.E	344（188 ～ 495）	39（29 ～ 48）	8.8（7.5 ～ 10）	4.4（2.7 ～ 5.5）	77（45 ～ 98）	26（18 ～ 36）	有	螺旋变小	青色	上浮
Sp.F	307（218 ～ 390）	31（23 ～ 48）	8.0（6.8 ～ 8.8）	3.5（2.5 ～ 4.3）	84（57 ～ 98）	29（26 ～ 34）	有（明显）	螺旋变小	青色	上浮

据中国农业科学院农业微生物研究室谢应先等研究认为，Sp.A、Sp.D 和 Sp.E 经累代培养后，其形态特征仍与原种 *S. platensis* 相似，但螺旋宽度较原种（26 ～ 36μm）要小，横壁、顶端细胞也有微小差别；Sp.C 的引种原产地不明，但从藻丝体宽、螺旋宽以及螺距形态观察，可初定为首螺旋藻（*S. princeps*）；Sp.F 为 *S. maxima* 株系，但近横壁处颗粒不甚明显，藻丝比原种（引入种）略有变窄。

上述藻株在静止液体培养中，除 Sp.A 趋向下沉外，其余均表现为上浮，藻丝体竞相聚集上浮于液面，但经摇动后能均匀分布在培养液中。下沉型是指静止培养时，藻体常下沉于底部，其中又分为下沉分散型和下沉结团型。前者经摇动后藻丝体能均匀分散，而后者虽经摇动，仍呈絮状或结团，藻液分明。这种情况在大量生产培养中，藻丝体的繁殖生长要受到影响。螺旋藻的沉浮特性比藻体的形态学特征更具有稳定性，即虽经累代培养亦极少发生变异。

2.4.2　在固体培养基上的形态学特性

螺旋藻在平皿琼脂（0.8%）的固体培养基上生长 5 ～ 10 天后，藻丝即表现为从定植点向四周呈运动性扩散生长。新增殖的藻丝因生理小种（株）的不同而呈现形态上的差异。

在固体培养条件下，螺旋藻的形态有多种类型的变化（表 2.5 和图 2.9）。其一是盘成圈状，藻丝本身变圆弧直，且十分紧密，如 Sp.A ；有的则较疏松，如 Sp.B ；其二是藻丝无异样变化，与在液体中培养相似，如 Sp.C ；其三是藻丝变直，成纤维束状排列，如 Sp.E 和 Sp.F；其四是不盘圈、不变直条，但螺旋较松散，藻丝比液体中生长时长 3 ～ 10 倍，如 Sp.G。

表 2.5 螺旋藻在固体培养基上的形态（温度 28℃）

藻株	形态特征
Sp.A	盘成蛇形同心圆，多层圈，较紧密
Sp.B	绕成疏松的同心圈
Sp.C	藻丝呈原样、不盘圈
Sp.D	藻丝变直或微弯，多数不盘圈，丝体间空隙大
Sp.E	不盘圈，藻丝变直，且成束状
Sp.F	不盘圈，藻丝变直，成束状分布
Sp.G	藻丝呈螺旋状，疏松，藻丝可达 40 旋以上

注：Sp.G（*S. jenneri*）系中国农业科学院农业微生物研究所从德国引进

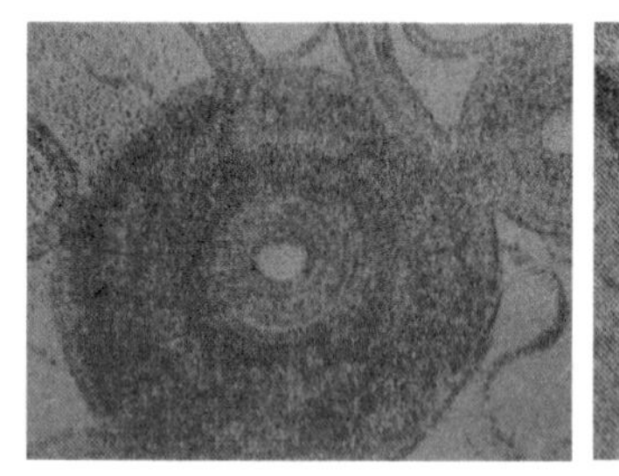
Sp.A

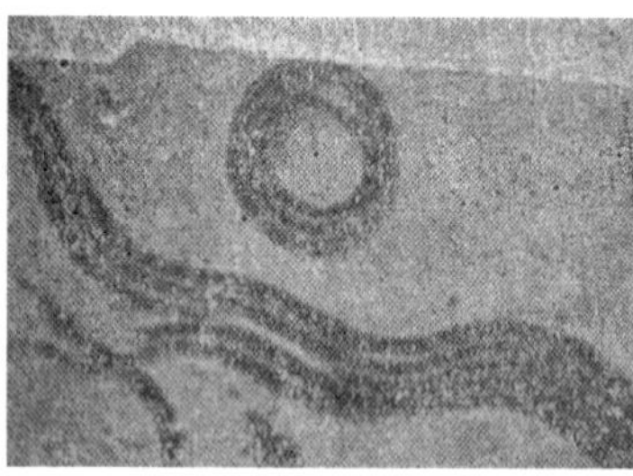
Sp.D

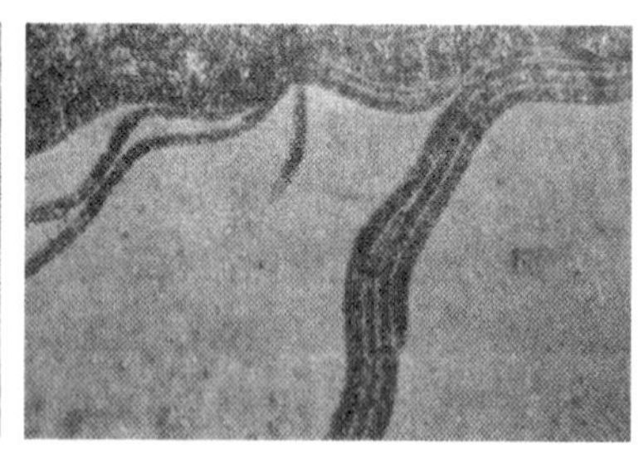
Sp.E

图 2.9 螺旋藻在固体培养基上的形态

螺旋藻在固体培养基上的形态比较稳定，可否作为种或变种鉴定的一项形态学指标，可以进一步讨论。

2.5 生态习性与形态学变化

螺旋藻是一种在自然界可以广泛生存的生物有机体，只要它所需要的碳酸盐营养物存在，它的适生环境可以有很大的不同，如在土壤中、沼泽地、污水中、海水中、温泉和淡水中，均可以栖息生存和繁衍（图 2.10）。*S. platensis* 和 *S. maxima* 是螺旋藻的典型代表种，它们广泛栖生于非洲和中美洲某些碱性湖沼中。Itlis 曾对这种碱性湖沼的浮游植物作了广泛深入的调查（表 2.6）。

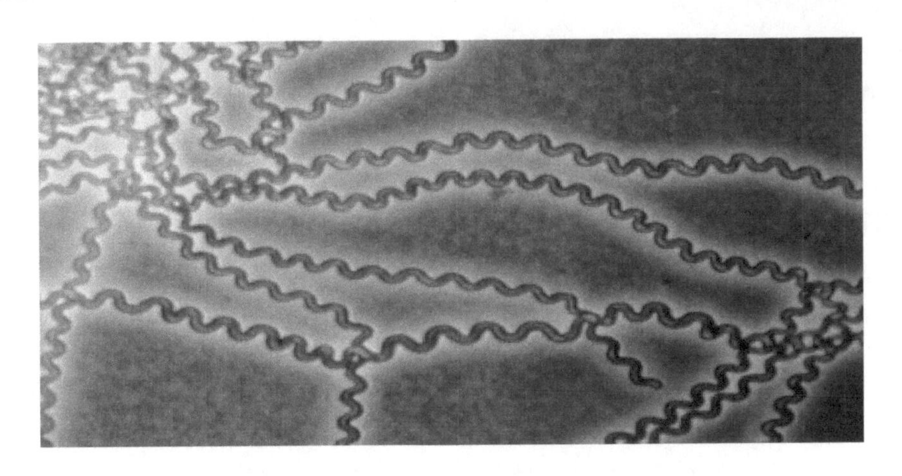

图 2.10　螺旋藻藻丝体经历 2 ～ 3 个生长周期（静态培养）后的形态

表 2.6　螺旋藻的原生态环境与盐碱度

藻种	湖沼范围（km^2）	最大深度（m）	pH	盐浓度（mEq/l）$HCO_3^- + CO_2$	生长丰度（%）
S. platensis 栖生地乍得	0.75	1.5	10.2 ～ 10.4	/	主导藻种占生物质 82% ～ 100%
S. platensis 栖生地乍得	/	2.5	9.7 ～ 10.2	146 ～ 217	主导藻种占生物质 93%
S. platensis 栖生地乍得	/	2.0	9.7 ～ 10.2	45 ～ 67	适生季节主导藻种占生物质 2% ～ 70%
S. Platensis 栖生地埃塞俄比亚	0.8	6.4	9.6	51 ～ 67	主导藻种但呈季节性变化
S. Platensis 栖生地埃塞俄比亚	0.8	4.5	10.3	51 ～ 67	主导藻种占生物质 98%
S. Platensis 栖生地肯尼亚	33	8.5	9.8 ～ 10.3	480 ～ 800	主导藻种常年生长
S. platensis 栖生地埃塞俄比亚				10 ～ 10.8	在适生季节占生物质 97%

按照碳酸盐和碳酸氢盐的盐浓度水平，这些水体可以分成 3 种类型。

（1）盐浓度低于 2.5g/L 的湖水，绿藻纲（Chlorophyceae）、蓝藻纲（Cyanophceae）和硅藻纲（Diatomeae）类的微生物群体得以生存。

（2）盐浓度在 2.5 ～ 30.0g/L 范围内时，蓝藻纲群体，包括集胞藻属（*Synechocystis*）、颤藻属（*Oscillatoria*）、螺旋藻属（*Spirulina*）和项圈藻属（*Anabaenopsis*）等的生物占主导地位。

（3）在盐浓度超过 30g/L 的碱性湖沼中，螺旋藻成为湖中唯一能生存，并且几乎达到高纯度的生物群体。据 Ciferri 报道，*Spirulina platensis* 甚至在 85 ～ 270g/L 极高重碳酸盐浓度中，都发现能生存。盐浓度在 20 ～ 70g/L 的范围甚至是它的最佳生长条件。培养液的 pH 和电传导性愈高，螺旋藻生长的主导优势愈明显。Ciferri 报道了对于两座湖泊的调查研究资料，一是 Rombu 湖，湖水的 pH 高达 10 ～ 10.3，盐浓度高达 13 ～ 26g/L，另一座是 Boudou 湖，pH10.2 ～ 10.4，盐浓度高达 32 ～ 55g/L。调查研究结果显示：盐浓度对于 *S. platensis* 群体主导优势的建立起着直接的作用。在 Rombu 湖中，蓝藻在浮游植物的群体中所占比例小于 50%，其中 *S. platensis* 虽占绝大部分，但不是唯一存在的藻种；而在 Bodou 湖中，*S. platensis* 至少占到总生物群体的 80%，而且几乎是唯一的藻种。类似的情况有如东非的 Rift valley 碱性湖，埃塞俄比亚的 Kilotes 湖和 Aranguadi 湖，其 pH 甚至高达 9.6 ～ 11.0，且盐成分主要是 Na_2CO_3。这里，螺旋藻 *S. platensis* 差不多是唯一存在的微生物。

蓝细菌螺旋藻具有超强的抗紫外线特性。在 36 亿年前地球演化生命的早期，由于没有臭氧层保护，早期生命体处于紫外线辐射的环境中，于是演化出能吸收紫外辐射的胞外脂质鞘，于是螺旋藻具有了避免剧烈辐射（紫外线辐射波长 190 ～ 310nm）滑膜以及紫外线诱导的修复损伤 DNA 的生化系统。关于螺旋藻对于光、温等其他方面的生长习性，作者在后面各章节中还将进行深入的讨论。

螺旋藻在形态学方面常因培养环境条件的改变而发生变化或变异，这种情形尤其容易发生在人工控制的条件下。在实验室藻种分离培养的过程中，往往有直条形藻体的出现，这种情形有的是自然生成，有的是因环境条件的改变而发生，如培养液营养成分的变化，连续培养温度的变化等引起藻丝体形态的改变。

螺旋藻藻丝体的螺旋形态只有在它适生的培养液中得以保持稳定。在实验室培养和大面积生长培养中，当培养液成分（大营养或微量元素）由浓变稀时，藻丝体会从螺旋体逐渐变成舒缓螺旋形，甚至会变成大弧形和直条形（图 2.11）。

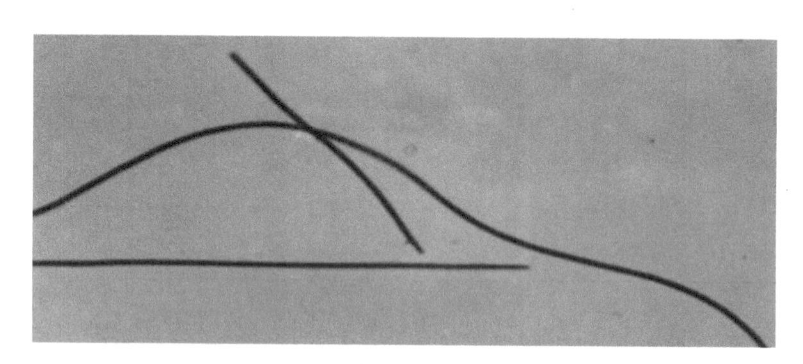

图 2.11　在老化的培养液中 *S. platensis* 最易出现直条形的藻体

但有趣的是，这种变化仅限于藻丝体形态的变化，而未见有异型细胞的发生。据中国科学院武汉水生生物研究所黎尚豪先生等观察研究，这种直条形只发生形态方面的改变，而不改变其生理特性和细胞结构，甚至生长繁殖速度也未见降低。然而，螺旋藻被移置在固体基上培养生长时，增加培养基的营养浓度，例如，在琼脂平面上加注若干营养液滴，藻丝体即能很快从大弧形或平直形，转变成密纹螺旋形。

据 Van Eykelenburg 等研究，螺旋藻在固体培养基上生长时，从盘圈形到螺旋形的转变，很可能是与空气接触的培养基表层某种必需营养物的减少，以致螺旋藻藻体细胞黏肽葡聚糖（peptidoglycan）表层的寡肽（oligopeptides）发生了水合作用或者脱水作用造成螺旋形态的改变。

列文（Lewin）曾以分离到的一根单体藻株（*S. platensis*）进行纯培养，作为实验观察对象（该藻株采自加利福尼亚沿海地区的一座盐碱湖）。藻丝体宽 8 ～ 10μm，藻细胞纵壁长 4 ～ 10μm，藻的螺距为 110μm，螺距与螺旋宽之比 1 ∶ 2。原种的螺旋形态特征稳定，细胞中含有丰富的空泡，但经静置培养几个月以后取样观察，在一些培养皿中可见到一些与原始分离藻株显然不同的螺旋形态。藻丝体大体上出现 3 种形态，螺旋宽相差近一倍，有 55μm 和 25μm 两种；其中甚至出现了为数较多的直条形或大弧形，而且已无再还原成螺旋状的可能性。

Bai 和 Seshadri 也曾对一株取样于 Madurai 湖的梭状螺旋藻 *Spirulina fusiformis*，进行了实验室培养观察，也发现有 3 种变异形态：一种是 S 形，藻丝体盘曲较为规则；一种是 C 形，藻丝体呈纺梭状，螺旋致密；还有一种呈 H 形，藻丝体成哑铃状，螺旋致密。据观察，这些形态很容易从一种形态变成另一种形态。研究发现：在强光照、高营养浓度的培养条件下，S 形常易变成 C 形；在强光照、低营养浓度的培养条件下，则会促使 C 形变成 H 形。这种形态学的变化现象被认为是螺旋藻的多态性。

2.6　藻丝体具有生长动力学特性

2.6.1　螺旋藻的活动性观察

螺旋藻的螺旋形藻丝体，具有完美的整体性，在生长旺盛的培养液中，能作微伸缩或扭转活动，常沿其螺旋轴心呈纵向扭转伸缩滑行，藻体端部有时会做缓慢或突发式摆动（图 2.12）。生长旺盛时藻丝体群集，活动尤为明显。笔者曾在实验室做一小试，当在培养皿中用滴管加注一滴酒精后，立即可见到全部藻丝体在翻转运移，用高倍显微镜观察测定，藻丝体的伸缩平均速度为 98μm/min。

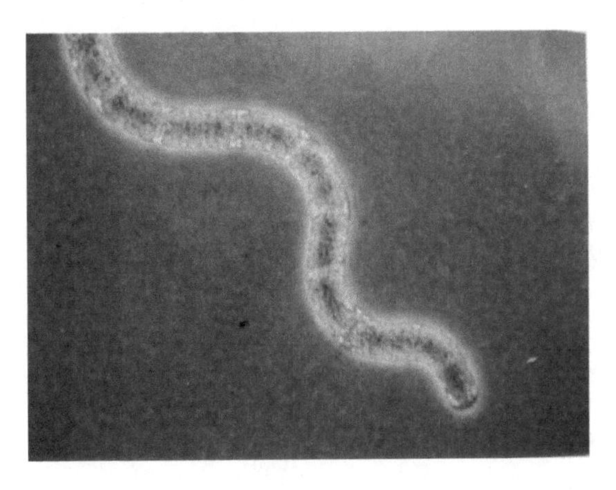

图 2.12　在光学显微镜下可进行螺旋藻细胞膜的“折光”观察

螺旋藻的运动性因生理小种（株）不同，而有很大差异（表 2.7）。如 Sp.A 的运动性快达 7.03μm/s，Sp.E 为 2.01μm/s，其余各藻株微动或不动。

表 2.7　螺旋藻藻体的运动性观察（温度 28℃）

藻株	运动性（μm/s）
Sp.A	7.03
Sp.B	＜ 1.62
Sp.C	＜ 0.10
Sp.D	＜ 0.01
Sp.E	2.01
Sp.F	＜ 0.01
Sp.G	不运动

注：Sp.G（*S. jenneri*）系中国农业科学院农业微生物研究所从德国引进

螺旋藻的运动性可能与藻体表面结构有一定关系。一般认为，颤藻是以扭转方式滑行。经观察，在细胞壁的外向膜层与胺糖肽之间，存在有平行排列的连续的纤丝层，它与外向层的内向表面连接着。细胞壁内的纤丝系统是其具有运动性的机制。

螺旋藻的生物量增长到了一定程度时即停止。这种限度是其生物学潜力所决定的，而培养藻的生长群体的发展，则随环境的不断变化而变化。

在典型的批量同步培养制式中，螺旋藻的生长过程经历不同的阶段：①适应阶段（迟缓生长期）；②指数生长阶段（对数生长期）；③线性生长阶段；④生长变慢阶段；⑤相对静滞阶段；⑥细胞衰变阶段。

螺旋藻在各个阶段上生长的理想曲线如图 2.13 所示。实际上，每个生长阶段并非都是那么划一典型。螺旋藻在各个阶段上的生长情况所表示的正是藻群体对于环境条件的变化做出的反应：接种物（藻的原种）强弱，实际采用的培养方法，培养液的营养成分，光照强度等，都对藻的生物量生长有着重要的影响。

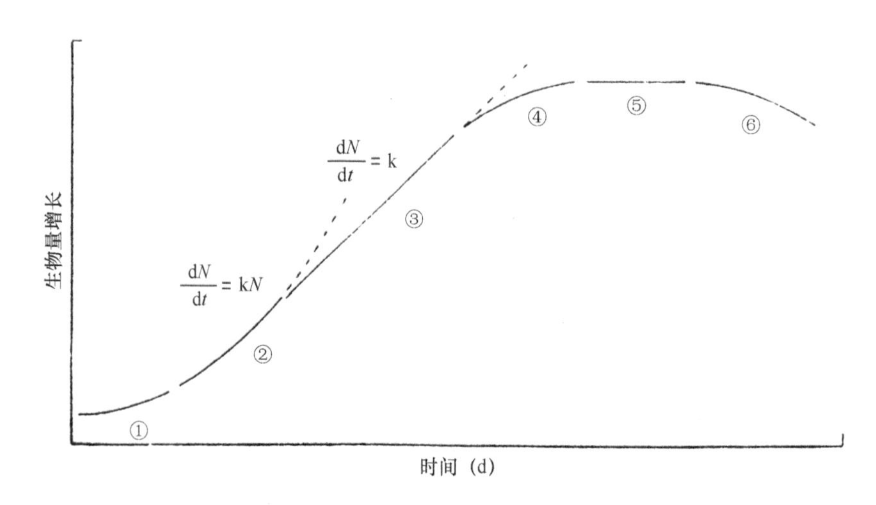

图 2.13　螺旋藻在各个阶段上生长的理想曲线

培养藻在适应阶段，藻体只是依着改变了的环境条件而驯化。生长速度在起初是缓慢的，随着培养时间的推移，藻的繁殖速度变得愈来愈快。到第二阶段，即指数生长阶段，旺盛生长的培养藻已经完全适应了它的环境。这时光照强度转变为非限制性条件。由于藻对营养成分的吸收而使培养液盐浓度发生的变化，对于藻的继续生长所产生的影响，此时也可以忽略不计。

在一个光照与营养条件不受限制、完全不同步的培养池中，藻在单位时间内的生物量（即以干重、细胞数、光学密度、PCV 等表示的量值）的增长，与某一任意时间内群体的生物量成正比。如以 N 表示在时间 t 内的生物量，则可用如下公式表示

$$\mathrm{d}N / \mathrm{d}t = \mathrm{k}N$$

这里，比例常数 k 即是最大有效生长率。k 值还可以这样表示

$$\mathrm{k} = 1 / t \times \ln(N / N_0)$$

公式中 N_0 表示为时间 t_0 时的生物量数量。

我们通常最感兴趣的是藻类群体中生物量加倍时的生长期区间。以 $N / N_0 = 2$ 的比率代入以上公式，其相应的翻番时间以 t_d 表示：则得：$\mathrm{k} = \ln 2 / t_\mathrm{d}$，这个公式具体显示了 k 和 t_d 之间的相互关系。

螺旋藻在指数生长期内的生物质数量，可以用下式表示

$$N = N_0 2t / t_\mathrm{d}$$

这时的生物量所表示的是藻细胞在一定条件下的最大繁殖能力。当其处于稳定状态时，增长值 $\mathrm{d}N/\mathrm{d}t$ 与群体的过量生长数 D 正好相抵消。

$$\mathrm{d}N/\mathrm{d}t = \mathrm{k}N - \mathrm{D}N = 0，即\ \mathrm{k} = \mathrm{D}$$

螺旋藻在稠密培养时所经过的第三个重要生长阶段就是线性生长阶段。在这一时期内，藻细胞成倍增殖，达到相互叠幛的程度，并开始大量吸收入射光。其结果是有效生长速度减慢，而藻的生物量呈线性增长。其平衡式为

$$\mathrm{d}N / \mathrm{d}t = \mathrm{k}$$

这种线性生长阶段一直可延续到培养液内某种营养成分消耗殆尽时，或者培养藻的呼吸作用受到抑制时才会停止。在培养液营养丰富，藻细胞保持良好的生长状态时，这种线性生长阶段可以保持许多天。

第四阶段，即生长变慢阶段，藻的生长曲线从高原走向低下，每个藻细胞的受光量逐步受到限制，而呼吸作用逐渐加强。藻细胞内的合成物质，由于氧化裂解作用，使生物量的恒增值这时发生下降。其时的生长曲线渐渐接近于藻生物量最大可生长浓度的限值。

第五阶段，即相对静滞阶段。此时藻生物量的最大浓度与其降解过程的损失之间达到了均等。这一阶段不似以上几个阶段那么清楚分明，它是以培养物的缓慢增加的状态而进入到该期的。

最后阶段，即细胞衰变阶段，藻细胞逐渐衰变甚至死亡。这时与培养藻同步发生的异生杂藻开始滋生，衰变的藻细胞释出有机物质，且通常以藻的生长抑制性物质释放进培养液内。造成这一阶段发生的原因有：不利的环境条件，培养藻的过量放养，光照与营养物的供给受到限制，或是藻体受到其他微生物的侵害等。

2.6.2 螺旋藻不同藻株的上浮率

螺旋藻在静态培养时藻体的上浮率与不同藻株的生物学特性有关，上浮力强的藻株其藻体细胞中的气泡较多，生长优势亦较强，表现为较好的生产性能。螺旋藻在动态培养时，即在大生物量生产培养时与光照强度、藻龄、藻丝长短、培养液配方等因素有关。经农业部课题组测试的6个藻株，表现出不同的上浮力和上浮率。其中Sp.D、Sp.F、Sp.B藻株的上浮能力较强，上浮率在60%以上，Sp.D藻株上浮率最高达92%（图2.14）。

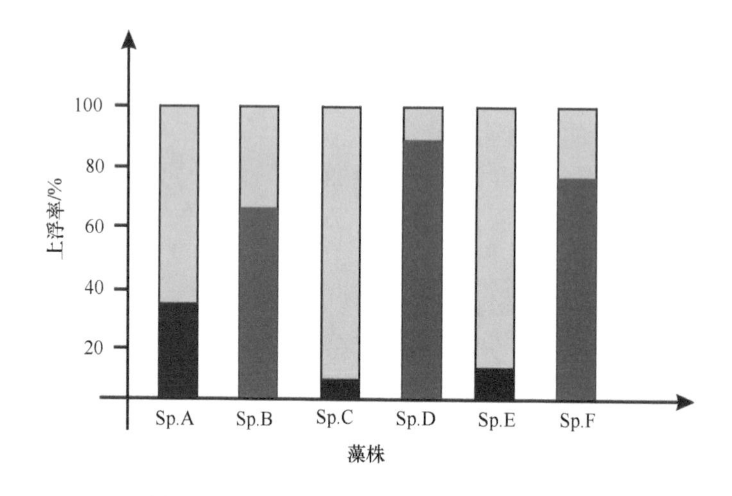

图2.14 螺旋藻不同藻株（系）上浮率比较

在藻的大生物量生产实践中，选用上浮能力强的藻株，加强对培养液的搅动与驱动力，主要是促使全部藻细胞进行光合反应，同时还能释放溶解氧，这对于提高藻生产的收获与产品质量有很大的关系。

第3章

螺旋藻生长繁殖的生物学机制

3.1 光合作用机理

绿色植物的光合作用是地球上最宏大的化学反应（图 3.1）。地球表面每年接受的太阳辐射能大约为 5.5×10^{23} kcal，或大约 10 000 kcal/（cm^2· 年），其中有约 67 000 kcal/（cm^2· 年）可用于光合作用或其他消耗。但实际上地球在一年中的太阳光能转化利用平均只有 33 kcal/cm^2，这意味着光合作用仅仅转化了有效能量的 1/2000，所以实际的光合效率（贮藏能 / 吸收的辐射能），仅达到万分之几。尽管如此，整个地球绿色植物每年的光合作用仍将 2×10^{11}t C 从大气中的二氧化碳转化到生物质的基本单元糖中去。对于大多数光合作用生物产率的估算表明，地球上至少有一半甚至可能高达 80% 的光合作用发生在水（海水、淡水）环境中。

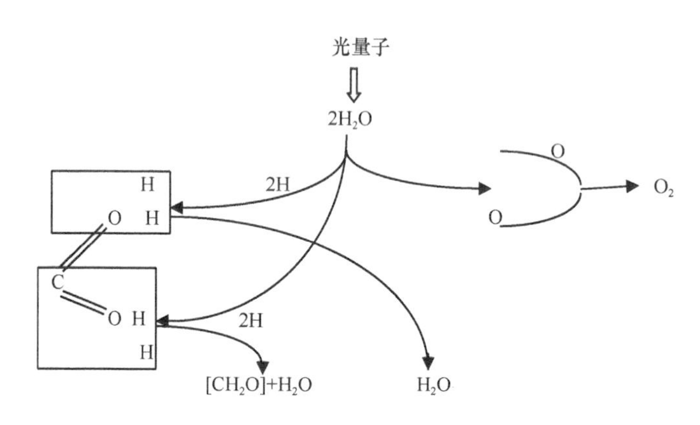

图 3.1　藻细胞光合反应的径路示意

在自然界的绿色生物中，发生在 35 亿年前的微藻螺旋藻生物具有最强大的光能转化力，其光合转化率高达 15% ～ 18%，而人类赖以为主食的禾本科植物 C_3 作物（小麦、水稻等）光能转化率仅为 1% 左右，即如 C_4 作物（玉米、高粱、甘蔗等），其光能转化率仅可达 3% ～ 5%。

绿色 C_3 植物（包括水生螺旋藻）细胞中的叶绿体（质）是光合作用的基地。叶绿体中含有多种参与二氧化碳固定的酶，其中最主要的是磷酸核酮糖（RuBP）羧化酶（Rubisco），其主要功能是催化二氧化碳与磷酸核酮糖相结合产生磷酸甘油酸（PGA），这是绿色植物细胞在光合作用 Calvin-Benson 循环中第一个稳定的产物。这个三碳化合物，随后被 ATP 和 NADPH 还原为三碳糖，两个三碳糖合成为一个已糖（六碳糖），进一步可被转化为巨大的多聚糖淀粉。

螺旋藻是靠光量子和二氧化碳以及硝态氮或铵态氮等无机盐为主要营养的自养生物，但其光合作用的机制与特性却是高等植物的 C_3 途径类型。螺旋藻依其唯一的叶绿素 a 和若干种辅助色素，将太阳热核聚变反应释放到地球上来的辐射能——光量子，迅速捕获在细胞中，随即将二氧化碳和被光能裂解的水，在细胞内经过复杂的化学反应，还原生成碳水化合物糖（$C_6H_{12}O_6$）贮存起来（6 个 CH_2O 分子生成一个葡萄糖分子）。在光合反应过程中，氧作为副产物被释放。

$$nCO_2 + nH_2O + \text{光能（光量子）} \xrightarrow{\text{蓝菌藻}} nCH_2O + nO_2\uparrow$$

生物的积累与消耗总是同时发生。与之相反的是藻细胞的呼吸作用，这些生成的碳水化合物在呼吸作用过程中又可被氧化转变为 CO_2 和 H_2O，但此过程中存贮的能量可释放出来供藻细胞所利用。

$$nO_2 + nCH_2O \longrightarrow nCO_2 + nH_2O + \text{能量}\uparrow$$

由于螺旋藻光合作用的最强速率往往是其呼吸作用最强速率的 10 ～ 20 倍，所以藻的生物质在藻体中积累之快甚至超越绝大多数陆生植物。

20 世纪 70 年代，科学家在植物光合作用机理研究中的一个重大发现：在 C_3 植物（尤其是微藻螺旋藻）中，其核酮糖 -1,5- 二磷酸羧化酶 / 加氧酶，简称 Rubisco，是一种双功能酶。它在高浓度 CO_2 或碳酸根离子环境中，表现为亲和 CO_2，催化 RuBP 羧化反应，实现光合产物的积累；但同时，它如在富氧环境中还表现为对于氧的亲和力，即起到加氧酶的作用，使藻体生成的生物质发生逆转或负增长。

Rubisco 存在于包括螺旋藻在内的所有光合自养生物中，它作为一种高度可溶性蛋白存在于叶绿体间质中。在藻体中占总可溶性蛋白 50% 以上。Rubisco 为地球上生命有机物的制造起到重要的发动机作用。

顺此理论，20 世纪 80 年代，微藻科学家在开发研究中还进一步发现：微藻螺旋藻培养过程中，在生物质形成机制中，促使 RuBP 羧化反应的先决条件是：在培养环境（大池或管道式）培养液中，必须始终保持 CO_2 的分压绝对值超过氧分压，即：$pCO_2 > pO_2$，也就是 RuBP 酶必须处在高浓度的 CO_2 包围中（图 3.2），才有积极的光合作用和光合产物积累。

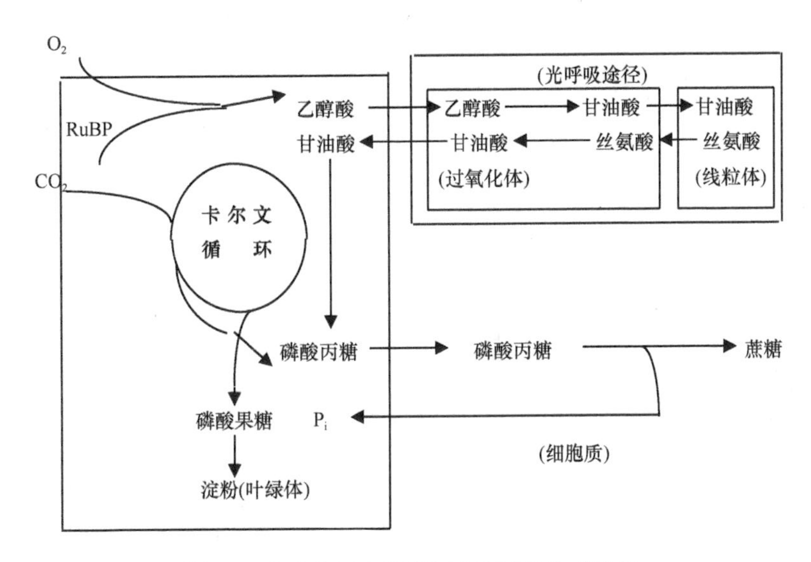

图 3.2　光合作用中的碳循环和糖原生成途径

在实践中，藻细胞在实验室常规培养中或在实际的大池生产培养中，在光合作用的开始阶段（一般在清晨 7:00 时），此时 $pCO_2 > pO_2$，在经过了最初旺盛的 RuBP 羧化反应后，释放出大量的氧分子。这时一部分氧分子逸出到空气中，一部分开始溶解于培养液，而且其浓度很快发生蓄积（尤其是在全封闭的管道式培养中），这时会立即发生 $pO_2 > pCO_2$，即微藻在光合作用过程中，培养液中 CO_2 和 O_2 的相对浓度此时的比值严重逆转，甚至培养液中的溶解氧（dissolved oxygen，DO）饱和度很快会达到 400% 的高浓度，于是加氧反应占据优势，RuBP 表现为加氧酶的功能。在此情况下，如不及时采取驱氧调控等措施，微藻的光能转化效率迅速降低，藻的生物产率出现负增长。

在这种情况下，RuBP 因被氧化产生一分子的乙醇酸（含两个碳原子）以及一个分子的 PGA。所以在此反应严重发生时，藻细胞就没有净碳固定，也就没有净生物量积累，这种情形以往被称为光呼吸作用。即在消耗氧的同时，放出二氧化碳。于是在 C_3 植物螺旋藻中有相当一大部分经光合作用固定的碳，在光照下严重发生降解。光呼吸作用发生时甚至会丢失光合作用过程中所同化碳的 25% ～ 40%，严重妨碍生物产量的积累。

3.2 藻细胞的生理学特征

螺旋藻是一种超级光合放氧生物，也是生物质积累最快的生物。与绝大多数蓝藻一样，是一种专性光能自养生物，其藻细胞的叶绿素蛋白质分子体系具有光能的高效吸收、传递和转化机制。螺旋藻含有大量捕光色素团。第一类是叶绿素 a 和藻红素，吸收蓝光和红光；第二类是类胡萝卜素，吸收蓝光和绿光，其中最多量的是 β-胡萝卜素；第三类是藻蓝素，吸收绿光、黄光和橙光。此外，螺旋藻还有丰富的 C- 藻蓝蛋白色素等。这些藻色素作为螺旋藻的"捕光天线"，可被不同的光波激活，起到捕获和收集光量子的作用，并且作为藻细胞光合作用的第一步反应，迅速传递到叶绿素分子的反应中心去。

与大多数陆生高等植物一样，螺旋藻在最适生态环境中高密度生长的情形下，它的光合放氧速率达到 1.2 ～ 2.4g O_2/（$m^2 \cdot h$）。1973 年，Melack 曾对天然生长、单种繁殖的 *S. platensis*（Nordst）Geital 的光合活性与生长情况作了测定。测定的结果表明，螺旋藻在最适环境条件下光合活性十分显著，以瓶容法测定的光合放氧速率可达到 12 900mg O_2/（$m^2 \cdot h$）；表面放氧率达 620 ～ 5220mg O_2/（$m^2 \cdot h$）；在这种情况下，螺旋藻生长繁殖的代时数仅 8.9h。可见其生长繁殖与光合效率之高远超过一般高等植物。

螺旋藻从低光照条件下的呼吸作用释放 CO_2，到光照逐渐加强，光合作用发生并吸收 CO_2，此刻的光强临界点称为光补偿点；藻丝体从低光照强度的光合速率，逐步上升到某一高光照强度时的最高光合速率时，此刻，即已到达光饱和点。光合速率开始达到最大值时的光强称为光饱和点。光饱和点以后持续增强的光强，反而造成 CO_2 的限制吸收阶段——光呼吸作用发生。

不同藻种（株、系）的光强 – 光合曲线不同，光补偿点和光饱和点有较大差异。据施永宁和陈善坤（1989）对 Sp.D，Sp.E 和 Sp.F 3 个藻株进行的光合速率（光合放氧）测定结果（表 3.1）看：在弱光 3000lx 光照中，3 个藻株的光合速率≥ 1.98mg O_2/［g（干重）· min］，随着光照的增强，藻株的光合速率加快，它们的光饱和点均为 15 000lx；超过此光饱和点以后，随着光照的继续增强乃至在较大的变幅范围内（该试验测至 60 000lx），藻群体光合放氧活性（≥ 5.92 mg O_2/［g（干重）· min］）可一直保持高原曲线，表现出藻细胞对于强光具有显著的稳定性。同时，微藻的光补偿点和光饱和点不是固定的数值，它们会受外界条件的变化而变动。测定的 3 个藻株的光饱和点与光补偿点还随培养期内环境经受的光照强弱而有不同，如午间光照强度为 15 000lx，其光饱和点为 15 000lx，光补偿点为 1000lx；如午间选用 2000lx 的光照环境，其光饱和点降为 8000lx，光补偿点降为 200lx。螺旋藻的这种光合特性使它能很好调节适应不同的光照生态环境。

表 3.1　3 个藻株的光合放氧曲线

光强	光合速率（mg O_2/［g（干重）· min］）		
klx	Sp.D	Sp.E	Sp.F
60	5.96	5.76	5.26
30	5.94	5.69	5.23
20	5.92	5.46	5.30
15	5.88	5.43	5.11
10	5.23	4.77	4.46
8	4.63	4.33	4.09
5	3.42	3.02	3.49
3	1.98	2.02	1.66
1.0	0	0	0
0（黑暗）	–0.47	–0.45	–0.45

螺旋藻在自然光照条件下培养生长时，藻细胞对光照强度的依赖性和选择性不是很严格。据农牧渔业部螺旋藻协作组和江西省农科院科技情报研究所（1985）研究测定：螺旋藻饱和光强度处于 10 000 ～ 15 000lx 的范围，光合放氧的曲线高原可持续至 55 000lx，半饱和光强为 3500lx，光合作用的补偿点为 300lx，与之对应的是光能转换率的变化；在光合速率趋于线性高原时，光能转化率的最大值可达到或超过 10%（图 3.3）。

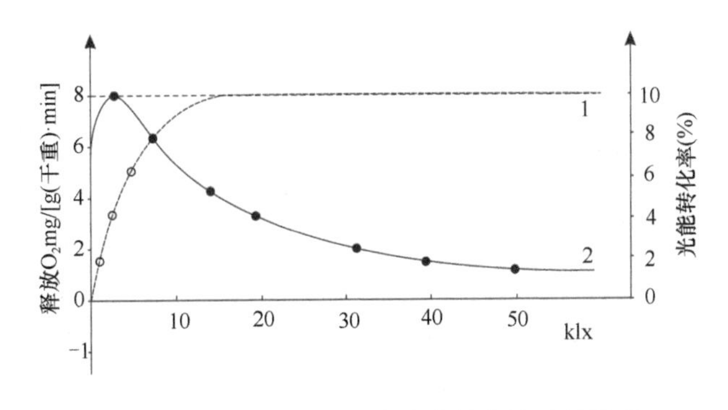

图 3.3　螺旋藻光合放氧与光能转化的函数关系

令俄罗斯生物学家沙林卡瓦不解的是：随着光强持续至 55 000lx 高原时，尽管光合放氧仍在持续，但光能的有效转化率却逐渐降低至 1.8%

其实以上试验，沙林卡瓦等人还应持续不断地进行下去，此时可以测定到，培养液中的溶解氧已严重蓄积，只需降低饱和光强度，加强搅动排除溶解氧，藻的光合作用还有进一步上升空间。

螺旋藻在持续培养情况下，光合放氧的出路有二：一是向空中逸出，二是溶解于培养液。在培养液中的溶解氧随放氧速率的递增而蓄积增多，出现了 O_2 的相对浓度超过了 CO_2 的浓度，即 $pO_2 > pCO_2$。相对应的是，磷酸核酮糖羧化酶被抑制，加氧酶 Rubisco 显著活跃，并迅速在逆转光合作用及其产物，于是光能有效转化率会衰减。

对螺旋藻光合特性的进一步研究表明：螺旋藻在不同的光质下具有不同的量子产量（quantum yield），即吸收一个光量子所能引起的光合产物的增量，如放出的氧分子数与固定碳的分子量。

研究测定：不同藻种（株、系）的净光合速率，即有不同的生物量生长速率（表 3.2）。与其他高等植物一样，螺旋藻的吸收光谱都是在可见光光谱的范围内，即 390 ～ 760nm，但在相同的光照强度下，以红光的净光合速率的生长速度最佳，白光次之，蓝光和绿光的净光合速率只有红光的 50%，其生长速度也近乎红光的一半，这是由于螺旋藻的叶绿素 a 在常温下的吸收光谱为红光区 675 ～ 760nm。这表明与螺旋藻对于红光的比吸收系数有关，也与光合有效辐射中红光每个光量子所带能量最小的事实相一致。对于红光在这方面的研究，20 世纪 40 年代爱默生（Emerson）等发现：波长 ≥ 700nm 的远红光虽然被叶绿素吸收，但量子产量却急剧下降，如果同时配用上一个波长 ≤ 680nm 的红光，则量子产量呈加倍增长。这种在长波红光之外再加上较短波长的红光，对加强和促进光合效率的现象被称为双光增益效应，这在藻的生产实践中极有意义。

表 3.2　不同光质对螺旋藻净光合速率和生物量形成的影响

光质处理	净光合速率 μmol O^2/［g（鲜重）· h］	平均生物量（200ml 藻液中藻的干重 mg）	差异显著性	
			0.05	0.01
红光	150.0	52.64	a	A
白光	112.5	32.26	b	B
蓝光	70.0	28.30	c	BC
绿光	75.0	24.88	c	C

注：上表中生长速率的测定选用 Sp.A 藻种，起始光密度（optical density，OD）0.07，Zarrouk 配方，光强 1100lx，培养 7d

3.2.1　不同藻株生长特性的评价

我国幅员辽阔，从内蒙古沙漠气候到海南岛海洋性较强气候，地域与水土环境差别很大，但最近 20 年螺旋藻的生产实践证明，藻种的生长适应性较强。生物量丰产期大多在 5 ～ 10 月，所以选育与驯化具有不同生物学特性的藻株（系）有十分重要的意义。

为了解藻株适应本地自然条件下的生长习性，农业部课题组于 1986 年 5 ～ 9 月进行了藻种生长速度的观察与比较试验。

由图 3.4 可见，Sp.E、Sp.D 和 Sp.F 藻株的生长速度较 Sp.A、Sp.B、Sp.C 藻株稳定，净生物产量随培养时间而提高。Sp.D 不仅生长快，干物质产量高，而且起繁温度低，在日平均温度 24℃时仍能较快生长。Sp.A 藻株要求的温度稍低，在温度 24℃时起繁生长速度加快，但随着温度的提高，生长慢于其他藻株。

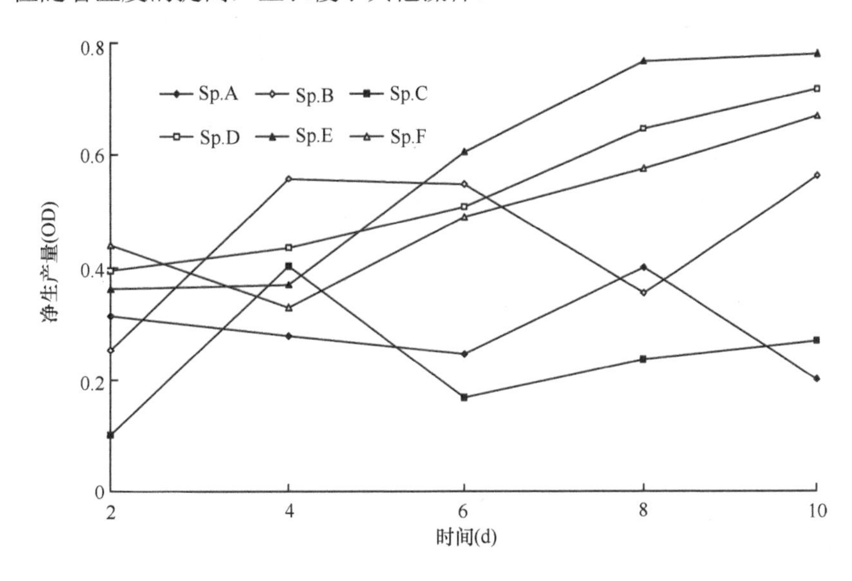

图 3.4　6 个藻株生长速度比较

表 3.3　各藻株日生长速度（用 OD 表示净生产量）

藻种	15/10	16/10	17/10	18/10	19/10	20/10	21/10	22/10	23/10	24/10	25/10	26/10	27/10
Sp.D	0.35	0.49	0.77	0.64	0.74	0.79	0.90	0.97	1.00	1.14	1.23	1.28	1.30
Sp.E	0.35	0.47	0.60	0.57	0.66	0.74	0.81	0.82	0.87	1.00	1.08	1.12	1.18
Sp.F	0.35	0.46	0.63	0.62	0.70	0.75	0.84	0.89	0.90	1.10	1.15	1.26	1.28

3.2.2　藻细胞生长繁殖速率与生态环境因子呈正相关

温度、光照与营养盐浓度对于藻细胞生长具有动态的消长关系。

3.2.2.1　温度

温度是藻细胞生理活性最重要的生物化学反应条件。温度对于藻细胞的生理活性和代谢作用乃至藻生物质的生成有两方面的影响作用。一是影响藻细胞一系列生理反应的速率和代谢活性，如酶的活性、细胞膜和质膜的渗透性；二是影响其细胞成分，如蛋白质、类脂物和多糖的生成。

螺旋藻是一种嗜温生物，藻细胞生长对于温度的依赖性直接关系到它的指数生长相。试验证明当温度低至15℃时，其净光合速率几乎为零；当培养液温度达到或超过30℃时，藻细胞光合放氧旺盛，此时藻细胞呈线性生长速率生长。

据巴黎大学Zarrouk（1966）对螺旋藻最早测定的最适温度（液温），须在35～40℃。Richmond（1986）的试验，确定藻细胞在饱和光强度以内最适宜温度为35～37℃，40℃持续高温即对藻细胞生理活动产生阻抑，43℃时产生伤害。

对此，施永宁和陈善坤（1989）进一步试验温度对于螺旋藻藻细胞光合速率的影响作用。

图3.5表明，在15℃的低温下，螺旋藻的净光合速率接近于零。随着温度的升高，光合速率亦不断提高。其中照光后的前6min，以39℃时的光合速率最高，但在温度升至42℃时，光合速率反而明显下降；照光6min后的光合速率以36℃时最高，温度升至39℃时的光合速率仅为照光前6min光合速率的62%，因此，在温度超过39℃时，光合速率随着光照时间的延长而迅速下降，不但培养藻停止生长，而且高温会对藻细胞造成伤害。温度高至48℃时光合速率降低至17%，此时，藻丝体发生大量断裂，随即便是细胞分解。

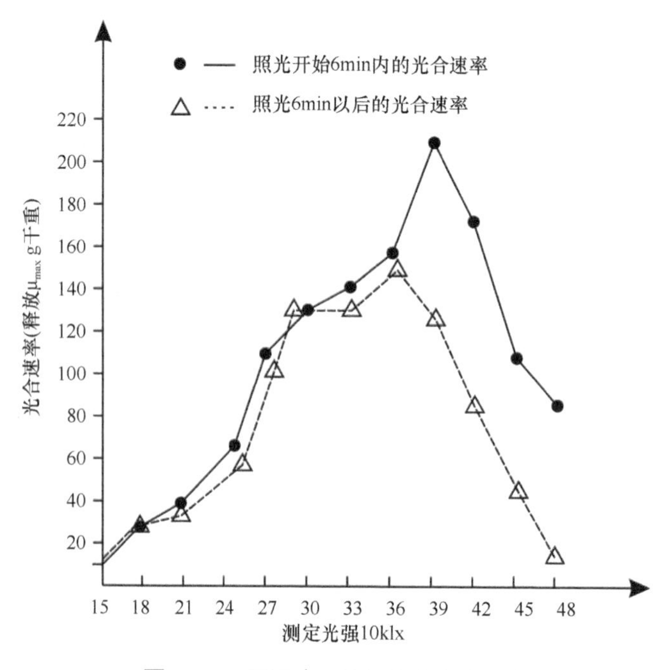

图3.5 不同温度下的螺旋藻光合速率

农业部螺旋藻协作组曾试验不同温度对于螺旋藻光合速率的影响。藻细胞分别在20℃、25℃、30℃、35℃、40℃和5000lx光照强度下连续培养18h，在560nm波长下测定光密度，经试的6个藻株在不同温度下，藻的比生长速率的变化趋势基本相同，均以

35℃时比生长速率为最高，在 20℃时比生长速率最低。在螺旋藻的大面积大池生产培养中，不同季节的气温条件直接影响到藻的生物量生长（图 3.6）。

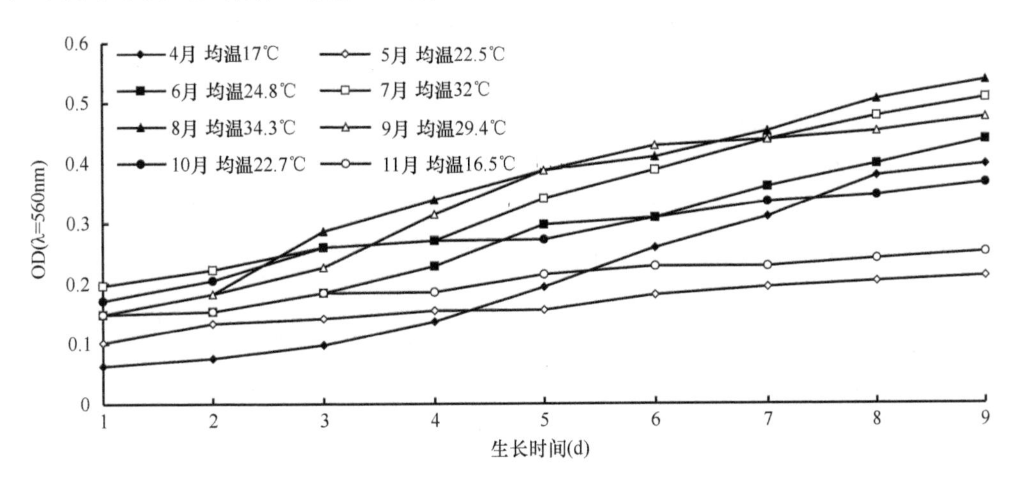

图 3.6　不同温度环境与藻细胞的比生长速度

为提高在不同季节的藻生物量平衡生长，课题组采取以下办法，即日温调控在 33 ～ 35℃（液温），夜间温度调控在 25 ～ 28℃（液温），对于实现最高光合速率和提高生物产量是最适宜的温度范围。

温度对于藻细胞代谢活动最明显的是影响暗呼吸作用。藻细胞在白天光照中生成的碳水化合物，差不多完全被消耗在维持藻细胞夜间生理活动，以及转化生成蛋白质和其他细胞成分上。健康生长的螺旋藻群体，每日在呼吸作用中约要消耗白天生成积累的光合产物的 10% ～ 15%。在夏季高温季节中，一昼夜的消耗量甚至可多达 20% ～ 30% 的碳水化合物。藻细胞的呼吸作用随着培养液温度的升高而增强。此外，环境胁迫（stress）、细胞衰老、超出最适条件的光强和营养浓度改变等引起的生长限制，以及在与其他生物的生长竞争时，这种呼吸作用与自身积累的消耗会更加厉害。

对于螺旋藻的逆境存活力以实验室温度考验表明，螺旋藻甚至能耐受最高气温 50℃和最低气温 4℃的极限温度，尤其是能耐受冬季夜间低温。近年在内蒙古鄂尔多斯地区成功进行的生产培养螺旋藻实践表明，即使在逆境温度（有覆盖设施）情况下，只要日温能提高并维持在 25℃以上，即使夜间温度降低到 0℃，翌日照样复苏并进行光合作用。螺旋藻的这种逆境适应能力，对于保种过冬是一种有利特性。

3.2.2.2　光照强度

当营养和温度不是生长限制因子时，光照强度决定生长速率。据 Ogawa 和 Terui 对螺旋藻生长动力学的研究表明，在营养条件充足（不呈限制因素）的情况下，对数生长期的藻细胞其比生长速率（μ）与入射光强度（I_0）符合莫诺（Monod）方程式，$\mu = \mu_{max} \cdot I_0/(I_0 + k_d)$，其中 μ_{max} 为最大比生长速率，k_d 为光饱和常数（图 3.7）。当比生长速率为极大值时，光照强度为饱和光强度。

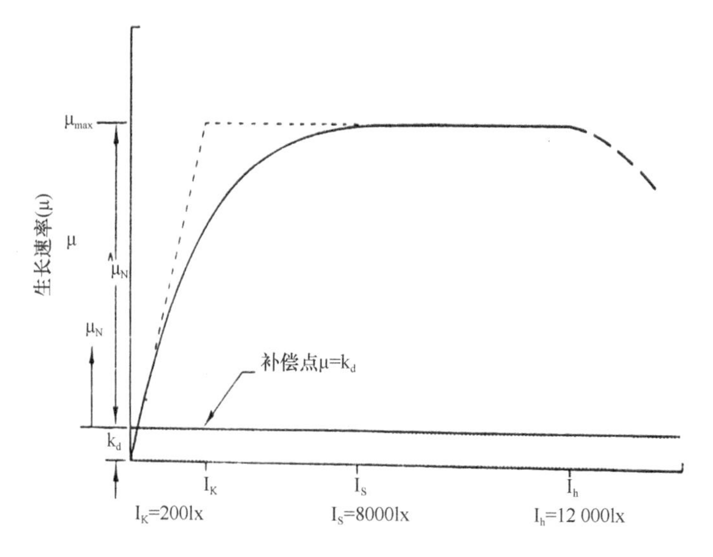

图 3.7　藻的生长速率（μ）与光照强度（I）的动力学关系

微藻在其他各种条件均适宜的情况下，决定性的生长限制因素是光照。戈德曼（Goldman）根据 Van Oorschot 和 Shelef 等早期的模式，通过综合分析若干种对于微藻生产的限制因素，从以光照为主的角度阐明了藻的生长率与光照强度的关系。戈德曼按此曲线形态，分析了培养藻生长的 5 个方面的特征。

（1）在光照强度处于光的补偿点 k_d 时，生长速率较低，藻细胞的生长量与衰败量（即藻细胞呼吸作用和分泌作用的消耗，藻细胞死亡损失）相平衡。此时的净增长率等于零；

（2）藻的生长处于曲线前坡阶段，表明与光反应的最佳效率同步；

（3）此时的最佳生长速率（μ）即为光强（I_k）的对数。I_k 是曲线前坡的延长线与 μ 的交会点；

（4）当达到饱和光强 I_s 时，$\mu=\mu_{max}$，I_s 与 I_k 两者之间的关系是抛物线形态的函数；

（5）当光照强光度 $I_h > I_s$ 时，光合作用受阻，甚至发生光抑制，藻细胞生长速率下降，此时，$\mu < \mu_{max}$。

这一曲线高原的形态，可以作为推算在某一光强时（假定此时光是唯一生长限制因素）的藻生长潜力产量的参考因子。

显然，戈德曼这一推算模式是以饱和光强 I_s 作为影响藻产率的主要因子。在晴天强光照下，当 I_k 的值提高 3 倍［从 0.02cal/（cm^2·min）提高到 0.06cal/（cm^2·min）］，获得的藻产量差不多可以翻番（这固然要以驯化和选育高光饱和特性的藻种为前提）。

戈德曼的模式偏重于光照方面。在实际生产培养中，藻的产率还受温度、藻的群体密度、搅动与涡流，以及具有高光效的优良藻种等多方面因子的影响。

原农业部课题组的试验结果显示，不同培养时长的藻细胞比生长速率与光照强度的差异明显。图 3.8 中 7.5h 培养藻的比生长速率（μ_{max}）大于 18h 培养的比生长速率。6 个藻株中，Sp.A 和 Sp.D 藻株的比生长速率最高，其次是 Sp.F 和 Sp.E 藻株，Sp.C 和 Sp.B 藻株最低。

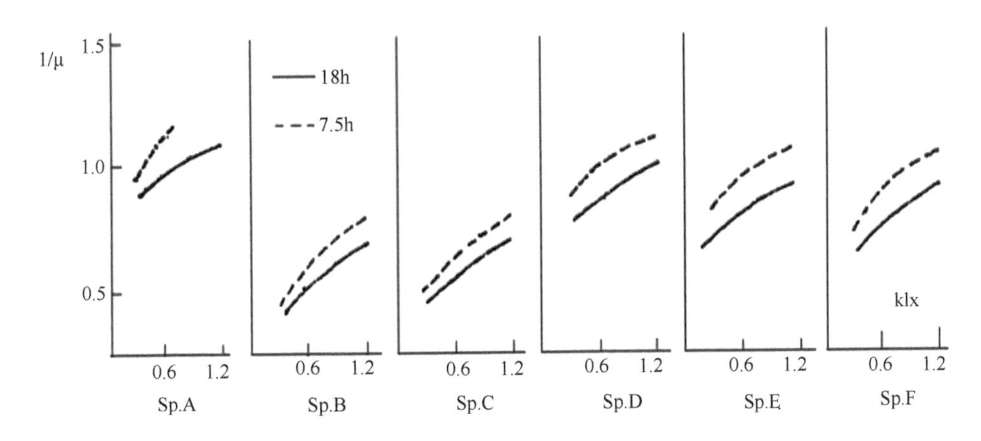

图 3.8　不同培养时长的藻细胞比生长速率与光照强度的关系

依双倒数作图法（lineweaver-burk plot）方程 $1/\mu = 1/\mu_{max} + k_d/\mu_{max} \cdot I_0$ 作图，以比生长速率与照度之倒数分别作纵轴和横轴（图 3.9），求得各藻株最大比生长速率（纵轴交点）和饱和光常数（横轴交点）列表（表 3.4）。从表 3.4 中可以看出 Sp.A、Sp.D 藻株的最大比生长速率最高，依次是 Sp.F、Sp.E、Sp.B，以 Sp.C 藻株最低；饱和光常数 Sp.A 和 Sp.D 藻株最低，其次是 Sp.E 和 Sp.F 藻株，以 Sp.C 和 Sp.B 藻株最高。

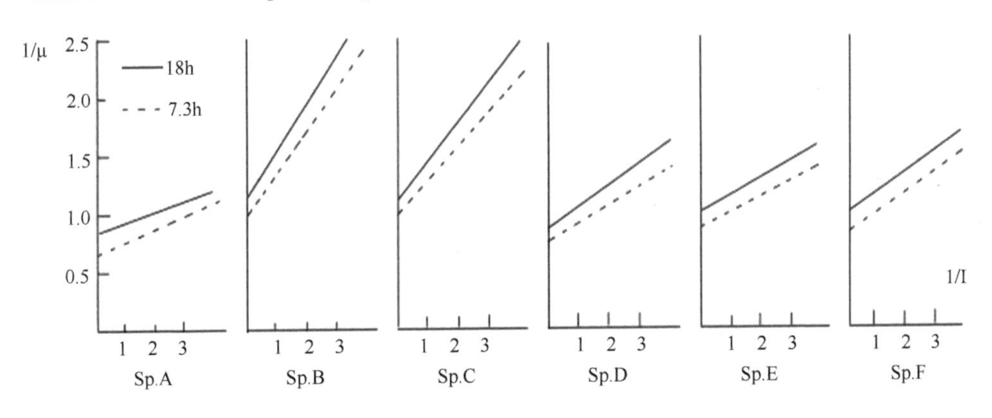

图 3.9　不同藻株光照倒数与比生长速率倒数的关系

表 3.4　最大比生长速率和饱和光常数

藻种	最大比生长速率		饱和光常数	
	7.5h	18h	7.5h	18h
Sp.A	1.418	1.176	0.145	0.133
Sp.B	1.080	0.980	0.436	0.433
Sp.C	1.000	0.870	0.300	0.291
Sp.D	1.250	1.111	0.144	0.120
Sp.E	1.209	1.025	0.156	0.137
Sp.F	1.232	1.070	0.208	0.206

3.2.2.3 盐浓度

当光照与温度不是限制因子时，藻细胞的比生长速率与培养液配比成分和配制浓度呈正相关（图 3.10）。其中以氮（N）、磷（P）、钾（K）化学元素和 CO_2 的动态消长对于藻细胞的生长极为敏感。

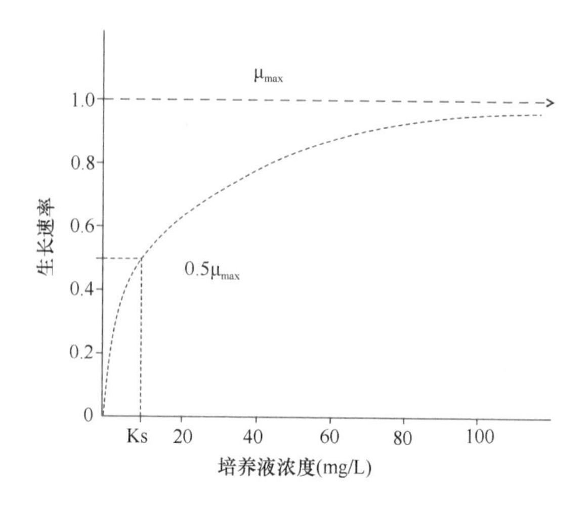

图 3.10 螺旋藻比生长速率（μ）与培养液浓度（S）动态关系

当 S=Ks 时，$\mu=0.5\mu_{max}$

培养基的碱盐度 pH 对于螺旋藻细胞的功能活性影响与温度一样是一种环境条件，而其盐浓度则与藻细胞的生理活性呈显著的相关性。据沙林卡瓦等试验，藻细胞群体光合放氧曲线的高平原和斜率，随 pH 的递减而降低。在 pH 6.8 时，光合放氧的强度仅是其最大值（pH 8.8）的 50%，而与培养液中是否通入含 1.7% 的 CO_2 混合气体或通入空气（0.032% CO_2）无关。由此证明，只要在培养液中以碱盐 $NaHCO_3$ 为主的大量营养维持在基础浓度水平以上时，CO_2 的绝对值或饱和度对于藻细胞的生长不构成限制因子。pH 主要是影响培养液中游离 CO_2 和 HCO_3^- 浓度，与藻细胞光合放氧的生理活性仅起到关联作用。

试验进一步证明，当培养基重碳酸盐的基数值减低至 5.8g/L，在 pH 9.5 时，如及时加以搅拌，并对培养液通入 1.7% CO_2 混合气体，其光合放氧的强度与高含量水平（16.8g/L）的 $NaHCO_3$ 相接近。这些试验证明，藻细胞在 16.8g/L 和 5.7g/L 两种不同浓度的 $NaHCO_3$ 培养基中，当两者均处于 pH 8.8 ～ 9.5 的范围内，在相同的光照条件下，其生长速度的差别不明显。

在螺旋藻培养液的总盐浓度中，除了重碳酸盐以外，还包括硝态氮和铵态氮盐类，以及磷酸盐和硫酸钾等化学盐类。这些化学盐的离子浓度对于藻细胞的生理活性和代谢活性乃至藻生物质的转化生成，呈显著的相关性。

如在不同浓度的 $NaHCO_3$ 和不同光照强度配合的条件下，经对螺旋藻光合速率的测定（表 3.5）表明：当培养液中的重碳酸盐在低于基础浓度的含量水平情况下，藻细胞的净光合速率在同一光强下，随培养液中 $NaHCO_3$ 的浓度降低而降低，尽管它们的光饱和点仍相近（均为 15 000lx）。

表 3.5　螺旋藻在不同浓度 $NaHCO_3$ 和不同光强下的净光合速率［单位：mg O_2/g（干重）］

光强（klx）	$NaHCO_3$ 用量（g/L）					
	16.8	5.8	4.5	3.0	2.0	1.0
60	6.97	6.52	6.52	5.60	4.45	3.32
30	6.98	6.97	5.86	5.41	4.31	3.07
15	6.87	6.82	5.76	5.46	4.33	3.11
10	6.03	5.56	5.29	4.74	3.36	2.69

注：测定藻种为 Sp.D

在螺旋藻的大营养盐类中，硝态氮和铵态氮是藻细胞生长培养最重要的氮素营养来源。在大生物量生产中，尿素［$CO(NH_2)_2$］（二氧化碳与氨的缩合物）不失为一种优质高效经济的氮源。

螺旋藻在光能自养的情况下，尤其当温度高达 35 ～ 37℃时，对培养液加强增补氮素营养，能使藻的生长速度和细胞产量得到较大的提高。据农业部“螺旋藻协助”项目证明，螺旋藻在室外培养条件下的生物合成活性，受氮源种类和培养藻生物密度的影响。在以硝态氮为营养的培养物中，当生物质的浓度低于 1.5g/L 时，硝酸盐在高强光照时间内的吸收完全被抑制，但当生物质的浓度超过了 1.5 ～ 1.7g/L 时，强光照的吸收抑制作用消失。与硝酸盐相比，强光照对于氨态氮的吸收影响很小（江西省农业科院，1987）。

藻细胞在代谢活动中对于铵离子的吸收和利用较快，而对于硝态氮的吸收较缓慢且平稳。但在培养液中铵盐或尿素的施用浓度如超过 0.5g/L，在高温强光照条件下，藻细胞即以分泌的脲酶分解尿素产生碳铵，这时培养液中过量的铵离子浓度极易引起藻细胞的氨中毒（藻细胞发黄、死亡），所以对于铵氮的使用必须以低浓度分次进行。最佳的方法以 0.1g/L+0.1g/L 分次施用（第二次 4d 后施用）（表 3.6，表 3.7）。

表 3.6　不同浓度的氮（$N\text{-}NH_3/N\text{-}NO_3$）处理与藻生物量的关系

处理浓度	平均生物量*（$\overline{X}$）每升藻液中藻干重（mg）	生物量显著性	
		0.05	0.01
0.1g/L + 0.1g/L（尿素）	649	a	A
0.1g/L（尿素）	638	a	A
0.2g/L（尿素）	522	b	B
1.5g/L（$NaNO_3$）	430	c	C
0.4g/L（尿素）	327	d	D

* 表示多处理的平均生物量

表 3.7　不同浓度的氮（N-NH_3/N-NO_3）处理与藻体蛋白质、贮藏碳水化合物含量的关系

处理浓度	蛋白质（%）	贮藏碳水化合物（%）
0.1g/L（尿素）	25.3	36.0
0.1g/L+ 0.1g/L（尿素）	61.6	9.1
0.2g/L（尿素）	59.2	10.8
0.4 g/L（尿素）	48.8	14.4
1.5g/L（$NaNO_3$）	53.5	13.1

同样，不同浓度的磷元素对于藻细胞生长、藻生物质形成及其蛋白质的生成均表现有明显的影响作用。但值得注意的是：施用浓度为 1/8 磷（P）（K_2HPO_4）和 1/16 磷（P）在培养周期后期须及时加以补充，以免磷元素消耗而致“磷饥饿”，影响生物质生长（表 3.8）。

表 3.8　不同浓度的磷（P）处理与藻生物藻生物量的关系

处理浓度	平均生物量*（$\overline{X}$）每升藻液中藻干重（mg）	蛋白质含量（%）	生物量显著性	
			0.05	0.01
全磷（P）**	703	67.20	a	A
1/2 P	692	66.50	a	A
1/4 P	683	66.20	a	A
1/8 P	615	54.20	b	B
1/16 P	568	55.35	c	C

* 表示多处理的平均生物量；** 表示全磷为 0.5g/L 的 K_2HPO_4

碱盐度与 pH

培养液中 pH（无机碳离子）与螺旋藻生长速率呈现为动态的消长关系。

碳元素是形成螺旋藻生物质的大营养要素。在实验室培养液中，常以 $NaHCO_3$ 或 CO_2 为碳源。在培养液中，无机碳以 3 种形式存在，即 CO_2，HCO_3^- 与 CO_3^{2-}。其中 CO_2 与 CO_3^{2-} 可作为光合作用的基质被螺旋藻大量吸收。影响三者存在相对量的因素为 pH 的变化，如图 3.11。

pH 对藻类大量培养的影响主要是无机碳的溶解度存在形式与其相对含量。假若培养液中的 pH 3.5 时，CO_2 的溶解度可达 100%；pH 6.5 时溶解度为 50% CO_2 + 50% HCO_3^-；pH 8.5 时 100% HCO_3^-；pH 10.5 时 50% HCO_3^- +50% CO_3^{2-}；pH 11.5 时 100% CO_3^{2-} 螺旋藻需要在碱性培养液中生长繁殖，其起繁的碱度 pH 为 7.8 ～ 8.5，达到和保持最大比生长速率的最适 pH 为 9.5 ～ 10.5。

螺旋藻的异养性生长和混养培养

螺旋藻在自然光照条件下，呈专性光能自养生长。但螺旋藻在薄亮弱光照条件下，

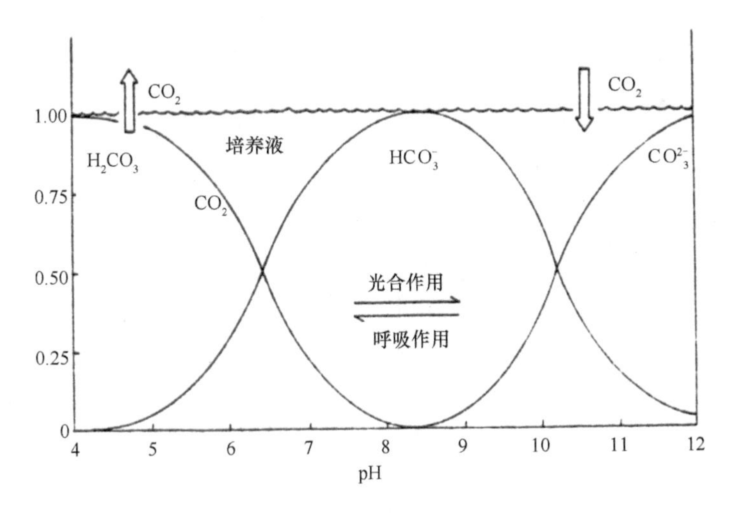

图 3.11　碱盐度与 pH 消长的动态关系

还可呈现某些异养生长特性。据 Venkataraman 和 Becker（1985）对于栅藻（*Scenedesmus obliquus*）和螺旋藻（*Spirulina platensis*）的试验，在含有有机碳源的培养基环境中，即在藻的生长培养基中添加 0.1% 的葡萄糖，立即可以提高生长速度和细胞数量，而且其蛋白质含量也明显提高。此时藻细胞数的增加甚至比专性光能自养条件下还可提高 2 ～ 3 倍；试验还表明，在培养基中添加一定浓度的蛋白胨对于藻细胞数量的增加效果不大，但把蛋白胨与同样浓度的葡萄糖同时加进培养基以后，即会产生明显的促细胞生长协同作用。

螺旋藻对于葡萄糖的利用是通过对培养基添加 C^{14}- 葡萄糖得到验证的，在 80h 的培养时间内，差不多所有标记葡萄糖从培养液中消失，约近 50% 的标记葡萄糖为藻细胞吸收利用，转化为藻生物质；其余部分（34%）被转化后以 CO_2 形式释出，或者以有机副产物的形式（19%）被分泌进入培养液中。

在这些试验中发现的一个有趣现象是所谓藻细胞的混养性分解。如果在藻种的接种量过低（$OD_{560nm} < 0.1$）时，只需经过很短的时间，培养藻细胞即停止生长，并且藻细胞会全部自身发生分解；而如果在培养液中最初接种浓度达到 $OD_{560nm} > 0.2$ 的光密度时，接种的藻细胞即能正常生长。对于这种初接种藻细胞的混养性分解现象，目前还很难确切解释。但对于分解前的细胞观察可见，从接种量很小的培养液中取出的藻细胞内，所含的碱性蛋白酶的活性，要比从接种量大的培养液中取出的细胞或从光能自养培养的细胞所包含的蛋白酶的活性强 6 ～ 7 倍。据试验，对于这种混养性分解现象，可以采取从培养液中脱去锰离子的办法来预防。

藻细胞的繁殖与生长过程

螺旋藻以裂殖方式进行无性繁殖。在自然生长过程中，藻丝体的增殖主要有两种方式：一种是母细胞不断分裂，新生细胞数增多，藻丝体随之加长，螺旋数也随之增多

（图 3.12a）；另一种是藻丝体的间生细胞（intercalary cell）的胞质发生枯残，而后丝体断裂，形成次生代段殖体。次生代段殖体从 2 ～ 4 个细胞的短棒状逐渐生长变长，形成弧形，再到螺旋形成，环数逐渐加多（图 3.12b），形成新的藻丝体。

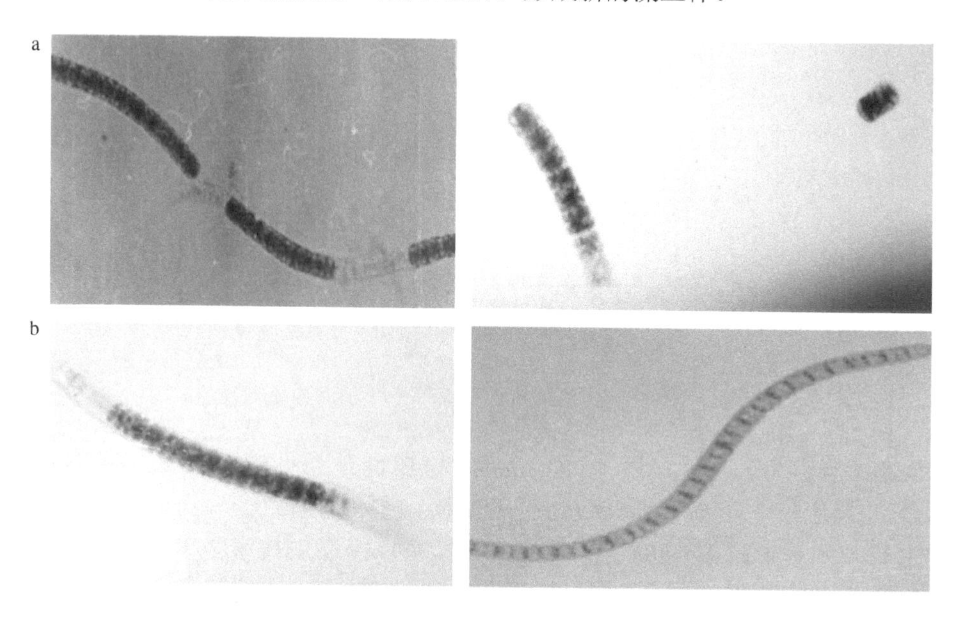

图 3.12 螺旋藻细胞的段殖分裂生长过程

藻细胞繁殖的第一种方式：在藻细胞发生增殖生长中，新生细胞的胞壁形成，从母细胞纵壁中部的周边开始，逐渐向中心延伸。细胞在分裂过程中常常可以观察到某一区段已明显形成子细胞，而相邻区段仍处于成熟母细胞阶段。这一情况说明，藻丝体并非同步发生细胞分裂增殖，因此，每个螺旋环的细胞数目并不相同。

藻细胞繁殖的第二种方式：在一定生长时期内，藻丝体某个部位的间生细胞的胞质枯残化（necridia），形成仅有空壁与胶鞘的"空壳"（mecridium），于解体处形成各自分开并能滑行的细胞短链（2 ～ 4 个细胞不等）——藻殖段（hormogonium），即成为新的藻丝体（图 3.13）。藻殖段细胞开始时其残壁仍黏着于端部，呈凹进的盘碟状，在它的生长过程中顶端细胞壁逐渐变钝圆，并加厚。开始时细胞质中颗粒体很少，细胞群体呈现浅黄绿色。随着藻殖段细胞数分化增多，细胞质中颗粒也逐渐增多，并变成深青色。藻丝体逐步增长成为典型的螺旋形态。藻丝体的细胞分裂生长和无规则的裂殖（但很少发生突然自发断开）生长，使螺旋藻的群体和生物质在培养液中迅速增加。

据农业部螺旋藻课题协作组商树田等（中国农业大学生物学院）1985 年试验，单株藻丝经连续培养 45d 后，具有"空壳"细胞的藻丝体增多；持续培养 75d 时，带空壳细胞的藻丝体约占总数的 3%。对藻丝体进行敲击试验①，观察表明，一条藻丝体可断裂为若干段，每段细胞数虽然不等，但皆可成为段殖体。

① 即于载玻片上滴注一滴培养藻，加盖玻片后用解剖针敲击，使藻丝体断裂为多段，取下被敲藻液移置瓶内培养。

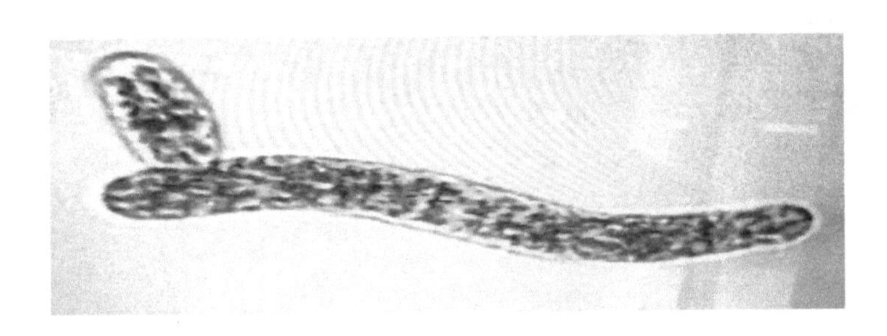

图 3.13　新分生形成的一个单体藻段

段殖体再经培养 7 ～ 10d 观察，存活的段殖体生长正常，其形态、色泽、运动等特征与未敲击前的藻丝体无任何差别。对藻株单个片段进行持续培养（Zarrouk 培养液，置生物生长箱内，每天 7:00 ～ 19:00 时以 4000lx 照光，夜间黑暗，温度 28 ～ 30℃），经两周后观察，培养物呈浅青色。培养生长 45d 后，藻液经 3 倍稀释，OD 仍有 1.58。多数藻丝的螺旋环数达到 3 ～ 4 个。

第4章

螺旋藻的原种保持与扩大培养

4.1 原种的征集、驯化与选育

螺旋藻是一种以常年性高光温气候，以较高浓度的重碳酸盐及其他化学营养物和以较高碱性环境为适生条件的淡水藻微藻类生物。藻种在实验室培养中，只要基本具备它所需要的这种微生态环境条件，就能比较容易地进行保种、分离提纯和扩大繁殖等工作。

在螺旋藻的大生物量工厂化培养生产开始前，首先要做的工作是藻种的原种一级、二级和三级扩大培养。原种的选择与纯化培养是螺旋藻大生物量生产的基础，它直接关系到培养藻的起繁速度、生物产量、采收效率乃至藻产品的化学营养成分。

在螺旋藻的大生物量工厂化产品生产培养时，对于螺旋藻原种的生物性状的基本要求是：净光合速率要高，藻体形态粗壮，上浮性好，并具有较高的蛋白质及其他化学营养成分的合成能力。

据国内外微藻生物资源研究者调查搜集报道，已从自然界获得的螺旋藻种及其株系有 30 余种，其中以钝顶螺旋藻（*Spirulina platensis*）和玛西马螺旋藻（*Spirulina maxima*）被认为最具有潜力食品意义和开发利用价值。从 20 世纪 80 年代初到现在（2018 年），我国已通过各种引进渠道征集到十余份国外优良藻种的不同株系，这些藻种基本上分属于 *S. platensis*（非洲乍得湖系）和 *S. maxima*（北美墨西哥系）。农业部螺旋藻课题协作组（1984 ～ 1989 年）对所征集到的各藻种、株系作了标记，并对各藻种、亚种及其株系进行了培养特性比较试验研究。结果表明，它们除具有共同的种质特性外，还具有各自的形态学和生物学特征上的差异。这些藻种和藻株（引进来源和引进单位参见本书第 2 章）按其来源和形态学特征暂拟定命名为：Sp.A、Sp.B、Sp.C、Sp.D、Sp.E、Sp.F、Sp.G、Sp.H、Sp.I 和 Sp.J。

对于一般微藻产业生产单位从国内科研单位和不同渠道引进的藻种（株），在其“原种”群体中往往有不纯亚株或变异株，甚或藻丝体混杂；即使在藻种的收集单位，在培养日久的同一株系中，藻丝体的差异亦很大，甚至夹杂有异生杂藻和原生动物。因此，引种单位必须首先经过藻种的纯化和适应性驯化，才能获得单一的原种藻株。对于引进藻种有异生物污染和有混杂藻的，更需要通过纯化处理，才可以作为“原种”藻种扩大培养。

4.2 原种的保持、扩繁与继代培养法

引进藻种的第一步处理——纯化选择。藻种提纯工作开始前，首先可用 0.1% NaClO 或用紫外灯（对藻细胞无碍）做杀灭原虫处理。对于藻丝体的提纯选取，可采用毛细管显微排取法。经反复多次抽取后获得的单株藻丝体，接种于斜面琼脂或琼脂培养皿上培养，经镜检提取典型的株系，获得的单体藻丝再用指管进行克隆增殖，即可获得大量单一化（monoculture）的藻株。对于提纯选择的藻丝体再经实验室培养和反复观察，确认藻丝体表现为单一化，并呈该株系典型的生物学特征后，方可继续进行原种的扩大培养。

原种螺旋藻经过引种、观察、培养和显微镜观察检查，在藻体转变为健壮生长，藻体悬浮层色泽达到青绿时，可立刻进行扩种繁殖与继代培养。

4.2.1　藻种培养基的配制

藻种的原种纯化培养通常选用 Zarrouk 培养基作为标准营养，配制成分与方法见表 4.1。

表 4.1　螺旋藻标准培养液 Zarrouk 培养基配方

化学营养成分	数量
$NaHCO_3^*$	16.80g/L
$K_2HPO_4^*$	0.50g/L
$NaNO_3$	2.50g/L
NaCl	1.00g/L
$MgSO_4 \cdot 7H_2O$	0.20g/L
$FeSO_2 \cdot 7H_2O^*$	0.01g/L
K_2SO_2	1.00g/L
$CaCl_2 \cdot 2H_2O$	0.04g/L
EDTA	0.08g/L
A5 溶液	1mL/L
B6 溶液	1mL/L
pH	8 ～ 10

注：A5 溶液（g/L）组成：H_3BO_3 2.85，$MnCl_2 \cdot 4H_3O$ 1.81，$ZnSO_4 \cdot 7H_2O$ 0.22，MoO_3 0.015，$CuSO_4 \cdot 5H_2O$ 0.08；
B6 溶液（mg/L）组成：NH_4VO_3 22.9，$NiSO_4 \cdot 7H_2O$ 47.8，$Na_2Wo_4 \cdot$ 17.9，$Ti_2(SO_4)_3$ 40.0，$Co(NO_3)_2 \cdot 6H_2O$ 40.0，$K_2Cr_2(SO_4)_4 \cdot 24H_2O$ 96.0；
* 此 3 种化学品分别以蒸馏水溶解，经 120℃ 10min 高压处理后，方可加入上述溶液中去

4.2.2　原种藻接种保持和繁殖培养操作规程

藻种的保持方法有试管斜面琼脂（固体法）接种培养和玻瓶培养液（液体法）培养两种。试管斜面琼脂是以 1.5% 的琼脂 +Zarrouk 培养基（表 4.2），经煮沸混溶后制成。固体斜面经接种藻丝体（细胞）以后，可置于 600 ～ 1000lx 的照光度中（夜间黑暗）做保种培养。如做加代培养，可置于 2000 ～ 4000lx 的光照强度下（夜间保持黑暗），温度控制在 28 ～ 32℃进行培养。以斜面琼脂接种的培养藻，如作连续保种，每隔 40 ～ 50d 要进行一次继代接种培养。具体的操作规程见表 4.2。

原种藻还可用锥形瓶（图 4.1）或以 15 ～ 20mm 玻璃试管（加 Zarrouk 培养基成分）以液体方式保种和扩大培养。方法是：将接种了原种的培养瓶放置于 2000 ～ 4000lx 的光照下（光源至培养液表面不超过 40cm）进行培养，每天摇动 2 ～ 3 次，每隔 30 ～ 40d 进行一次换液继代培养，这样也可达到继代保种的目的。

表 4.2 螺旋藻的原种接种保持和繁殖培养操作规程

培养方式	原种藻接种培养程序
A 原种的固体培养基培养法（琼脂斜面或平皿培养法）	
琼脂斜面 / 平皿的制备	$NaHCO_3$（16.8g/L）与 Zarrouk 培养基的其他营养成分（5.4g/L），按升浓度配制，并分别作灭菌消毒；将上述两种配制液以 1 ∶ 1 混合；以 1% 的琼脂，经单独加热溶化灭菌后，加到刚配制的 Zarrouk 溶液中，趁热摇匀，分装注入试管冷却做成斜面，或注入平皿做成平板
琼脂斜面 / 平皿接种法	
1 滴注接种法：	用滴管吸取 1 ～ 2 滴经纯化克隆的螺旋藻培养物（原种），直接滴到试管斜面上，以手搓动试管（这样可以做到生长迅速和均匀一致）；对于平皿琼脂表面，可采用滴注法滴注 3 ～ 4 滴原种培养物，置生长箱或在实验室室温中，进行培养观察
次代培养时间	30 ～ 40d 以后进行继代培养
2 藻细胞接种法：	用接种针（酒精灯火焰烧灼灭菌后）挑取生长有原种的琼脂斜面或平皿上的藻丝体细胞群落，以画线接种的办法，接种到新配制的琼脂斜面或平皿上（画线接种法生长较缓慢）
次代培养时间	40 ～ 50d 以后进行继代接种培养
B 原种的液体培养法	
液体培养基的配制	取 $NaHCO_3$（16.8g/L）、K_2HPO_4（0.5g/L）和 K_2HPO_4（0.01g/L）与 Zarrouk 培养基的其他营养成分（4.8g/L），按升浓度配制，分开作灭菌处理，然后混合之 取 250mL 锥形瓶若干个（根据原种扩大培养量的需要而定），经消毒后每个锥形瓶加注培养液 100mL，加棉塞瓶口塞紧，待接种
液体培养接种方法	a. 直接以经过分纯和克隆繁殖的藻细胞培养物，用移液管吸取 3 ～ 5mL，倾注于锥瓶中，以低光照 600lx 培养； b. 也可采用上述试管斜面培养物，经过一代培养后，用移液管吸取 3 ～ 4mL 上述配制的培养液，倾注于斜面，日摇动 3 ～ 4 次，待生长稠密时转接至锥瓶培养液中
次代培养时间	30 ～ 40d 以后进行继代培养
C 原种的繁殖扩大培养法	
（一级藻种扩大培养）	a. 取 2 ～ 5L 容量的大玻瓶若干个，营养液以 $NaHCO_3$（5.8g/L），加 Zarrouk 培养基其他营养（5.4g/L）成分，再加配一定量的无菌水配制成； 将配制好的培养液加注进大玻瓶内（注至 1/2 的容量）；以 2 支原种培养物（试管）或取锥瓶中藻液 10 ～ 20mL，移注进大玻瓶培养液中； 将培养瓶移置于阴凉处（6000 ～ 8000lx 光照强度）培养，每日摇动大玻瓶数次，或装置微型通气泵与通气管，以每分钟 400 ～ 600mL 空气进行间隙通气培养； 经 10 ～ 14 天后藻生物量达到 300mg/L 时，即可进行室外二级藻种扩大培养 b. 取通气大玻管 16 支（直径 40mm，长 280mm）见图 3.2； 营养液以 $NaHCO_3$（5.8g/L）加 Zarrouk 培养基其他营养成分（5.33g/L），加配一定量的无菌水，每支玻璃管加注到 3/4 容量（约 260mL）； 取经锥瓶培养的原种藻液，以每支玻璃管注进 5mL（计 80mL 接种量）倾注于通气大玻璃管中； 接通插置于培养箱水浴中的荧光节能灯（4 支，每支 11W）电源进行光照（同时起到对水浴加温的作用）； 接通微型通气泵，以定时器使之自动间隙，每分钟 300 ～ 400mL 空气的通气量进行通气
次代培养时间	经 6 ～ 8d 后即可进行室外二级藻种扩大培养

国外许多螺旋藻研究试验与生产培养单位，通常采用 Zarrouk 高浓度（16.8g/L）$NaHCO_3$ 作为培养基进行藻种培养，甚至作为大面积生产的配方。这种培养基既能充分保证螺旋藻对于碳素和氮素等大营养源的需要，又能充分满足对于微量元素的需要，但

图 4.1　原种藻锥形瓶保种及扩大培养

该配方配制麻烦，成本较高。于是印度中央食品技术研究所（Central Food Technological Research Institute，CFTRI）研究改用了一种采用少量 $NaHCO_3$（4.5g/L）的简化培养基（表 4.3）。这一配方的优点是成本低、易配制，能基本满足螺旋藻生长繁殖和进行光能吸收活动时对于化学营养的需要，而生物产量并不明显低于 Zarrouk 培养基。

表 4.3　螺旋藻培养液化学营养物的简化配方

营养成分 *（g/L）	CFTRI 培养基 *	简化 CFTRI 培养基 *
$NaHCO_3$	4.5	4.0
K_2HPO_4	0.5	0.5（过磷酸盐）**
$NaNO_3$	1.5	1.0（尿素）
K_2SO_4	1.0	1.0
NaCl	1.0（粗制海盐）	1.0
$MgSO_4$	0.2	0.2
$CaCl_2$	0.04	—
$FeSO_4$	0.01	—

* 表示全部化学品都是商品纯级

** 表示该藻还可用氮磷钾复合肥（N ∶ P ∶ K=15 ∶ 15 ∶ 15）加其他几种化学品进行培养。即：复合肥 1g/L，过磷酸盐 0.1g/L，$MgSO_4$ 0.05g/L，$NaHCO_3$ 4.0g/L

—表示不需要添加

在藻种的原种保持和繁殖的接种初期，尤其要注意对于最初接种物的保护。初接种的藻丝体，因其数量少，群体尚未形成相互屏障，此时如裸露在直射光线的照射下，很容易发生藻细胞的“光漂白”，即“褪绿”现象，以致细胞解体、死亡。因此，接种时间宜选择在傍晚暗光期开始时，这样可让藻细胞先经受光－暗适应期。在开始一两天内，为避免“光漂白”情况的发生，藻的接种培养箱要采取减弱光线或遮阴措施，经过了两三天，当培养物逐渐生长并呈较深的青色时，方可逐步增强光照，藻细胞在达到一定浓度时，将其稀释进更大的玻璃瓶进行二级培养。

4.3 原种藻的一级与二级扩大培养

从原种藻细胞培养到一级加代繁殖系统，首先要有一套能满足螺旋藻加快繁殖的微生态环境，即除了要有适宜的营养物和碱性度培养基外，还必须有足够的光照强度，较稳定适宜的生长温度，能自动间隙通气搅动，能调控藻生长的光、暗周期，能免除外界异生物和污染因子的侵袭，并且便于随时观察和管理等活动。

为满足微藻生长的这些基本条件，一般生物研究单位和农业科研单位大多采用多个（批）锥瓶接种培养，并用植物生长箱作为小环境控制，这些办法大多可行。但即便如此，生长箱、锥形瓶的通气培养法也很难满足藻的大生物量需要。为此，作者根据自己多年的研究和观察，参考国外的有关资料，研制了两套不同规格的螺旋藻一级原种加代繁殖系统（图 4.2）。该系统的单元组包括：U 形通气大玻管（ф40×L280mm）×16 支；荧光节能灯（11W）×4 支；透光有机玻璃水箱 1 个；定时间隙通气泵 1 个，可调式塑料通气阀及塑料管 1 套。整个系统以温度传感器设定，电子 AO 板控制光、温与通气操作。

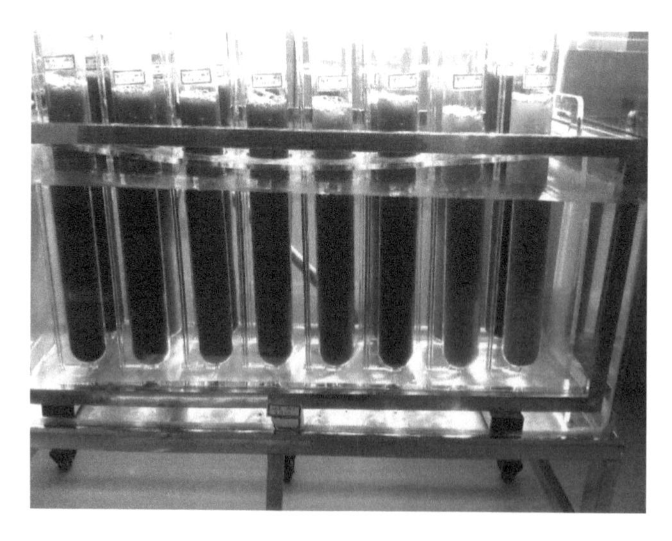

图 4.2　实验室藻种（二级）扩大培养装置

具体的操作过程：藻细胞从试管原种或锥瓶原种培养物取出，接种至通气大 U 型管（每支管的接种量为 5 ～ 10mL 培养液），培养基以 CFTRI 为主，每支各加 A5、B6 溶液 4 ～ 5 滴；荧光灯管直接倒置插浸于水浴中（灯头悬挂于水箱液面之上，注意勿使浸水），冬季室温在 12℃时，开灯后 4 ～ 6h，培养箱内水浴温度可上升至 25 ～ 28℃，玻管培养物的表面层光照可达到 3000lx。接通通气泵电开关后，可按 5min—ON，10min—OFF 的间歇（可调整）自动昼夜通气搅动。作者自制的这套装置成功地用于螺旋藻的原种扩大培养，冬季室温在 12 ～ 15℃时，培养箱内的水浴温度大致可稳定在 25℃。该装置所采用的荧光节能灯管各地均有市售，既有良好的光照效果，又利用了光管的照明发热，使水浴得到适宜的加热，有利于螺旋藻细胞在低温情况下的加代增殖。作者用这套装置还与锥瓶振动培养作了效果比较，试验结果表明，原种藻的加代扩种时间比达到等量的锥瓶培养物缩短 4 ～ 5 倍，藻生物量的增长显著加快。经镜检，藻丝体粗壮整齐活跃，藻细胞颗粒明显增多。

螺旋藻原种的二级扩大培养，是从室内原种锥瓶培养过渡到室外大面积生产培养的中间环节，也可以看成是三级扩大培养的室内部分。二级扩大培养的主要任务是迅速增加原种藻的生物量基数，使达到起码的接种浓度，以缩短前期的生产周期，与此同时，还有进一步驯化原种藻的作用，使之适应初夏室外自然生态环境（气温、光照、阴晴等）的变化和适应较低浓度的化学无机盐（廉价培养基）培养液的生长条件。

二级扩大培养通常采用的方法是两段制：即第一阶段采取大玻璃瓶（或大玻璃缸），进行人工光照或窗口自然光照，并以压缩空气通气培养。第二阶段以室外塑料池（或水泥池）在自然光照下进行搅动式扩大培养。

具体的操作方法是：在第一阶段内，采用大玻璃瓶（5 ～ 10L）若干个或大玻璃缸（60 ～ 100L）一两个。培养液以 $NaHCO_3$（5.8g/L）加 CFTRI 配方的其他营养物（3.74g/L），再按容器加配一定量的无菌水（无菌过滤器过滤水）或洁净自来水或井水；取一级原种扩大培养物，按 200mg/L 的接种量接入培养液。接种完成后即可移置于靠窗口光亮处（3000 ～ 4000lx）或以人工光照（4000lx）进行培养。培养液从接种后第三日开始接上通气泵（可采用电磁式空气压缩机 220V，60W），按每分钟 800 ～ 1000mL 空气量进行通气搅动培养。

经过第一阶段的室内大玻瓶通气培养，在 8 ～ 10d 时间内，藻的光密度达到 OD_{560nm} 为 0.3 ～ 0.4 时，可以继续进行第二阶段培养，即室外（加棚）塑料或水泥藻种扩大培养池培养（图 4.3）。这种塑料培养池可采用无毒聚丙烯板（8mm 厚）按图 4.3 切割后用焊枪焊成。每个单元池可做成 $5m^2$（5m×1m）、$12m^2$（10m×1.2m）或 $40m^2$（20m×2m），每 2 个或 4 个单元池为一组（具体的单元数和培养池组根据大面积生产规模确定）。培养池上可加装轮浆式搅拌机对培养液进行搅动。培养液的化学营养物配制与第一阶段大玻

图 4.3　中式型藻的培养系统

瓶培养相同。接种藻直接取自大玻瓶或培养缸的培养藻液，以 1 ∶ 3 ～ 1 ∶ 5 的比率倾注于培养池内。

初接种于室外培养池的螺旋藻，由于藻细胞的生物量较小，群体密度很低约为 0.05 ～ 0.1，此时对于太阳光的直接照射光耐受能力很弱。在这种情况下，若不注意对初接种的培养藻进行遮光，往往会产生藻细胞的光休克反应。表现为藻丝下沉，生长停滞，接种后两三天内不见变化。严重时甚至发生藻丝体的光氧化而褪绿，细胞解体死亡。这种光休克反应是阻滞藻细胞增殖，造成滞留适应期过长的主要原因。

国内外研究表明，引起藻细胞光休克反应的原因，除了室外自然光照过强以外，还与培养液中使用的氮源有密切关系。在采用硝酸盐 NO_3-N 的培养液中，藻细胞在 6000lx 的光照强度下就产生光休克反应；而在使用硫酸铵或尿素的 NH_4-N 培养液中，藻细胞在 8000lx 的光照下仍不致产生光休克反应。因此，对于室外培养池接种的时间，一般宜选择在晴天傍晚前进行。接种后翌日至第三日要采取适当的遮阴措施，以防止光休克现象的发生。

在螺旋藻大规模工厂化生产培养的工艺过程中，原种藻的一、二级扩种培养是十分重要的一环。因为从藻的原种到大池大生物量生产，接种物以几何级数进行加代繁殖，首先要有足够的最初接种量。基础生物量越大，生物量增长速度越快。试以 2000m^2（净生产面积）的大池培养为例，一次性配制的培养液（化肥营养液）总水体量即为 360t。若以三级藻种培养液，按 1 ∶ 4 的比例接入生产大池，则需要有 90t 的藻液，亦即需要有 500m^2 的三级藻种扩大培养池来供应。推而言之，也就是需要 150m^2 的二级藻种扩大培养池。从二级藻种量到三级藻种量需要加代二次；但从一级藻种达到二级藻种量的加代则不然。这是因为一级藻种的基数很小，且原种的扩大工作多在室内（实验室）进行。因此，仅采用一个单元组的一级藻种培养系统，一般需要加代 4 ～ 5 次（仍按 1 ∶ 4 的比例）才能达到进入二级藻种池的接种量。更重要的是加代繁殖的时间延长了 3 ～ 4 倍，耽误了生产季节。所以在设计建立一座具有现代化规模的螺旋藻生物生产量基地时，首先要建立一整套从实验室原种保种培养、一级原种扩大培养到室外二级藻种扩大培养的连续配套系统。这是整个大池生产系统的基础，同时也是保障生产大池在遭遇到灾害（如病虫害发生，暴风雨袭击等）时的一种应变系统。一般来说，一个大池生产系统基地如建有 2 ～ 3 套一、二级原种培养系统，即具备了有足够弹性的应灾能力。

关于生产用藻种性状的参考（推荐）标准

经农业部协作组对于上述 Sp.A 到 Sp.F 6 个藻株系进行的培养比较试验和生物学及营养学评比测定，从中筛选出优良藻株 Sp.D（* 已故生物学家黎尚豪先生命名为钝顶螺旋藻）作为大面积生产推广藻种。其特点如下。

（1）形体大。螺旋宽 34 ～ 48μm，螺距 78 ～ 100μm，螺旋数 5 ～ 9 个，藻丝体长 500 ～ 900μm。对于大面积工厂化采收工艺来说，藻丝体粗大是提高采收效率的关键。Sp.D 在 250 目网筛过滤时，采收率可高达 90% 以上。

（2）上浮性好。在评测的 6 个株系中，以 Sp.D 藻株的上浮性最好，上浮率达 92% 以上。螺旋藻的上浮特性强，不仅有利于采集到更多的光能，加快了生长繁殖，而且在进行大生物量生产过程中，这种上浮藻体的自然集聚，使采收工艺简便。此外，上浮性强的藻体易与培养液中的化学沉淀物以及老化死亡藻体分开，有利于提高藻粉的蛋白质含量和质量。

（3）具有较高的净光合速率，Sp.D 藻种的生长速度快，生物产量也较高。据江苏省农业科学院土肥研究所测定，在室内培养条件下，Sp.D 藻株经 7.5h 培养的最大比生长速率为 1.250，培养 18h 的最大比生长速率为 1.11，高于其他各藻株。Sp.D 藻株的生物产量比 Sp.C 藻株高 35.6%。1985 ～ 1988 年，该课题组成员单位江西省农业科学院、中国农业大学和江苏省农业科学院等均选用 Sp.D 藻株进行了大量培养和工厂化中试生产，该藻株的大面积生物产量在 8 ～ 10g（干重）/（m^2·d）。

（4）适应性广。Sp.D 藻株在气温 18℃以上即能生长、繁殖，最适温度为 28 ～ 35℃。最适日照 1.4 万～ 3 万 lx。对于高光强表现出较强的耐受力。在我国南方江西地区，在夏季直射光照 6 万～ 8 万 lx 下藻的生长仍正常。因此在长江以南地区的露天开放式生产培养池内，从 5 月中旬至 11 月上旬可以进行连续生产。在我国中部和东部以及华北地区（北京、天津）进行露天开放式生产，也可以有 5 个月以上的正常生产期。这就为在我国展开螺旋藻大面积推广生产提供了良好的种质基础。

（5）蛋白质含量水平高。经课题组多批产品的检测分析数据表明，Sp.D 藻株的蛋白质总体含量（N×6.25）为 55.5% ～ 73.0%，氨基酸总量亦高于其他各藻株。

在实验室条件下，经常性地进行螺旋藻单株性状选育和提纯复壮，肯定是极有生产实践意义的工作。农业部协作组在对藻株所做的联合评比的基础上，还选育了 Sp.H 和 Sp.X 两个藻株，以及本书作者近年从国外引进选育的藻株 Sp.M，在生物学特性和生产性能方面均优于 Sp.D。如 Sp.H 藻株的采收（250 目网筛过滤）高达 100%；生长繁殖速度也显著快于 Sp.D。在室内培养条件下，对数生长期时间长达 13.24h，室外（23℃）大棚塑料池培养的对数生长期的时间为 6.84h。生物产量比较试验表明，Sp.H 藻株较 Sp.D 藻株生物量增加 41%，在大生物量培养试验中，其产量水平高达 13.85g /（m^2·d），但缺点是经过一段时间的培养后，藻丝体有直条形变异体发生，而 Sp.D 的形态较稳定。

4.4　藻种培养基的配制

在螺旋藻从原种保持到原种的扩大培养以至大面积生产培养的过程中，对于化学营养物的实际消耗与利用水平，随不同的生长环境而有不同。在实验室控制条件下，藻体对于碳、氮等主要营养物的消耗比较有规律，消耗的数量也有限。但在大面积生产条件下，由于藻生物量增殖生长，藻的采收频繁，培养液中养分的动态变化也甚为剧烈。实际的大生物量生产表明，高浓度的碳氮营养成分，其有效利用率反而不高。此时，如采用低浓度的碳氮营养，在渐进性的消耗过程中采取不断补料的办法，反而更加容易获得较高的生物产量和经济效果。

国内外对于螺旋藻的保种与原种繁殖，一般多采用 Zarrouk 培养基（表 4.4 编号 16）甚至更高营养物含量的培养基（表 4.4 编号 15）。一方面主要是考虑到藻种的生理学和生物学的稳定性可得以保持，以及原种扩大过程中的纯一性可以得到保证。这种高浓度化学营养物的培养基，能使藻细胞在生长活动中所需要的碳营养、氮营养、微量元素和 pH 度稳定在较高的水平上。另一方面，由于配制成分复杂，原料价格较高，而且其中有多种化学品在市面上难以购买到，所以在大面积生产培养上一般多不采用。在这方面，印－德藻类协作工程与印度中央食品技术研究所，根据培养试验结果，大幅度简化了 Zarrouk 配方，自行开发研制出以低浓度的重碳酸盐为主的配方，即 CFTRI 配方，并且在大生物量生产培养中推广应用。这种配方的优点是可以以低廉的成本取得与 Zarrouk 配方差不多相同的生物产量效果。

表 4.4　螺旋藻保种培养与大生物量生产的各种培养基配方　（单位：g/L）

化学品名	配方编号										
	15	16	17	18	19	20	21	22	23	24	25
$NaHCO_3$	25.0	16.8	5.8	4.5	9.0	9.0	12.0	4.0	4.5	6.0	19.2
KCl	1.0							0.50	1.0	0.5	
K_2HPO_4	0.5	0.5	0.5	0.5	0.5	0.13	0.10			0.5	
KH_2PO_4								0.5			
$Ca(H_2PO_4)_2 \cdot H_2O+CaSO_4$								0.25	1.00	1.50	
Na_2SO_4	1.0										
$NaNO_3$	3.0	2.5	2.5	1.5	1.5	1.25	2.5	1.0			
$(NH_2)_2CO_3$								0.5	0.1+0.1	0.15	0.2
$(NH_4)_2SO_4$											
NaCl		1.0	1.0			0.5	1.0				
$MgSO_4 \cdot 7H_2O$	0.1	0.2	0.2	0.2	0.2	0.1	0.09	0.1	0.2		
$FeSO_4 \cdot 7H_2O$	0.0	0.01	0.01	0.01	0.01	0.005		0.02	0.01		0.01
K_2SO_4		1.0	1.0	1.0	1.0	0.5					
$CaCl_2 \cdot 2H_2O$	0.04	0.04	0.04	0.04	0.04	0.02	0.25	0.02			
$FeCl_3 \cdot 6H_2O$							0.8				
粗海盐				1.0	1.0	1.25		1.0		0.5	
EDTA	0.11	0.08	0.08				0.001				
A5 溶液*（mL/L）	2.0	1.0	1.0			0.5					
B6 溶液*（mL/L）	2.0	1.0	1.0				1.0				
水资源	淡水	淡水	淡水	淡水	淡水	淡水	淡水				海水
通气情况			＋空气	$+CO_2$	＋空气			$+CO_2$	$+CO_2$	$+CO_2$	＋空气 $+3.0\%CO_2$
用途	A	A	B	C	A/B	A/B	A	C	C	C	C

* A5、B6 溶液配制成分见表 4.1

A. 保种培养；B. 原种扩大培养；C. 大面积生产培养

我国的生物研究工作者在“七五”国家重点科技项目（攻关）计划中，也参照以上配方研究出适合我国国情的几种廉价的培养基配方。经农业部协作组各家在总计面积 3400m^2 的培养池规模上试验，生物量的平均产量水平达到 8 ～ 10g（干重）/（$m^2 \cdot d$），产品的粗蛋白质含量高达 55.5% ～ 73.7%。近年，经过对藻株的不断选育、驯化和适应性培养，国内外对大生物量生产应用的培养基进一步作了简化，直接应用以商品级化学肥料—氮磷钾复合肥（N ∶ P ∶ K=15 ∶ 15 ∶ 15）为主加过磷酸盐的配方。

表 4.4 所列配方是国内外目前在螺旋藻原种保持、扩大培养和大面积生产上应用比较经济有效的配方范例。在具体的试验和生产中各厂家单位可以根据各自的条件进行增改和选用。

第 5 章

螺旋藻的大生物量生产培养制式

5.1 大生物量生产培养的基本制式

螺旋藻生产是一门生物农业工艺学。在它的大生物量培养过程中，要不断调节适应全年（或在生长季节内）的光照、气温、培养液的 pH、培养基营养物和藻的生长密度等因子，才能获得较高的稳定的产率，培养系统的设计和建立则是这些因子的综合运用。所以国外一些研究行家泛称之为生物反应器系统。

目前，世界上已有许多国家和地区从事螺旋藻的开发研究和生产，并且已经取得了显著的成效。从 20 世纪 70 年代初开始到 90 年代末，许多国家在藻的大规模培养中，对于藻的培养池制式与结构进行了多种类型的生产培养试验，设计和建立了一批各有特色的高产率培养系统。

虽然本章介绍的这一类型的藻类培养生产制式在当代高新技术时代已逐步被智能化、超大规模集约化生产技术所取代，但是在我国社会主义新农村建设中，作为一种非常规农业生产方式，让农民以休闲农业、观光农业生产高质量新颖蛋白质食物，将是对于传统农业的又一次绿色革命。

归纳国内外 20 世纪 80 年代以来设计和采用的藻的培养系统，大致可分为四种制式、五种类型。

四种制式如下。

露天开放式 充分利用自然条件进行培养和生产。这种类型能大幅度节约投资和生产成本，但不能控制生产环境和外界污染因子（包括生物因子）的侵袭。

半开放式 仅对池面加棚遮挡雨水或遮阴，能部分控制外界环境条件，但基本上与开放式相同。

封闭式 以玻璃或透光薄膜建造的温室，或以透光塑料管进行藻的培养，藻的生产培养基本处于控制条件下，有较稳定的生物产率。

全封闭式 国外又叫生物环境控制室，螺旋藻生长繁殖所需要的光照、气温、CO_2 等各种参数由人工设定进行控制和调节，外界污染因子难以侵入，因此可以维持较高的产率和生产高品味、食品级的干重原粉。

评语 笔者认为封闭式培养系统对于亚热带和温带地区应予推荐采用。除上述优点外，实行封闭式培养还可以减低水分蒸发量和提高日间和夜间液温。在水分蒸发速度大的季节[如在我国江西地区，七、八、九月是温度最高月份，雨季早就结束，大池每天蒸发量高达 1cm/m^2，显然，这种高蒸发量增加了水费成本，更重要的是提高了培养液的盐浓度，使藻的生长受到阻抑。封闭式培养池的温室效果是显著的，培养液白天可以吸收长波（500 ～ 750nm）辐射]，夜间液温提高 3 ～ 5℃。使昼夜温差相差不致过大。但封闭系统也有缺点，一是建造费用过高，延长了投资回收期。二是覆盖材料经长久使用后，常因灰尘积累以及内面水分的黏着，使光线的透射效率显著减低，严重时，能使培养液的辐射能减少 40% ～ 50%。

五种类型如下。

自然生态型　世界上最早进行大规模生产螺旋藻的国家是墨西哥。生产基地在墨西哥谷地的特斯科科湖区，该地区海拔高度在 2200m，属于亚热带气候，年平均温度 18℃，国际上应用最多的藻种 *S. maxima* 即原产于此地。历史上该地区主要是以湖水为原料生产苏打粉，自 20 世纪 80 年代初转产，进行大规模商业化开发生产螺旋藻。生产基地依照特殊的自然地理形态设计建造成巨大的太阳能蒸发器，其大池构造如蜗牛壳式螺旋形态见图 5.1。

图 5.1　墨西哥特斯科科湖沼。1974 年法国人杜朗 • 切塞尔在有天然微藻螺旋藻共生的苏打盐湖沼，开办了世界上第一座大规模商业化螺旋藻生产开发基地

这座蜗形基地的总面积达 $900hm^2$，直径 3.8km。螺旋藻在圈内随湖水徐徐向外圈流动的过程中，逐渐生长繁殖和浓集，最后藻的大生物量在基地的最外圈被采收。藻液以过滤方式采收获得藻泥后，即进行均质化处理，经巴氏消毒，最后进行喷雾干燥变成藻粉。该厂日产藻粉 2t，年产藻粉 500 ～ 600t，主要销往法国。目前产品的消费主要用于健康食品、化妆品、高级饲料饵料或添加剂（包括用于提高观赏鱼的金黄色色泽之用）。

回路式露天培养池（乡村水平）型　从 20 世纪 70 年代中期以来，印度国家科学技术部组织的“全印藻类协作工程”与联邦德国援助的“印德合作研究项目”，在印度南部迈索尔开展了螺旋藻大规模开发利用的生物技术研究，重点研制在农村条件下可以推广的螺旋藻培养生产的制式。经多年的探索研究，设计构造了多种类型的螺旋藻简易生产培养池（图 5.2）。其中最主要的模式是平地“跑马道”式培养池。

这一类型的培养池在构造材料和建池工艺方面，通常都是在农村条件下可以办到的。例如，建大池的材料采用水泥和砖；建中、小型规模的水池可选用 PVC 板；还有更简易的办法，只需在地面挖 0.4m 深的土坑，内面铺垫以聚乙烯薄膜，即可投放培养液进行培养生产。这一类型培养池的面积一般为 50 ～ $500m^2$ 不等，甚或有超过 $1000m^2$ 的。池道宽一般为 2 ～ 4m，以池道中隔分成二纵道回路。有些较大型的高产率培养池池道也有宽至 5m 的，以中隔墙隔成复合回路，一般为双回路式或四回路式池组。池墙厚 12cm，深度通常为 35cm，培养液深度为 20 ～ 25cm。对于培养液的搅动采用多种方式，如以土法建造的小型池多以人力或机械方法搅动池液，每日搅动数次。也有以压缩空气通过多孔

图 5.2　印度中央食品技术研究所（CFTRI，Mysore）1975 年研制推广的农村简易型螺旋藻养殖生产池，可用 PVC 板、水泥或砖块等建造

塑料管向池液通气，达到搅动目的。但对于较大型的水泥和砖结构培养池，多采用马达传动的叶轮式搅动器，定时进行搅动，并使液流以 35cm/s 的流速在池道中作涡流循环流动。对于这类培养池投放的化学肥料，多是按 CFTRI 配方配制，并以清洁的饮用水进行生产。在各种环境因子配合较好时，藻的生物产率平均可达到 8 ～ 10g（干重）/（$m^2 \cdot d$）。

评语　印度的乡村水平型培养池，对于我国农村普及推广螺旋藻生产，具有很大的参考意义。因为这类培养池所需要的投资不多，建池的场所可因地制宜，建池的材料可以就地取材，生产规模可因陋就简，生产投入物可采用简化配方。只要注意掌握光照气温环境因子的配合，照样可以取得较高的生物产率。缺点是这种开放式藻池常易受到周围环境和大气中污染因子（包括生物性因子）的侵染，往往造成生物产量和质量的下降。但作者认为，我国农民具有丰富的农业经营经验，对于以上不利因子只要施以适当的保护措施，完全可以克服，并取得螺旋藻生产的稳产、高产、高效益。

斜坡栅格型　捷克微藻生物科学家 Setlik 和保加利亚的 Vendlova，从 20 世纪 60 年代起即设计和构造了这种栅格障流式斜坡培养池，并用以进行微藻的大生物量生产培养。这种架空在一定高度的培养池，在每条池道的底部（即坡面）以平板玻璃铺设，使之成 3% 的坡度。在池道上再按一定的横截间隔，排列一条条增强聚酯塑料片（片宽 3 ～ 5cm），其作用是对下降液流起到挡流作用，以形成一层层的湍流。这样，整个池道的培养液从池端开始，逐级障流而下，最后降落在池道末端的塑料水槽中。培养液在水槽中被注以 CO_2 浓集空气后，由输液泵输送回池道的顶端再做循环流动。这样，培养液在有光照的白天以薄层方式循环流动，使藻细胞得以进行间隙式光能接收，使光合作用效果得到显著加强。在夜间或降雨天，则收纳在底下池槽中进行通气式照光培养（图 5.3）。

图 5.3　捷克 Setlik 等生物科学家研建的空中露台式、下坡栅格障流式微藻养殖与生产系统。藻细胞的采光效率优越，可达到 14 ~ 17g（干重）/（$m^2 \cdot d$）

作者于 1994 年 9 月在捷克微藻生物研究中心（TREBON）做现场参观访问时了解到，这种斜坡栅格型培养池面积为 900m^2，夏季的平均产量达到 14 ~ 17g（干重）/（$m^2 \cdot d$）。

评语　这种培养制式的优点是对于培养液的管理较为方便，尤其在采用敞开式培养时，不会因降雨而造成损失。同时，由于培养液在晚间被收纳在池槽中，这就极大地减小了温度的散失，使昼夜温差缩小。缺点是在培养液池槽中尽管注入了 CO_2 浓集空气，但在大面积薄层流动中，CO_2 极易被解吸而散失掉。

管道型　意大利 Corato 等采用聚乙烯透明薄膜管道（薄膜厚 0.3cm，管径 14 cm），铺设在斜坡台地上，以回路式自上坡至下坡逐阶而下。培养液在管道中流向坡底池槽，再用泵抽送上去，这样可以使培养液往复循环流动（图 5.4）（Richmond，1986）。选用的藻种为 *S. platensis* 和 *S. maxima* 两个不同的藻株。显然，这种管道设计的功能近乎一种太阳能收集器。利用这种管道进行藻的培养，可以把生长季节一直延长至冬季。根据设计者介绍，这种管道培养的方式，在夏季时平均生物产率可达到 15g（干重）/（$m^2 \cdot d$），冬季的平均产量也达到 10g /（$m^2 \cdot d$）。以此折算的全年产量（当然是乐观的理论产量）可达到 40 ~ 50t/hm^2。

图 5.4　管道式微藻螺旋藻培养系统（意大利，佛罗伦萨，1986）

评语 管道式培养系统的优点首先是有效地减少了水的蒸发量。由于管道可以铺设在10%坡度的台地上，以重力落差流动，无须以机械搅动，而且起到对于外界污染因子（无论是生物性的或是其他方面）的屏障作用。但问题是这种管道法生产方式存在氧气排除障碍，不利于持续进行光合作用，而且螺旋藻蛋白质的含量要比采用开放式大池生产的稍低。此外，在仲夏时，管道内的液温常高达40～45℃。显然会发生螺旋藻因不能耐高温而死亡，所以还须对管道辅以遮阴或冷水降温等措施。

大规模工业化生产型 20世纪80年代以来，进入螺旋藻大规模工业化商品化生产行列的国家和地区有墨西哥、日本、美国、以色列、新加坡和我国台湾地区。此外法国、意大利、智利和秘鲁等国也建立了一定规模的生产培养基地。泰国Siam藻类有限公司是日本油墨化学公司（日本DIC公司）的子公司，1978年10月建成投产（图5.5）。该系统生产面积约18 000m^2，以Zarrouk全价矿物质营养投入，生物产量水平较高，年产藻粉75～100t。该生产系统建在距曼谷50km的郊区，光照、气温等环境条件甚为优越。培养池以大回路式循环，采用大功率翼式搅拌机驱动培养液快速循环流动。池内设涡流发生装置，用以增强螺旋藻细胞的光－暗交替效果。整个培养系统可进行自动作业。这些管道是营养物补给管道，供排水管道，培养藻采收管道，采收过滤液回输管道，以及搅动、照明等各种动力线管道。与生产培养池相配套的有大池营养物配料车间、藻泥采收车间、产品喷雾干燥车间，以及大池动态营养监测系统和产品分析测试室等。

图5.5 日本DIC公司最早在泰国投资建立第一家螺旋藻工场，该制式采用了先进的搅动与涡流发生装置，从藻细胞生物学层面提高光合效率，实现大生物量生产

美国厄斯赖司公司（Earthrise Farm）也是有日本DIC公司参股经营的一家大型螺旋藻生产厂家，建于1982年，生产基地设在加利福尼亚东南部的帝王谷，此处远离城市、机场和高速公路，空气新鲜无污染，清澈的科罗拉多河水含有较丰富的矿物质，经过沉淀池过滤后，直接输入生产大池（图5.6）。藻的培养基配方所应用的营养物，都是选用食品级的矿物盐。对于藻生长需要的大量碳素营养则采用净化的CO_2气体直接注入漂浮于培养池的增溶罩，使CO_2缓释溶入池液中。藻的营养补给，藻的采收和采收液的回收利用，均通过管道系统进行作业。藻液从培养池通过管道流至封闭式采收车间，经不锈

图 5.6　美国厄斯赖公司是目前世界上最大的一家螺旋藻生产企业。早在 1982 年该企业即在加利福尼亚州南部半干旱沙漠区建立起食品级螺旋藻生产基地，年产 175t 螺旋藻原粉（喷雾干燥法），产品消费主要在国内市场

钢滤网过滤采集成为含水量 85% 左右的藻泥。整个过程只需 15min。然后藻泥经加压送入喷雾干燥塔，数秒钟后藻粉形成并收纳于集粉桶，随即进行真空包装。经采收后回流入大池的培养液与三级藻种混合，两三天后藻又迅速生长达到可以采收的光密度。

评语　在上述藻的培养制式方面，有两种制式目前得到较普遍的采用。一种是平地回路式浅池培养池。通常都是设计建造为长池道跑马道式的回流池组。培养池装有蹼轮式搅动机，驱动培养液做往返循环流动并有涡流发生。目前这一类型的培养池在大规模工厂化生产上应用最普遍。另一种是斜坡台地式培养池。这一制式设计成藻的培养液从高台地池道顺流而下，逐阶流入各级低坡池，最后在最低阶深池槽中经加注 CO_2 后，以电动泵抽送回坡的顶端池道。这种制式的优点是不需要每池专门安装搅动机械，能源和维修成本可以得到节省，建池可利用荒山坡地。但台地建设对于建池倾斜角的精度要求较高，初期投入成本并不低于前者。

螺旋藻的大生物量培养生产已有 30 余年的历史，国内外已研建成多种行之有效的制式。经过实验室试验、中试放大生产和大规模工业化商品化生产，证明这些制式大多数可以形成规模效益。一般实际生产的生物产率大多数在 8 ～ 10g（干重）/（$m^2 \cdot d$）。当然，与螺旋藻的潜力产量相比，这仍然是起步阶段的生物产率水平。目前在提高螺旋藻的生物产率措施中，最重要的还是藻池的改进。因此，藻池的设计与操作性能的优劣，不但影响藻的生物学效果，而且直接影响到藻的生物产量和经济效益。

5.2　大池式生产基地选址与规划的一般原则

螺旋藻的大生物量生产，首先要考虑的是设计和建立一座最适合于本地条件的高产率的光生物反应藻池。对于藻池的总体设计应选择什么样的制式，要从技术经济多个角度去考虑。一是对于该工程的投资成本的回收、预期的产量、产值和利润。二是获得最大的投入报酬，即产出率。在一定的气温、光照等自然环境条件下，培养系统能做到最大限度地利用人工投入物。从培养池本身来考虑，要设计成使培养藻具有最大的采光率，培养液能迅速流动并产生涡流，以及对于夏秋季高温和低温具有可调控机制。三是易于操作，便于管理，并且具有对逆境因素的应变弹性。如开放式培养池在藻的生产期内遭遇到暴雨侵袭的应急措施等。螺旋藻大生物量生产培养基地的设计与建立，首先要考虑的是它对生态环境的影响和产业经济效益前景。一切为提高生物产率的各种技术因素和技术参数都是与经济成本核算直接相关联的。因此，在设计与建立一座螺旋藻生产系统时，有三条原则必须遵循。

一是为最大限度地获得藻的生物产率，必须要具备良好的气候环境条件。既要在光强、日照、水质、气温、降雨、昼夜温差以及地面蒸腾等自然因素方面，基本上适宜于螺旋藻的培养和生产，又要尽可能避免季节性灾害如台风、冰雹等袭击。

二是要考虑到社会经济环境。即交通运输、水电供应、土地和水资源，以及开工后的生产投入物，如化学肥料、产品包装及系统正常运行的软件技术环境，甚至生活设施等是否有保障。

三是周围环境（包括人文环境）是否有污染因子。因为螺旋藻作为食品和医药资源的开发必须具有极为严格的卫生学环境条件，不允许有任何生物性和化学性污染。要避免农区农药弥散污染，而且应杜绝外来人、畜、啮齿动物和昆虫等的侵入。

尽管螺旋藻具有极高的光能转化率和很高的生物产率，而且是目前生物技术项目中最适宜于大规模工厂化生产的微生物，但微生物生产的不可控因子毕竟太多，它随时有可能受到某种自然因素，尤其是太阳光照和气温等过强或不足，内部因素如培养液中某种营养物不足，碱度（pH）变化，最初接种物浓度偏低等多种因子的制约。事实上，各方面条件都相宜的地点是很难找到的，有些场所尽管具备了有利的气候环境条件，但缺乏所需要的其他某方面的基本条件。因此，必须经过综合考察环境条件的各种因子，才能对生产培养系统的建立进行决策。

对于螺旋藻培养系统的规划与设计，主要内容包括有场址选择、整体布局、池型构造以及附属配套设施等。

场址与池型 场址选择的主要方面是确定生产培养池的构造类型。如在丘陵缓坡地上建池，应采用阶梯式或坡降式池型；在平坂地建池则一般采用单道式回流浅池型。螺旋藻的生物产量是在浅池（< 25cm）中形成的。因此，在进行大规模生产时，要求建造的培养池面积必须与计划产量相适应。如计划年产螺旋藻 8 ～ 10t 干粉产品，则大体需要 3000m^2 的净生产池面积。如要求的计划产量愈高，则设计的生产面积必须相应地扩大。螺旋藻生产大池目前国内外多采用平面浅池回路式培养大池，因此要求建池的地面平坦而又有一端稍许坡降（0.01% ～ 0.05%）。在实际的平整土地建池过程中，要做到这种一端缓坡降是有困难的，除非使用激光水平测量仪。

土壤特性 土壤特性对于培养池建造成本和结构的稳固性具有十分重要的作用。均质化的土层，比较容易铲平；土壤中的砾石和其他硬质成分，能增加大池基础的稳固性；相反，过湿的黏土层往往难以支撑上部水泥池槽，而且即使池子建起后，也容易断裂发坼，造成培养液的大量渗漏。此外，松土层土质常在施工时不易夯实，日后引起土壤收缩或蓄水膨胀，造成池底变形和洼陷。在这种情况下，应注意防止土壤的淋溶侵蚀发生，在施工时先要采取措施降低地下水位；对于黏土性地基应铺填细石子夯实巩固地基。

供水量与水质　螺旋藻大池在建成投产后，供水水体量较大。以 5000m^2 生产池为例，首次灌水约需 1200m^3。此外，在藻的采收过程中，虽然对于培养液采取过滤后加以回收再利用，对于藻泥的淋洗用水也同时加以回收，使池液得到部分补充，但由于池面水分每日的蒸发损失［夏季可达 1cm /（m^2·d)］和其他工业处理用水，每天的需水量仍在 200m^3 左右。

螺旋藻的生产用水可以是天然水、深井水和水库的软水，也可以是自来水。但使用河水时，必须经过过滤净化等措施，达到饮用水卫生标准方可应用。

对于水质的要求是：纯净清澈无异味，pH 6.5 ～ 7，硬度 70° 左右，氯与铁的含量应＜ 1ppm①。尤其要严格控制水中的重金属元素，其中铅＜ 2ppm，砷＜ 2ppm，汞＜ 0.1ppm，镉＜ 0.1ppm，且无农药残留物污染，无放射性物质，每毫升活细菌指数＜ 100 000 个。杆菌数应低于卫生部门规定的标准。

除了有充足的水资源保障以外，生产现场的贮水设施也是必需的，主要是防止生产培养池的临时供水中断，同时也便于随时对供水进行生物化学检测以及其他设备方面的需要。此外，还必须贮存藻池冲洗和废液处理用水，尤其是处理环境部门限止排放的超标 pH 废液或高盐浓度废水。在这些情况下，有必要提供蒸发区，以达到零排放值。

气候　气候条件是场址选择中最重要的方面。其中藻池的部署与设计，藻池的地理坐向与方位，均与光照、气温、风向和蒸腾有着密切的关系。其中，太阳的辐射能与气温是影响藻生物量产率的主导因子。因为螺旋藻是专性光能自养生物，它的生物产量主要来自光合作用。在室外自然光照下进行大生物量生产过程中，螺旋藻对光照强度的要求一般在 20 000 ～ 30 000lx，即达至光饱和程度（江西南昌地区夏季晴天中午光强甚至达到 100 000lx）。虽然在我国南北方地区一般都具有这个条件，但在日照时数和天数以及气温等方面的差别，往往成为藻的生长期不同的限制因素（表 5.1）。

表 5.1　试验地点（南昌地区）5 年气象观察统计

项目	4 月	5 月	6 月	7 月	8 月	9 月	10 月	11 月
平均温度（℃）	17.05	23.05	25.5	29.15	29.17	24.45	19.05	13.5
降雨量（mm）	217.7	177.5	235.3	116.2	117.1	99.5	85.6	63.5
雨日数（d）	17.7	17.9	16.8	13.0	9.5	8.0	8.8	8.9
日照（h）	111.6	163.6	159.6	239.7	266	196.9	136	122.7
辐射量［kJ/（cm^2· 月）］	32.17	44.39	45.39	57.79	60.16	46.4	34.5	20.8

在我国北方地区，如北京、天津的全年日照天数比南方地区多，但在春、秋季节气温偏低，全年藻的生长期不长；相比之下南方地区 4 月中旬到 11 月上旬，气温在 22 ～ 36℃，比较适宜于螺旋藻生长繁殖，但上半年季节性阴雨，降水量多，日照相对偏少。此外，广东、海南等沿海省份台风次数较多，经常暴雨骤降，这对于大池螺旋藻生产是

① 1ppm=10^{-6}，余同。

不利因素。所以在我国的亚热带中部地区，长江南北和东南沿海诸省份均可较正常地进行螺旋藻开放式生产大池培养。我国北方如内蒙古等地区日照天数和日照时间普遍较多，日间升温较快，这些地区如果能建立适当的保护性设施和采用现代农业的技术措施，仍然可以获得培养藻全年较长生长期的稳定性产率。

气候常会影响空气的质量，造成培养藻不明原因的污染。这种情况已在一些藻的生产场所发生，并造成产品质量降低的问题。由于螺旋藻是作为高品味、食品医药级原料应用，而且螺旋藻对于重金属元素的富集作用和生物性络合作用特别强，因此尤其要注意防止某些污染性环境因子，如重金属元素以及其他化学物，能随大气微粒的降落而进入到培养池内，且很快被藻细胞吸附和络合。此外，建立在农区的藻池，有时会因农民对作物喷洒农药而随风飘逸进藻池内，或者因农药影响供水和质量，最终使藻产品受到污染，这些都是必须加以高度防患的方面。

干燥和晴朗的沙漠性气候对于开发和培养螺旋藻在某些地区也是可行的。这一方面，以色列在内盖夫沙漠地区的实验性螺旋藻大规模工厂化培养，近年我国内蒙古地区（鄂尔多斯）也利用当地丰富的盐碱资源成功建起了螺旋藻厂，并已投入常年性生产，开创了历史的先河，这是发展沙漠农业的一个重要举措。这里的主要问题是要克服和解决昼夜温差过大，引进足够的供水和对于生长期短采取的设施性保护措施。

生产性投入 螺旋藻的生产性投入主要包括：化学肥料、CO_2、能源、交通、劳力以及某些操作软件技术和产品开发等。这些方面的投入对于场址选择和生产成本核算均具有十分重要的意义。如 CO_2 的应用对于螺旋藻商品化生产来说，是降低碳资源成本的重要途径。如当地能提供低成本 CO_2 的供应（工业副产品或天然井气 CO_2），就可以实现藻生产更好的经济效益。同样，地热或废热水资源在特定情况下的采用，可以维持寒冷季节的藻生产产率和节省干燥加工的能源。

在能源投入中，可靠的电力资源也是必须具备的一个基本条件。在藻的生产过程中，对于大池培养液的搅动，藻的采收和藻产品的烘干或喷雾干燥，以及在生产管理等方面都是必不可少的，这些都应在建厂初期的技术经济可行性报告阶段加以通盘的考虑。

5.3 生产系统的整体布局

建设一座综合性的螺旋藻生物技术培养系统和产品开发系统，一般应具备从实验室试管锥瓶培养，再到一级、二级和三级藻种扩种，形成大池大生物量生产规模这一全过程（图 5.7）。本书作者课题组成员最早于 1991 年即在深圳建立了我国第一座螺旋藻养殖生产系统（图 5.8）。这一生产系统包括如下。

（1）作为主体部分的螺旋藻生物环境控制设施。

（2）与之配套的化学肥料配制与输入系统、CO_2 供应系统、大池给水与采收管道系统、供电房、供气房、原料生产车间（采收与喷雾干燥）和地下管道设施系统。

（3）产品加工，包括深加工厂房及生产线，产品仓库。

（4）产品的运销系统。

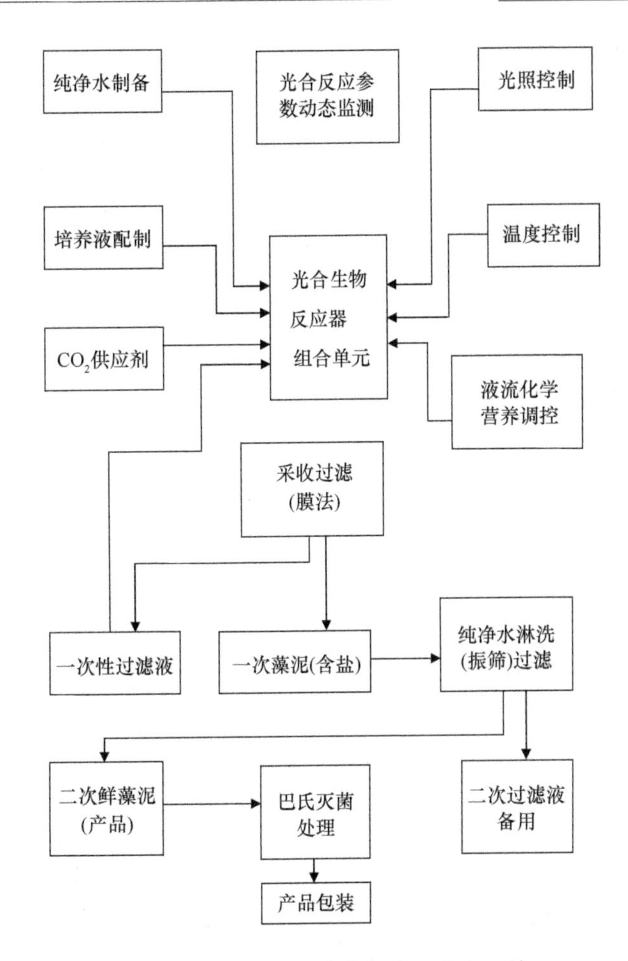

图 5.7　螺旋藻光合生物反应器生产系统

图 5.8　国内最早建立的一种开放式螺旋藻生产大池与厂房（深圳，1991）

螺旋藻开发的技术制式一般是以产品类型、加工深度和市场运销对象确定的。作为“人类明天最好的食品”，螺旋藻的超级营养作用正受到国际国内越来越多的消费者的欢迎。许多生物技术开发商，对此注以高额投资，兴建最先进的生产系统进行大规模工厂化生产和产品开发。如美国的厄斯赖司公司（图 5.9），目前的生产面积已达 75 000m^2，整个生产基地由 10 座生产大池组成，每座大池面积 5000m^2。另有 2480m^2（1000m^2×2 座，200m^2×2 座，40m^2×2 座）作为原种扩大培养池。这样，藻的原种经逐级扩大培养后流入生产大池，形成一条庞大的螺旋藻生产线。

作为敞开式大池培养方式，上述几家的整体布局基本上已达到较高的优化程度。日本 DIC 公司分设建在泰国曼谷附近和中国海口的敞开式大池培养系统（图 5.10），培养池面积分别为 18 000m^2 和 100 000m^2，年产原粉藻合计为 420t 左右；其在中国海口独资建立的螺旋藻工场（也是 DIC 公司海外最大的藻生产基地），1991 ～ 2018 年年平均产率（藻原粉）达 33t/hm^2，连续 24 年维持在稳产高产水平。

图 5.9　美国的厄斯赖司公司生产培养系统平面鸟瞰图

图 5.10　日本 DIC 公司建在我国海口的大池生产系统

每一座微藻生产系统的设计和建立，都有它特定的外部经济环境和自身的技术、经济实力。作者在这一章节中主要介绍的是螺旋藻生产系统的一般配置。根据这一系统配置的原则，同仁读者可以量力而行，规划建立本地区上规模、上水平的螺旋藻生产系统。至于大规模高产率的设计与建立技术方案可参见本章第 4 节，也可以建立普及型农村水平的螺旋藻生产单元。

5.4　培养池的建造工艺与法则

对于藻生产系统各种类型和制式的选择和采用，以因地制宜，节约投资和节省生产成本为原则。同时，借鉴与参考国内外行之有效的各种培养池构造的类型和制式，做到博采众长，设计和建造符合我国国情的螺旋藻生产培养系统（图 5.11）。

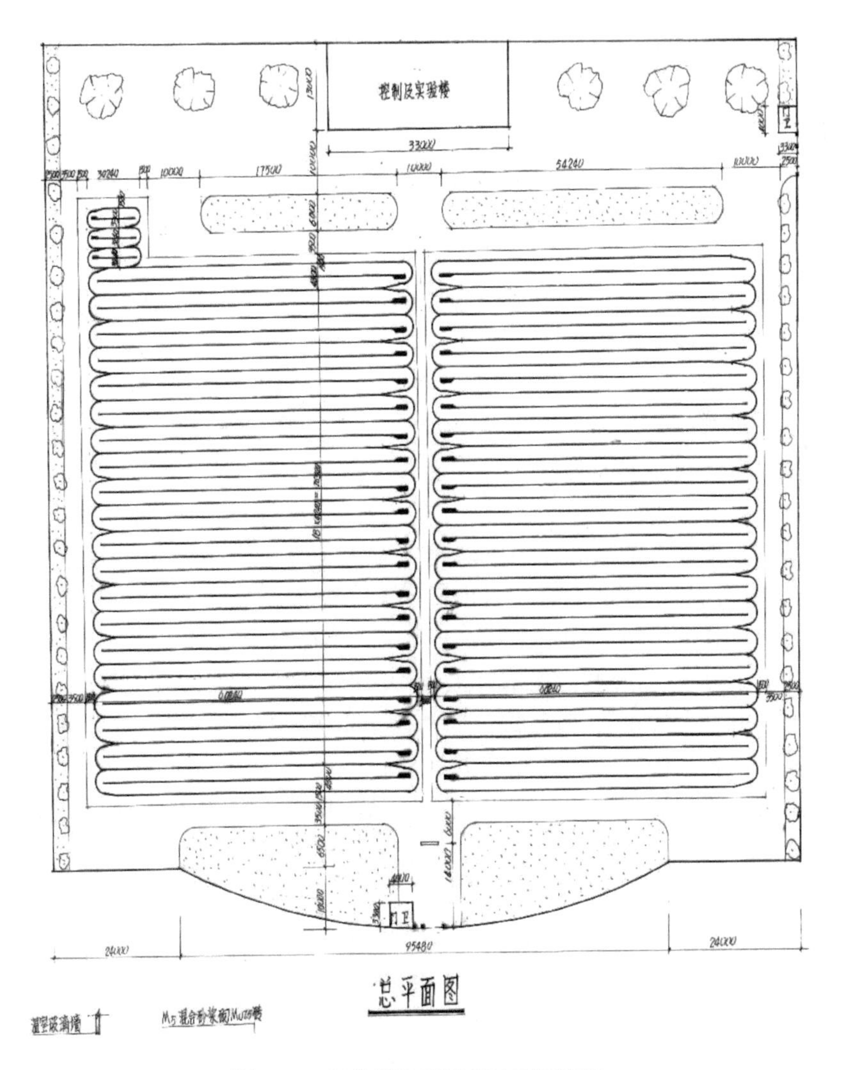

图 5.11　螺旋藻生产系统的平面布置

总结国内外螺旋藻的生产技术，在藻池的设计上必须遵循以下基本原则。

（1）藻池建造应做到因地制宜，选用优化方案。采用制式必须是技术上和经济上在当地切实可行的，这在建造大规模微藻培养生产池时更为重要。

（2）藻池的设计首先要考虑使培养液有最大的受光面积，最浅的悬浮层面，从而使培养藻细胞进行最佳的光合反应活动。

（3）采用的建池材料（尤其是建池槽的水泥须经重金属检测），应对于藻细胞和人体绝对无直接或间接的毒副作用影响，也不致有残留物产生；同时，所采用的材料也不会受培养液的腐蚀或向培养液淋溶。

（4）建成的藻池应能经受长期、连续操作的负荷，尤其是池壁和池底在经受曝晒的情况下，也不发生热膨胀开裂或干燥收缩，以致影响藻的正常生产。

（5）大池的生产和操作管理要尽可能方便易行；对环境卫生和污染因子能做到严格的管制。这一点对于生产高品味食品级和医药级的螺旋藻产品尤其重要。

（6）能使藻液产生充分均匀的涡流，务使所有藻细胞在指数生长周期均能获得有规律的“闪光”照射的机会；藻丝体在液流中不下沉、不阻滞、不凝聚，始终保持均匀分布的生长状态。

（7）藻群体能获得充分均匀的各种矿物营养的供应；要使 CO_2 或者其他碳素营养资源在培养液中以最大的溶解度分布和存在；培养液中沉淀物和固形物能方便地被清理掉。

池形与池道的设计　国内外目前在螺旋藻培养生产上普遍采用的制式是组合回路式浅池培养。这也是微藻大生物量培养生产最为经济有效的方式。浅池培养这一技术制式是 20 世纪 50 年代初美国加州大学 Oswald 等（1953）最早试验研制的。生产实践证明，浅池培养可以获得显著高于深池的最大生物产率，并且在蛋白质的质量上也高出一筹。浅池培养的原理和优点主要是能使全体培养藻获取更多的光辐射能。也就是说，真正决定藻细胞生物产率和产量的是培养液最上层的受光部分，而与培养液的深度不相关。

大多数早期微藻培养池虽亦采用回路式（又称跑马道式 raceway）池型，但多采取正反向环路，池道狭而短，池头弯曲（180°）太多，造成能量损失过大，并且引起固形物的沉淀和厌气菌的分解腐败。20 世纪 70 年代以来，微藻开发和商品化生产的趋势兴起，对于池型的研究有了共识，技术上有了显著的改进。培养池大多数采取长池道（60 ～ 90m）、浅池（0.30 ～ 0.35m）、单环式流向。对于培养液的搅动方式亦由以往的驱动泵直接驱动改造成各式各样的叶轮式或蹼轮式搅动机搅动。池道内还进一步加装了涡流发生装置。这样，池道的水力学效果显著得到了提高，使培养藻在充分的搅动过程中，获得了均匀的“闪光”式照射（1986 年 A. Richmond 提出的理论），从而使藻细胞的生理活性得以充分发挥。同时，这种形式的培养池也给生产管理和作业带来很大的方便。

设计和建造一座高产率的水池，要以尽量扩大净生产池面积为原则。从静态的建筑结构考虑，一般是将两个单池采取背靠背形式安排（图 5.12）。这样一方面可使每对藻池之间省去一堵池墙，同时两池还可以共用一套设施。如一台双头输出的 3kW 马达，可以带动两个藻池的搅拌机工作。

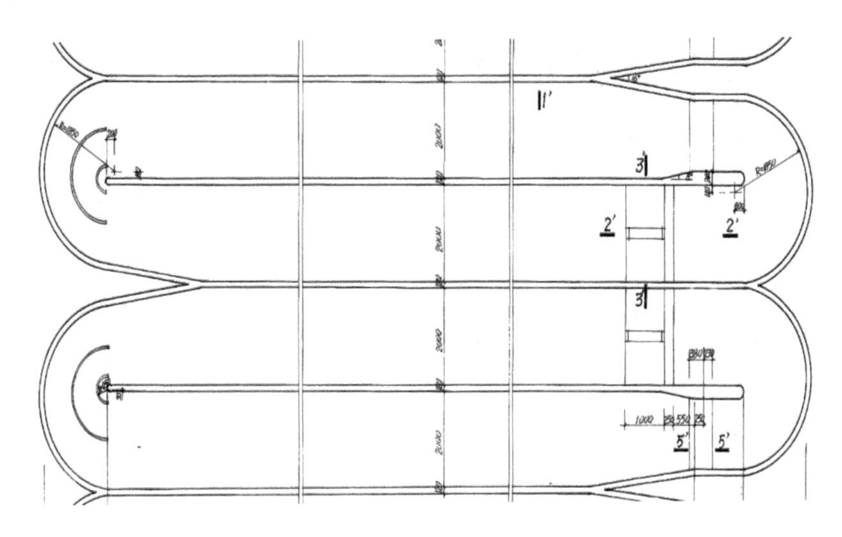

图 5.12　池型与池道结构示意图

在实际的构造中，每条池道的总面积必须充分考虑若干水力学动态因素，其中最重要的是安置的搅拌机类型，搅拌液流的速度与培养池的深度。近年，无论在大规模商业化生产或是中、小规模培养上，有一种共同的趋向，即采用浅池加高速搅拌的方式，使培养藻处于“闪光照射”环境中，这样可以明显提高藻的生物产率。Richmond（1986）甚至推荐，高产培养池的池液深度应控制在 10cm 以内，液流速度应达到 50cm/s。为保持这种高产率的浅池式生产，池面积的适度规模应不超过 2000m^2，池底要求做成向一端少许倾斜的角度。

在大面积的池道内，随着液流速度的增大，往往会发生超出培养深度的液面波浪溅出，造成培养液的损失。这种情况尤其在池端部分发生较严重，但如果降低搅动速度，则势必达不到涡流效应。为此 Richmond（1986）曾对高产率与水力学的关系做过这样的实验：在保持培养液深度 13cm，采用搅动流速 50cm/s 时，每单元环流池的面积以 200m^2 为佳。

设计一座大中型的螺旋藻培养生产系统，池面积少则几千平方米，多则几万平方米，在进行这种浅池基底施工时，欲要保持十分平缓而又有几厘米的坡降度，这对于建造工艺技术提出的挑战是严峻的，而这又是在实际建造大型池时必须予以充分考虑的。

若在大池基础建设时考虑不周，池道基底坡度差过大，当其超出培养作业深度一倍以上时，只要搅动机一旦停止，立即会造成池液往池道的低端积聚，从而使高端的池底显露、干涸，造成藻体死亡（死亡解体的藻体对培养物造成污染）。此外，暴露端的池底因受热过高并受紫外线照射，又会造成衬里开裂等问题。为避免出现这一设计错误，正确的设计（可参照采用水力学曼宁方程式）是：使池道的水头溢出（head loss）高度提高到培养液深度一倍，即把培养液的深度提高到 15cm，流速保持 50cm/s，或者把流速减小到 30cm/s，培养液保持 10cm 深度，则设定的池面积可以扩大 6 倍。

但限定面积也是有其极限值的，即随着流速降低，液层深度增加到达某一极点时，对于培养池规模的建设限制因素即会超过水力学标准而对池面积予以制约。

上述因子的相对关系对于培养池设定面积、流速与液层高度的相对关系并非硬性的规定，这些参数只供在实际的设计构造时参考。

池底和池壁的构造与衬砌 藻池池底与池壁的构造，是建造高产培养池不可忽视的一个重要方面（图 5.13）。池底和池壁的构造与材料特性，不光是防止渗漏的问题，而且直接影响到作为食品与医药原料的螺旋藻产品的卫生质量。如作为池墙与池底敷固材料的水泥，其中的钙离子在长时间的碱性培养液浸泡下，会发生严重的淋溶并被藻细胞吸收；有的水泥中还含有多种重金属元素，甚至如铅、砷、汞、镉等。这些元素极易为具有很强络合能力的螺旋藻细胞吸收或吸附，而使最终藻产品中某些重金属元素严重超标。此外，对于衬填类型和衬填材料的选择，还会影响到培养池的作业与维护，乃至影响到培养池的使用寿命等问题。

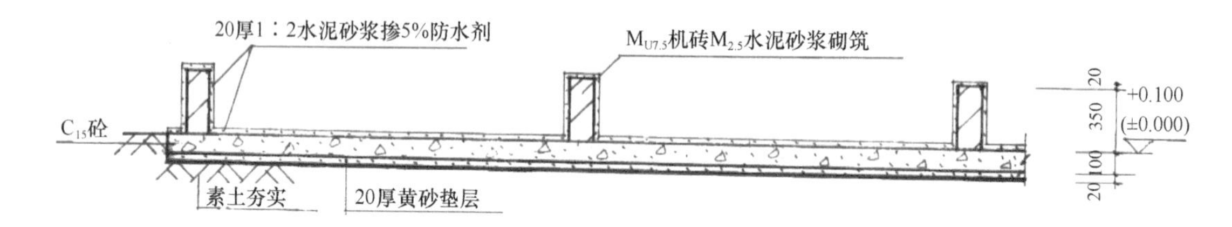

图 5.13 池底和池壁的构造与衬砌参考

藻池池底与池墙的建造，从投资成本和经济方面考虑的因素主要有：藻的培养方式，基地的土壤特性，建筑材料的来源，大池的附属设施（如搅动机械、管道系统、CO_2 供输的安装、大棚或玻璃温室的基础）等。

在藻池建造中，用于池壁的建筑材料，主要有砖、水泥块和其他材料（如水泥瓦楞板或水泥条块等）。衬填性材料大致可分为两大类型，即非膜状材料和膜状材料。非膜状材料类包括：沥青水泥、气喷砂浆和普通水泥等。膜状材料包括常用的各种塑料薄膜和尼龙薄膜（现场应用时要黏合缝口）。上述各种建筑和衬填物质各有利弊，具体采用时要根据材料的可取性与现场施工条件而定。

水泥砂浆 我国农村在做这类建筑施工时，多以砖砌做骨干，采用水泥砂浆敷面。这种办法施工简单，结构牢固，而且能较好地防止土壤渗漏，控制侵蚀和混浊。这是我国农村建筑技术的一个优势传统工艺。

沥青水泥 在敷盖性材料中，以沥青水泥作衬填性材料有其柔韧性的优点，它能有效地防止底层土壤吸水膨胀时发生的池底开裂。沥青水泥材料具有一定的透水性，当用于池底铺衬时，应提高沥青含量，并要掺和一定的黏合剂，以提高其使用寿命和耐水浸性。在大池建造上，以沥青水泥铺底再加塑料薄膜的办法是可以推荐的。

用水泥铺底和做池墙衬砌，比用沥青水泥要经济节省，而且在施工中不需要铺垫与滚压机器设备。水泥的优点是可以铺成特定的形状，强度较高，能经受搅动液浪的冲击。但缺点是难以控制池底土壤的淋溶与下陷，或土壤吸水膨胀时造成的断裂。在选用水泥作为藻池池底和池墙的建筑衬填和敷用材料之前，必须经过取样进行化学成分的定性定量分析，尤其应避免采用含有重金属元素铅、砷、镉、汞之类的水泥。

PVC 薄膜　国外厂家的一些高产率培养池常采用薄膜材料，尤其是塑料薄膜，作为池槽内面的铺垫，以保持藻池的无渗漏、无腐蚀、无污染。连续试验表明，较便宜的膜状衬填材料，如增强型抗紫外线（UV）聚乙烯是一种化学上和生物学应用十分稳定的有机化学物质。美国加利福尼亚南部的大规模螺旋藻商业化生产池，就一直在使用池底铺膜的办法进行高品味食品级的螺旋藻生产。据 Becker 和 Venkataraman（1984）介绍，在印度热带地区采用抗紫外线的聚氯乙烯（PVC）是最合适的衬填材料，使用期可达 20 ～ 30 年。采用薄膜铺垫的优点主要是材料易得、成本较低、易铺易修补；此外薄膜还具有无毒性、抗化学腐蚀、抗紫外线、具有一定的韧性、能耐受高温曝晒等优点。使用时，选膜一定要有足够的厚度和张力，铺膜一定要注意均匀平整。在池道两端和在机械设施处难以铺膜的部位，可采用其他材料或以纤维增强剂喷洒膜面，以提高其牢固性。对于池壁与池底的转角线部位，可采用喷塑材料进行喷膜处理。

迄今对于薄膜的应用，评价优劣参半。它的缺点方面主要是不耐物理性机械磨损，在池内常因液流冲击而发生移位、皱缩，或因穿刺而在膜垫下积聚水和气，以致发生鼓包上浮等。因此使用薄膜材料需要作经常性的检查与更换，以免影响大池的正常生产。

喷涂成膜材料　国内外目前已有多种喷涂成膜的材料可供使用，但可以在高产率池中应用的品种仍不多。国内这类喷涂成膜材料，包括近年开发生产的仿瓷涂料、钢化涂料、仿水晶瓷涂料等。这类涂料产品的硬度接近瓷砖，光洁度好。有的耐擦洗可达万次，而且有不易揭层、施工方便等优点。产品价每吨 1000 元左右，每平方米仅消耗 1kg 材料。在生产大池的建造中，以水泥为基础衬砌池底和池壁，如结合钢化瓷材料喷涂覆盖其表面，可起到“珠联璧合”的作用。这一办法既做到池内面光洁牢固，又抗腐蚀耐冲击擦洗。这是一种很值得推荐的办法。需要注意的是，这些仿瓷产品在使用之前一定要经过严格的品质化验，防止含有重金属元素类和其他毒性物质，以确保培养藻不受藻池建筑材料的污染。

在池底的建造方面，国外有的设计把池底面隔段建成马鞍形或瓦楞形，目的是为了改变水流以产生涡流效应。作者认为这种办法并不可取，这会对水池的清扫卫生和维护带来较多的困难，而由此产生的阻力却增加了机械能的消耗。关于高效涡流的发生，本书以下章节将作详细介绍。

池壁和池底的其他形式与构造材料的采用可以各有千秋，因地制宜。在新加坡，曾以石棉水泥瓦楞板为池壁材料，建成两座 $1230m^2$ 的培养池，经连续多年使用，未发现有渗漏现象。这一构造方法是：先对石棉瓦楞板的表面施以喷涂膜，截成所需高度后竖立在浅沟中，复以水泥浇固竖牢。瓦楞板接缝处用硅胶剂密封。对于黏性土壤的地基，则以石灰和水泥强固后，用水泥磨石子作地基浇磨平滑。显然，这种用瓦楞板池壁施工简易，可以连续水平扩展，垂直板足以承受一般负荷。在澳大利亚也有用水泥建成斜坡式池壁的，它的好处在于藻池内不会发生池壁遮阴现象。但两侧倾斜坡的占地比直立形池壁多，建造成本也大。其他形式有如水泥砖或条板建砌的（接缝处用涂膜密封和增强措施，防止发生灰浆裂开），有以混凝土现浇成的。但无论何种形式，在连续数百米的池道壁和池底的建造时要用拉线或激光定位，使具有一定的工艺水平。

对于大池的建造施工，应安排在有利的气候条件下进行。营建场地，要用激光水平定位，在以压土机平整压实后，再经过水分干燥稳定，土壤收紧牢固，方可进行大池放样和池底与池壁的建筑施工。池底可用水泥砂浆（其中粗砂颗粒直径可大至 2 ～ 4cm）浇注，厚度应在 12 ～ 15cm。在地下水位较高的地区，池底应以增强水泥辅底，最后在池底表层浇注后，应使用细砂浆粉刷平滑，以利于喷涂成膜施工。如条件许可，整个池底可采用瓜子石子打磨成水磨汀地面。以水泥涂敷粉刷池壁的厚度可达 2 ～ 4 cm。池壁内面表层亦应同样粉刷光滑，必要时进行抛光处理。在上述各项施工整体完成后，再检查一遍有无裸露的小石子或裂隙等，尤其在预设的管道进出口处要严格测试，这是日后渗漏发生的潜在危险。如检查发现有缺损，应随即进行修补。

最后一道工序便是铺覆薄膜材料或进行喷涂硬膜材料，如仿瓷涂料、钢化仿瓷涂料等，使之成形牢固。全部工作结束待干燥固定后便可放水试验，通过检查大池蓄水情况，可观察工程质量。

藻池淀积物的控制 生产培养池一般在进行藻的连续培养数月或数周后，难免要产生和积聚一些沉淀物。这些沉淀物的产生源于生物方面的有细菌代谢物凝块，死亡的藻细胞，甚至（在开放式培养时）有寄生的昆虫，如水蝇和库蚊幼体和虫卵；有的则是一些非活性物质，如风吹刮进来的尘埃和化学污染物等。这些沉积物的蓄积、沉淀和生物厌气性分解，严重时甚至会妨碍螺旋藻的正常生长，造成大池培养管理上的困难（很难做到彻底清洗干净）和产品质量的下降。因此，在培养池建造的过程中，还要考虑设计一些特别的消除淀积物的构造。

目前对于培养液中淀积物的清除常采用两种办法：一种是机械滤过法，即在培养池内（远离搅动机一端）横截设置一网袋式框架，网袋可采用 50 ～ 100 目的不锈钢网。这一装置安放方便，清洗容易，对于面积不大的培养池较为实用。缺点是对于沉积在池底的凝块物难以收集。另一种是深沟沉淀法。这一办法对于高产率大面积培养池比较适用。具体的设计是：在池道近末端处的池底（相对于池头搅动机而言），开挖一条与池道呈横截方向的长方形沉淀沟，深约 1m，沟的上部——即从池底往下呈漏斗状，中下部为垂直深坑（图 5.14）。沉淀沟从上至下要用水泥粉刷，要严密防止渗水漏水。这样，培养液在流动过程中，淀积物不断运移落进沟底。

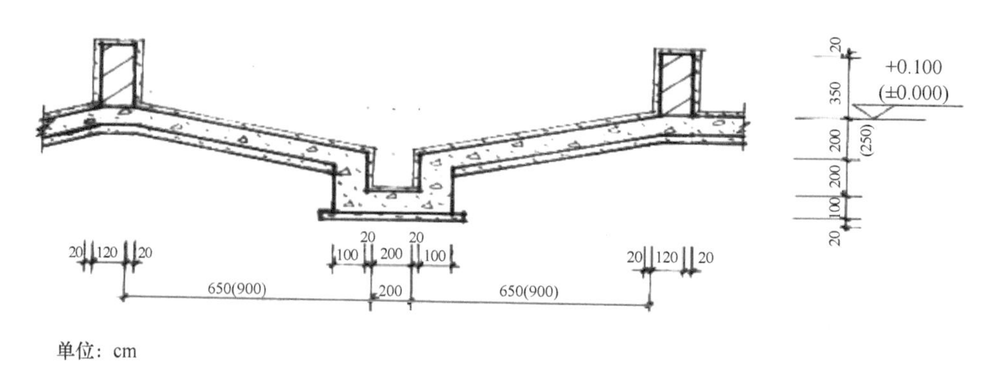

图 5.14　沟底处理参考

对于沉淀物的清除工作应定期进行。清理频度则取决于沉积速度以及沉积物发生厌气性腐败上浮的时间。大池生产清除淀积物的方法可通过一条软管和抽汲泵，逐池逐沟汲抽。抽出的沉积物统一输送到另一深池中加以沉淀。其上清液可被泵回大池利用，这样可以减少培养液的损失。一般在应用含有较高盐浓度的培养液，培养生产食品级螺旋藻的大池生产中，每隔一两个月需做一次清除工作。在全年性生产中，可安排在每年的 1 月休闲期作一次彻底清除。

5.5　藻池液流 / 涡流的产生与生物物理学装置

高产率型培养池一般应做到在藻细胞进行旺盛的光合作用活动时，在白天时间（7:00 ～ 18:00）全大池应保持有足够流速的液流不断进行循环。一方面加以维持藻丝体均匀悬浮和运行于培养液中；更重要的是促使培养藻在运行过程中频频在上下液层中翻换，以期每个藻细胞获得较高频率的“闪光照射”。这是在螺旋藻大生物量培养生产过程中一项重要的生物物理学措施。

大量试验表明，实现培养液的涡流流动与藻细胞获得的“闪光”式照射，对提高藻的产率效果十分显著。首先是藻细胞处于连续的光 / 暗周期变化中，光合活性显著增强，生长繁殖速度加快；其次是藻细胞光合速率的增强，光合产氧旺盛，与此同时氧的释放与在培养液中的蓄积也迅速增多（氧浓度可达饱和量的 400%），此时通过加快搅动培养液，才能尽快予以排除（氧浓度过高对于藻细胞的光合抑制作用将在下一章讨论）；再次是藻液涡流能促使培养液中的矿物质营养成分（包括注入的 CO_2）均匀分布和避免固形物的沉积。为了达到以上目的，通常的方法是对藻系统的结构采取以下三方面的生物物理学措施。

（1）改进池端的结构，加装池头弧形导流板或导流架，加强与加速关键的池端部分的液流。

（2）装置高效率的蹼轮式搅动机，驱动培养液以较高的速率在池中循环流动。

（3）加装涡流发生器，促进培养藻有规律地翻转接受“闪光”照射。

藻池培养液在足够的搅拌速度推动下，一般在池道中的流动比较均衡，但到池端部时，液流的水力学情况常常发生改变，表现为一些地方（中隔和池角）形成阻滞点，并有较多的固形物在此淀积。这种情况多发生在池端部未设弧形导流板，液流到达池端后一方面产生主流向前直行冲击，另一方面相对来说会在池端的弧弯处和中隔背部形成两个低速流区，即变成阻滞点。在建池时，如在池端部设置了同心圆弧形导流板（图 5.12），液流不畅的情况可以得到克服。但在池角拐弯处仍有阻滞点存在，这可以改进池端设计形状来解决，即池端的圆弧形导流板可以偏离位置安放，池端的背侧可改成向内收缩。这样使液流的流率在此得到加速，由此出来的加速流立刻在扩大段形成扩展流。这一办法就完全清除了低流速的阻滞点。

培养液的流速是根据藻细胞的沉降速度或细胞相互之间发生凝集的速度而言。这一速率范围可以从负值（全部为上浮型的藻种）至每小时若干米（下沉型藻种或细胞絮凝过程）。一般来说，对于螺旋藻培养，池液在池内各个点的最低液流速度只要达到

12cm/s，即可以避免藻细胞的下沉；但由于液流在池道中的流速从推动点至池的末端不断衰减，所以在池道液流的横截面流速为20cm/s时，搅拌速度的最低设计值应为80cm/s。由于液流速度与大池搅拌机的能量消耗呈正相关。因此，当代大多数类型的螺旋藻培养池，都使培养液的深度保持在25～30cm，作业流速控制在25～30cm/s。

对于培养池液流的驱动和涡流发生方式有多种，目前在螺旋藻生产培养上运用较普遍的技术制式主要有以下几种。

轮浆式 这种轮浆式的驱动板有以木板做的，有以增强塑料板做的，也有以不锈钢板做的。一般都以马达通过减速机、驱动搅动机1套0.9kW的电动机和减速机（减速比1:1）配套，负载185kg，可以有效带动驱动200m^{2}培养液的搅动机。轮浆式搅动在大规模工厂化大池生产上应用较广（图5.15）。

图5.15 一种高效率的蹼轮式搅动机

注气式 对培养液用注气管进行注气，这一方法的优点是，可以同时结合进行CO_2注气，能产生最大的涡流和较高的CO_2注气效率。这种方式能耗较大，100m^{2}的池面积需要功率1～2kW。此外，注气式的另一种类型是压缩空气法。一台功率195W的压缩机，效率可达70%，注气速率120L/s，足可驱动85m^{2}的藻池培养液。这种制式能有效地提高CO_2的利用率，减小O_2的过饱和程度。目前只在实验小试培养中得到应用，但如在大规模生产培养上推广应用，仍存在技术上的困难。

重力落差式 对于坡降式池道通过重力落差流动的培养池，都采取以最低端深槽贮液，然后通过水泵管道送回高端的办法，每100m^{2}的池面积需要100～200W的功率。这一办法近年已推广应用在5000～20 000m^{2}的坡降式大池生产上。

人工搅动法 在人工搅动方式中，最简单的办法是在白天时间内，用一干净的板帚，每天将池液来回搅动若干次，每天日间3～5次，每次10～15min，这种办法对于家庭小型培养池也很适用。还有一种办法是法国R. D. Fox博士在印度农村帮助建立的乡村水平培养池方式。采用的办法有用唧筒抽压一边池液，造成相邻两地发生落差而流动的；

有用简单机械牵动刮扳在池液中来回移动的；也有将池建成圆形，以中心点支出一力矩长棍，长棍一端伸出池外，再以一人骑自行车绕池转圈牵动池中木板转动。这些设施简易的办法不需要多少投资，便于在农村地区推广应用。尽管这些办法效率较低，不适合在大生物量培养生产上应用，但对于我国广大农村今后以家庭方式开发利用螺旋藻作为一种园艺农业，仍具有一定的参考意义。

利用自然力的机械搅动方式主要有两种。一种是风力牵引，即在池端建立一风车，利用风翼的转动牵动池内搅水轮板转动。这一办法在沿海季风地区比较可行。另一种办法是采用太阳能单晶硅电池板（由 36 块光电池串成），36W 产生的电能连接起动一台汽车刮水器电动机，足以带动 24m^2 的培养池轮浆转动。如串用 4 块太阳能光电池板，可以驱动 100m^2 的培养液。这一办法对于温暖而常年具有阳光，但缺少电力的农村边远地区和战士营地培养螺旋藻很有参照意义。

从 20 世纪 90 年代开始，国内外均在兴建大生物量高产率的螺旋藻培养池系统。以往大多数藻的培养生产采用一池一台搅动机进行驱动，培养液保持 25 ～ 30cm 作业深度，流速控制在 20 ～ 30cm/s。但近几年许多高产率模式都倾向于培养液的深度保持 18 ～ 20cm，液流速度提高到 40 ～ 50cm/s，这对于大面积生产培养提出了更高的技术要求。采取的主要措施是对搅动机系统进行改进，提高它在浅层培养中的效率。

A. 搅动叶轮的设计与改进

在藻的实验与生产上采用搅动叶轮来搅拌小型培养池已有数十年的历史，一般采用简单的短矩叶片式搅拌，也有的采用“笼式”高速转动轮进行搅动，这类构造往往是被驱动的液流相当一部分又从叶片之间或搅动机周围倒流回去；要么就是提高转速，加强驱液，但这时藻细胞受到严重损伤，效率系数有的低至仅有 4%，这对于需要运动和“闪光”照射的丝状藻螺旋藻的生物学特性很不适宜。在螺旋藻的大规模生物量生产上主要是能产生足够流速的液流和涡流。

当代螺旋藻培养多采用浅池式，池面积的大小除了受设施的安装和藻池维护的限制外，主要是根据一台搅动机可能抬升的池液高度和驱动力而言。这种提升高度与叶轮的直径和叶片数有关。据各方面试验，在来回液流总路径 150 ～ 180m 的池道中，搅拌器提升的液流最大适宜高度以 30cm/s 效果最好。根据这一要求，澳大利亚设计采用了大直径（140 ～ 200cm）、低转速和深吃水（将池底改为弧形加深）叶轮的搅拌机结构（图 5.16）。改进型的搅动叶轮采取正位移式，叶片材料选用不锈钢板（厚度为 1.2mm），由 8 片组成。叶轮的边缘部与池壁和竖曲面的池底之间保持较紧密的间隙，曲面的弧度长和叶片之间的距离应防止刮起的水流逃逸。这就克服了以往采用的叶轮发生侧流和倒流现象，大大提高了驱动效率。同时，这种大直径慢转速（叶片边缘部的速度仅稍高于池道中液流的速度）做到了最大限度减小能量的需要，同时又避免了脆弱的藻细胞损伤。设计的叶片边缘还嵌贴一片胶皮，可防止叶片有时在通过曲面池底时因碰到落进的粗砂或硬物之类而妨碍转动。

B. 轴与驱动装置

螺旋藻培养池的搅动叶轮设计改进为大直径、低转速以后，使液位的提升与池液驱动所消耗的能量，相对于老式搅动轮有了显著的减少（图 5.17）。然而，随着水头和水位

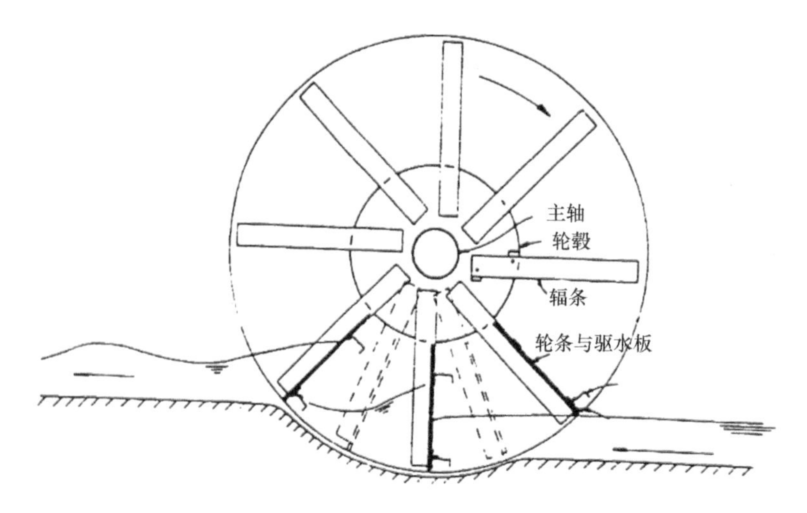

图 5.16 改进的大轮式搅动叶轮

图 5.17 Dodd 型大池叶轮搅动

的大幅度提高，对于叶轮的承载和支撑也要求越高。同时，在螺旋藻作为工业化生产时，设计建造的池道宽度也越来越大，因此对于搅动机械的支撑点也增多。在这种情形下，对于主轴和转动方式的选择是十分重要的。

生产实践经验告诉我们，主轴安装不当，支撑点的相对位移、支撑松动以及主轴过载变形，均会严重影响到搅动机的正常作业和承载寿命。为防止以上这些问题的发生，在主轴的制造、安装和驱动方面要求做到以下几点。

（1）主轴材料要选用重载型碳钢柱条或管材。要考虑到在装上轴套、链轮法兰、不锈钢接头短轴和叶轮以后，主轴能有足够的承载力控制轮叶边缘与池底之间间隙的偏差。

（2）轴承支撑（池壁滚珠轴承等）的空位要精确，预埋的地脚螺栓处要以高标号水泥基础固定，以防止日后的松动和位移。

（3）焊牢在轴套上的轴轮钢板用于固着搅动轮的轮辐，固定轮辐时，要里左外右固定两块小标桩；固定轮辐的上下两颗螺钉要易装易拆，并可调节轮叶与池槽的间隙。这一结构有利于安装大型搅动轮。这样只需主轮安装步位，叶轮安装和调节都比较简单方便。

（4）改进型搅动轮由于是慢转速（每分钟低至十几个转数），大转矩，因此采用直接驱动法所使用的密封式减速器成本较大，而采用磨合型齿轮减速机，减幅虽大但效率又太低。所以较好的办法是采用双链式低速减速器。即通过在变速机的输出副轴上加装安全销保护装置和过载离合器。过速离合器能使搅动轮在过载时自动离合，在驱动马达停时变为自由轮。这样就可以避免水流回冲瞬时停止的搅动轮和水流溢出池外。尤其是对于大规模培养池今后在运转成本上大可以得到节省。

（5）选用可调式驱动装置。其中以可变速电动机最适宜于搅动轮驱动。它可以适应多种操作条件，如低速启动、正常搅动、大负荷搅动等。选用的调速比以 3 ∶ 1 较合适。目前国内已有多种机械式与电动式的可调速装置供选用。

（6）要考虑到主轴的保护装置。特别是培养液的盐浓度很高，对钢管的腐蚀较强，因此在主轴两头的转动副轴多采用不锈钢；对电动机、减速机等转动机械部分要加罩保护；此外，在藻的培养过程中，搅动轮和主轴上往往粘着生长物，严重时甚至可以达到极点负载。因此，注意经常性清扫和维护是很有必要的。

C. 涡流发生装置

培养液保持一定的流动速度主要是为了促使藻细胞全部处于悬浮状态，而涡流的发生是使藻细胞处于较高频率的光 / 暗反应的转换中。这是两种不同流态的合力。

上述驱动方法虽然各有特色，可以在各种特定的培养条件下使用，但真正能产生和发挥涡流功效的还远不够。主要原因是这些方法产生的涡流多呈无规律的随意翻腾，难以保证所有藻细胞接收到需要的光能，同时光照强度的平均差异也很大，偶有极小部分藻细胞能获得最佳的光 – 暗周期。这就难以保证最大限度地获取光合作用的潜力和生物产率。

为做到使所有藻细胞置于有生理规律的光 / 暗周期中，近年由日本和美国等国家研制的一种机翼式涡流发生器，经实际试用效果较为理想。这种新颖的涡流发生器主要是仿照机翼空气动力学原理设计的。在使用时，应逐块组装并固定在支架上，在藻池中以横断液流的方向安置。这样，当培养液在搅动机轮浆的驱动下，流经这些机翼形（木质或塑料）翼片时，迅速发生上下压力差。从翼下的高压区出来的水流，立即反向流向翼背的低压区，于是从每个翼尖流出一个漩涡，每个漩涡又会与相邻的漩涡一起反向旋转。互相增强旋势，这些翼片以力学方式安装，每个翼片的宽度和每片之间的间距与池液的深度相等，这些组合翼片产生的涡流有效地使培养液从池面翻转至池底。这种新式的涡流发生器，最大的优点是能促使池液产生规则而有序的连续性漩涡，能使全部藻丝体细胞分享到高效的“闪光照射”。据测试，当池液的流速达到 30cm/s 时，所产生的涡流旋转频率为 0.5 ～ 1.0Hz。这一频率可以实现满意的“闪光”效果。当培养藻达到一定密度的情况下，装有这种涡流翼片的培养池，与未装翼片的培养池相比较，太阳能的转换效率可增加 2.2 ～ 2.4 倍。

螺旋藻在营养需求方面全部得到满足，环境条件中也不存在生长限制因素时，涡流作用对于它生物量的高产、稳产具有很重要的意义。设计涡流发生的主要目的是克服藻体互检遮蔽，达到“闪光”照射。我们在前一节叙述到液流产生，其中有好几种方式同时会产生涡流，在一定程度上起到了提高藻的生物产量的作用。但目前采用的大多数方法都不足以保证藻细胞最大限度地获得光照的机会和光辐射能的潜力。因为这类办法产生的涡流是随意的、无规律的，不能保证培养液中所有的藻细胞享有进入和离开光照区的均等机会。由于这种平均性的差异相当大，只有很少一部分藻细胞能体验到这种最佳的光 / 暗周期。因此目前一般的藻生产系统中，藻的光合作用潜能还远没有得到开发，反映在藻的实际产量［8 ～ 10g（干重）/（m^2·d)］与藻的最佳生物产量［> 50g（干重）/（m^2·d)］还有很大的差距。

到目前为止，在理论上和实践上对于涡流发生问题解决得比较好的当推荐 Law 等设计和使用的“机翼式”涡流发生器（图 5.18)。

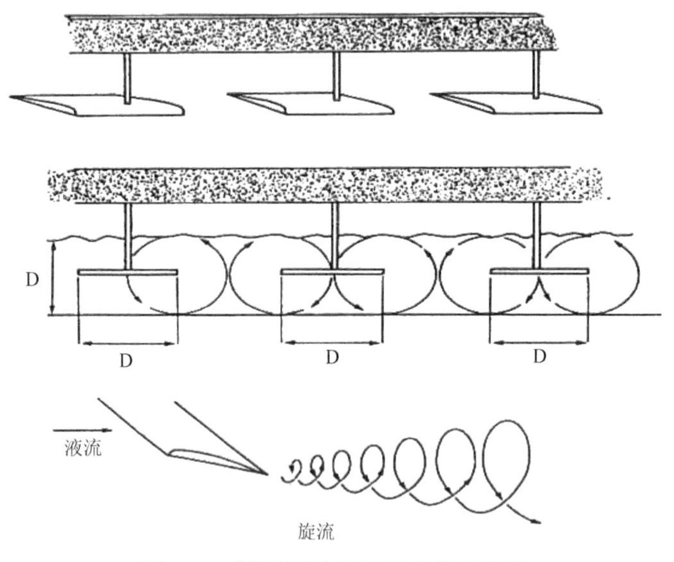

图 5.18 “机翼式”涡流发生器示意图

这种类似飞机机翼的金属（或木块、压模塑料）块组，按上图放置于培养液中（图 5.18 左下)。在一座流速为 30cm/s 的培养池液流中，翼面与翼下产生显著的压力差，在翼后产生连续旋涡，其旋转速率约达到 0.5 ～ 1.0Hz。这对于具有足够细胞密度的培养藻获得的闪光效果是十分令人满意的。这种翼状块涡流发生器制作不难，安置方便，不受池型大小的限制，特别适应于宽阔的长池道。日本 DIC 建在泰国曼谷的生产培养系统即采用这一办法，已运行操作二十余年。证明其具有很好的效果。

需要注意的是在池中安放时它的水力学角度。从培养池中隔的顶点向池端两个直角方向，分别设置一长排成小直角折转的机翼型导流块（相距 45 ～ 50cm)，使到达池端的液流按规定方向均匀流动。翼块应安置适当以支撑支架，即每个翼块的宽度和各个翼之间的间距必须与培养液的深度相等，这样产生的旋力就会互相增强，旋涡的轴心方向与液流相一致，并且能有效地由表层转向池底。

D. 二氧化碳增溶装置

微藻螺旋藻在它自养性生长繁殖过程中，需要大量的碳素营养。$NaHCO_3$ 和 Na_2CO_3 固然是重要的碳资源，但在藻的大生物量生产中，大量投入使用碳酸盐成本过高。在藻的光合作用过程中，溶解于水的 CO_2 一样可以被吸收和结合，所以大量利用工业废气和发酵气体，尤其是工业发酵制取乙醇的过程中释放的 CO_2，是大量培养生产螺旋藻最经济有效的资源。

通常的办法是将 CO_2 气体直接通入水中。在实验室进行的藻类培养中，采取将浓集有 CO_2 的空气以压缩气体的形式通入培养缸中，起到补充碳源和搅动的作用。但这一方法对于藻的浅池培养不合适，因注入 CO_2 气体在水中滞留时间至多不超过 1s，培养液基本上来不及吸收利用，所以直接注入气体的办法浪费很大。

为此，研究者将 CO_2 先浓集于密闭的玻璃圆柱中。作为循环系统的一个旁路。使出气口与培养液流路相通，这一办法基本上可以使培养藻得到一定浓度的 CO_2 补充，利用系数有了较大的提高，但缺点是液面损失太多，在藻的大面积生产中仍不合用。

再一种改进办法是根据一钟形气量仪的原理，将一充满 CO_2 的玻璃瓶，开口端倒置在培养液中，使 CO_2 自上而下以注气方式逐渐向液面扩散。后来，日本 Sunpack 小球藻公司利用了这一办法，曾构造了一座水泥箱式贮气柜，通过一台气泵对培养液进行通气与搅动。进一步试验证明，这一办法对于大池生产培养依然不太合用。其他进一步的改进措施近年已有许多试验和报道，其中主要的有采用薄膜塑料袋方式，这一类办法存在的问题是气体扩散率太低，薄膜易破损，很难在池底固定且不易清洗。

鉴于上述这些问题和综合前人的设计优点，秘鲁 – 德国藻类工程的研究人员 Vasquez 和 Heussler（1985）再次采用“钟形气量仪”的原理，设计出一种新颖高效的浮阀式 CO_2 增溶罩，其具体的构造样式见图 5.19。

增溶罩的平面框架可用聚丙烯塑料板（或其他耐腐蚀、无毒材料）做成。框架面采用玻璃纤维增强塑料薄膜（0.8mm）覆盖并密封四周，（使容器腔保持流线型），底框面开口朝下，浸没于液流，浮子和气阀固定在框架内。开始放入池内时应先以液体注满，排除罩内空气，然后通过 CO_2 气阀注入纯 CO_2 气体。增溶罩在池内按液流方向放置，罩前部阻流面板能使通过其上的液流产生涡流，罩的尾部形态却又使涡流速度减慢，这样可以避免因流速太快而使溶解的 CO_2 被解吸释放。增溶罩通过横贯在池面上的 CO_2 输气管持续得到供气。

CO_2 增溶罩的优点很多。首先是做到了最大限度地延长 CO_2 与液面的接触与溶入的时间，最低限度减少了 CO_2 气体的散失。注入的 CO_2 在气室中有一定的压力，可以做到较快地向碱性的培养液中溶解；气罩中的调节阀则根据溶解的 CO_2 气量自动控制输气量，避免了 CO_2 的浪费；溶解了足够浓度 CO_2 的培养液在罩架下流过，保证了藻细胞以最大光合速率进行光合反应和生长繁殖。同时，增溶罩透光、呈流线型，本身符合流体动力学原理，不影响液流和细胞光合反应。唯其要注意的是：培养藻在高效率的光合放氧活动时，O_2 与 N_2 同时会进入到增溶罩内，使 CO_2 气体受到稀释。克服的办法可以采取在罩顶

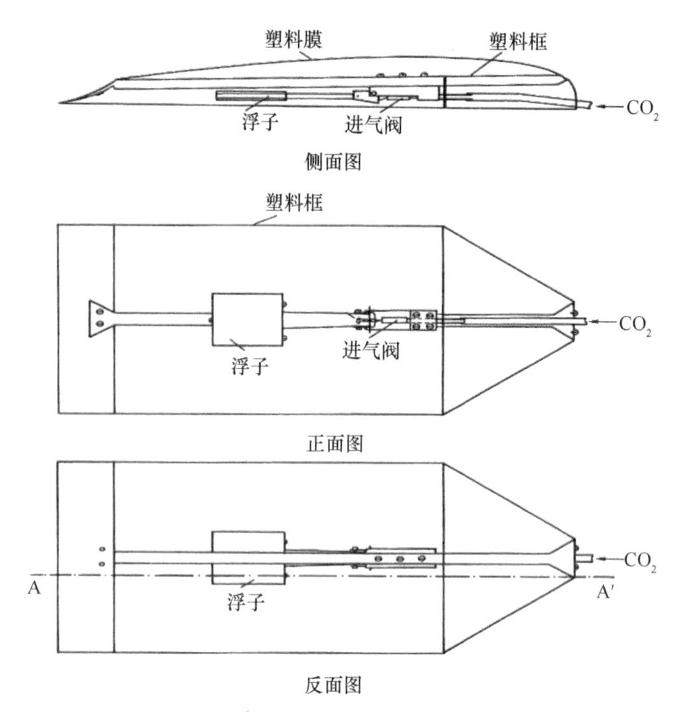

图 5.19　CO_2 增溶罩

开一小气阀放气，使氧与氮泄漏出去。最新技术是在增溶罩顶粘置一小块分子筛膜片，将 O_2 和 N_2 滤出罩外。这一办法使 CO_2 的损失相对来说减小（相当于 CO_2 总供给量的 4%）。

CO_2 气体增溶罩在培养池任何部位均可安装。一般在 100m^2 的池面内有 1.2 ～ 2m^2 的增溶罩面积，足可以供给藻的生长对于 CO_2 的需要量。用这种办法 CO_2 的利用率可以达到 25% ～ 65%，而采用其他方式供气 CO_2 的利用率仅为 13% ～ 20%。当然，这还取决于培养液当时的温度、pH 和螺旋藻的生长势强度。

中小型藻池（1000 ～ 5000m^2）CO_2 的供应，一般可采用液态 CO_2 钢瓶（每瓶 35kg，充装压力 65kg/cm^2）供气；大中型生产池（5000 ～ 10 000m^2）可采用液态 CO_2 槽罐供气，槽罐的实际装载容量为 10t，内壁充装压力 31℃时为 78kg/cm^2。每个槽罐液氮（10t），可供 10 000 m^2 生产池使用 21.5d（按每天供气 4h 计算）。液态 CO_2 槽罐需建房保护，要求维持室内温度 4℃的低温，使罐内贮气压力保持 25kg/m^2。

5.6　培养池管道系统与其他设施

乡村水平的螺旋藻培养池技术形式比较简单，操作管理亦不复杂。对于藻池化学营养物的投放与补充、藻池蒸发水的补给和藻生物量的采取、淋洗等作业，都可以在现场进行，无须管道系统等专门设施。但对于一座生产高质量藻产品，上规模、上效益、技术工艺和卫生质量要求较高的螺旋藻生产培养系统，则必须有尽量完善的工艺流程和设施，其中管道系统布构是其重要部分。

螺旋藻生产的管道系统（图 5.20）主要包括以下几方面。

图 5.20　生产大池的管道系统布置

大排水管道　供水管道分高水压管道和低水压供水管道。高水压供水管道主要是接种培养藻，加快池液的供水和便于大池的清洗等环境管理；低水压管道主要对大池蒸发补充供水。低压管道可借道采收回流液管道。下排水管道只在生产休止期的大池冲洗或紧急情况下排水。

大池培养藻采收管道　这是关系到藻的生产效率和产品质量的部分。对于这一管道，一般要求是采用大口径 φ80mm 左右，或更大（视池道长度）。无毒 PVC 管或其他的耐腐蚀、无毒性离子的金属管材作为采收管道。采收管道理想的铺设方式是自培养池至采收车间采取落差自流，这可以避免藻细胞因抽汲而遭到破坏。

采收过滤液回流管道　大池培养藻液在采收车间经过滤采收以后，这部分仍含丰富矿物营养的培养液需尽量回收利用。这是实现藻的经济生产重要的一环。回流液管道同样采用较大口径（φ60 ～ 80mm）的无毒 PVC 管或其他耐腐蚀、无有害金属离子的管材。回收管道的铺设仍应采取自采收车间至大池的落差倒流方式（因其中仍有 10% 以上的藻丝体，可以作为下一个生长周期的繁殖体）。

有时为了简化和节省管道，大池营养在生产管理车间经预浓缩配置后，亦可借道采收回流液管道（另有总开关阀门控制），输往各个目标池道。

电器电缆线管道　各生产区内的搅动机、照明、抽汲泵、温房自动控制以及其他设施（包括计算机自动监测总线等），均要求有严格敷设的管道。

二氧化碳供气管道　螺旋藻大型生产系统一般均建有 1 ～ 2 个液态 CO_2 贮气槽罐（每个 $10m^3$）和冷气房保护设施。从冷气房至各个大池敷设有 CO_2 总输气管道，通过这一管道再分配各池的 CO_2 增溶罩。

高产率藻生产大池在开始设计时即要仔细周密地进行部署，以保证有计划地扩大培养系统的规模、场地的合理营建、建成后的作业和维护。设计时要把高压水管道、CO_2 管道、动力线、仪器线等管道，采用预埋方式，以节省场地的占用面积并方便安全操作。

一般多采取将管道预埋沟建于工作道的一侧，切忌埋在池子底下。管道沟上应设活动盖板，以便于管理和检修等服务措施。管道的采用和安放成本是考虑的主要方面，预埋管道沟的深线，要根据地形等实际情况而定，对于大规模生产系统，应设多点采收位置，以避免过多的水量。此外，藻池的组合，收获管理以及其他因子均需做综合考虑。采用重力落差方式采收和滤液的回收管道的铺设一般安置于池面上，并以3%的坡降，而不宜置于预埋沟中；考虑到螺旋藻的细胞壁无纤维素，胞壁娇嫩，极易破损，如采用抽汲方式加强采收流速，最好用一台无障碍抽汲泵进行采收作业和滤液的回收，以尽量减少机械作业对藻细胞的损伤。选择抽汲泵的类型或使用其他方式采收，以及滤液回流，首先要考虑到细胞的脆弱性、藻的凝聚体特性和其他一些生物学特性，这些都将影响到采收率和残留物回归藻池。此外，对于池道中沉淀沟的清理，可在池上方立一铁架轨道，用移动抽汲泵逐池清除。

常规藻池的管理措施还涉及对于藻池的营养水平、pH、温度的监测与控制。在这些控制系统中包括各种传感器、单板机直至主机等，事先要有周密的计划。

5.7 最佳生物环境控制设计

高产率螺旋藻的大生物量生产除了受培养基（培养液中各种矿物质营养）化学因子影响外，还受光照（光强、光质）、温度（气温、液温）、水质（pH、离子浓度）、通风（CO_2/O_2 浓度）等局部环境物理因子的综合性影响。为了做到螺旋藻的高品味（食品级和医药级）生产，还必须严密控制各种生物性和化学性的污染因子。由于这一切是露天式或半开放式条件下进行的大池生产，是不可能全部实现的，因此在投资和环境条件许可的情况下，设计一座全封式（或可控制）的生物环境控制系统，把上述物理因子、化学因子和生物因子控制在一定的参数内，形成适合螺旋藻生产的最佳生物环境，这是实现工业化生产，达到优质、高产、高效益的重要途径。

尽管国际上对于螺旋藻的封闭式培养生产还有争议（主要是投资和生产成本比开放式增加许多），但随着螺旋藻在绿色健康食品中上升为新星的地位，并且越来越受到社会上消费者的欢迎，有关主管部门对于藻产品的质检也会更加严格。在这种情形下，一些新加入的生物技术开发商还是宁愿以较高的前期投资，建造全封闭式的环境控制系统，专业生产这种超级绿色食品。

20世纪90年代以来国外螺旋藻大规模生产所采用的封闭式培养方式有两种类型：一种是意大利人建造和投入生产使用的落地式透光玻璃纤维薄膜管道式培养系统，全部管道被安置在坡降式台地上，培养液以重力落差方式自上而下，逐阶流入底层池槽。管径14cm，管壁厚0.3cm。管道系统由若干段组成，其中，2000m^2 用于藻体的扩大培养，生产培养管道15 000m^2，另外的3000m^2 管道（在生产管道的终端）作为藻的采收及其他维护性措施之用。另一种是全天候封闭式玻璃纤维（或玻璃）覆盖材料温室（图5.21）。实际上，这种类型国外早已在园艺业上得到广泛的使用。我国也有许多地方从荷兰、美国和日本等国引进了成套温室设施。但在螺旋藻的生产培养上采用这种全封闭温室进行专

图 5.21　江西省农业科学院建于 1987 年的大棚遮盖式的螺旋藻培养生产大池系统

业化生产还不多见。本书作者的朋友，德国 E. W. Beker 博士曾帮助印度设计建造了这样一座封闭式培养系统，温室总面积达 35 000m^2，并已投入实际生产应用。

据作者调查了解，这种全封式的生物环境控制室，目前国内大多数温室公司都有能力承建，所需材料国内市面均有售卖。为方便读者仿制和研建，现将基本设计要点分析介绍如下。

1. 大棚温室架构

（1）顶棚梁架构件材料，采用 1.2mm 热镀锌异型钢管材；屋面桁条用铝合金条（作镶嵌玻璃纤维瓦或平板玻璃用）。

（2）顶棚梁架直立支柱，采用 2mm 热镀锌卷钢轧制成方型管材。

（3）棚架屋面之间排雨水沟，采用不生锈镀锌板轧制成凹字型架构。

（4）屋面透光覆盖材料，采用 1mm 厚玻璃纤维增强塑膜（FRP）波形瓦铺盖。此材料质量为 1.1kg/m^2，耐高温、抗风化，有 15 年以上使用寿命。有“强于铁、轻于铝”之美称。FRP 板不仅透光性能好（透光度 85%），而且能使光线向室内均匀扩散。注意在铺盖时，应将有强抗风化性能一面的特勒膜（涂有聚单氟乙烯树脂的薄膜面）朝向温室外面。

2. 温室大棚的组合方式

如大池建筑面积为 10 000m^2，可采用 10 个单元温室，作连体式组合构造。每个单元温室可覆盖两座培养池。

3. 建造要求

（1）温室大棚应具有牢固的抗暴风雨和抗台风性能（即具有抗风速 53m/s 以上的强台风）。除应用上述异型钢管材等高强度建筑材料外，要注意外檐工艺，尤其是四周檐端部分尽可能短平，并呈弧形，以免风力抬举掀开屋面。

（2）棚面具有良好的排雨水沟槽，防止暴雨渍滞，压垮棚面。

（3）棚面通风天窗的开合采用电动自动掣，开合要适应气温调节，灵活自如。

（4）温室墙脚以高 30cm，厚 12cm 的混凝土浇成坚固无洞隙，防止雨天进水，并防止鼠害和昆虫钻进室内，杜绝生物性污染源的构筑物。

（5）棚区内四周应与培养池之间空开 1m 走道，便于管理操作。

4. 温室采光与遮光结构

（1）在螺旋藻正常生产期间，天气晴朗，进入温室的自然光照强度一般可达 20 000 ～ 25 000lx。在我国中部和南部地区，夏季 10：00am ～ 16：00pm，室外光强甚至可达 80 000 ～ 100 000lx。

（2）为防止入射光强度过高引起藻细胞的光漂白现象，温室内须设有遮光网控制结构。遮光网材料可采用白色尼龙遮光网，在一、二级藻种扩种温室内可采用黑色尼龙遮光材料。

（3）开闭方式：电动掣开闭。控制范围以达到培养液表面的光强 12 000 ～ 20 000lx 为上下限光照强度。超过上限时即行逐步闭合；低于下限时可逐步开启。

（4）遮光网在上午和中午温度过高时，能同时起到遮阴降温作用。结合通风和空气净化过滤措施，可控制温度保持在 32 ～ 36℃。

（5）连续阴雨天气光照（日光型）不足时，需通过人工光照补足光能，使培养池液面光强达到 8000 ～ 10 000lx，即可基本进行生产。

5. 通风系统设施

（1）温室大棚采用对流式与上开天窗式换气通风。对流式即在温室两侧分设抽风机与净化空气进风帘，保持有清洁冷风进入温室内；天窗式通风即在温室顶部设有电动掣排风罩，在高温季节用以迅速排放郁闭于温室之热空气。

（2）进风帘必须严密滤清空气，杜绝昆虫等微生物随风流入温室内寄生与滋生。

（3）抽风进风及天窗掣动均可通过温度和光照传感器，经电脑处理报警、信息反馈和启动，达到限定值时即自行停止运行。

5.8 斜坡台地式培养池设计与建造

螺旋藻的大生物量工业化集约化生产涉及两个最大的问题。首先是建立大面积浅层培养池要占用大片土地，这在平原地区往往会与常规农业发生争地和争水的矛盾；其次是这种大面积培养池在操作上需要较大的能量，如每条生产大池需要安装一台驱水搅拌机，机械和能量的投入费用较多，这些问题在投资建厂上都是必须考虑的重要因素。

我国南方地区多为丘陵山地（如江西省这两类土地面积占土地总面积的 69.6%），且坡度多在 15° 以下；更兼光温资源丰富，雨水充沛，这是螺旋藻生物资源的大面积开发具备的良好天然条件。根据这种情况，设计和建造一座高效、省能的新颖微藻培养池系统，具有很大的生物学意义和经济意义。

5.8.1　坡道式培养池的工作原理

坡道式培养池（表 5.2）是依据一定的坡度，建立逐级下降的水平台地，适宜坡度在 1% ～ 10%。池道则循台地而建，顺着一定倾斜度的台地迂回从高端至坡底连贯而下，形成逐级下降的重力落差（图 5.22）。培养液在坡基部的深池经接种了一定浓度的螺旋藻种后，即可开始进行 CO_2 通气培养。两天后，通过开启低压水泵将培养液从基部池槽抽汲输上坡池的最高端。于是液流顺势逐级流下，开始了周而复始的流动。只有在夜间或雨天（如池面无透光覆盖层）时，抽汲泵停止工作，培养池积贮于基部池槽内。

表 5.2　坡降式 10 000 m^2 培养池在 4 种不同坡度上的设计与建造参数

建筑参数	4 种不同坡度			
	0.010	0.025	0.050	0.100
池道宽（m）	4.00	2.00	1.50	1.00
池道总长（m）	2 500	5 000	6 667	10 000
总弯头个数	70	90	80	68
池头个数	69	89	79	67
CO_2 注气罩个数	69	134	237	268
弯头总长（m）	35.7	55.6	83.3	147.1
池道总宽（m）	36.1	56.0	83.7	147.5
池道总长（m）	294.2	198.2	136.2	81.8
坡地总高度差（m）	2.94	4.96	6.81	8.18
池道总坡降	0.000 221	0.000 242	0.000 256	0.000 285
池道高长落差（m）	0.553	1.210	1.707	2.850
弯头总落差（m）	1.350	1.742	1.546	1.311
注气罩落差（m）	1.013	1.967	3.479	3.934
总高度差（m）	2.92	4.92	6.73	8.10
流率（m^3/h）	864	432	324	216
总坡降率	0.001 170	0.000 984	0.001 010	0.000 810
最低端池道池壁高（m）	1.06	1.34	1.55	1.65

注：混凝土式；培养液深度 =0.15m；液流速度 =0.4m/s；池壁宽和高 =0.2m

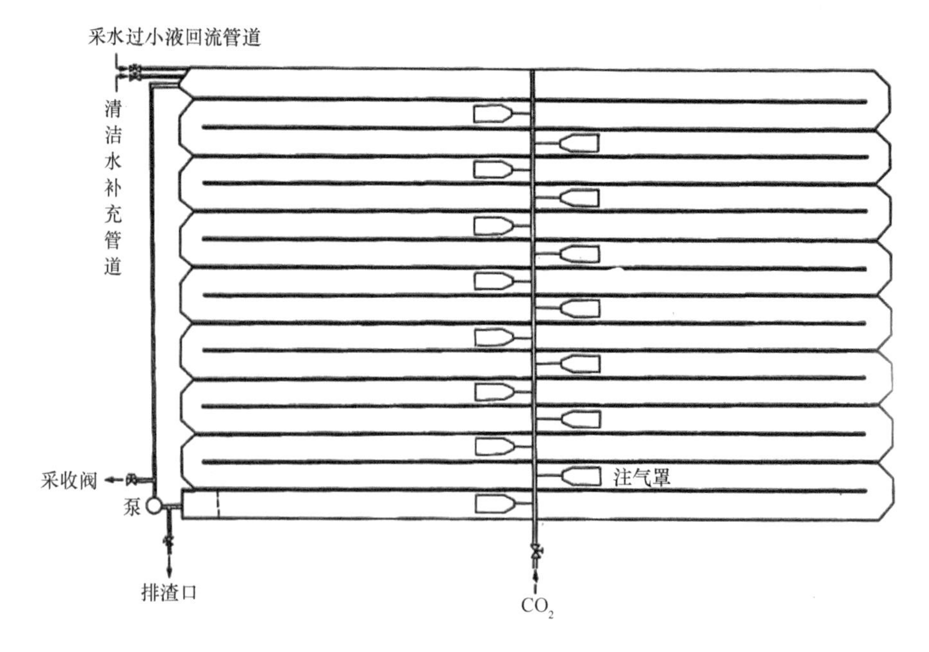

图 5.22　坡道式培养池系统构造示意图

在培养藻生长到一定的光密度标准时，连续采收工作即可开始。

5.8.2　坡池的建造要点

（1）地形选择。斜坡式培养池系统应选择在向阳的南坡面，坡地要求连贯完整，并有充足的水资源（最好是清洁的水库软水）供应；四周环境中无污染源，空气新鲜，但交通要方便。

（2）台地平整。整个坡面要根据池道的水平走向（比如根据计算有 0.000 256 的斜度），作成水平条带式台地。台地长 40m（实际池道段长 32.5m），宽 1.7m（池道净宽 1.5m），共需平整台地 52 条。每条台地经激光水平仪定位，地面要以机械压实作紧。

（3）池底与池壁（图 5.23）。池道（例，总长 1667m 基底用水泥混凝土浇填平，厚度为 10cm）池壁以砖砌，再以高标号水泥粉刷；池壁高和厚均为 20cm，全部池道的内面以白色耐磨的钢化仿瓷涂料涂刷，要使建成的水泥池道曼宁粗糙系数（n）达到 0.01 以下。

（4）池道顶端。这是培养液回输管道的入口处，此处水流湍急，流速甚高。为了防止向池外溅溢和逼使液流减慢速度，在池道的端部应设有缓冲槽，并在池底建有二道缓冲挡（图 5.24）。

（5）集液池槽。这也是汲水泵液流驱动、培养藻采收过滤、培养液回收以及沙滤排渣等的一体化构造。池底建有 3 条横截深沟（图 5.25），起到淀砂淀固形物的作用；汲水孔上方置有滤网，以保护泵头，防止异物进入造成损坏。泵头汲管通过一“T”形管与池槽出口管相接。“T”形管内设有阀门，需要时可向外排放池液。

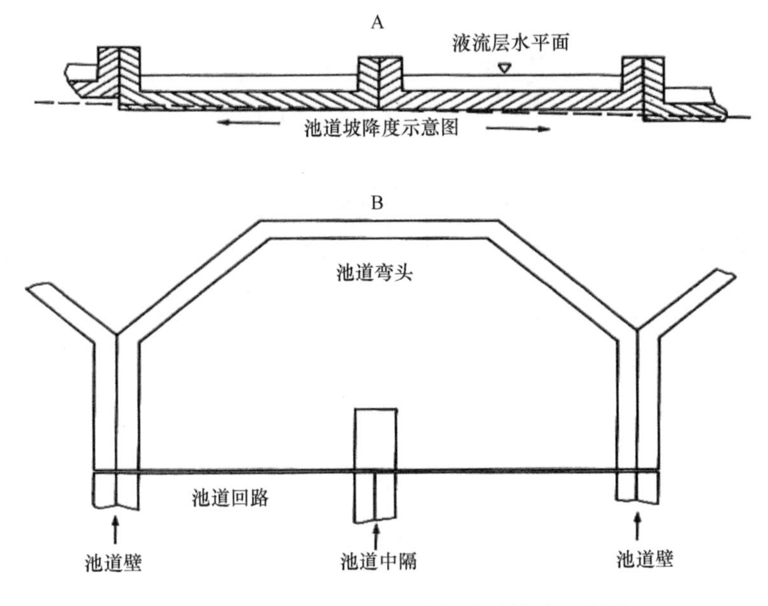

图 5.23　坡降式池道的池底与池壁构建示意图

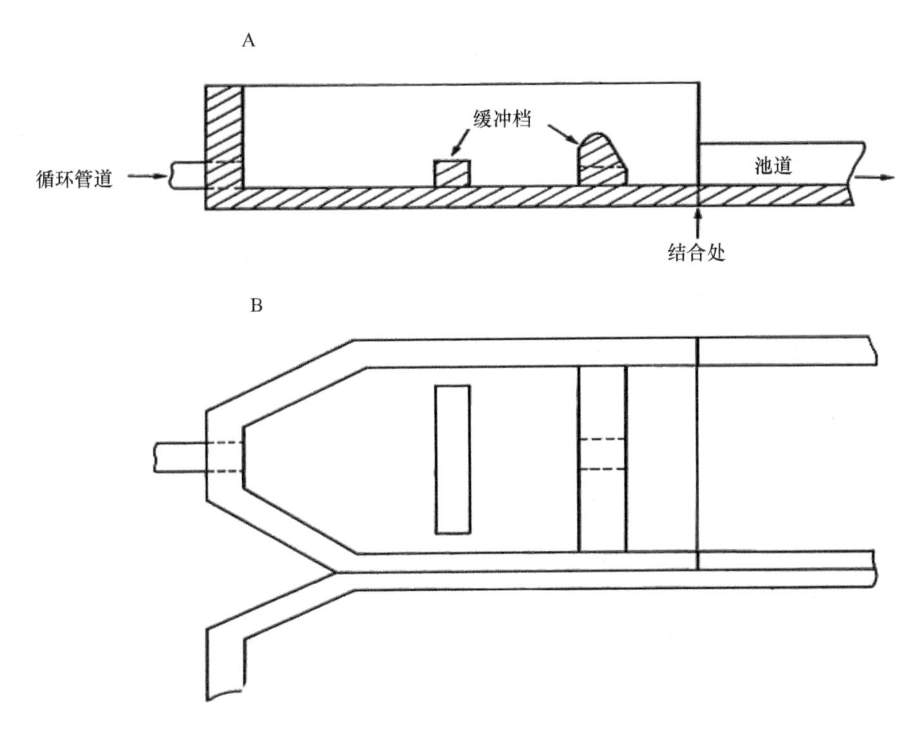

图 5.24　池道端部池底设置的缓冲档

（6）藻液的采收管道与泵的排出管相连接。采收工作通过阀门的开启进行。采收后的过滤液通过回收管道再次输回顶端池头。这样，在藻的采收过程中培养液的循环量和液流速度不受影响。此外，对于大池蒸发水补充，亦是通过这一回收液管道。

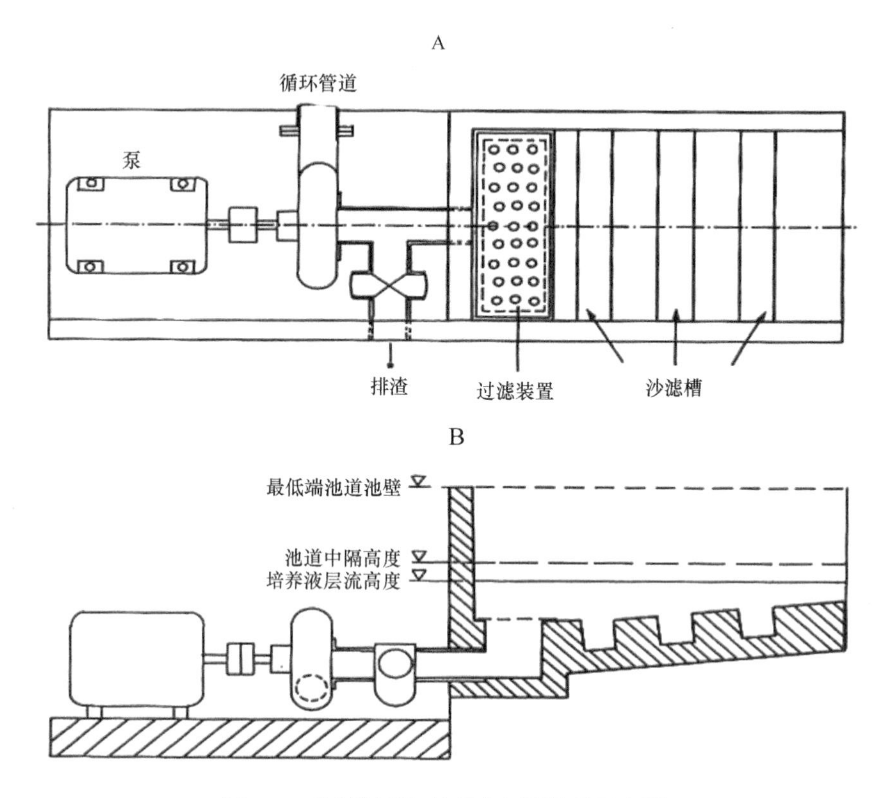

图 5.25　集液池槽与淀积物过滤构造示意图

5.8.3　坡池的工程设计实例

斜坡池的建造依据流体动力学的原理进行精确的计算和设计，这是培养池工程取得成功的一个基本保证。一座设计成功的培养池必须做到以下几点。

（1）培养液在池道各段的液层深度均应维持在 15cm。

（2）液流在池道中始终保持 40cm/s 的流速。

（3）池槽的液流回流率与抽汲泵的泵流量相等，即不致发生池面局部积滞或露底现象。

根据曼宁（Manning）方程式，我们试以净生产池面积 2500m²，选择地形坡度 2.5% 作为实例进行解析和具体的设计。

设计参数要求整个大池的液层高度（h_s）=0.15m，池液流速（V）=0.40m/s，循环泵流率（Q）=324m³/h。要达到上述流速和流率，池道段的坡度（S_c）的方程式是

$$S_c=\left(\frac{N\cdot V}{R_h^{2/3}}\right)^2=\left(\frac{0.01\times 0.40}{0.125^{2/3}}\right)^2=0.000\,256 \tag{5.1}$$

其中在池宽（b_c）1.5m 时，水力半径 R_h（池道截面积除以浸湿表面的周长）

$$R_h=\frac{b_c\cdot h_s}{b_c+2h_s}=\frac{1.5\times 0.15}{1.5+2\times 0.15}=0.125(\text{m}) \tag{5.2}$$

由于池道中液流一方面受到池头弯曲的阻力，同时还受到 CO_2 注气罩阻力，因此，各 U 形池头的高度差（H_b）

$$H_b = 2.4 \times \frac{V^2}{2g} = 2.4 \times \frac{0.4^2}{2 \times 9.81} = 0.0196(\mathrm{m}) \tag{5.3}$$

其中，重力 g 为 $9.81\mathrm{m/s^2}$。

同样，CO_2 增溶罩（即池道中心）培养液高度差（H_i）为

$$H_i = 1.8 \times \frac{V^2}{2g} = 1.8 \times \frac{0.4^2}{2 \times 9.81} = 0.0147(\mathrm{m}) \tag{5.4}$$

池道设计的给定参数为：地形与坡度（P），净生产池面积（A），液流速度（V），液层高度（h_s），池道宽度（b_c）与池道内舷的高度（h_r）和宽度（b_r），以及所采用材料的摩擦系数（n）等。其中，池道的宽度可根据培养池的规模和坡地的具体情况确定。这样，在设计中需要加以计算的有以下参数。

池长（L_c）为

$$L_c = \frac{A}{b_c} = \frac{2500}{1.5} = 1667(\mathrm{m}) \tag{5.5}$$

每条池段的高度差（H_m）为

$$H_m = (b_c + b_r) \cdot P = (1.5 + 0.2) \times 0.025 = 0.042\,5(\mathrm{m}) \tag{5.6}$$

根据池段的高度差，可以求出每个池段的长度（L_m）

$$L_m = \frac{H_m - (H_b + \sum H_i)}{S_c} = \frac{0.425 - (0.019\,6 + \sum 0.014\,7)}{0.000\,256} = 32.1(\mathrm{m}) \tag{5.7}$$

以及整个大池的曲弯个数（n_m）

$$n_m = \frac{L_c}{L_m} = \frac{1667}{32.1} = 51.93(个) \tag{5.8}$$

整个坡池的形状是由池道段的长度和池道的条数决定的。这可以通过反复调整池段距离，或者必要时调整池道的宽度来做成全池的最佳形状。这样，坡池的总宽度（B）和总长度（L）

$$B = L_m + 2b_r = 32.1 + 2 \times 0.2 = 32.5(\mathrm{m}) \tag{5.9}$$

$$L = (b_c + b_r) \cdot n_m + b_r = (1.5 + 0.2) \times 52 + 0.2 = 88.6(\mathrm{m}) \tag{5.10}$$

藻池覆盖部分的地形高度差（H_g）为

$$H_g = L \cdot P = 88.6 \times 0.025 = 2.215(\mathrm{m}) \tag{5.11}$$

欲使培养池达到设计的液流速度，整个坡池的高度差（H_t）应是：池道池端和池液的高度差之总和。即

$$H_t = S_c \cdot L_c + n_b \cdot H_b + n_i \cdot H_i = 0.000\,256 \times 1667 + 51 \times 0.019\,6 + 51 \times 0.014\,7 = 2.18(\mathrm{m}) \tag{5.12}$$

上述计算结果中，坡地总高度差（J）应尽量接近于实际建池坡地的地形高度差（I）。这样可以避免过多的土方工程量。

池道建筑需要的总斜度（S_t）是根据总高度差求得的

$$S_t = \frac{H_t}{L_c} = \frac{2.18}{1667} = 0.001\,308 \tag{5.13}$$

大池基部抽汲泵的泵容大小是由池道的总高度差、回输管的扬程以及池液在池道中的流速决定的。对于泵容（Q）的计算是

$$Q = V \cdot h_s \cdot b_c \cdot 3.600 = 0.4 \times 0.15 \times 1.5 \times 3600 = 324(\mathrm{m}^3/\mathrm{h}) \quad (5.14)$$

对于抽汲泵应选用高流率、低压力的型号。因为这一型号的流体动力学剪应力不会对藻细胞造成损伤。

大池设计的最后一个问题是基部池槽的外壁高度。这一步设计不到位，就会造成停机检修或夜晚关机后，大池培养的涌溢损失。因此对于外壁高度（h_t）的设计，要做到能充分容纳全部培养液。

$$h_t = p \cdot \sqrt{\frac{2 \cdot h_r \cdot b_c \cdot n_m}{p}} = 0.025 \times \sqrt{\frac{2 \times 0.2 \times 1.5 \times 51}{0.025}} = 0.875(\mathrm{m}) \quad (5.15)$$

5.8.4 更大规模坡池的设计与建造

螺旋藻的大坡池（1000 ～ 50 000m²）培养与常规平面池无本质上的差别，甚至在某些方面具有封闭式培养的特点。培养液连续流动并有涡流发生；采收工作是通过输液泵的旁路进行，循环液的流速和流量不受影响。而且小坡池经过一次采收作业后，回收滤液对池液的稀释作用很明显，大坡池却不然，这是大规模坡池的优点（表 5.3）。

表 5.3 坡降式 1000 ～ 50 000m² 培养池在坡降度 0.15m 台地上的设计与建造参数

建造参数	培养池总面积（m²）				
	1000	2500	5000	10 000	50 000
池道宽（m）	1.50	1.50	2.00	2.50	4.00
池道总长（m）	667	1 667	2 500	4 000	12 500
弯头个数	20	52	46	50	68
池头个数	19	51	45	49	67
注气罩个数	19	51	68	98	201
弯头总个数	33.4	32.1	54.3	80.0	183.8
池道总宽度	33.8	32.5	54.7	80.4	184.2
池道总长度	34.2	88.6	101.4	135.2	285.8
坡地总高度差	0.86	2.22	2.54	3.38	7.15
池道总落差	0.000 256	0.000 256	0.000 242	0.000 234	0.000 221
池道总高度差（m）	0.171	0.427	0.605	0.936	2.763
弯头总落差（m）	0.372	0.998	0.881	0.959	1.311
注气罩落差（m）	0.729	0.749	0.998	1.439	2.950
总高度差（m）	0.82	2.17	2.48	3.33	7.02
流率（m³/h）	324	324	432	540	864
总坡降率	0.001 23	0.001 30	0.000 992	0.000 833	0.000 562
最低端池道池壁高（m）	0.55	0.88	0.96	1.12	1.65

注：混凝土式；培养液度 =0.15m；池壁宽和高 =0.2m

一座生产培养 $5hm^2$ 的大坡池，设定的池道宽为 4m，则池道总长达到 12.5km。池液每循环一周（流速 0.4m/s）需要 8.7h；假如池道宽设定为 1m；池道长将达 50km，池液循环一周约需一天半时间，循环两周即可完成藻的生长期。

坡道式培养池的初期接种量和初期培养，与常规大池培养的方法相同。对于培养液营养物的动态监测和补加，可以集中在基部槽池进行作业。这一方面比平面大池更优越。据报道，这种坡道式培养池能使藻的繁殖生长达到最佳浓度，具有较高的产率。藻生物量的平均产率可达到 22g（干重）/（m^2·d），短期日平均产率可达到 40g（干重）/（m^2·d）。但目前坡道式培养制式在我国实际投入生产运行的还不多见，对于这种制式的建设投资和生产效率的评估，还需要经过一段时间的实践来证明。

5.9　微藻高产率大生物量生产光合反应器系统的设计与制造

技术背景　螺旋藻是一种对于生态环境有较广泛适生性的生物，但若使其迅速繁殖与形成群体优势，并且达到和保持高产率生物量生产，则需要具备特定的营养条件，适宜的生长温度（32 ～ 35℃），最佳的光照强度（20 ～ 35klx），并应维持适宜的碱性度（pH 9.5 ～ 10.5）。这在大池开放式培养生产上，由于生长条件很难优化与配合，因此以大池常规方式进行的藻类季节性生产，依然是生物产率和产量较低的生物农业。

为实现藻类的大规模高产率工业化生产，当代国内外生物技术工程师研制了各式各类封闭式培养装置，如透光塑料管路式培养系统，袖袋式、箱式、板式或发酵罐式等生物反应器等，其中有的制式虽一定程度上在实验室培养中可资应用，但在微藻的大生物量生产培养过程中，存在着操作上的麻烦和过程能源消耗较大；有的则是对于微藻培养存在多方面的生长限制因子，经常是造成藻细胞光合作用发生自锁，生长停滞甚至发生衰黄等等。

究其原因，其中最主要的是藻细胞在进行光合作用过程中，大量释放的氧分子在培养液中发生蓄积，严重遏制藻细胞的光合活力，以至藻细胞对于 CO_2 的利用效率很低，难以形成藻生物量的量产。

在光合作用的进程中，及时有效地对螺旋藻培养液进行脱氧（deoxygenation），尤其是排除溶解氧（DO），这是促进藻细胞进行高光效光合反应和提高藻的生物产率的一项极为重要的技术措施。

除了藻细胞对于高氧浓度即高氧分压（pO_2）的敏感性以外，在夏季培养时，藻细胞旺盛生长时，常易发生管壁沾污，系统循环不畅，这也是常常造成藻的正常代谢发生抑制，光合产物生成停滞的原因。这些往往最终影响藻细胞对于光能的吸收和生物量的增长，以至于这类封闭式管道培养难以实现量产与得到实际的应用。

鉴于上述藻类大池生产培养和各种箱式或管道式培养存在的诸多生长限制因素和技术障碍，本书作者以 30 多年的大池生产实践和 20 多年的全封闭管道式光合反应器研制实践，发明并制造出一种新型的微藻生物光合反应器系统 VPBR（1.0 技术，1995 年实用新型专利号 ZL95219504.6）；又经过多年的实际运行生产应用和继续创新，对于微藻（螺

旋藻 *Spirulina*）的一些主要的生长限制因素，有良好的解除效果（升级为 2.0 技术，2003 发明专利号：ZL03128138.9），藻的生物产率和生物产量获得大幅度提高。

设计原理 为实现高产率大生物量微藻生物质的工业化生产，维持高强度羧化酶（Rubisco）的光合反应，是设计和建造光合生物反应器的最重要的生物学基础；以最低的能源消耗和最简约的方式高效运转光合反应系统，同样是微藻生产低成本高产出的经济基础。

生物学原理 微藻细胞在光合作用中，其在卡尔文循环中的二磷酸核酮糖（RuBP）羧化酶，在常态情况下将 CO_2 加载于 RuBP 而进入光合循环中，生成光合产物，在此过程中同时放出并排出氧气（光合放氧）。这是微藻光合反应器设计的基本生物学原理（图 5.26）。

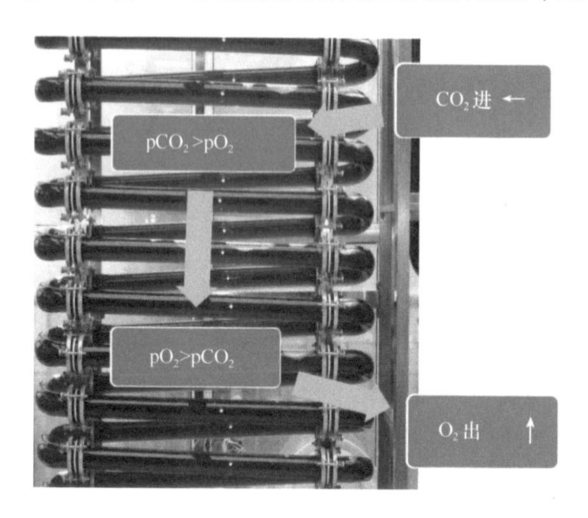

图 5.26 微藻生物光合反应器基本生物学原理示意图

然而，在此进程中，当培养液中的氧分子逐渐蓄积而发生浓度过高时，即 $pO_2 > pCO_2$，这种羧化酶就会一反常态而作为加氧酶起作用，即放弃与 CO_2 结合，而是将 O_2 加载于 RuBP，从而阻塞了藻的净碳固定，严重影响藻的光合产物的形成。

一般情况下，螺旋藻的光合作用从清晨开始逐渐活跃，至中午前后培养液中的光合放氧显著增多，严重时溶于培养液中的氧甚至高达 400% 的饱和度。此时，藻细胞光合吸收 CO_2 的机制已基本被抑制，而光呼吸却很活跃。以上情况的发生，在封闭式培养中较之开放大池尤甚。因此，有效抑制与解除羧化酶的加氧活性，是设计与建造高产率光合生物反应器的关键技术。

物理学原理 反应器系统采用竖型立体式结构，可使液流以重力落差的势能（gravity down force）从高端顺倾斜管道与其弯管自行快速涡旋流下；回流液到达最低端时仅用气动≥ 0.2Mp 的驱动力，作最小的功（≥ 2m 扬程）即可送回高端。全单元系统（1200L）不需要另外电力驱动，可以做到耗能极小。此外，由于该系统采用气动挤压式驱动液流，能避免藻细胞因剪切力损伤而发生腐败。

VPBR 的结构与制作 该制式光合反应器（新型立式玻璃管道式微藻光合反应器 vertical glass photobioreactor，VPBR）装置（图 5.27）。

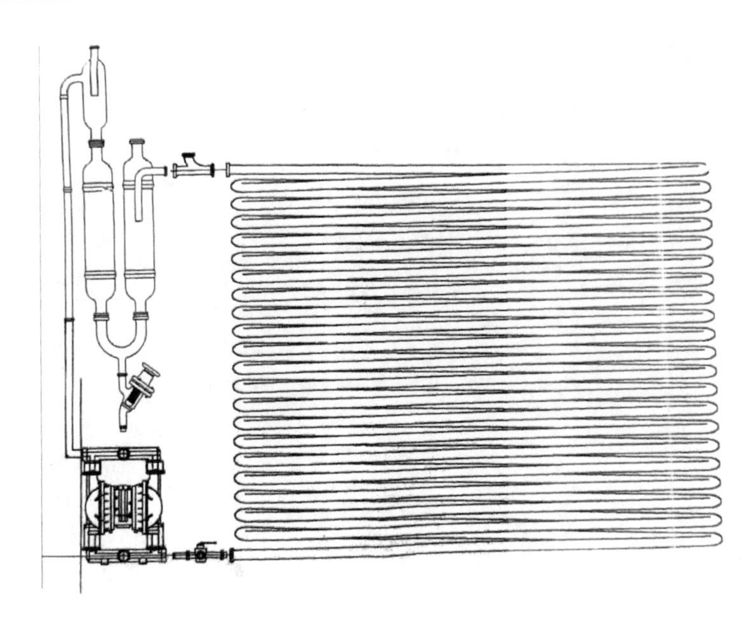

图 5.27　VPBR 的整体安装

全面考虑了微藻细胞生长培养的生理学要求，使藻的微生态环境达到了优化和统一。主要结构特征是：

——该装置采取竖型立体式单元结构，主要由三部分组成。

一是双列平行回路式玻璃管道部分，玻璃管道以高硼硅材质玻璃（ϕ80）与标准件互相联结，使达到一定的设计长度和设计容量。作为全方位太阳光（或 LED 灯光）辐射能的接收器，这是反应器对于光能吸收的主要部位；本机（单元）装机容量 $1m^3$（可扩大至 $2m^3$）的培养液，可处在 24h 循环流动中，藻细胞在其中进行快速繁殖生长。

二是双塔体结构，即反应塔部分。亦以高硼硅玻璃材质和标准件构成，塔身的上下端与玻璃管道进出口相连通，形成一完整的循环系统（图 5.28）。

反应塔侧设有一暗反应装置，以便于藻细胞在接收到光量子后需要短时间的生理性暗反应。

反应塔安有抽氧装置，具有以物理方法快速抽除溶解氧（DO）的强大功能；反应塔还附装有 CO_2 输气阀和加料阀门等，起到添加 CO_2、补充培养液和调节藻细胞生长培养其他各项参数（温度、pH 等）之功用。

三是循环泵系统，其作用是使培养液在一定的控制速度下（40 ～ 50cm/s）持续进行循环流动运行。反应塔负压装置的脱氧过程与泵流同步发生。

——该装置设计的受光面积与培养液容量达到最大之比率（Ca > 40），可全方位接受光照。因此保证了培养藻获得最充分之光能吸收和以最大光合反应效率进行生长繁殖。

——该光合反应器系统各部分以标准件连接，高度密封，清洗消毒方便容易，适宜于微藻生物的无菌培养，或进行微藻的单种生产培养。

本设计 VPBR 在藻的采收模式方面充分考虑了连续生产的运行方式，以重力法连续

图 5.28　中式型光反应器系统

过滤收取藻泥，操作简单方便（采收过滤机另外配置）。采收后的滤液（培养液）通过回收泵重新被泵回反应塔中，继续作为培养基使用。对于因藻泥采收而消耗部分的营养物，则通过反应塔加料孔进行补充。这样下一轮生长培养可以做到不间断进行。这一特点可使培养用水不必经常补充，营养物得到充分利用，极为经济有效地提高了投入 / 产出的比率。

本设计的另一个特点是，在每次采收过程中，将反应塔部分的培养液（含培养藻）保留，以这部分的培养藻作为下茬培养生产的藻种。这样做的好处是：一是可以免去每次采收后对培养系统接种的麻烦，使培养生产保持连续运转；二是由于留存的藻体量大，在原培养液微生态环境中繁殖，藻细胞无须再经过生长适应期，这样，两次采收作业之间的生长期可以明显缩短。

由于该装置呈垂直立体式结构，总设计高度和总长度皆为 5m，深 0.8m（可根据现场条件调整），架位占地面积 $5m^2$/ 台。结构紧凑，操作方便。在获得相等生物量的比较产量情况下，占地面积仅为生产大池的 8%（图 5.29）。

该装置可做多单元串接，由约 45 台反应器组成的生产车间（$500m^2$），即可达到目前国内 $8000m^2$ 大池培养藻的实际年产量。充分利用了空间，这为多单元组合升级，进行大规模工厂化生产，首先在土地等方面节省了大量的投资。该装置尤其适合于微藻的大规模工业化生产，以及生产食品级和医药级或其他较高经济价值的微藻。

评语　本设计 VBPR 制式，从结构和功能上有效地解决了以往在封闭式管道培养系统中，通常发生的氧气蓄积（O_2 build-up），管道生产的内温过高，以及沾壁、管道渗漏、管道老化和难以升级（scaling up）等技术难题，从而实现了大光合反应器的连续生产操

图 5.29　立式光合反应器管道走势

作与运转。同时，由于本设计采取了独特的立体式双回路管道结构，充分利用了空间和全方位利用了光能，从而使光合作用效率得到显著提高。本系统设计工艺注重于全封闭操作，能杜绝一切外来杂藻、原生动物、昆虫以及化学性污染物的侵染，因此，可以实现无菌培养和单一种繁殖。本系统的应用范围不单在螺旋藻的生产方面，还适用于大生物量开发生产各种高光效微藻生物食品级、生物医药级及其他较高经济价值的光合自养型微藻生物类。

第6章

影响螺旋藻生物产率的因子与机理

6.1 螺旋藻的生物产率与产量潜力巨大

绿色生物螺旋藻因具有强大的光合作用机制，其对光能和 CO_2 的捕获与利用，及同化 CO_2 的效率远高于许多高等植物（C_3、C_4 作物），已成为后工业化时代，人们将巨大的太阳能转化成化学贮存能和将 CO_2 大量转化成为人类精美食物链的超级植物。

人们进行微藻开发首先是追求大生物量产出，各种生物技术的运用和各种促生长因子的调控，均以获得最大的光能转化效率为目标。具体到生物的量产来说，就是要从每单位面积（大池生产）或单位容量（封闭式管道系统）中获得最大的生物量产出和获得最大的益本比。

作为现代生物农业的螺旋藻，在工厂化培养条件下，其所经历的光合作用反应过程是由 CO_2 同化生成的中间产物——细胞有机物质碳水化合物（葡萄糖），在随后进行的胞内一系列酶促反应中，一切都是在人工智能调控、优化的各种自然因子和化学因子的参与下，强迫藻细胞高效转化生成的以优质蛋白质为主的大生物量生物质。

螺旋藻的生物产率与产量的生物学基础是藻细胞强大的光能转化能力。对于藻细胞的这种光能转化能力，我们通常用光合作用效率（photosynthetic efficiency, PE）来表达，即每单位吸收光能在生物质中的实际贮存能。PE 值对于衡量藻的生物产量具有基本的重要意义。历来对于 PE 值的测算均是以传统的光合放氧方程式为依据，即

$$6CO_2 + 12H_2O \xrightarrow[\text{叶绿素及辅助色素}]{\text{光能（48 个光量子）}} C_6H_{12}O_6\text{（葡萄糖）} + 6O_2\uparrow + 6H_2O$$

这个反应式仅是光合作用的简明表达式，以往一般的观点是，在光合反应式中，每产出一个分子氧需要 8 个光量子的光能。从化学上讲，氧化 2 个水分子需转移 4 个电子至铁氧还蛋白（ferredoxin, fd）分子上去。两者的电子转移过程均需通过一系列反应步骤，其中有两个步骤是光化学反应，而在每一步光化学反应中，转移 1 个电子即要动用 1 个光量子，其时的量子效率即为 1:4 个电子，转移 2 次需要的光能即为 8 个光量子。

$$2H_2O + 4fd^{3+} + 8\text{ 个光量子} = 4H^+ + O_2 + 4fd^{2+}$$

藻细胞的类囊体光化学反应器使用 8mol 光量子，产生 4mol 的还原铁氧还蛋白和约 3mol 的三磷酸腺苷（ATP）；“暗”反应中，在 ATP 和多种酶的作用下，把 1mol 的 CO_2 还原成糖。

对于 PE[①]的计算，当代的观点仍然是绿色植物仅能利用波长在 400 ～ 700nm 的光束。在光合反应中这部分具有活能作用的辐射光（photosynthetically active radiation，PAR）仅占到达地球表面的太阳辐射能总能量的 43%。在光合作用中的投入能量相当于 575nm 的

① Pirt 等认为，PE 的测算仅建立在静止（非生长中）细胞吸收光能与释出的氧气基础上。这种用测定静止细胞来反应生长中细胞的生物能量，还远没有表达出光反应和暗反应的作用，以及从 CO_2 还原同化为葡萄糖的复杂的过程。这里不仅忽略了氮素的吸收和蛋白质、核酸及类脂的生成。他们认为，产生 1 个氧分子究竟是少于或多于 8 个量子的光能，还需要探明。

单色光能量。1 个爱因斯坦的辐射光含能为 49.74kcal。假设 1mol 的还原 CO_2 在光合作用中贮存的自由能为 114kcal，那么，CO_2 经光合作用还原为葡萄糖的理论最高能量效率（折合成白光计算）即为：114/（8×49.74）=0.286，或者说 29%（甚至有人使用小球藻与异养细菌进行光限定的化恒培养，测定结果分别为 34.7% 和 46.8%）。

从太阳能到生物质能转换的最大百分量可采用以下公式计算：

$$PE(\%) \times PAR \times MC$$

PE 是贮存于生物质中的吸收光能量，PAR（=0.43）是太阳光能中参与光合作用的能量，MC 是维持能量和光呼吸作用的能量校正值。藻池反射损失的能量在这里暂且忽略不计，但维持能估计为 10%。根据 Pirt 等进行的混合培养测算，太阳能向生物能转换的最大值为：46.8%×0.43×0.9=18.1%。这一转换值比常规计算值（藻的常规最大光合效率 28.6%×0.43=12.3%）还要高出 50% 多。相比较之下，美国玉米（C_4 作物）的光合效率也只是 1.26%。如果说，培养藻处于各种生长因子优化的条件下，光合效率确实达到了 18.1%，那就约合藻的干生物产量将达到 500t/（hm^2· 年）。这一计算数字可算是一种放卫星产量了！实际上，这仅能算作是一种极难达到的理论产量。

但退一步说，要是把普遍可以接受的最大净 PE 值（8% ～ 10%）作为微藻培养巨大潜力的追求目标，其产量仍然高得惊人——可达 250t（干重）/（hm^2· 年）。可见，光合作用的效率从理论上来说，微藻生产蕴藏着极大的潜力。

尽管藻的理论产率和产量与现实产量之间还有很大的距离，但随着近代科技的发展，人们进行微藻生产的手段和对于各种环境因子的调控技术有了高度的发展。最近 20 ～ 30 年，尤其是进入 21 世纪以来，国内外微藻研究与开发有了很大的进展，各种各样的培养制式，优良藻株的驯化与选育，培养方式和类型以及采收加工技术均有了长足的进步。如在 20 世纪 70 年代，国内培养藻的采收和产品干燥技术过不了关，到了 90 年代这类困难迎刃而解。80 年代早期蓝藻螺旋藻的大量培养，生物产量至多在短期内能维持 10 ～ 15g（干重）/（m^2·d），如今，连续培养的产量已达到 20 ～ 25g（干重）/（m^2·d）。以色列、日本、美国和我国的一些螺旋藻大规模商品化生产厂家的生产水平，多已达到 25 ～ 35t（干重）/（hm^2· 年）的产量水平，藻的实际产量已经普遍达到了理论产量 10% 以上的收获水平。由此可见，人类向光合作用的深度进军，以先进的工业手段开发利用高强光合作用机制的藻类生物，将是捕获二氧化碳与开辟新的食物资源和新的生物能源的巨大希望所在。

6.2　形成藻生物产量的各种微生态因子与优化调控模式

螺旋藻的高效率生物量生长，只有在藻细胞自身必需的近乎天然完美的微生态环境中才能萌发。在这一复杂的反应活动过程中，它通过自身的色素——绿色的叶绿素、橘红色的类胡萝卜素和蓝色的藻蓝素，大量攫取和转化太阳光能，同时从周围环境中汲取各种大营养元素——CO_2 和水，以及氮、磷、铁、硫、钠、钾、镁和钙；还需要极少量但又是必不可缺的锰、锌、铜、钴、硼、钼、钨、镍、硅、碘和氯，以及其他一些重要的微量元素。这些矿物质元素或离子，在海水和天然地下水资源中通常都有存在，但数量极少。因此，在进行藻的人工繁殖和大生物量生产时，就必须提供以水为媒体的各种矿物质营养。同时还要提供促进藻细胞对这些营养吸收和利用的环境条件：适宜的温度（28 ～ 37℃），较强的光照（15 000 ～ 30 000lx），一定的盐碱度（pH 9 ～ 10），并要对培养液进行搅动（使液流速度达到 40cm/s），并处于迅速的光 / 暗周期变化状态中的涡流，以产生使所有藻细胞均匀享有太阳辐照光能。只有在这种特定的微生态培养环境中，螺旋藻才能进行旺盛的光能转化和自身的快速生长繁殖。

外部环境因子固然是在大生物量生产中不可须臾或缺的条件，但内因仍然是要选择优良藻株——具有较高的光饱和常数，最能有效地进行光能转化，同时对于光氧化伤害和其他逆境具有较高抗力的藻种，这是获得高产率的基本要素。

图 6.1 是对于螺旋藻生物量生产过程中环境因子的宏观控制。也就是说，提供各种最佳（也是最经济）的环境条件，以不致成为在螺旋藻生长过程中的限制性因子。

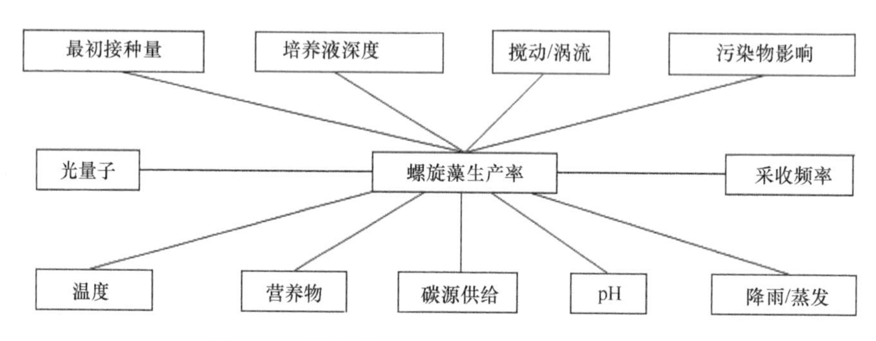

图 6.1　影响螺旋藻大池培养生物产率的因子

根据图 6.1 模式，大体上可以把影响螺旋藻生物产量的因子归纳为三类，即生物化学因子，生物物理学因子和生物学因子。这三类因子是一个有机统一的微观生态环境。

本章节讨论的重点是最大限度地调控和优化各种影响藻生物量形成的因子，以充分发挥螺旋藻的生物产率潜在优势，在进一步提高藻的产量方面有所裨益。

6.2.1　光照与光能——地球上生物质转化形成的原动力

地球上的一切生物差不多全是太阳光能的造化。生物系统进行生命活动的能量主要来源，亦是太阳的电磁辐射能——光能。太阳的各种辐射能，以不同的波长形成连续能量的波谱从宇宙空间射向地球。20 世纪初，德国物理学家马克斯 • 普朗克（Max Planck）证实，太阳辐射能是以光子（photons）或量子（quanta，即光子及其所携带的能量），以“质粒”形式射向地球。这些光子所含的能量（E_λ）与辐射频率（υ）成正比，而与其波长（λ）成反比。即

$$E_\lambda=\mathrm{h}\cdot\upsilon=\mathrm{hC}/\lambda$$

其中，h 为普朗克常数（planck constant）（$6.626\ 1\times10^{-34}$ J·s），频率（υ）乘波长（λ）等于光速（C），$\lambda\cdot\upsilon=\mathrm{C}$。由于所有的辐射均以相同的速度（$2.997\ 925\times10^{10}$cm/s）传播，所

以在上述平衡式中，光的波长愈长，频率则愈低，量子的能量也就愈小，如蓝光（425 ～ 490nm）量子的能量（2.7），自然就大于红光（540 ～ 680nm）的量子（1.82）。在一般情况下，可见光的量子能量不足以从原子中移走电子，使原子转变成离子。但可见光光谱区的量子在被植物的叶绿素及其辅助色素捕获以后，通过光合作用的一系列化学反应机制，就能使 CO_2 和水发生电子转移，形成碳水化合物（糖）贮存起来，这时氧作为这个反应的副产品被释放。于是，一切绿色生物都能仰赖于太阳的可见光辐射能，进行地球上规模最宏大的化学反应过程——光合作用。每年，绿色植物进行的光合作用，将大气中约 1.46×10^{11}t 的碳转化成生物的基底物（糖），并由此转变为生物生命的其他有机物质。

螺旋藻是地球上最古老同时又是最迷人的深青色丝状微藻生物。它能强有力地转化太阳能，能对大气中和水溶液中的 CO_2 加以固定并转化为糖，而后还进一步转化生成人类可摄食的优质蛋白质。

螺旋藻的生长繁殖，除了要求接近于人体的温度环境外，更重要的是具有与人感知相同的可见光和红外线辐射能。螺旋藻依靠它的色素系统充分吸收这部分波长的光能，它的吸收光谱分布在从蓝紫区 400nm，至红区 700nm 的波长范围内。尤其是叶绿素 a 的吸收主峰在 435 ～ 675nm，而这一部分波长正好是光合作用中最有效的波长（图 6.2）。

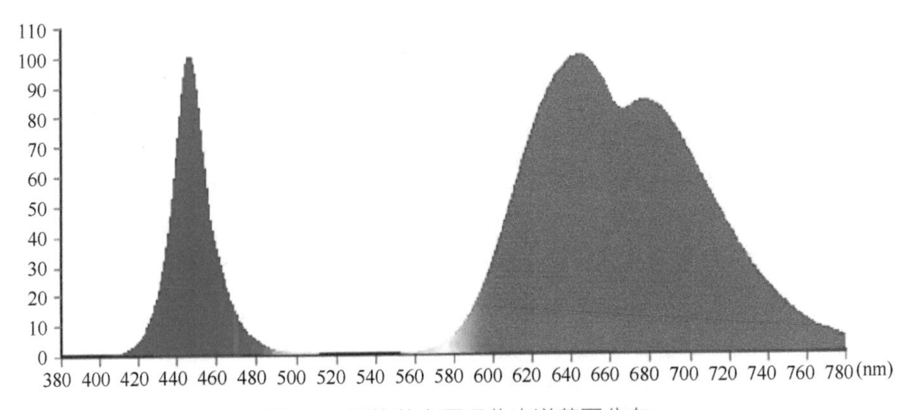

图 6.2　螺旋藻主要吸收光谱范围分布

螺旋藻之所以具有很高的光能转化率，主要是它有一套强大的采光系统——色素系统。除含有直接进行光合反应的色素叶绿素 a 外，它还含有大量的辅助色素，其中包括含量很高的 β-胡萝卜素（cis- 顺式型）、藻蓝蛋白、藻红素和有 11 种色素之多的类胡萝卜素。螺旋藻的各种辅助色素均具有积极的吸光功能，它们还能捕获叶绿素捕获不到或捕获很少的光波，并产生各自的荧光。亦即吸收特定波长的光子，并发射波长略长、能量稍低的光子。通过这种连续吸光和荧光发射，最终将接收到的光能传递给叶绿素。这样，有效地填补了叶绿素吸光较低的谷区，同时还更有利于叶绿素进行光合反应。由于上述辅助色素的荧光峰紧密地重叠在一起，形成了一个完整的光能传递系统。

太阳向地球辐射的能量达到 1.98±3cal /（cm^2·min）（从太阳辐射出的光量子到达地球约需经历 8min 的历程），尽管这些强大的光能在到达地球大气层时，一部分被反射回去，一部分被大气层强烈吸收掉，幸运的是实际到达地球表面时仍有 0.5cal /（cm^2·min），紫外线剩下 2%。这些到达地面的太阳光能，随不同季节和不同地域而不同。在夏季中午前后，我国中部地区的晴天光照达到 80 ～ 100klx，相当于 0.6cal /（cm^2·min）。这时，蓝光区的最高光子数达到 0.9×10^{17} 个光子 /（cm^2·s），而黄区竟达到 1.0×10^{17} 个光子。

辐射光固然是绿色植物进行光合作用所必需的能量，但绿色的植物细胞对于光强的容受性却十分有限。光照超过一定的限度，即会对细胞造成灼伤。同样，螺旋藻培养物当其暴晒于 12klx 的光照中，数分钟内即会发生细胞光解现象（光漂白）而死亡。在实际的生产培养时，都采取减弱的自然光照，藻细胞在这种情况下，对于可见光的辐射能至多只利用其 20%。在晴天日光中，光能的利用率比这更低。据 Burlew 研究报道，能为微藻（小球藻 *Chlorella* sp.）全部利用的光强，上限不过是 4500lx，其余大量的光量子都被浪费掉了。

在螺旋藻的深层培养中，由于藻体互相遮蔽，入射光从培养液的表层往下，形成光区至暗区的光衰减梯度。入射光照的强度依照朗伯 - 比尔定律（Lambert-Beer law），随培养液的深层和藻浓度而递减。这就是说，在培养液的某个深度层次上，入射光强等于藻的饱和光强。再往下，从光的利用率来说当然是愈来愈大，但光能的绝对值则趋于零。因此，在微藻进行光合作用过程中，能被吸收利用的日光光能部分（f），可用下式表达

$$f=\frac{I_s}{I_i}\left(I_n\frac{I_i}{I_s}+1\right)$$

其中，I_s 为饱和光能量，I_i 为入射光能量，假定入射光的能量 I_i 是 100klx，藻的饱和光能为 4.5klx，这时 f 即是 0.18。表明这时的高光强日光仅有 18% 能被光合作用所利用，当入射光能提高 20 倍时，藻细胞所能利用的可见光能量仅提高 4 倍。

实际的培养研究证明，室外大池培养藻的群体密度在 200mg/L（OD=0.2）以下，晴天 60 ～ 80klx 的高光强，常使藻体发生光休克和光伤害。不过这一光强对于群体密度较高，并有搅动与涡流发生的培养藻，一般不至于发生有害影响。为做到安全培养起见，在通常的大面积室外生产时，可采取加设尼龙遮光网等措施，把光强控制在 30 ～ 35klx 内。

微藻在其他各种条件均适宜的情况下，决定性的生长限制因素是光照与光能。戈德曼对于微藻生产的限制因素，从以光照为主的角度阐明了藻的生长率与光照强度和光能的关系（第 3 章图 3.7）。

戈德曼这一曲线高原的形态，可以作为推算在某一光强时（假定此时光是唯一生长限制因素）的藻生长潜力产量的参考因子。藻产量的测算方程式为：

$$P=\frac{E_qE_sE_rE_iE_vE_dI_o}{J}-D_r$$

其中，P 为藻的产量，g（干重）/（m^2·d）；J 为藻的燃烧放热，kcal/g（干重）；E_q 为热力效力；E_s 为光利用效率；E_r 为光在空气与液面界面之间的传导效率；E_i 为可见光区的日光效率；E_v 为总辐射日光的可见光部分；E_d 为光的消散效率；I_o 为培养液表面总入射光能量，cal/（cm^2·d）；D_r 为总衰败量，g（干重）/（m^2·d）。戈德曼对上述方程式中的各因子进行了测定和综合分析后，将方程式简化为

$$P = 0.28I_s\left(\ln\frac{0.45I_o}{I_s}+1\right)$$

其中，P 为藻的产率，g（干重）/（m^2·d）；I_s 以 cal/（cm^2·d）为单位；ln 为自然对数。由于太阳辐射能照射到培养液表面的最大有效光照强度 $I_o<100$klx，即 $I_o<1.43$cal /（cm^2·min）（7:00 ～ 17:00）。如以饱和光强（I_k）的能量 0.02 cal/（cm^2·min）（≈ 1400lx）至 0.06cal/（cm^2·min）（≈ 4200lx）计算，藻的产率应是 15 ～ 34g（干重）/（m^2·d）。

显然，戈德曼这一推算模式是以饱和光强 I_k 作为影响藻产率的主要因子。在晴天强光照下，当 I_k 的值提高 3 倍（从 0.02cal/（cm^2·min）提高到 0.06cal/（cm^2·min），获得的藻产量差不多可以翻番（这固然要驯化和选育高光饱和特性的藻种）。戈德曼的这一模式偏重于光照这一方面。在实际的生产培养中，藻的产率和产量还受温度、藻的群体密度、搅动与涡流，以及具有高光效的优良藻种等多方面因子的影响。

附：光能单位换算表

一般文献中使用的光能单位有：瓦 / 米 ^{2}（W/m^2），勒克司（lx），微爱因斯坦 /（平方米 · 秒）[μE/（m^2·s）]，千卡 /（平方米 · 小时）[kcal/（m^2·h）]，尔格 /（平方厘米 · 秒）[erg/（cm^2·s）]（表 6.1）。

表 6.1　光能单位换算表

光能单位	光能单位换算表				
	W/m^2	lx	μE/（m^2·s）	kcal/（m^2·h）	erg/（cm^2·s）
数值	1	100	2	0.86	1000

6.2.2　光抑制（photoinhibition）

光合自养生长的螺旋藻，在超高光照强度和高温（夏日晴天中午前后，≥ 100klx，38℃以上）中，常被观察到光合放氧的速率显著减小，藻细胞的生长活动停滞，严重时，甚至可见到藻体伤害（光漂白）现象发生。这种光阻抑生长，主要发生在露天大面积生产上。在藻的接种或扩大培养的初期，或在经过采收后藻的群体密度被稀释降低（200mg/L）时。这时虽有搅动或涡流，但培养液的透光度很大，太阳光以其很高的光子流密度（high photon flux density，HPFD），径直通透至池底。显然，这种连续性的强光照会使藻细胞处于极度的光胁迫中，使细胞光敏色素发生迟钝和降解，从而失去光合作用的活性。

藻的光抑制程度取决于射入光强与光质，以及单位面积的群体细胞受特定光量子照射的时间，其中最主要的是光质，包括紫外线（UV）及与之相邻的可见光，如蓝光。Sieder 和 Stengel 的研究认为，光抑制的发生机制主要是高光强中的蓝光对于细胞色素的灭敏和破坏，使得正在进行活跃光合作用的藻细胞的呼吸作用受到阻抑。他们在以小球藻进行试验的同步培养中，藻细胞对于高光强，或者对于光照的突然增强的敏感性改变，与不同的培养日龄和藻的适应性有关。这其中发生的叶绿素被降解以致破坏，是由于高光强时氧对叶绿素酶的激活引起的。此外，强光照的蓝光还是阻抑 DNA 生成的元凶。

在藻细胞的光抑制或光致失活中，蓝色光波长是直接作用的外因，但藻细胞内部重要的酶——二磷酸核酮糖（RuBP）羧化酶，对于强光照反应的敏感性起决定性的作用。RuBP 羧化酶是光合系统Ⅱ中的一种重要的酶，在正常生理光强和温度下起到固定 CO_2 和催化生成磷酸甘油酸（PGA）的作用。但在高光强时，却起到加氧酶的反作用，即对于若干种最具有反应活性的氧状态，如单态氧、过氧化氢，或许还包括过氧化物，表现为异常的敏感性和亲和性，因而终止了正常碳的固定，表现为藻的净光合速率和生物产率的停止。

藻细胞对于不同光量子强度在生物学和生理学方面的适应性程度，亦表现为有很大的差异。据 Vonshak 等试验，以耐高光强的藻株 Sp.G 和不耐高光强的 Sp.RB 藻株，在 2100μE/（m^2·s）（相当于 100klx）太阳光照下进行试验（Vonshak and Guy，1992；Vonshak et al.，1988）。早晨（8:00 ～ 9:00）不遮光的两个藻株略有光抑制（2.5% 和 3.2%）发生，中午不遮光的 Sp.G 有 13% 的光抑制，Sp.RB 有 25% 的光抑制。早晨和中午均采取遮光（25% ～ 30% 面积），两个藻株基本表现为无光抑制发生。

一般来说，具有耐高光饱和水平特性的藻株，发生光抑制的程度较轻微。反之，对于光饱和水平强度敏感的藻株，在露天培养中最易发生光抑制，乃至漂白现象。

螺旋藻受到光抑制时，只要是它的细胞光合器未受到实质性的损害，一旦从超高光子流强度降下来，就能重新修复并恢复到原来的光合作用活性水平。超高强光照造成的产量损失，一般情况下不太明显。主要是在藻的接种前期和采收后，由于光抑制而使生长阻滞，延长了生产周期。但严重时也会造成藻群体的大面积死亡，此时池面飘起白色的死藻。在实际的大池开放式生产培养中，在早晨时（由于温度较低），藻的光合活性与光照强度的增长保持一定的平行关系。发生光抑制的时间多在 10:00 ～ 14:00 或 15:00，约有 5 ～ 6h 的连续时间，以中午为高峰，光抑制可达到24% 的程度（决定于群体密度和光强），从下午起逐渐减小，发生光抑制的藻细胞逐步恢复其活性。

对付光抑制可以从三方面去解决。第一种办法是采取遮阴措施。在大规模工业化生产上，大多采用在温室大棚中加装尼龙遮光网的方式，通过棚顶导轨控制开闭程度，达到随光强变化而进行调节。培养藻在接种初期和藻采收后，尤其需要采取遮覆措施。第二种办法，也是最实际有效的办法是加强搅动与涡流，尤其是在中午前后增强池液的涡流速率。这样，表面层培养藻在强光照中瞬时曝光后立刻转入下层。这种高频率的光 / 暗反应，可以最有效地减小高光子流密度对藻细胞产生的伤害，而且能使培养液的光能达到均匀分布，促进光合效率和生物产率的提高。第三种办法，通过藻种的适应性驯化培养，筛选具有高饱和光强度和抗光抑制特性的藻株，以适应强光照自然条件的生产用种，这是克服光抑制的一个重要措施。

6.2.3 光氧化（photooxidation）

在微藻的大规模生产培养中，藻的光氧化发生的细胞死亡，以及继之发生的厌氧菌腐败作用，亦是造成产量损失的最大危险之一。尤其是螺旋藻的室外开放式培养过程中，由于外界环境多种不定因子交织在一起，以致对于光氧化发生的伤害与死亡，往往难加判别。

光氧化发生的季节多在夏季高温时。此时，螺旋藻培养生长的环境条件很容易达到甚至超越最佳状态，即日温在 33℃～ 35℃，太阳辐射光强 20 000 ～ 35 000lx（部分遮阴时）。在这种生长条件下，螺旋藻的光合反应活性（以光合放氧为指标）随即可以达到最高点。此时培养液的溶解氧浓度（对于培养液的搅动次数和效率不高的情况下）很快达到 300% ～ 350% 的过饱和度。如果此时培养池的 CO_2 严重缺乏，而生物量浓度达到或者超过最佳产出浓度 OD 为 0.5 ～ 0.6 时，对于藻的光致氧化便接踵发生。在严重时，培养藻甚至在一两天内便会发生“全群覆没”。

Richmond（1999）曾定点调查和测试过一座藻池发生光致氧化的特定条件。在夏季高温与强光照条件下，几天前长得十分稠密的蓝藻群体，突然之间发生了溃亡。他们观察发现，在藻细胞旺盛生长和藻体密度迅速形成之时，培养液中氧的超饱和即已发生。与此同时，培养液中的 CO_2 已经消耗殆尽（pH 测定，水体的碱性度已很高）。在实验室中模拟发生光致氧化各种条件的试验也进一步证明：在高光照中，以 100% 氧气环境（无 CO_2 存在）孵化培养的鸟巢囊藻（*Anacystis nidulans*）和雪松聚球藻（*Synechococcus cedrorum*），在水温 4 ～ 14℃的低温中就会很快消亡下去。在同样的条件下，培养藻 *A. nidulans* 在 35℃时，雪松聚球藻在 26℃时即会迅速溃亡。在此过程中，参与光合作用的底物 CO_2，对于光氧化的发生，究竟在其中是起阻抑作用还是起促进作用，可以从添加阻抑剂 DCMU［3-3,4-dichlorophenyl-1,1-dimethylurea］得到证明。DCMU 能有效地阻抑光合系统Ⅱ（PS Ⅱ），即中断光合放氧的过程和 CO_2 的吸收利用。鸟巢囊藻在含 100% O_2 的气体中，在温度 35℃时，培养液中虽有足够的碳源供给，在加入 DCMU 后 10 秒钟内，99% 的藻细胞立刻丧失活力；而在同样的条件下，如培养液中含有 Na_2CO_3，但不添加 DCMU，藻细胞就未有伤害发生。由此认为：微藻在高光照培养中，如发生 CO_2 不足或缺乏，并由此而形成相对的净氧环境条件，在生理温度 35℃时，藻的光氧化致死会即刻发生。尽管在这些生物有机体中的类胡萝卜素具有较好的抗氧化保护功能，但此时对于光氧化作用亦无补于事。

从上述 CO_2 存在即对于微藻具有抗光氧化作用来看，这种保护作用的机制是同时与藻细胞的光合作用活性相依相存的。Richmond（1999）等得出的结论是：当培养藻处于高光照、较高的生理温度（35℃左右），且在缺乏 CO_2 时，光致氧化作用很快发生，而导致藻细胞死亡的主要杀手是某种过氧化物或某种超氧化自由基。而这类自由基的来源则是，在光合作用发生抑制时，积聚的还原电子载体对于氧的直接还原作用产生的。

然而，这种观点仍解释不了藻在低温情况下的光致氧化死亡。Richmond（1999）进一步研究认为，这种情况是由于光合作用的色素受到直接光敏增感作用所致。其理由是，含有类胡萝卜素的微藻发生的光氧化死亡，在低温情况下，甚至会以更快的速率发展。在 35℃时，光氧化死亡之所以尚能滞迟 8h，甚至 48h，这可能是在光合作用中当吸收外源性 CO_2 停止以后，细胞的保护性机制尚可继续获得代谢物，或者在细胞呼吸作用中产生和提供的内源性 CO_2，尚可以支撑一段时间。

藻细胞早期出现光氧化的迹象是：一旦呈现需光性氧消耗时，光氧化损害即已发生。在实际生产上，光氧化性损害早在细胞发生全面溃败之前即可以侦测出来，并可及时加以制止。

生物体内有相生必有相制。对付藻细胞光致氧化性死亡的天然克星——过氧化物歧化酶（SOD），即是一种由氧诱导生成的酶，它在生物体内的水平含量取决于氧浓度。这种酶在保护各种需氧性微生物免遭氧毒性攻击方面，起到关键性的作用。试验证明：微藻培养物当被转移至发生光致氧化的环境中，经 6 ～ 8h 的滞迟期，SOD 的活性即从初期含量水平降至 10%；而如果在转移前经过了用 5% CO_2 浓集空气的预培养处理，对于光氧化死亡的阻滞期可以长达 40 ～ 48h，相应地 SOD 的活性含量也只是到 40h 后才降低到正常值的 10%。试验还证明：如若培养藻不是用 5% CO_2 的浓集空气，而是以纯氮环境进行预处理后（限制了氧的产生，也限制了 SOD 的产生），再转移至光氧化条件中，那么藻的滞迟期只有 2 ～ 4h，随即发生光致氧化死亡。总之，当 SOD 的活性变得很低或已消耗至正常值的 10% 时，藻细胞在生理温度（35℃）时的光氧化即会发生。

在进行藻的大生物量生产时，培养池中会经常性地积聚过饱和的 O_2。在这种情况下，SOD 和其他消除过氧化离子的酶类，以及类胡萝卜素等，可能会远远供不应求。此外，高浓度的溶解氧、过高的温度、光强、藻群体密度和 pH，这些因素的交织结合，促使 CO_2 的供输消耗殆尽，从而增加了光致氧化危害的可能性。但是，在这种不可逆转的光致氧化危害发生之前，采取有效措施加以防范与纠正还是可行的。掌握的原则是：当藻细胞处在光致氧化环境中 6h 以内，立刻通过对培养液加强搅动、减弱光照和降低温度等措施，使其恢复至低含氧生长环境中。此时，不但 SOD 的活性可以很快恢复和提高，而且，藻细胞所有其他过氧化物酶和歧化酶的活性也可恢复过来。

6.2.4 光呼吸（photoresparatien）

作为藻细胞生物质生成的主要材料 CO_2，通过光合作用在细胞内首先生成基本的有机分子己糖。这种己糖能从光合产物合成的循环中游离出来，进而合成为蔗糖及多糖，或者通过细胞的呼吸作用途径，转化成为其他有机分子的骨架。所以 CO_2 的吸收与积累直接关系到藻的产率和产量。

但是近代新发现的在光合作用进行过程中的光呼吸现象，同时在起着 CO_2 的逆转和释放的作用。这种光呼吸的特点是：同时发生在光照条件下的光合作用过程中，它通过 Rubisco 酶的加氧反应，将藻细胞刚刚固定到的碳进行降解，同时释放出 CO_2。显然这是一种与细胞正常呼吸作用完全不同的途径。许久以来，人们只是注意到在光合作用中 CO_2

的吸收和细胞在黑暗中呼吸作用的 CO_2 损耗，未发现处在光照中的光呼吸作用亦会放出 CO_2。近年研究证明，实际上在许多情况下，这种光呼吸甚至快于常规性的暗呼吸作用，造成的生物质潜能的损耗亦是严重的。

目前对于光呼吸的基本认识是，藻细胞在进行旺盛的光合作用过程中，细胞内的叶绿素及辅助色素，首先在光反应阶段，利用所吸收到的光能将水分解成氧和氢。其中氧以分子状态释放出去。光合速率愈高，放氧愈多，这就是光合放氧。其中的氢则是活泼的还原剂，立即参与下一阶段暗反应。在光反应中的叶绿素分子，还利用光能生成高能量的三磷酸腺苷（ATP）和还原型烟酰胺腺嘌呤二核苷酸磷酸（NADPH）。

在光合作用的暗反应阶段，CO_2 首先被吸附到称为二磷酸核酮糖（RuBP）羧化酶的叶绿体酶上，与 RuBP 结合后生成磷酸甘油（PGA）。这是发生在 Calvin-Benson 循环途径上的第一个光合作用 CO_2 固定产物。这个产物尚未达到糖的还原水平，而只是达到醛基的水平。还原为磷酸甘油醛的过程是通过消耗 NADPH 的还原力和 ATP 的能量而实现的。磷酸甘油醛只是一种含 3 个碳原子糖的磷酸酯，它要变成一个能在藻细胞内可以被积累的已糖，需要 2 个 PGA 相结合，再经脱磷酸而生成己糖。

问题就发生在卡尔文循环中的 RuBP 羧化酶上。这种酶除了有正常的功能把 CO_2 加入 RuBP 外，还同时具有对于氧的亲和力。在光照条件下，当周围环境中氧浓度很高时，某些 RuBP 被氧化，而不是发生羧化。产生的磷酸乙醇酸在光呼吸中逐步被分解，导致一部分 CO_2 被释放出去。这样在卡尔文循环中，一部分刚刚被固定的 CO_2 还未来得及醛基化牢固积累和被进一步利用之前就丢失了。光呼吸作用是 C_3 植物的特点，它差不多也是所有藻类的特征。由于受光呼吸作用影响而造成的净光合作用产物的多寡，这是高光效植物与低光效植物之间最大的区别。

至于光呼吸作用的速率和光呼吸对于细胞代谢究竟有何功能，迄今尚未研究清楚。藻类培养中，在盐碱度较高的 pH 条件下，对于光呼吸的测定是很困难的。因为此时的 CO_2 浓度仅能代表总溶解的无机碳（DIC）的一小部分。在光照条件下，因光呼吸从细胞中释放出来的 CO_2，多半立刻又与培养基中的 OH^- 根结合成 HCO_3^-。但 Richmond（1999）等还是克服了这一障碍，通过应用适当的技术，测定到了在微藻培养中氧致敏的光呼吸及其 CO_2 释放的事实。在温度 20℃时，当培养基中的氧浓度从 2% 提高到 21% 时，光呼吸作用活性平均从 4.43% 上升到 21.43%。

值得注意的是，光呼吸作用只是在微藻处于亚饱和的 DIC 水平量时，即 DIC ＜ 50mmol 时，才是可测知的。这符合于高浓度的 CO_2 能阻抑 C_3 植物的光呼吸作用的事实。Richmond（1999）采用纤细裸藻（*Eugleana gracilis*）培养试验，在保持 CO_2 的常数浓度 0.03%（V/V）时，将氧浓度从 21% 降至 2%（V/V），藻的干重产量增加了二倍。但这一结果也并非所有藻类都是如此，有的藻类在同样的氧浓度下干重并不增加。

另外一个需要注意的问题是：植物的光呼吸与氮的有效利用之间的关系。Richmond（1999）演示了在光呼吸作用发生时的氮循环过程。在此过程中 NH_3 的释放也是在光照中发生的，而且对于光合系统中 O_2 与 CO_2 压力的改变甚为敏感。这些释出的 NH_3，多半是从蛋白质释放出的氨基酸分解代谢而来。

总之，从藻的生物量生产观点来看，为避免光呼吸作用的发生，一定要注意控制温度和氧浓度，也要控制藻的群体密度。尤其是在大规模培养时，群体密度超过藻的自然生长量2～4个数量级时，每个藻细胞获得的CO_2显著减少：溶解氧（DO）超过饱和度时，亦会促进光呼吸水平的上升。所以环境条件对于光呼吸的影响，是很需要加以研究的课题。

在螺旋藻的生产上，施入高浓度CO_2，通过搅动和涡流发生以驱除和降低培养液的溶解氧，以及采取“闪光”照射，加快光合作用中光—暗反应的频率，以及对培养藻及时进行采收，维持适当的群体密度等，这是克服光呼吸行之有效的重要措施。

6.2.5 藻的群体密度（algal density）

在微藻的室外生产培养中，当培养液的营养成分和温度不成为生长限制因子，或者至少不是严重限制因子时，整个群体细胞从太阳辐射获得的有效光效率是影响藻的生物产率和产量的一个重要因素。在这方面，对于形成群体密度最快的螺旋藻来说，尤其需要掌握藻群体在生长过程中，对于光照的依赖性与相关性规律，调控好在生长培养中的光限制，促使全部藻细胞“沐浴”在“闪光”照射中，这是充分发挥藻的光合作用潜能，提高生物产量的一个重要途径。藻的光限制生长动力学表明，藻细胞从太阳辐射（可见光）获得的光量子能量，应是到达培养液表面的辐射光强度、藻细胞间歇受光的时间与群体密度（细胞浓度）三者的函数。

在藻的培养初期，由于接种的生物量起点浓度很低（OD为0.02～0.05），培养液的营养物和温度相对来说是常数（不构成生长限制因素）。这时，藻的生长对于光照强度仅表现为很大的应激性，即在较高光强（5000lx）时，藻的接种物最能充分被激应和动员，并且很快进入生长繁殖的最佳状态；而在低光强（800lx）时，则表现为起繁速度慢，生长迟缓。但总的来说，由于初期的生物量很小，对光通量的需要和吸收也很少。因此经过短期的光适应就立刻进入到指数生长阶段——藻生物量的增长速率（VA）与藻细胞的群体密度（V）成正比。生物量递增率（V/t）约在第5日时趋于相对恒定。在此过程中，藻的群体密度从开始形成到进入最佳状态，直至相互屏障的发生。

接着发生的是线性生长阶段。从指数生长阶段到线性生长阶段的转变，常依不同的光强而发生于不同的群体密度中。显然，处在较强光照下生长繁殖的藻群体，形成和达到的曲线高原也较高。藻细胞群体在进入线性生长阶段以后，对于光照逐渐表现为严格的依赖性和亲和性。这时，旺盛生长的藻细胞由于浓度在迅速增加，互相屏障现象日益严重。在大池培养的早期，一般都忽视对培养液及时进行搅动，于是，那些上浮于最表层的藻细胞，充分吸足了入射光，而同时却对下层大部分藻细胞产生屏障，阻挡了下层细胞对于光能的需求和吸收。这种情形，在培养日久，延误采收，群体密度发展很高的藻池中，相互遮蔽现象愈加严重。

群体密度在静态情况下，固然是发生培养藻相互遮蔽光能的一个重要原因，这是它的负面影响。但积极含义的一面是，它是藻生物产量迅速增长的一项重要指标，没有群体密度就没有产量。因此，对螺旋藻在生产过程中群体密度实行合理的调控，促使其负面发生转化，获得更强的光合速率，这是取得藻高产的一项重要生物技术措施，也是光合自养微藻生产的一个基本问题。

群体密度对于藻生物质产量的关系，首先反映在对于光合作用潜力的发挥上。通过在标准状态下对光合反应活性（光合放氧）的测定显示，在指数生长和线性生长阶段，群体密度的迅速增长，也是藻生物产率随光合作用的加强而在大幅度提高。因此，群体密度在这时是代表生物量产出的一个实用指标。研究发现，使生产大池培养藻的群体密度维持在 450 ～ 500mg（干重）/L（相当于 OD 为 0.45 ～ 0.5 时）的水平，是获得最高单位面积产量的最佳密度。因为在这一密度水平时，藻细胞的比光合速率和净生物量的积累达到最大值。此时，藻的最大潜力产量比同样条件下处于极高群体密度（OD 为 1.0 以上时）的培养藻高出将近两倍的产量。

在群体密度还未达到最佳密度之前，尽管藻细胞获得的光照甚充裕，但由于培养液中藻细胞的总生物量浓度太低，光能得不到充分利用，因此，单位池面积和生物产量自然也低；相反，群体密度超过了最佳密度水平（500 ～ 600mg/L）时，又由于屏障现象严重发生，藻细胞借以进行光合作用的光能，只能从入射进培养液的上层 3 ～ 4cm 光区内得到，约有 70% 的藻细胞却处于下层暗区内。在这种情形下，绝大部分藻细胞在瞬时曝光中既不能分享到一定量的光能进行光合作用，又由于细胞自身的呼吸作用和细胞死亡等原因，而使光合产物出现负积累（消耗量最高可达 30%），于是表现为生物产率的明显下降。

当群体密度接近最佳密度时，光照愈强，生物量增加也愈快。然而在线性生长后期，当藻池培养液表面光强高达晴天日光的光照强度（60 ～ 100klx）时，藻的生物量增长表现为不再与光强相关，即不再随光强的增加而增加。至此，藻细胞进入了光饱和阶段。群体密度到达这一程度时，藻细胞的比光合速率潜势与群体密度之间的反比关系，明显反映出来。即群体密度愈高，潜光合速率则愈低。上述关系在螺旋藻室外连续培养中，以若干群体密度进行的试验显示，当藻细胞处于最佳群体密度时，光合效率最高，单位面积的净生物量产出也达到最大。这时的群体密度虽然在增加，由此而引起的光限制生长在加强，但此生长速率却只有最大值的 0.5。由此可见，光合自养微藻的最大净生物量产出率与最大比生长速率两者之间不可能相符合。因为此时的生长速率只有在细胞密度愈低，光限制愈小时其值才愈高。所以培养藻随着群体密度的提高，比生长速率势必逐渐变小。此时，尽管培养物的表面层光照仍保持在光胞和点以上，但藻的生长却变得愈来愈受光照的限制。因此在藻的实际生产培养中，对于群体密度一定要控制在适宜的程度。而比生长速率在达到最高生长速率的 50% 时，即可获得最大的生物量产出率。

进一步试验还证明，在藻细胞密度达到了极点［1.5g（干重）/L］，即是最佳群体密度的 3 倍时，这时的净生物量的产出则完全停止。由此可见，螺旋藻的室外生产培养达到了最佳群体密度时，当其他条件不成为生长限制因素时，对于培养藻生物量产出真正有影响作用的不光是到达培养液表面的光照强度，而应是整个培养藻，或者说每一藻细胞实际获得的光能。对此，唯一有效的技术措施是加强搅动与涡流，促使下层光暗区内的藻细胞迅速上浮曝光，以获得同样光量子的太阳能。

据试验，在搅动的液流速度达到 50 ～ 70cm/s 的情况下，藻细胞能够获得最有效的间歇光照射；在有良好的搅动与涡流发生的情况下，即使藻的群体密度超过 OPD 水平很高的程度，其光合产率与生物量的递增率仍不会显示出光饱和的迹象来。

值得注意的是，在夏季条件下，强光照是藻的生物产量的主要限制因素。在夏季的温度条件中，比生长速率（μ）与藻的群体密度（χ）密切相关；而在春秋季和冬季时，温度对生长速度和产量的限制作用占主导地位。这时比生长速率 μ 与温度的相关性更大，而 μ 对 χ 的依赖性相关较小（冬季时甚至低至不相关）。因此掌握好群体密度与光照、温度的全年性变化规律，对于大规模工业化生产具有很重要的实际生产意义。

6.2.6　搅动与涡流（driving and mixing）

在藻的大规模生产培养过程中，对藻池培养液进行充分的搅动，看起来是一种简单的机械性操作，但实际上对于提高螺旋藻的生物产量，是一项重要的生物物理学措施。对培养液进行搅动，一个很明显直接的效果是，可以使藻丝体在这个培养池中呈均匀分布和生长，并可防止藻细胞下沉并在池底发生淀积。静止下沉的不流动的生物有机物，常易招致厌气菌的分解和发生腐败。其结果不仅藻的生长缓慢，产量下降，同时代谢的次生产物与腐败的藻体还会严重影响到藻产品的质量品质，甚至会有毒性衍生物形成。这种毒性物质一旦存在，将远远超过生产率下降的影响作用。

搅动的第二个好处是促进培养基营养物的均匀分布。搅动与涡流一方面有助于藻细胞把在代谢中积聚在细胞周围的分泌物排放开去；另一方面，可促使藻细胞随时从培养液中摄取需要的各种营养和充分地利用 CO_2，同时，通过液流与涡流的运移，培养液中一些易发生淀析的矿物营养，也以均匀的分散相提供藻细胞吸收利用。

藻细胞与周围环境营养物的交流与涡流的变化速率有关。在涡流强大时，因营养障碍发生的限制因素可以被显著地减小。

其实，搅动与涡流的作用，远不止于人们理解的使池液产生活的流动。它的重要意义在于使螺旋藻获得合适的间歇光照射。藻细胞从培养液上部的透光层获得光能后以很高的频率迅速翻转至下部不透光的暗面进行暗反应。然后又凭借涡流的作用，再次回到透光层获取太阳辐照的光子流。这种不断发生的搅动与涡流，对于旺盛生长的藻细胞具有多方面重要的生理学效果。

首先，搅动与涡流可以避免采光效率最差的层流发生。因为在层流中，一部分藻细胞由于过多地暴照在池液上层而发生光抑制和光氧化性伤害，以致光能利用产生逆效果。

其次，螺旋藻具有强大的光合放氧特性。从上午 9:00 开始，即进入旺盛的光合作用过程，并逐渐进入高峰阶段。至中午前后，培养液中的溶解氧（DO）浓度可达到 400% 的超饱和度。培养液中蓄积的氧分子随着浓度的增加开始对藻细胞的生长代谢产生严重抑制作用。因此 9:00 ～ 16:00，对池液进行搅动，可以显著起到排除溶解 O_2 的作用。

最后，搅动与涡流能产生使藻细胞处于快速光 / 暗变换的动力学模式状态。尽管近代螺旋藻生产池普遍改进为 15 ～ 20cm 的液层深度（实际建筑池深 28 ～ 32cm），但在藻的群体密度一旦超过 1.5g/L 时，培养液的透光深度就会发生显著的改变。由于表层藻群体的遮蔽，严重妨碍到下层藻细胞对于光能的分享和吸收。据测试约有 85% 的藻丝体在某一特定的时间内，难以接收到足够的、光补偿点以上的光能，来进行细胞内正常的光合作用。所以只有通过搅动并产生涡流，才能使藻细胞从上层透光层与下层暗区之间产生相对位置的连续转换，促使每个藻丝体细胞在均匀获得太阳光能后，迅速转入暗区进行细胞内反应。这一方式与光合作用两个阶段中的“光反应”和“暗反应”有直接的联系。测定光的辐射能转换效率，达到甚至超过连续光照的最大效率。更主要的是，在光照强度与群体密度均很高的情况下，涡流作用能使培养池内的全体藻细胞最大限度地获得接近于光饱和的辐射能，全面有效地提高了光合作用的效率和生物量产率。即使有搅动与涡流，但达不到最佳间歇时间和频率，产量的有限度提高还是明显的。这就是涡流产生的“闪光”效应。

但迄今对于涡流引发的“闪光”效果的最佳频率或光 / 暗间隔时间，尚未在理论和实践上取得定论。主要的困难是尚不清楚这种物理性光 / 暗交替与光合作用中光 / 暗反应之间的关系。早期的研究报道说，这种“闪光”间隙必须短至 10ms，而最近的 KOK 等研究试验认为，以秒计的时间间隔内发生的光 / 暗交替，更加有助于提高培养藻的整体光合作用效率。KOK 等的间歇时间定量研究认为：在闪光照射下，光合作用的速率取决于光 / 暗周期的比率、绝对时间以及光能总量。该研究采用的方法是：将一薄层浮悬藻露置于达到日光光强的灯光下，通过一种闪光快门转换装置测定不同的光 / 暗周期时间之比，和不同的暗 / 光间隙时期。测定结果表明，“闪光”间歇时间愈短，对于光合速率的影响效果愈小（与连续光照相比）。

上述对于高产藻池生物量所要求的闪光模式效果，证明了螺旋藻培养池的液流极需要通过涡流作用。也就是说，为要最大限度地提高光的利用效率，以使藻细胞受到充分的光照，必须做到藻细胞在培养液上层（深度的 15% 以内）很快获得充分受光，然后随即转入下层（其余 85% 的液层深度）中，并处于完全黑暗阶段，再接受下一轮太阳辐射光照射（图 6.3）。

Markel 测定了培养藻在不同群体密度下的光合作用活性，以此作为搅动速率的函数。当藻的群体密度只有 0.17g/L 时，光照在培养液中几乎完全通透，无光的衰减度变化可言。这时，搅动对于光合反应的速率没有实际意义；当藻的群体密度达到最高点（2.33g/L）时，培养层的光照衰减梯度变化最大。这时搅动与涡流亦最能起到增强藻的光合反应活性的效果，可使光合速率提高近 50%。搅动强度对于单位面积的生物产率或池区总产率的提高是十分显著的。Richmond 和 Vonshak（1978）进行了螺旋藻（*S. platensis*）室外培养的搅动效果试验：在藻的群体密度处于最佳状态时，培养池的液流速度提高 2 倍（60 ～ 80cm/s），生物产量可增加 50%。

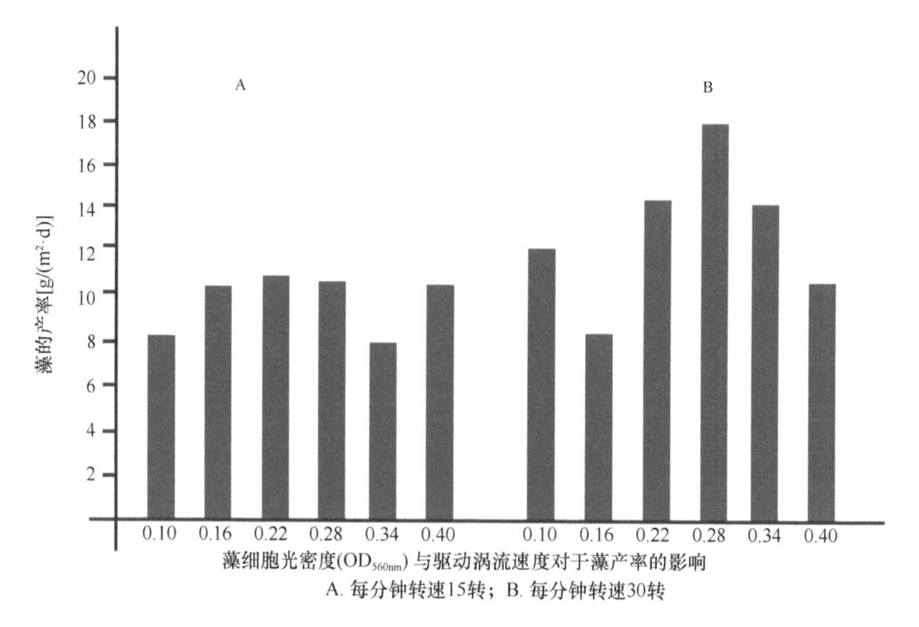

图 6.3 藻细胞光密度（OD_{560nm}）与驱动涡流速度对藻产率的影响

6.2.7 浅层培养（shallow culture）

螺旋藻在以水池方式进行大规模培养时，最具有生物产率和产量意义的是藻池的表面积而不是深度。这是因为藻的光合反应主要发生在培养液的最上层部分。这一部分由于藻丝群体密集，采光机会最多，因而也是光合反应最活跃，藻的生物产量也主要在液层上部形成。

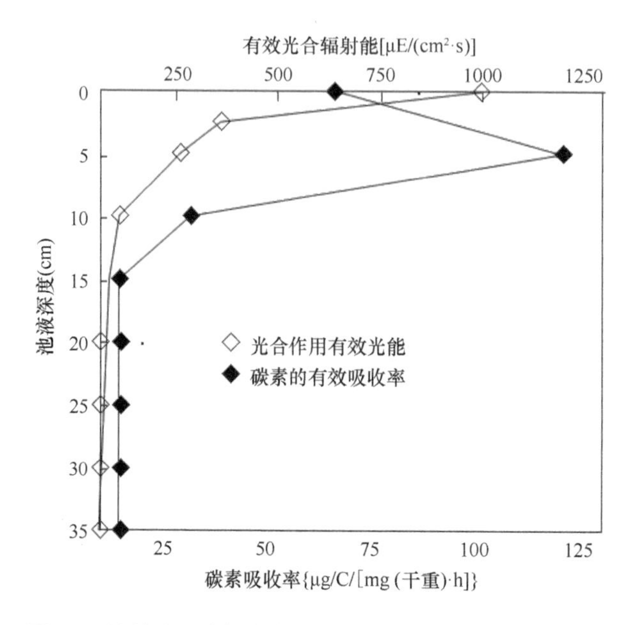

图 6.4 培养池深度与光合作用有效光能和碳素吸收的关系

在藻池培养系统中，当温度和其他环境条件不构成生长限制因素时，光照效率与藻的群体密度是决定生物产率的重要因素。而光照在培养液不同深度层面上的分布，则因入射光本身的强度、藻细胞密度以及因涡流作用产生的光 / 暗交替周期而有显著差别。当培养藻达到或超过最佳群体密度时，藻的最大比生长率将迅速随光照在液层中的透光深度和强度的递减而下降，生物量增长率也因此而相应减小。

据 Ricdhond 与 Vonshak 等测试，以夏季晴天日光［入射光强为 2300μE/（m^2·S）］向 15cm 深的培养液透光分布百分率为例（表 6.2），当光密度 OD_{560nm} 为 0.22 单位时，入射光在 1cm、2cm 和 5cm 的液层深度上的分布，分别为 47%、18% 和 2%；当藻的群体密度再提高 1 倍，达到 OD 为 0.4 时，这时入射光在液层深度 1cm 和 3cm 处的分布，分别减少至 35% 和 3%。在螺旋藻以液层深度 15cm 和 7.5cm 进行对比培养试验时，浅层培养方式藻细胞密度迅速增加，生物产率亦明显高于深层。进一步培养试验表明，浅层 7.5cm 培养的光密度 OD 能较快达到和保持 1.0 的水平［相当于 1.2g（干重）/L］；而在同样的培养条件下，深度 15cm 的液层则很难达到 OD_{560nm} 1.0 的水平。由此可见，影响藻生物产率的一个重要因素是培养池面积而不是容积，即深藻池与大水体对于藻产量的提高并无实际意义。

表 6.2　入射光在培养池不同液层深度的分布

液层深度（cm）	细胞浓度（OD_{560nm}）					
	0.1	0.16	0.22	0.28	0.34	0.4
1	57	53	47	41	37	35
2	49	41	39	29	20	16
3	43	33	18	16	10	3
4	38	24	8	6	3	0
5	29	18	2	1	0	0
6	18	12	0	0	0	0
7	2	2	0	0	0	0
15	0	0	0	0	0	0

注：入射光强 =2300μE/（m^2·s）

其一，从藻的大面积生产培养观点看，浅层培养具有多方面的经济技术意义和生物学意义。首先是，实行浅层培养，藻池的建设投资费用可以大幅度得到节省。培养液的水体总量比常规办法可以减少 25% ～ 30%，这使得在生产过程中水泵输液、池液搅动和藻的采收等机械作业能量消耗可以减少许多；由于培养液总体水量减少，池液的化学营养物有效投放率获得提高，施肥量相应地得到节约，这对于降低培养藻的生产成本具有直接的好处。

其二，采取浅层培养方式，有利于维持藻的最佳群体密度和保持较高的生物量增长率；同时，由于藻池面积与水体量之比率增大。氧气的扩散加快，因此培养液在光合作用过程中积聚的溶解氧相对来说显著减少，这对于进一步促进培养藻光合效率的提高，具有很重要的细胞生理学意义。

其三，浅层培养对于热带地区和亚热带地区在夏季进行的微藻培养生产，具有调节昼夜温差的好处。在白天时，浅层培养液由于温度回升快，有利于藻细胞加强光合作用，增加生物产率；夜间时液温散失也快，与白天温差较大，可使藻细胞夜间的呼吸作用得到适当的抑制。于是藻细胞在白天光合积累的碳水化合物，在夜间的呼吸作用消耗量减少，可更多地转化形成蛋白质和其他化学营养成分，生物质的有效积累增多。

浅池培养与常规培养在操作上并无多大的区别。仅只是池液深度的减小。但在大面积生产上，由于液层变浅，往往造成培养液在池道中分布不均。因此对水池的建造工艺要求较为严格。首先是池底面必须水平平整，池墙高度要作相应的调整，既要防止池墙过高而影响光照，也要注意池端处不能太低，否则会造成水头冲击损失。其次是对于池液的搅动，在工艺上需加以改进，以加大液流速度和提高涡流效应。具体改进办法可参见本书搅动轮设计与安装一节。

目前国内外对于培养液的液层深度，在实际生产上掌握的标准不一。比较一致的做法是控制在 15 ～ 18cm，并以 18cm 的深度为下限。尽管国外有不少研究者认为，8 ～ 10cm 的液层深度生物产率最佳。但在实际的大面积生产中，尚有不少矛盾有待解决。如水体量过小，一是势必要放大培养池的面积，二是 CO_2 的溶解量也少，散失亦快，这就不利于藻细胞获得充足的碳源；同时，一般业者和研究单位所采用的螺旋藻藻株，由于上浮性强，在上层培养液中积聚的藻细胞浓度也大，因此获得表面光照的机会也多。在藻的采收作业中，一般都是采收液层上 2/3 的藻液，因此在 18cm 的液层限度内消耗的功率在成本上增加并不很多。但培养液层如超过了 18cm 的限度，只会增加水体的总量和徒然消耗掉培养基和操作功率，而不会给藻的生物产量带来益处。

6.2.8 气温与液温（ambient and pond temperature）

蓝藻螺旋藻是一种嗜温微生物。它的原栖生地是在热带强光照的湖沼中，所以适宜的环境温度是螺旋藻生长繁殖的基本要求。在进行藻的室外大面积生产培养时，藻的生物产量表现为对于温度差的相关性。因此，掌握每日乃至全年温度与光照的变化规律，对于建立藻的生物量动态调控模式和进行大池生产管理，具有重要的实际意义。

培养藻的环境温度通常指气温和培养池液温。液温对于藻细胞生长繁殖具有直接的影响作用。白天液温的动态变化主要是受自然气温、太阳辐射和日照时间（辐射能除被培养藻直接吸收外，大部分转变成热能）、空气相对湿度（影响蒸发降温）等的综合影响。此外，培养液的深度和池面积，以及藻池的建筑材料等，也都会对液温产生影响。

由于液温是藻细胞直接生存的环境因子，细胞赖以进行光合反应的温度完全取决于液温，并随培养液温度而变化。在这方面，与其他参数，如盐碱度（pH）等不一样，细胞自身不具备独立的温度调节机制，因此，培养藻一俟接种于大池以后，即处于对温度和光照不断交替变化的反应中。

在室外培养生产的条件下，自然光照一般都能达到或超过藻的饱和光强度，影响藻的生长速度和生物产量的主导因素是温度。根据本书作者 1983 ～ 1989 年对引种选育的

Sp.D 藻种，从实验室培养到大面积中试生产的观察，螺旋藻能以较高的比生长速率和较大生物量（干重）产率［8 ～ 12g /（m^2·d）］生长的适宜温度在 30 ～ 36℃，以 32 ～ 35℃为藻的生长培养最佳温度；28 ～ 32℃藻细胞能活跃生长；18 ～ 25℃表现为具有一定的产率［4 ～ 6 g /（m^2·d）］。但当环境温度下降到 15℃以下 10℃以上时，培养藻的生长即处于停滞状态，此时生物产量的增长接近于零。如若这种低温时间拖长，即会发生藻体发黄甚至衰亡。

国外对于螺旋藻生产培养最佳温度的研究报道，结果大致相近。Venkataraman 和 Becker（1985）认为，螺旋藻（*S. platensis*）藻株生长繁殖的最佳温度在 35 ～ 40℃。Richmond 等（1986）的研究观察则认为，螺旋藻的最佳温度是 35 ～ 37℃，液温超过 40℃，藻的生物产率显著下降，且会对藻体产生严重伤害。但又认为，液温上升到 39℃，若维持数小时，尚不致对藻体有明显的妨害。

国内外试验对于藻生长的下限日平均温度持基本一致的观点，即最低起繁日平均温度应在 17℃（比最佳温度低 18℃）；液温降至 12℃，藻生物量增长停止，即藻的光合产物贮积与降解处于平衡。12℃以下藻细胞生长恶化，藻体变质，甚至腐败。

与日温相反，螺旋藻能够耐受寒凉季节的夜间低温（10 ～ 5℃）。以作者在江西的试验为据，从 11 月上旬开始，自然温度出现明显下降，由旬平均温度 22.5℃下降至中旬的 16.5℃。相应地，藻的生长率也明显下降。这期间，如昼温尚能达到 23 ～ 25℃，夜间液温能保持在 10℃以上，藻的产率仍可接近 10 月中旬的记录。从日平均温度与试验的温差变幅看，夜间液温保持在 8℃，翌日日平均温度达到 25℃，日比生长速率仍可达到 0.15；如夜温和日温都保持在 25℃，比生长速率反而降低到 0.10；夜温降低到 5℃，日平均温度上升到 18℃，比生长速率只有 0.04。由以上观察可以得出结论：藻的生物产率在光照不是生长限制条件时，白天温度则起主要作用，此其一；如若从清晨以至整个上午时间内，培养池的液体一直处于低温（5 ～ 7℃），而自然光照却又很强时（60klx），培养藻非但不生长，甚至极易发生光氧化，此其二；夜间液温过高（＞ 32℃），或者过低（＜ 5℃），均会对藻细胞的生长代谢产生较严重的负影响作用，此其三。以上结论说明，欲在秋凉寒冷季节继续进行大面积生产培养，对大池采取透光材料覆盖保护，在迅速提高日温的同时保持一定的昼夜温差，应是获取全年高产的一项重要措施。

在筹建螺旋藻的大面积工厂化连续生产培养时，对于当地自然条件和小气候的选择是十分重要的一个决策方面。因为藻的全年生物产量和经济效益，基本上首先取决于当地的年平均积温、日照总时数和日照强度。根据作者在江西进行的项目开发研究，在开放式培养条件下，全年中能较正常进行培养生产的日期可达 188 ～ 224d（避开了 12 月至翌年 3 月低温阴雨季节）。在此培养生产期内，日平均温度变幅在＞ 15℃至＜ 35℃；同期内＞ 20℃的平均积温为 3300 ～ 4500℃；日照总时数 1400 ～ 1600h，实测日照百分率 52% ～ 61%；江西的年平均光能总辐射能量为 97 ～ 114.5kcal/cm^2，4 ～ 11 月约占年总能量的 78%。上述自然条件在华南地区更为优越。但同时这些地区夏季暴雨和台风的袭击频仍，常对大池开放培养生产造成中断和破坏。鉴于以上情况，作者认为，无论在我国南北方，采取透光覆盖保护措施，对于延长培养藻的生产期，不失为是最基本的举措。

温度对于藻细胞的光合作用和代谢活性乃至生物产量的影响作用，基本上可以从两种意义上进行解释。一是温度对于藻细胞光合作用和代谢活动反应速度的影响。温度是能量的加速，它使分子、原子和质粒的碰撞反应的频率增加。藻细胞的光合作用也跟大多数化学反应相类似。只不过它是一种由光子或量子（光能）驱动的生物化学反应过程。在环境温度很高的情况下，光子能量可以得到节省，从而带着更多的能量直接参加光合作用的过程，使光合反应的效率得到提高；二是对于藻细胞代谢、营养需求和细胞成分的影响。从螺旋藻生理限度以内的积极意义上来说，最佳环境温度最能充分激活细胞能量和促进多方面调节机制的发挥，如各种酶的反应，细胞渗透性和与细胞的物质交换等，这对于完善光合反应过程，增加生物量的贮积，具有显著的效果。

但从负面来看，过高的温度会对藻的生物产量造成不良后果。其中最主要的是对于暗呼吸作用的影响。由于喜温微藻的呼吸作用的速率，亦随温度的升高而呈线性增长。因此，环境温度过高，尤其是在夜间液温居高不下的情况下，由于藻细胞的呼吸作用旺盛，对于白天获得的光合产物糖的动用与消耗也增多。于是发生细胞库内生物质贮积量的显著下降。此外，过高的温度势必对于藻细胞的蛋白质结构造成损伤，从而导致营养物与酶的调节机制的亲和性改变，使得细胞的大分子成分，如类脂、脂肪酸以及藻胆蛋白与叶绿素 a 的比率等发生改变。据测定，培养液温度在 40℃时，藻体的蛋白质含量显著下降（22%），类脂含量则相对增加（43%），碳水化合物的含量亦相对提高（30%）。这一事实说明，控制逆境温度的发生，对于藻的生物量生产同样十分重要。

在实际的大池生产培养过程中，对于光合作用最佳温度与光照强度的配合调控，是实现最佳生物产量的技术关键。在低光照强度［42 ～ 99μE/（m^2·s），即相当于 2100 ～ 4950lx］和低温（＜ 23℃）的环境条件和季节中，光合速率随温度的增加而提高，而在高温（33 ～ 37℃）季节或环境条件中，光合速率则随光强的增加而提高。然而，40℃已是光合作用的温度上限，在达到这一高温阈值时，藻细胞光合产物的贮积只作为自身呼吸作用消耗的补偿。在不同季节的温度条件下，尤其是在某一低温水平时，藻的生长速度随有限度的光强增强而明显增快；但在光强超过某一限值时，藻的生长立刻出现下降。如在日温低至 7℃时，5000lx 的光强就能使藻的生长发生阻抑；50 000lx 时，藻细胞脱色和光解体发生。

在大池生产培养管理上，藻细胞颜色的深浅变化可以作为判别光照强度的一项依据。一般在营养物不是生长限制因素时，低光照下生长培养的悬浮藻体呈深青色，在强光照条件下，藻体颜色常呈淡绿或黄绿。这种变色现象尤其多见于不利的气温条件下，由强光照引起的光抑制和光氧化。如在 6℃时 2000lx 光照，15℃时 25 000lx 光照，25℃时 50 000lx 光照常会引致藻细胞褪色现象的发生。

对于光照与温度的最佳配合，比较可靠的测定办法是培养液的氧浓度监测显示。液温在藻生长的下限值（12℃）以上，温度每提高一个量值，光合放氧（溶解氧）亦相应增加一个浓度量级；同样，在一定的温度水平，光照强度每提高一个量度，光合放氧亦提高一个浓度量级（表 6.3）。

表 6.3　温度与光照对于螺旋藻（*S. platensis*）生长速率（光合放氧）的影响

温度（℃）	光照（klx）					
	0 ～ 5	5 ～ 20	20 ～ 40	40 ～ 60	60 ～ 80	80 ～ 100
0 ～ 6	71					
6 ～ 18	87	96	109	115	145	
18 ～ 24	88	101	113	122	140	157
24 ～ 30	94	108	120	131	142	187
30 ～ 36	107		125	135	155	208

注：以上记录是下午 1:00 以前每小时观察记载的平均值

显然，在夏季高温（36℃）情况下，藻的光合速率与生物产量主要与光强密切相关，即高温与高光照获得高产率。在早春与秋冬低温季节进行藻的生产培养时，光合反应发生的一般规律是：每日光合反应（溶解氧）的高峰，形成于将近最高液温前与最大光照开始衰减时。因此在大面积生产上，在寒凉季节地区对于温度和光照的调控，主要是通过建立温室进行，露天开放式是不可能做到的。上述对环境温度和光照的调控，固然是促进藻生物产量的一个基本做法，但真正要能发挥藻的潜力产量，还需选用适合当地气温光照条件的高产率藻株。

在螺旋藻的生物性状中，对于温度的适应性有较大的变幅。因此可以通过驯化培养和选育藻种使它在这方面的性状发生改变。从 1983 ～ 1986 年，农业部螺旋藻课题协作组对收集的 Sp.A，Sp.B，Sp.C，Sp.E，Sp.F 和 Sp.D 进行了多点驯化培养，获得了能基本适应我国亚热带气候生长条件的株系。各藻株的最适生长温度均以 32℃为最佳。据江苏省农科院对上述藻株观察，以 OD_{560nm}0.2 的浓度接种，在 5000lx 光照下，连续培养 18h 测定生物量，6 个藻株在不同温度条件下，藻的比生长速率的变化趋势基本相同（图 6.5），即均以 32℃时的比生长速率最高，其次分别为 35℃和 25℃，以 20℃时的比生长速率最低。试验数据的生物学统计表明，各藻株在不同温度条件下的生长差异达到极显著。以 Sp.A 为例，32℃时的比生长速率与 35℃、25℃和 20℃相比，分别提高 12.9%，43.3% 和 190%。显然，这种较低温度适生的藻株，适合我国华东、华中和华北地区夏秋季室外培养生产应用；在华南的夏季高温地区，还是应用适生于 35℃的高温藻株为好。

Sorokin 等根据封闭式管道培养生产需要，培育出两种不同适温螺旋藻株系，即较低温株和耐高温株。当培养藻同时处在最佳光饱和强度和 25℃的温度作用下，藻的生长、呼吸作用和光合作用的速率表现是：高温株接近或略高于低温株；然而，当它们达到各自的最佳生长温度后，低温株 24 小时的细胞物质增长率仅提高 2 倍，而高温株则提高 9 倍多；高温株的光合速率在光饱和水平时，比低温藻株高出 4 倍，在半饱和光照时也比低温株提高 3 ～ 6 倍。说明了高温藻株能充分利用高光能水平，藻的光合效率和生物产率潜力水平能获得较好的发挥。高温株系对于在夏季时进行生物量生产具有很大的优越性，但在秋冬季低温气候中则不然。这时应用低温株系效率会更高。因此，选育不同类

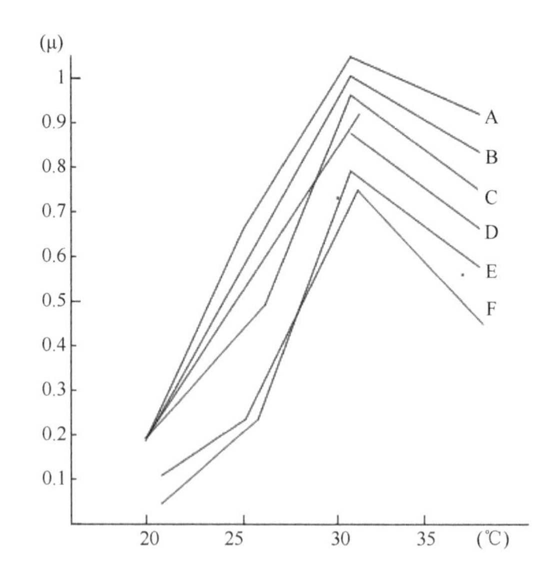

图 6.5　各藻株在不同温度下的比生长速率

型能对付季节性温度变化的藻株进行生产，是获取藻的高产率的重要措施。当然，如对池液采取引进温水或采用封闭系统来进行培养，使池液达到最佳适生温度也许是更实际可行的办法。

6.3　控制培养液的溶解氧

氧含量经常是检测藻池培养液的一个基本参数。了解和掌握培养液中氧的溶解度，尤其是氧在水体中的动态变化，对于螺旋藻在培养液中的光合作用程度与生长规律及其生理学变化具有重要的意义。

众所周知，空气中约含有 20.95% 的氧气，78.03% 的氮气，0.034% 的二氧化碳，以及百分含量极小的其他气体。从化学性质上说，氧气比氮气活泼，更易溶解于水。在从空气直接溶入水的气体中，氧的数量约占 35%，其余主要是氮气。用一种简明的方式表达：当某种水溶液与具有氧分压（pO_2）的空气相接触，将会达到某种平衡。这时，水溶液中的氧分压（$pO_{2水}$）相等于气相中的氧分压，$pO_{2（水）}=pO_{2（气）}$。这一平衡关系式不受溶液的温度和盐浓度的影响。

来自大气的溶解氧对于所有依靠氧呼吸进行代谢的水生生物来说是重要的生命物质。然而，螺旋藻细胞在光合作用过程中，具有很强的产氧能力，光合作用愈是旺盛进行，释放的氧气愈多（生产大池一般发生在晴天上午 7:30 ～ 9:30），在这一时间段，微藻细胞生物质的积累成正效应。

然而，随着光合作用的持续进行，藻细胞产出的氧（大部分）在盐离子浓度很高的培养液中极易发生溶解并蓄积；这种情况如发生在全封闭管道式的反应器中，氧浓度的蓄积更为严重。当这些溶解氧在达到一定的浓度时（＞ 20mg/L），如若对于生产大池管理不周，此时藻细胞的微生态环境很快发生变化，光合反应趋于停止（生产大池一般发生在晴天上午 11:30 以后，直至下午 5:30），而光呼吸作用相应发生，于是开始了对于被固定的二氧化碳的逆转释放和对于生物质潜能的消耗。

这里要从光合作用的机制说起：绿色植物的细胞中叶绿体是光合作用的“发动机”，其中最主要的辅酶是磷酸核酮糖（RuBP）羧化酶（Rubisco）。20 世纪 70 年代生物科学家的一个重大发现——Rubisco 是一种双功能酶。它在光合反应中当 $pCO_2 > pO_2$ 时，它亲和高浓度的 CO_2，催化 RuBP 的羧化反应，实现光合作用的有效积累：而在 $pO_2 > pCO_2$ 时，它就去亲和高浓度的 O_2，即起到加氧酶的作用，这个反应发生时，藻细胞就失去了净碳固定。

一座管理良好的藻生产大池系统，在微藻螺旋藻的生长培养过程中，当藻细胞处于指数生长期和线性生长期，此时氧的释放尤为猛烈。经测试，每生成 10kg（干重）生物量的同时，藻细胞释放的氧气达到 13.4kg。

水溶液的氧含量可以用溶解氧（DO）的重量单位表达，即每单位容积中之毫克数（mg/L）或以饱和百分度来表示氧分压 pO_2 的测定值，即是氧在水溶液中的活性度。在天然池沼中，生物在光合作用中产生的 O_2 常常为其他嗜氧性异养型微生物利用消耗掉，一般不易发生氧的过度溶融。但在单纯螺旋藻（monoculture）的“干净”培养液中，藻群体在优化平衡配制的盐离子营养液中呈稠密生长。藻细胞在进行旺盛光合作用中，释放大量的氧气。氧分子在培养液中大量溶解，甚至可以达到记录最高浓度 35mg/L，DO 饱和度达到 400%。在螺旋藻的大池生产培养过程中，当温度与光照达到较高的阈值时，如果对于池液的搅动达不到一定的速率（40 ～ 50cm/s），溶解氧常常蓄积达到 300%，甚至达到 400% 的超饱和度。这时通常可以观察到藻的光合作用停止（无氧气小气泡密集释放），生长明显受到抑制。

高浓度活性氧对于微藻生长的抑制作用，国外已有不少研究报道。农牧渔业部螺旋藻协作组和江西省农业科学院科技情报研究所（1985）曾以小球藻培养试验，当培养液的氧压从 1/50 增加到 1atm 时，光合作用的效率即见显著下降。农牧渔业部螺旋藻协作组和江西省农业科学院科技情报研究所（1985）观察到，以高浓度的氧气进行藻类培养，获得的藻产率比以空气与 CO_2 的混合气体培养，或以 CO_2 与氮气混合气培养的产率要低许多。倘若在上述培养条件下，各使光照强度提高一倍，所获得的藻的产率前者更远不如后两者。说明了活性 O_2 对于生物的光合作用具有严重的阻抑作用。在试验条件下，当螺旋藻处在生理光照强度和温度下，当培养液中的 O_2 浓度接于零时，光合反应速率可以提高 14%；而当培养液处于 100% O_2 饱和度时，光合反应速率减少 35%。所以在实际的培养技术制式中，一般如能做到控制 O_2 浓度不超过空气饱和度的 50%，对于藻的生物量生产已较为理想。

6.3.1　活性氧的氧毒性

Richmond（1999）提出，在超饱和氧发生时，大量的活性氧对于生物细胞会产生某种毒性作用。对于这一观点，当时许多人都觉得不可思议。随着当代生物化学的发展，生物体中的自由基，尤其是超氧化物离子，如 $O^-_2\cdot$ 对于生物细胞的攻击性伤害作用愈来愈受到重视。一般来说，需氧型微生物、动物和植物，在正常大气压水平的氧气环境中生活，皆有精密的防卫系统，能足以抵御活性氧的毒害作用。但随着细胞周围和细胞内氧的蓄积，活性氧也随之增多，于是这种防卫系统（或者称缓冲系统）便会被击溃。Richmond（1999）利用一架特制的质谱仪，直接扫描了藻的悬浮细胞的气体成分变化，发现了 O_2 与 CO_2 直接竞争光合作用产生的还原剂，这仅仅是活性氧表现为进攻性的一个方面。此外，防卫系统在通常情况下之所以能容许生物细胞在一定氧浓度的范围内生活，是因为这时的氧与有机物质作用发生的放热反应，在常温下不会达到可以被测量的速率。氧分子的这种低反应活性在于其原子结构上特殊的电子排列，由于这种排列产生了一种很有束缚力的“自旋限制作用”。因此在一般的情形下，氧分子的反应活性受到了扼制。O_2 的这种自旋限制作用并不妨碍它的二价还原反应。但 O_2 分子在与某种金属离子发生了结合时，这种自旋限制便可被解除，参与这一过程的可以有含 Cu（Ⅱ）、Fe（Ⅱ）或其他金属离子的多种氧化酶。但解除这种自旋限制作用最为普遍的是一价方式的氧还原，即在 O_2 分子上每次加成一个电子，其结果是形成超氧负离子——$O^-_2\cdot$，这是一种直接损害蛋白质、核酸、细胞膜和细胞器的有害物质。这就是氧的毒性作用的祸根。

由 1 个 O_2 分子还原至 $2H_2O$ 需要加成 4 个电子。这种单价方式的氧还原，常引发一系列的中间产物。这些中间产物在性质上都比 O_2 分子来得活泼。于是像过（超）氧化负自由基过氧化氢以及羟基等，都免不了参与细胞内的氧化还原反应过程。这些自由基一俟藻细胞内部的防卫机制变弱时，便对细胞产生严重的伤害作用。

健康正常的藻细胞防御和对抗这些有害自由基的手段是，通过以下 3 种酶类发挥活性作用，即过氧化氢酶类、过氧化物酶类和超（过）氧化物歧化酶（SOD）类。前两者是催化二价还原 H_2O_2。其中，过氧化物酶催化 H_2O_2 去氧化有机物，过氧化氢酶催化反应的电子供体和受体均为 H_2O_2。而 SOD 则专门催化对生物细胞破坏很大的超氧阴离子自由基（$O^-_2\cdot$），使其变成破坏性较小的 H_2O_2。

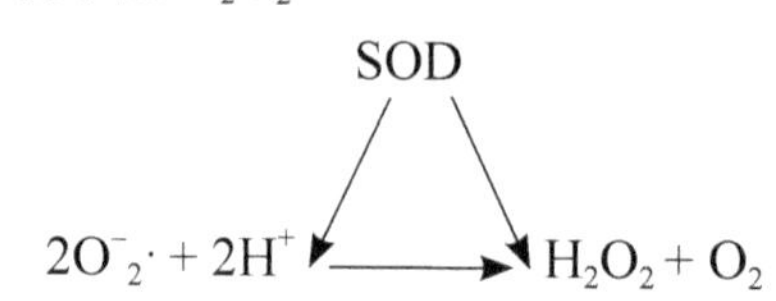

H_2O_2 则在超氧化氢酶的作用下分解成 H_2O 和 O_2。

6.3.2 pH

藻池培养液的 pH，虽然是化学营养物（主要是 $NaHCO_3$ 和 CO_2）含有量的一种参数，但对于螺旋藻的细胞增殖和产率，乃至大规模生产培养却具有很重要的意义。维持培养液的最佳碱盐度（pH），有助于稳定二氧化碳和矿物质营养的溶解度，保证碳源的供给，从而能直接和间接地影响藻的光合作用活性和生长代谢。

螺旋藻生长繁殖适宜的 pH 范围在 9 ～ 10.5 以内，以 9.5 为最佳 pH。这种偏高碱性环境是它在自然生态中生存的基本要求。在人工培养条件下，维持这种高 pH 有两方面明显的好处：首先是空气中的 CO_2 与培养液发生的气体交换，是受气 – 液相界面的气体分压影响的。培养液的 pH 愈高，CO_2 在这种高碱性溶液中的溶解度愈大，于是空气中的 CO_2 向培养液进行扩散溶入的可能性也愈大。其次是，这种高碱性环境对于外来生物具有很强的排制性，这就造成了有利于嗜碱性的螺旋藻保持单种繁殖的生态优势，并可扼制和排除异源生物的侵染。

实际上在大面积生产培养中，藻池中培养液的 pH 一直处于动态变化之中。发生这种变动的主要因素有：培养液化学营养成分的消长，培养液酸碱度缓冲力的变化，CO_2 在溶液中的溶解量，影响 CO_2 溶解度的温度变化，以及藻细胞光合作用活性和代谢活性的变化等。

螺旋藻在仲夏季节的生长繁殖尤其旺盛，由于在活跃的光合作用过程中，藻细胞大量吸收掉 CO_2，使培养液中 OH^- 离子迅速增加，其结果是 pH 每日以 0.1 ～ 0.15 的梯度上升。但在藻的正常生长过程中，当培养液的 pH 上升至 10 ～ 10.5 时，碱度如不再继续上升，这种情况不一定表示藻细胞光合活性的减弱。因为在 pH 达到这一程度时，空气中的 CO_2 即以较快的速率溶入培养液，这可以部分补偿在光合作用中消耗掉的碳。实验观察表明，当培养液的 pH 在 10.5 时，仅从空气中溶入培养液的 CO_2，就可以使培养藻的净产率达到 7g（干重）/（$m^2 \cdot d$）的水平。当然，在实际的大面积生产中，为了追求藻的较高生物产量，连续不断地补充碳资源仍是根本的措施。

碱度不足　在螺旋藻的生产培养初期，由于藻池生态中的离子缓冲系统尚未充分建立，投施到培养液中的大营养成分尚不足以达到藻的近期生长阶段 pH 为 9 的水平；或者在露天培养条件下，由于暴雨骤至，造成池液 pH 低至 8 以下，这时常常会引发异生杂藻如小球藻等的滋生和污染。严重发生时整个藻池数日之内池液会由青绿变成黄绿，终至死亡。用显微镜检查可以观察到其中有大量繁殖的小球藻，有时还伴有其他杂藻、细菌等微生物，甚至还有原虫的侵染。在这种情况下，应当立刻采取措施，迅速消除异源生物。其中最有效的措施是通过添加 Na_2CO_3 或 NaOH 溶液来提高培养液的 pH，促使其碱性度先行调到 pH 10.5 的水平，然后再进一步调高至 11.2，待充分抑杀异生物后，再立即调回到 pH 9.5 ～ 10 的范围。通过实施这一措施后，数日之内即可控制住异源生物的污染，两周后可以基本恢复螺旋藻的单种培养状态。当然，上述办法只是对付因 pH 偏低时发生异生物污染的应急措施。在实际的大面积生产管理程序上，应做到不断调整培养液的 pH，并使其维持在藻的生理安全范围 9 ～ 10.5。

碱度过高　螺旋藻较能适应 pH 的渐进性变化，但不能耐受 pH 的突然改变。螺旋藻培养液发生的 pH 的变化，更多的情况是碱性度严重超过藻的最大生理耐受度，即 pH 超过 11。对于螺旋藻细胞生长的上限值，许多研究人员进行了试验，大部分人的观点认为，pH 控制在 11 以内为安全生长的上限绝对值。但 Richmond（1986）的实验室试验结论则认为，pH 以 10.5 为上限。一旦培养液超过了这一临界点，螺旋藻的生物量立即发生显著下降。国内外试验一致认为，螺旋藻对于高碱性环境的耐受性还是有其临界点的。当 pH 升高到接近 12 时，藻细胞的光合作用活性（以测定培养池的溶解氧分压表明），立刻降到最低水平。其结果是培养藻由青色转为黄绿，培养液产生混浊性泡沫，此时可以从中嗅到腐败气味。用镜检观察，部分藻体发生了死亡分解。在大面积生产培养上，对于这种情况的处理，如属初期阶段，首先应当将培养液的 pH 降下来，即控制在 9 ～ 10.5 的范围内。采取的具体办法可以是：添加磷酸缓冲溶液，或者加强对培养液的 CO_2 注气。使藻细胞尽快恢复自身的调节机制。这样，在短期内即可恢复藻的生物量产出水平。

6.3.3 螺旋藻的最佳营养需求

一切生命形式都是氢、氧、碳、氮、硫、磷、钠、钾等元素作为基本构件成分。其中以碳和氮为最重要的“骨架”元素，两者最终都是通过大气进行循环。植物，包括微藻，通过光合作用和吸氮过程，能直接或间接地从大气中以气体 CO_2 和 N_2 的形式获得这些元素。实现这一过程是以太阳光能为能源，驱动 CO_2 还原生成糖。其间，贮存在光合产物中的化学能再用以转化和固定氮素。在自然状态中，由此而产生生命力，并使生命得以繁衍。但在人类活动中，人们经营各种作物，主要是获取它们的生物量产量，因此而研究和开发各种优化营养配方，用以提高作物的生长潜势，促使作物以比自然生长率高几倍乃至几十倍的产率进行生产。

对于螺旋藻生长繁殖的最佳培养基成分和用量，国内外在近二十多年中已作了广泛的研究和试验。根据螺旋藻的生长繁殖规律和生理生化反应特点，其基本重要的矿物质营养元素不外乎表 6.4 所列范围。按照螺旋藻实际培养需要的浓度用量，可分为：碳、氮、磷、钾、钠、氯、硫、镁等大量营养（macronutrients，以每升克浓度计）和铁、钙、锌、锰等微量营养（micronutrients，以每升毫克浓度计），以及多种稀有元素营养（trace elements，以每升微克、奈克浓度计）。大量营养是营建细胞结构的分子要素，直接影响产量构成；少量和微量营养元素，一般都是作为细胞内大分子成分，如生长素或酶类的组成要素，或者是作为激活某些酶的物质存在。目前在上述营养范围内，国内外微藻专家和开发工作者，大多以 Zarrouk 培养基作为参考标准，根据当地实际化学品原料资源的供应情况，研制出多种较廉价的营养配方，可供实验室培养和大面积生产上推广应用。这些培养基的营养浓度，虽然在各方面都比天然环境的生存条件要高出许多倍，有的成分其浓度甚至是胁迫性的，但仍然是螺旋藻能容受的，而且在实验室和生产培养中表现出很高的产率。

表 6.4　螺旋藻生长繁殖人工培养需要的化学营养成分

元素	提供的化学物形式	浓度
碳（C）	CO_2，HCO_3^-，CO_3^{2-}，有机碳分子	g/L
氮（N）	NO_3^-，NH_4^+，$(NH_2)CO$，N-P-K 复合肥等	g/L
磷（P）	若干种无机盐，磷酸钾或钠盐，钙镁磷肥等	g/L
钾（K）	若干种无机盐，如 KCl，K_2SO_4，K_2HPO_4 等	g/L
钠（Na）	若干种无机盐，如 NaCl，Na_2CO_3，$NaHCO_3$ 等	g/L

续表

元素	提供的化学物形式	浓度
硫（S）	若干种无机盐，如 $MgSO_4·7H_2O$，K_2SO_4 等	g/L
氯（Cl）	以 Na^+，K^+，Ca^{2+}，或 NH_4^+ 盐的化合物投入	g/L
镁（Mg）	若干种无机盐，如 CO_3^{2-}，SO_4^{2-} 或 Cl^- 盐等	mg/L
钙（Ca）	若干种无机盐，如 $CaCO_3$，$CaCl_2·2H_2O$	mg/L
铁（Fe）	$FeSO_4·7H_2O$，$Fe(NH_4)SO_4$ 等	mg/L
硼（B）	H_3BO_4	mg/L
锰（Mn）	$MnCl_2·4H_2O$，或 SO_4^{2-} 盐	mg/L
锌（Zn）	$ZnSO_4·7H_2O$ 或 Cl^- 盐	mg/L
钼（Mo）	MoO_3 或钼酸的 Na^+ 或 NH_4^+ 盐等	μg/L
铜（Cu）	$CuSO_4·5H_2O$ 或 Cl^- 盐	μg/L
钒（V）	NH_4VO_3 或 $Na_3VO_4·16H_2O$	μg/L
镍（Ni）	$NiSO_4·7H_2O$	μg/L
钛（Ti）	$Ti_2(SO_4)_3$	μg/L
钴（Co）	$CO(NO_3)_2·6H_2O$，SO_4^{2-} 或 Cl^- 盐	μg/L
钨（W）	Na_2WO_4	μg/L

在藻的大量培养中，对于培养液营养成分的配制，一般都以高于或适度超过藻细胞生理承受的全价剂量浓度为投放模式。这种全价高浓度的培养基的优点是：可以维持藻的高产率生长繁殖，防止因某种矿物质营养缺乏而影响到整个营养的吸收（即营养学上“桶板”效应）。根据这一原则，在进行大池生产管理中，对于培养液的每一种矿物质营养浓度，都必须经过仔细的化学计量配制。其中有些化学元素还会因培养液温度的变化或其他原因，发生反应常数的改变或沉析。此外，在生产过程中，说不准有时因自然灾害等原因需要暂停操作，或对培养池进行清池作业而需要排放掉池液。在这种情况下，一方面要考虑到较高的营养物配制浓度可以获得较高的产出率，同时亦应考虑到，螺旋藻在商品化生产培养中，投入成本在产品的成本核算中占到很大的比例。因此，出于经济利益的考虑，必须选用简化、优化且获得高产率的配方。

但要想从理论上实现使藻的产量严格符合配制的营养浓度水平，达到投入与产出的完全一致，这在实际生产上是难以做到的。首先是不同藻株对于营养浓度的吸收和转化不一，以致生物产率各有不同。同时，在藻的生长过程中，往往受多种环境因素的影响，如四季和昼夜光照、气温、pH 以及群体密度等的变化。所以，一方面要提高藻在室外环境中的潜在生长势（如采用优良藻株、驯化藻的饱和光强度等）；另一方面，要在藻的旺盛生长过程中，随时对主要几种有生长限定作用的营养物进行定量监测，以保证藻的生长繁殖基本的营养需求。一般作物对于具有限制性营养的反应变化，通常表现在两个方面：一是其最终生物产量的变化，二是在生长发育过程中生物性状和生长速度的变化，以后者的变化最有典型意义。即当生物生长的其他各方面条件不是限制因素时，培养基成分浓度的增加，藻细胞内的生理含量浓度亦相应增多，藻的比生长速率加快，光合产物积累也表现为加快。此时，培养液系统内的营养消耗趋势亦加快，培养液中的矿物质营养最佳浓度范围向高端偏移。在这方面，莫诺（Monod）模式的曲线函数（图 6.6）所描述的营养限制因素模式得到普遍的应用。

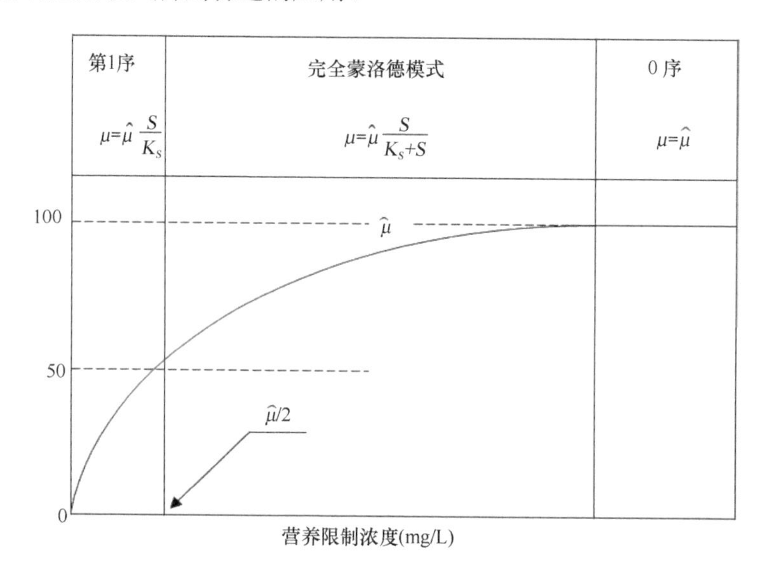

图 6.6　营养限制浓度与比生长速率之间的关系（莫诺模式）

莫诺模式可用下列程式来表示：

$$\mu=\hat{\mu}[S/(K_s+S)] \tag{6.1}$$

其中 μ 是日比生长速率；$\hat{\mu}$是最大比生长速率；S 是营养浓度（mL/L）；K_s 是半饱和系数（$\mu=\hat{\mu}/2$ 时的营养物浓度，mL/L）。当 S 处于低浓度时，莫诺曲线位于第一序程式中。此时比生长速率与浓度之比呈线性增长关系，即

$$\mu=\hat{\mu}\frac{S}{K_s} \tag{6.2}$$

比生长速率达到最大值以后，它与培养液的营养浓度进一步升高表现为不相关，而仅表现为与环境条件，如光照和温度相关。

在水生生物的微生态环境中，经常会因某种矿物质营养的浓度低于最低需求水平，而掣肘藻的生长速度。从藻的商业化生产观点来看，即使是某一种次要营养亦不应该在培养液中发生匮乏。因为只要在营养链上有某一种营养物的断缺，即会影响到藻的总体生物量生长。Healeg 概括了培养藻营养缺乏的 3 种变化模式。第一种变化是，藻细胞光合色素（蛋白）含量的大量减少。而藻色素蛋白减少的主要原因是氮、磷、硫、镁、铁、钾和钼的一种或几种不足或缺乏。如对于螺旋藻具有光合活性的胆素蛋白，在以上营养素出现不足时首先发生显著的减少；第二种变化是，藻细胞的贮存物质，如多糖、类脂乃至贮存蛋白的生成表现为加快，积累相对增加。其中的碳水化合物和类脂会作为过量的光合产物（一种或两者一起）而被积累。第三种变化是，藻细胞蛋白质与核酸的生成

显著减少，其结果是细胞分裂停止，细胞数减少。由此而导致光合合成速率的进一步下降，于是藻的总生物量生长显著下降。因此，在生产管理控制得很好的螺旋藻培养池中，很有必要确定好每一种矿物质营养的最佳浓度范围，或者说基本需求量。最佳浓度通常都是以每单位容量（每升或每立方米水体）培养液中的盐离子浓度数量来表达。当螺旋藻生长的基本营养需求充分得到满足甚至还有一定过量时，这一浓度我们称之为饱和浓度（或者说最佳营养范围的高端）。但在实际的大面积生产上，通常都是将某些重要的大量营养，使其投入浓度控制在接近于藻的生长限制水平（营养范围的低端）。通过持续缓慢地向培养液添加，使营养物与生物产量保持在高报酬的比例水平上。

在藻的培养过程中，如发现营养物的净吸收进入到零的情况时，藻的生物量增长处于停滞。但此时，许多营养元素已在细胞中有所积累，甚至超过了实际的需要量。这意味着在培养液的营养浓度到达最低值时，细胞的正常生长也许可以持续一段时间。当然这是以消耗细胞内的贮存营养为基础的生长，对于总生物量的增长无意义。这一情况说明，藻池的营养供应已到了临界点，必须采取紧急的营养补救措施。为避免这种情况发生，建立对于藻池营养的动态监控系统应是最基本的措施。在这方面，莫诺模式对于 K_s 值的测定，对确定生长培养基中某些重要元素的含量水平很有意义。

6.3.4 氧与氢

氧气和氢气在微生物的培养上通常不作为营养物考虑。这是因为氧与氢广泛存在，一般无须人工添加。然而氧又为所有藻类植物营造细胞结构和代谢活动所需要。细胞中差不多所有反应物和产物都少不了氧；氧又是生物氧化作用中电子的最终接纳者。

藻细胞需要的分子氧能从大气中和周围的微生态环境——水溶液中获得，从水的光解中释出的氧可以被藻细胞直接利用。然而，许多藻类，包括螺旋藻在内，对于氧浓度的升高表现为具有很大的敏感性。高于大气中浓度的氧和持续高温、强光是使藻的光合作用发生抑制的基本原因。尤其是在 CO_2/O_2 的比值很低时，氧浓度相对增加，常常引起光呼吸作用的发生。这就是前文叙述的由于 Calvin-Benson 环中的同一种酶（RuBP 酶），既可作为RuBP羧化酶（与 CO_2 亲和），又可作为RuBP加氧酶（与 O_2 发生亲和）而起作用。前节提到，在培养池中加强对光合作用过程中池液的搅动与促进涡流发生，是克服氧溶解和积聚的较为有效的办法。

螺旋藻的生长活动还需要氢气。除了广泛利用 H_2O 作为 CO_2 光合还原过程中的电子供体以外，藻细胞还能以其氢酶利用分子氢，通过催化下列反应而生成糖分子（CHO_2）。

$$2H_2 + CO_2 \longrightarrow (CH_2O) + H_2O$$

到目前为止，已发现有 50% 的藻类（包括蓝藻）含有这类氢酶。某些藻类还能被“训练”成利用氢（H_2）而不是 H_2O，将 CO_2 还原成糖（CH_2O）。

6.3.5 碳素营养

在螺旋藻的总体物质中，碳素约占到 47%，也就是说，生产 1kg 螺旋藻干物质约需要净消耗 1.8kg CO_2。藻细胞对于碳素的吸收主要是以 CO_2 形式进行的。在自然生态中，部分来源是大气中的 CO_2。大气 CO_2 的含量（在海平面时）仅为 0.033%（当代已上升至 ≥ 0.039%）；此外，水和土壤中的碳酸盐和重碳酸盐也是 CO_2 的重要来源，但它们直接（吸收的 CO_2）或间接（碳酸盐岩的溶解）获得的亦多半来自大气中。在大多数自然生态环境中，藻的生长繁殖由于碳素营养供应不足而受到限制。因此，在人工培养条件下，为维持藻的最佳生长优势，实现藻的最佳生物量生产，就必须做到连续补充供给碳素营养。

近代在微藻生产上已完整提出了“CO_2 施肥”理论，即以高浓度的 CO_2 向培养液注气，并充分对培养液进行搅动以减小藻生长过程中的氧溶解度比值，以及采用低光强照射（限制光呼吸），这就是所谓“CO_2 施肥”。这对于提高微藻植物的生长速率和产量是一项很重要的措施。

在实验室和室内小规模培养条件下，Zarrouk 培养基是公认的最佳配方。其中主要的碳素营养是 $NaHCO_3$，用量为 16.8g/L。显然，这种高含量水平的化学盐分，在藻的大规模生产中构成了很高的投入成本。为此，不少研究工作者对藻培养所能供给的各种无机碳和有机碳源的用量和效果问题进行了比较和研究。

这里，作者着重介绍 CO_2 和 $NaHCO_3$，以及其他重要的碳素营养的供给问题。

6.3.6 二氧化碳

螺旋藻与大多数其他水生藻类不一样，它在自然生态中首先要具有较高的碱性环境，并以此为基础，利用大气中溶入于水的 CO_2。所以在高产率的大池人工培养中，需要在培养液中大量注入 CO_2 或投入 $NaHCO_3$。藻细胞通过光能自养方式利用溶解的 CO_2，或者是 CO_2 的某种水解产物，从而合成自身的碳架有机物。

大多数研究人员认为，在培养液的各种碳素形态中，最容易进入藻细胞的是 CO_2。CO_2 也是唯一能以分子形态，直接在细胞内与二磷酸核酮糖发生缩合反应的气体，并在二磷酸核酮糖羧化酶的催化反应中，产生 2 个磷酸甘油酸分子（PGA），这是光合作用过程中从 CO_2 形成的第一个稳定化合物（3 个碳原子），进一步还原的最终产物即是 6 个碳原子的已糖。

关于 HCO_3^- 离子能否直接被藻细胞吸收的问题，目前在学术上尚未取得一致的意见。有说 HCO_3^- 通过活跃的传输作用，可以进入藻细胞内得到利用；有说 HCO_3^- 必须经过定位于细胞表面或外源的碳酸酐酶的离解催化作用后，变为 CO_2 和 H_2O 始得利用。

Richmond（1999）曾报道说，单细胞蓝藻（*Coccochloris peniocystis*）唯有在碱性环境中才能达到最佳光合效率，其细胞内的碳固定机制，大部分是以进入到细胞内的 HCO_3^- 离子流为基质，而不是 CO_2。这一结论的根据是：在较高碱性度条件下，细胞内的 CO_2 固定速率高于同一时刻细胞外培养液中由 HCO_3^- 自然脱水生成的 CO_2 的 50 倍。显然，只有大量的 HCO_3^- 离子流通过细胞膜而进入到细胞内，才有可能取代细胞内产生的 OH^- 离子，而实现 CO_2 固定。

Richmond（1999）更以令人置信的结果证明：多变鱼腥藻（*Anabaena variabilis*）在细胞内有多量 HCO_3^- 积聚的事实。藻细胞内的无机碳浓度比其培养液高出1000倍。而且细胞内的这种积聚作用一旦受到能量代谢中各种抑制剂的阻抑时，立刻变小。这种形式的无机碳在细胞内的存在，似乎仅仅作为光合作用的一种中间物质。与上述结论意见相反，Richmond（1999）认为，藻细胞在pH 7.4的环境中，虽然皆能利用 CO_2 和 HCO_3^- 作碳源进行光合作用，但它们对于 HCO_3^- 的亲和性低于 CO_2，而且随着pH的提高，对于 HCO_3^- 的亲和性逐渐减小。由此，Tsuzuk推证道：这一结果很明确地解释了藻细胞实际吸收的是 CO_2，而 CO_2 是从 HCO_3^- 经碳酸酐酶（定位于细胞质膜外）的解离作用而获得的。碳酸酐酶控制着进入细胞内的 CO_2，并且在羧化反应的发生场所使 CO_2 得到浓缩。在 CO_2 浓度偏低的情况下，碳酸酐酶表现得异常活跃。

在实践意义上，不论 HCO_3^- 离子的吸收是通过直接途径还是间接途径，总之螺旋藻能以 HCO_3^- 为碳源，且愈在pH 8.3以上时为甚。这一特点使它比之任何其他微藻类都占有优势。

在培养液中，溶解性无机碳的总有效浓度是决定 CO_2 提供能力的最主要因素，可用下式表示

$$C\text{总量} = CO_2\text{（溶解）} + H_2CO_3 + HCO_3^- + CO_3^{2-}$$

其中，无机碳的各种形态和相对浓度，一方面影响到pH的变化，另一方面它又受pH的影响而发生变动。培养液的这一pH缓冲系统，对于螺旋藻生长的碳素供应，具有十分重要的意义。

培养藻在大池培养过程中，能吸收利用一部分大气 CO_2，其吸收过程是：大气 CO_2 气体在（空）气相与（培养）液相界面，因受到水中氢原子和碳原子的微弱的吸引力（这是由于水分子的偶极特性和 CO_2 在水溶液中碳原子的空缺引起的），而成为溶解 CO_2。溶解 CO_2 一部分可以为螺旋藻即刻加以吸收利用，其吸收率的大小则取决于藻的光合反应活性和藻株对于 CO_2 的亲和特性；其余部分的 CO_2 分子与 H_2O 发生反应成为 H_2CO_3 形式。上述这种吸收与反应取决于培养液中pH的偏向。在pH升高时，溶液中之 H_2CO_3 分解为 HCO_3^- 和 H^+；而 HCO_3^- 在一定情况下随时可能分解为 CO_2 或 CO_3^{2-} 离子形式。反应的动态变化见下式

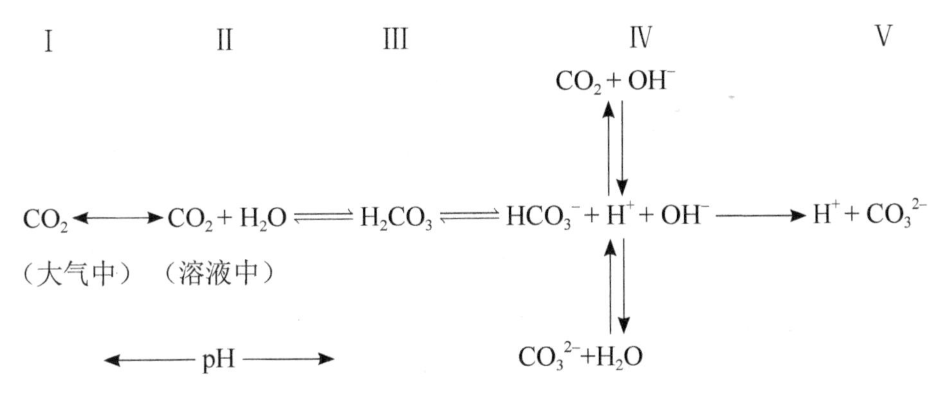

上述反应过程的特点是：①各阶段反应均处于可逆性变化状态；②在螺旋藻进行生长繁殖时，培养液中的 CO_2 不断被吸收掉，造成 OH^- 离子浓度相对增加，从而使溶液的 pH 值升高。③碳酸盐系统通过下述互相转化而源源不断地提供 CO_2。

$$2HCO_3^- \longleftrightarrow CO_3^{2-} + H_2O + CO_2$$

$$HCO_3^- \longleftrightarrow CO_2 + OH^-$$

$$CO_3^{2-} + H_2O \longleftrightarrow CO_2 + 2OH^-$$

当培养液处于或接近于大气 CO_2 的平衡点时，pH 为 8 ～ 8.5。这时溶液中 H_2CO_3 和 HCO_3^- 是主要的存在形态。在这一碱性度范围内，既有 $H_2CO_3 \longrightarrow CO_2$（溶解）$+H_2O$ 的反应发生，也有 $HCO_3^- \longrightarrow CO_2 + OH^-$ 在起反应作用。在上述反应中，CO_2 被螺旋藻迅速吸收消耗。相应地 OH^- 离子被游离出来，使培养液的 pH 值升高。

螺旋藻培养液的缓冲系统有两种情况经常会发生：一种是在培养藻生长前期，未形成一定的群体密度时，溶液的 pH 接近或达到 8，此时反应式 $H_2CO_3 \longrightarrow CO_2$（溶解气体）$+H_2O$ 占主导地位；另一种情况是在螺旋藻旺盛生长时（OD=0.4），CO_2 被大量吸收消耗，OH^- 离子积聚很多，pH 接近或达到 10，此时，反应式 $HCO_3^- \longrightarrow CO_2 + OH^-$ 在起主导作用。紧随这一阶段，随着 CO_2 的继续吸收消耗和 OH^- 离子的增加，pH 上升到 10，甚至达到 11，这时，在培养液中，HCO_3^- 成为主要的无机碳供应态，它通过水合作用而转化为 CO_2，即 $HCO_3^- + H_2O = CO_2 + 2OH^-$。

幸运的是在藻的旺盛生长活动中，以 H_2CO_3-HCO_3^--CO_2 为缓冲系统的培养液，其中的无机碳只有一部分被转化为 CO_2 而被藻细胞所吸收。假若所有的 HCO_3^- 和 CO_3^{2-} 都被转化成 CO_2 和 OH^-，那么 pH 就将达到 14。

前文已介绍，当 pH 上升到 10 ～ 11 时，对于藻细胞生长的抑制作用立刻发生。因此，在到达这一 pH 范围时，纵然再有无机碳转化出 CO_2，但此时此刻藻细胞已是“食欲废止”。由此可见，培养液内的微生态环境，在一定程度上维持了 pH 在 11 以下。因此，培养液中的无机盐总量，实际上只有约 50% 以 CO_2 的形式被利用。

这里还应该注意的是，无机碳在水中的化学反应也有很大的差别。如离子化反应：

$$CO_3^{2-} + H^+ \longrightarrow HCO_3^-$$

$$HCO_3^- + H^+ \longrightarrow H_2CO_3$$

这两步反应基本上是在瞬时完成的。而从 H_2CO_3 脱水变成 CO_2 却相对来说甚为缓慢：

$$H_2CO_3 \xrightarrow{H_2CO_3\text{ 水解酶}} H_2O + CO_2\text{（水溶）}$$

在藻的大生物量生产培养过程中，尤其是以廉价低浓度碳酸氢盐为培养基配方时，一方面要使培养液的 pH 值维持在最佳范围内，而同时又要防止碳素营养的枯竭。为达到这一效果，最佳方案是连续添加的办法，向培养液补充 CO_2 气体或是 $NaHCO_3$。

在螺旋藻培养液中补充的碳酸氢盐，等于是在以上反应式Ⅴ中增加了碳资源贮备。碳酸氢盐一旦进入到溶液中，即刻离子化分解为 H^+ 和 CO_3^{2-}。由于螺旋藻在旺盛的生长繁殖过程中，迅速从反应式Ⅱ和Ⅳ中吸收 CO_2，从而促使反应式Ⅴ中 CO_3^{2-} 离子发生逆转，与 H^+ 结合形成 HCO_3^-，进而又可分解为 CO_2 和 OH^-。这样，使 CO_2 源得以供应。

在培养液中，溶解的 CO_2 含量与藻细胞的吸收、培养液温度、pH 以及大气 CO_2 的分压之间的关系是复杂多变的（图 6.7）。在实际的生产中很难做到精确的量化控制。一般在大池生产管理上，根据藻群体的生长情况和 pH 的变化来判断培养液中 CO_2 的实际含量。在藻细胞旺盛生长时，随着 CO_2 的消耗加快，从培养液中和从碳酸氢盐转化的 CO_2 补充也加快。此时的 pH 度约在 8.5 ～ 9.5。若检测发现培养液的 pH 上升到 10 时，我们可以判定，此时培养液中的 CO_2 消耗量已远超过了缓冲系统的供应能力。在这时如补充 CO_2（CO_2 气体或 $NaHCO_3$），培养液的 pH 随即趋向降低，藻细胞获得的 CO_2 绝对值亦迅速增高。

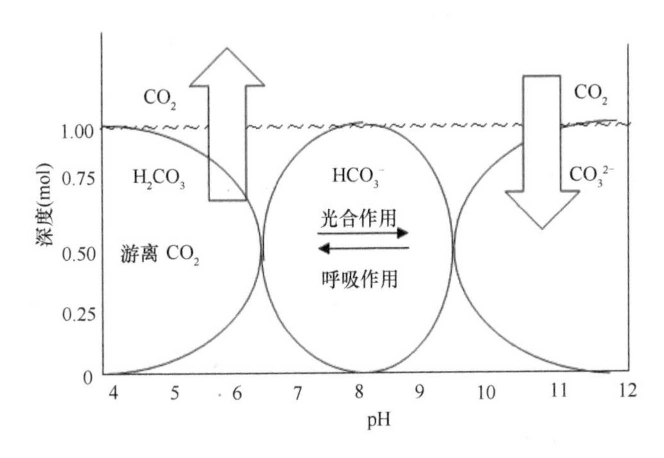

图 6.7　pH 在光合作用与呼吸作用中，培养液的无机碳以及气液相界面 CO_2 的交换趋向

气体的逃逸损失尤其发生在池液温度较高时。据 Fox（1996）的观察研究，当池液温度在 25 ～ 30℃，pH 9.5，CO_2 如维持在极限浓度 1.5mmol/L，则从池液中逃逸的 CO_2 将以 7mmol/（m^2·min）的速率损失掉。这就是说，每平方米池面积的培养液在白天 10h（光合作用期）内，CO_2 的挥发损失量将高达 184g。假若在同一时间内（10h），螺旋藻的产率为 25g/（m^2·d），即相等于 CO_2 的有效消耗值约 1mol/［44g/（m^2·d）］。这样，每平方米池面积的培养藻全天（10h）CO_2 的总消耗量即达到 228g。在这种情形下 CO_2 的有效利用率只有 19%；在同样的温度条件下，如培养液的 CO_2 浓度维持 0.20mmol/L，则每平方米池面积 CO_2 的逃逸损失量（10h）仅为 21g，这样 CO_2 的有效利用率可以达到 68%。根据这一原理，高产率大池的 CO_2 使用浓度如控制在（44g+21g）/（m^2·d）的水平，那么，以 20mL/（L·h）的 CO_2 气体的注入速率，已是极大浓度了。

在同样的温度条件下，我们如对培养液完全不予补充 CO_2，而只是让它依靠大气中 CO_2 向培养池自然扩散溶解去获得。在这种情况下，培养液每分钟获得的 CO_2 扩散浓度仅为 0.04 ～ 0.05mmol（约 1.76 ～ 2.20mg）/m^2，或者以 10h 计算，每平方米仅获得 1.0 ～ 1.3g 的 CO_2。显然，依赖这一点数量远远不敷藻的密集化大生物量生产的需要。

既然大气中的 CO_2 与藻池培养液的交换扩散率太低，我们在大规模工业化生产培养上，唯一可行的办法是人工投注工业（液态）CO_2 气或投施 $NaHCO_3$ 盐，以充分供给藻细胞生长需要的碳素。

关于 CO_2 的吸收利用率，笔者所在的原农业部课题组曾做过两次大池培养 CO_2 吸收试验：培养池面积为 $210m^2$，使用钢瓶装 CO_2 供气。注气速率 250mL/min，使培养液 pH 控制在 9.0 ～ 9.5。结果表明，当培养液中初始总碳浓度分别以 0.03 ～ 0.06mol/L，0.07 ～ 0.10 mol/L 和 0.12 ～ 0.16mol/L 投注时，CO_2 的吸收率为 71.7%，82.0%，85.1%。CO_2 被吸收的平均利用率 87.6%。螺旋藻生物量的干物质产量对于 CO_2 的得率系数为 0.43，即相当于生产 1t 螺旋藻干粉消耗 CO_2 1.92t。

在螺旋藻的生产培养上，国内外对于各种碳资源的利用与制取，曾作了诸多的研究。其中以印度中央食品技术研究所研制试用的“农村废弃物发酵法”生产 CO_2 和法国洛魁德实验室 R. D. Fox 在多哥共和国试验推广的农副产品废弃物的生物产气法，对于乡村水平的螺旋藻生产培养，具有因地制宜和成本低廉的推广意义。

为要做到降低藻的生产成本，普遍的做法是应用廉价的 CO_2 资源，如工业燃烧气体和工业发酵气体。例如，乙醇是农产品工业发酵的重要产品，而大量的副产品 CO_2 气正可以作为微藻培养很理想的碳素资源。这类 CO_2 废气的优点是无须经过纯化处理，不含有毒性物质。此外，诸如火力发电厂、钢铁厂和化肥厂等工业 CO_2 废气也是重要的碳素资源。但不论 CO_2 取自何种资源，基本的要求是必须纯净、无毒性物，尤其是应用于食品、医药级螺旋藻原粉的生产时，要保证 CO_2 的高质量供应。

对于我国中小型螺旋藻厂家，旨在生产高品味的螺旋藻产品，除了利用现有条件自行制备 CO_2 气体使用以外，选用商品的液态 CO_2（以加压钢瓶灌装），亦不失为经济适宜的办法。这种液态 CO_2，国内许多城市的工业厂家皆有生产销售。每个钢瓶的规格一般为 $0.04m^3$，实际充装容量可达 35L（31℃时 CO_2 的液态瓶内压力为 $78kg/cm^2$）。1L 液态 CO_2 约重 1.14kg，每升约可释放 580L CO_2 气体。

一座 $5000m^2$ 的螺旋藻生产系统，池液深 0.18m，总水体量为 $900m^3$，即 $9×10^5L$ 培养液。按二氧化碳的注气速率 18.3mL/（L·h）［64.7g CO_2/（m^2·d），相当于产率 36g（干重）/（m^2·d）的碳素需要量］计算，即使在每日 10h 连续供气的情况下，需要液态 CO_2 总量约 284L，即每日约需消耗 8.12 个钢瓶量（国内现行价格是每个充装瓶 40 元左右）。

但在螺旋藻的更大规模（2 万 m^2 以上）工业化生产上，如仍采用这种钢瓶供气的办法，未免在经济上不十分合算，操作上也不方便。因为较多数量的钢瓶将带来运输和作业上的困难。因此建议使用液态 CO_2 大槽罐（每个大槽罐可充装 10t 的液态 CO_2）和使用专用槽车运输。这样，运输和供气效率可以大大提高。

控制二氧化碳投注量 对于培养液 CO_2 的投注量，大池生产一般以考量培养液中每单位水体的总碳素浓度达到藻生物质产出量的 2 ～ 3 倍为宜。超出螺旋藻的生理利用范围愈远，投注量愈多，造成的 CO_2 气体逃逸损失量也愈大。一般不以极限最高浓度 1.5mmol CO_2（=66mg）/L 为实际的使用浓度，而是以 0.25mmol（=11mg）/L 为实际使用浓度。

CO_2 的注气方法在藻的工业化生产上十分重要。推荐的办法通常都以 100% CO_2 气体注气的方式，这样可以减少能量的消耗损失。以 CO_2 增浓的空气注入法虽然实验室培养也有采用，但因通气量较大，需要消耗较多的能源，生产上很少采用。

如采取间歇式注气，每日供气 5h，以低碳酸氢盐作为补充碳源，每日约有 4 个钢瓶量，即可充分满足藻生长对于 CO_2 的需要，且可获得很高的生物产率。

大池 CO_2 的注气管道，一般敷设于培养池液层底部，其气体扩散器可通过调节开关按照上述速率将 CO_2 释放于培养液中。本书第 3 章介绍的 CO_2 增溶罩，是提高 CO_2 气体的溶解量、减少气体逸散损失和促进藻细胞有效吸收 CO_2 的一个最新措施。增溶罩与藻池面积之比一般以 1 ：（25 ～ 30）较为适宜。

螺旋藻生产大池在临近傍晚时，光合作用即将停止，CO_2 气体供应已无必要。但从傍晚至翌晨这段时间内，培养液中 CO_2 的含量水平却能自行保持平衡。据观察，在培养藻的群体密度达到 OD_{560nm}0.75 时，落日后池液中的碳酸盐离子浓度立刻上升，并能达到 2.1 ～ 2.3mmol 的稳定浓度，检测此时的 pH 约为 8.2。这一碳酸盐离子浓度与碱性度可一直维持到翌晨日出后。培养液在夜间的这种变化规律表明：培养藻在静止期间（即光合作用停止，搅动系统关闭），CO_2 既未获得添加，也未被吸收消耗，而是处在化学上碳酸盐离子的均衡状态。

然而，碳酸盐的总浓度水平在清晨前还是比昨日落日时要高。这或许是因为，在夜间最初几小时中，培养液的碳酸盐离子水平得到恢复而升高。这种现象符合于藻细胞的分裂生长时间（19:00 ～ 21:00）。由于藻细胞在分裂生长时，呼吸和代谢活动显著加强，CO_2 的释放增多，从而推动缓冲系统中碳酸盐离子浓度的升高。

据试验观察，池液中的 CO_2 在夜间同样会因逸散而损失。为减少这种损失，在生产培养上，可以采取上午推迟 CO_2 供气和下午提早结束注气的办法。这样做的好处是，下午较早结束注气可使培养藻以较低浓度的 CO_2 进入夜间代谢活动，于是暗呼吸作用部分地受到抑制，细胞暗呼吸产生的 CO_2 的释放量可以减少；细胞呼吸作用产生的其余部分 CO_2，还可以在清晨几小时被光合作用吸收利用。通过采用这一措施，可以使得培养藻的净生物量积累获得提高。

6.3.7　碳的无机化盐

在螺旋藻的天然生态环境条件中，碳酸氢盐或碳酸盐，是它的基础碳素营养物。同时也是保持培养液一定碱性度和缓冲相的主要化学盐离子来源。

尽管 CO_2 在碳酸氢盐溶液的离子平衡中起到重要的补充作用，但基本的盐离子仍需从碳酸氢盐或碳酸盐，以及培养基的其他盐类中得到。随着藻生物量的不断被收获，培养液中的各种盐离子成分，也因藻细胞的生理性吸收而被大量带走。因此，在螺旋藻的大生物量生产培养中，$NaHCO_3$ 的用量与消耗占很大的比例。

Zarrouk 曾研究了盐浓度对于螺旋藻培养的效果。他报告说，螺旋藻（*Spirulina platensis*）能耐受高达 NaCl 7g/L 至 $NaHCO_3$ 50g/L 的盐浓度，而藻体竟未受可以观察到的伤害。这种耐受性反映了该藻在自然界的栖生能力。同时，螺旋藻生长繁殖的最适碱性度（pH 8.3 ～ 10），也反映了它不同于其他微藻的特性。

国内外研究一致认为，$NaHCO_3$ 0.2mol（16.8g）/L，确然是螺旋藻生长培养基的最佳配制浓度，因此而作为公认的配方标准。这一浓度能使培养液形成最好的缓冲相和能持续提供足量的 CO_2。日本 DIC 公司在泰国曼谷的生产基地和美国 EARTHRISE 公司等的大规模养殖生产，均采用了这一 $NaHCO_3$ 的高投入量制式。但据印 - 德藻类工程专家组和我国农业部螺旋藻协作组研究表明，培养液的 $NaHCO_3$ 浓度甚至在大幅度减少到 0.05mol（4.2g）/L，亦不至于对藻细胞的生长繁殖产生明显的限制。只要这一浓度能得到连续补充和维持，藻的生物产量，甚至可与标准浓度碳酸氢盐的培养藻产量相当。据印度中央食品技术研究所 L. V. Venkataraman 博士等多年培养试验，这种低浓度的 $NaHCO_3$ 使用量，除了较易遭受异源杂藻和其他生物的侵染外，最主要的优点是可以大幅度降低投入成本。同时，这种低盐浓度还使得培养藻在采收过程中减少了藻泥淋洗的次数和用水量，从而较多地节省了能源和成本。更重要的是提升了藻产品的品质和风味，受到加工产品制造商和消费者的欢迎。

在实际的微藻生产中，$NaHCO_3$ 的配制浓度是以化学计量方式进行补充的。这就是说，添加量限定在补足因藻生物量采收而带走的培养基营养物质部分。总的原则是，要保持在藻池培养液中任何时刻营养浓度的一致性。这一点对于低浓度碳酸氢盐的培养藻，在采收时滤液的回收利用和进行连续培养的工业化生产系统来说，具有很重要的经济意义。

前文说到，高剂量浓度碳酸氢钠盐，具有保持单种培养和维持高水平碳素供应的优越性。试验证明，采取中高浓度（6 ～ 10g/L）$NaHCO_3$ 进行培养，是值得推荐的一种模式。这一浓度较易调节 pH，可以做到有效控制异源生物的污染和维持培养藻的单一生长优势，并可获得理想之生物产量。但考虑到在实际进行的螺旋藻大面积生产中，CO_2 在低浓度水平时的利用率可高达 70%，高浓度水平反而会发生气体的严重逃逸损失。所以一般厂家都倾向于低浓度（4.5 ～ 6g/L）$NaHCO_3$，同时采取 CO_2 加注以及连续补充其他主要营养物的生产模式。

江西农业大学植物生理教研组试验了各种低浓度 $NaHCO_3$ 对于螺旋藻生物产量之效果（表 6.5）。当培养液（不加注 CO_2 气体）的 $NaHCO_3$ 浓度在 4.5g/L、3.5g/L 和 2.5g/L 水平时，螺旋藻在培养 7d 后各组的生物量相近，差异不显著；但当用量低至 2g/L 和 1g/L 时，生物量显著下降。

表 6.5　不同 $NaHCO_3$ 浓度对于螺旋藻的生物量效果

$NaHCO_3$（g/L）	平均生物量（$\overline{X}$）每升藻液中藻干重（mg）	差异显著性	
		0.05	0.01
4.50	729.70	a	A
3.50	726.30	a	A
2.50	710.00	a	A
2.00	586.70	b	B
1.00	541.30	c	B

注：培养温度 28 ～ 31℃，自然光照之光强 15klx，3 次重复，生长 7d 后培养藻之平均生物量

又据江苏省农业科学院土肥研究所研究人员试验，培养液中 $NaHCO_3$ 若以 4g/L 的用量水平配制，在藻细胞生长繁殖的 12 天中，HCO_3^- 含量由开始时的 0.2254% 下降到 0.029%；CO_3^{2-} 含量由 0.944% 上升到 0.2155%。在采取连续补料的情况下，使培养液保持 4g $NaHCO_3$/L 的低浓度水平，碳素的利用率可达到 55.7%。

在连续培养期间，对于 $NaHCO_3$ 含量的变化，可通过 pH 仪，或碳酸根离子传感器进行动态检测，但最常用的办法是采用双指示剂滴定法取样检测。当检测到培养液中 $NaHCO_3$ 浓度降低至 0.25% 时，需要即刻加以补料。如果在补料后，pH 仍低于 8.3，这时适当加 NaOH，对于提高 pH 和促进 CO_2 的利用具有明显的作用。

根据农业部螺旋藻课题协作组的中试生产计算，在 250m^2 的敞开式培养条件下，培养池以纯 $NaHCO_3$（4.5g/L）为碳素营养投入（未计入大气 CO_2 的扩散值），每生产 1kg 螺旋藻（干）粉，实际需消耗 $NaHCO_3$ 5.07 ～ 5.15kg。如按理论消耗量计算，1kg 螺旋藻（干）粉产量需要 $NaHCO_3$ 3.30kg。因此，在管理较好的大池生产中，投入的碳素营养实际利用率可达到 65%。

虽然在螺旋藻生产培养上，一般都以 $NaHCO_3$ 为基础性碳素营养。但无论是国际国内，食品级 $NaHCO_3$ 的价格在不断上扬。因此一些研究单位和螺旋藻生产厂家，改用 Na_2CO_3 进行培养和生产，以取代价格高出一筹的 $NaHCO_3$，使该项生产成本可以减少一半。Na_2CO_3 的用量也以 4g/L 较为适宜。但在初期利用 Na_2HCO_3 时，培养液中 CO_2 和 pH 的缓冲系统太弱，而且很容易趋向高碱性度。因此，若使用 Na_2CO_3 为基底碳素，一定要结合使用 CO_2 气体。另据报道，台湾一些螺旋藻企业鉴于 $NaHCO_3$ 进口价格居高，因此在生产上改用 NaOH 取代 $NaHCO_3$，同时注入 CO_2 气体。这样，一方面可以调节 pH，另一方面作为主要的无机碳资源，这对于大幅度降低生产成本不失为是一种有效的措施。

6.3.8　有机碳试用

螺旋藻属于专性光合自养生物，它不能以有机碳化合物作为它专一的碳源生存。但 Ogawa 和 Terui 的生长试验观察到，螺旋藻在光照中，藻细胞对于碳水化合物同样能加以利用。它只是在黑暗条件下，对于培养基含有的有机碳源不能加以利用。并且进一步试验观察到，在螺旋藻的碱性生长培养基中，添加了 0.25% ～ 2.0% 的单糖（葡萄糖）后，能明显促进藻的生长速度。藻细胞在无机碳和有机碳的这种混养性条件下，生物产量比纯自养条件的培养藻提高 2 ～ 3 倍，而且在对数生长期的比生长速率也显著得到提高。

实验证明，以有机碳葡萄糖添加的混养性培养，确能使螺旋藻（*Spirulina platensis*）在线性生长期对于有机碳的吸收利用达到很高的水平。当以 ^{14}C 示踪的葡萄糖加进螺旋藻培养液中，在 80h 内，培养液中这些示踪的葡萄糖全部消失。在这些示踪葡萄糖中，50% 在细胞内被还原利用，成为藻体有机碳；其余部分（31%）在能量代谢中被消耗，并转化为碳酸盐，或以有机副产物（19%）被排泄到培养液中。这一试验结果表明，添加有机碳对于提高螺旋藻的生物产量和减少在常规培养基中 $NaHCO_3$ 的用量，具有积极的意义。

6.4 氮、磷、钾及其他重要营养元素

6.4.1 氮素营养

氮是螺旋藻生长繁殖生命活动最重要的基本营养元素。氮在藻体蛋白质、氨基酸和核酸等生成方面，与碳、氢、氧及其他元素一同起到基本的结构性功能。氮在参与调节细胞代谢的多种特异酶中，亦是重要的组分。在螺旋藻原粉（干重，含水量 4%）中，氮元素占 10.8% ～ 11.5%，由此而构成藻体 67.6% ～ 71.9% 的蛋白质（N×6.25 系数），在藻的化学组分中仅次于碳元素。

螺旋藻虽属于专性光能自养（obligate photoautotrophy）微生物，但它不具备其他蓝藻能从大气氮（N_2）硝化还原生成氨（NH_3）的固氮机制，唯能吸收利用现成的还原态氮硝酸盐或铵盐。在这方面，与大多数高等植物的根及许多分类学上其他属类的蓝藻一样，螺旋藻更倾向于吸收和利用以硝态 NH_3^- 形式提供的氮素。至于这种硝态氮进入到细胞后，最终以何种形式的还原氮 NH_3^+ 或是 NH_2^- 被同化参入细胞物质，迄今尚未有确切的认识。但近代比较普遍的观点是，当氮的氧化形式硝酸盐（NH_3^-）或亚硝酸盐（NH_2^-）被细胞吸收后，必须经过细胞内还原酶的酶促反应，还原成为铵（NH_3^+）才能被同化为细胞的有机分子。过去认为，从硝酸盐到铵（NH_4^+）要经过 4 次还原，其间出现 3 种中间产物。但最新的研究确认，高等植物和藻类对于硝酸盐从硝态还原成铵态（NH_4^+），只需要经由两种酶，即硝酸还原酶（NR）和亚硝酸还原酶（NiR）的催化反应，就可以完成这一还原过程。

$$NH_3^- \xrightarrow[2e^-]{NR} NO_2^- \xrightarrow[6e^-]{NiR} NH_4^+$$

进一步的研究还发现，蓝藻螺旋藻的硝酸还原酶（NR）分布于细胞质中，属于铁氧还蛋白－ NR 这一类型，与含叶绿素的颗粒相关联。NR 的分子量约 7500。这是一种诱导酶，能被底物硝酸盐诱导合成。该酶的活性中心含有钼，铁氧还蛋白（Fd）是还原反应中的电子供体。催化反应的具体过程是

$$NO_3^- + 2fd（还原）+ 2H^+ \longrightarrow NO_3^- + 2fd（氧化）+ H_2O$$

亚硝酸很少发生积累，它很快会被亚硝酸还原酶（NiR）催化并还原成铵（NH_4^+），在此过程中并无任何游离中间产物出现。

$$NO_2^- + 6fd（还原）+ 8H^+ \xrightarrow{NiR} CHNH_2 + 6fd（氧化）+ 2H_2O$$

虽然螺旋藻更倾向于吸收利用硝态氮，但当培养液中同时存在有硝酸盐和铵盐的情况下，藻细胞却是首先吸收利用铵态氮的铵盐，只有待到铵态氮消耗殆尽时，硝态氮才能迅速得以吸收与利用。一般研究者认为，硝酸盐还原的最终产物也是铵（NH_4^+），但培养液中从铵盐解离而来的 NH_4^+ 能首先反馈控制着硝酸盐（NO_3^-）的吸收与还原系统。据 Syrett 试验，在培养藻经历了一段时间的氮饥饿考验后，对于铵离子的吸收表现异常活跃，其吸收速率比在常态氮供应情况下要快 4 ～ 5 倍。可见藻细胞对于 NH_4^+ 的吸收与同

化需要保持在一定的动态水平上。

藻细胞对于铵的同化过程是以消耗内源碳水化合物贮存为代价的。同化的结果是细胞自身有机氮化合物的生成。

在微藻中参与铵离子吸收与同化的酶类有多种，包括谷氨酸脱氢酶（GDH）、谷氨酰胺合成酶（GS）、谷氨酸合成酶（GOGAT）、醇脱氢酶（ADH），以及氨甲酰磷酸合成酶（CAD）等。其中，GDH 催化 NH_4^+ 与 α- 酮戊二酸，生成谷氨酸。

COOH
|
CH_2 + NH_4^+ + NAD(P)H —GDH→ CH_2 + $NAD(P)^+$ + H_2O
|
CH_2
|
CO
|
COOH
α- 酮戊二酸

（生成物：COOH—CH_2—CH_2—$CHNH_2$—COOH，谷氨酸）

长期以来，这一反应被认为是铵（NH_4^+）被同化的主要机制，所生成的谷氨酸则是无机氮转化为有机氮的关键性化合物。于是其他氨基酸类，包括丙氨酸等，被认为是在 GS 的催化下，由谷氨酸借助 ATP 的能量经过加氨生成谷氨酰胺。而后，以谷氨酰胺为基础，再经过酶促的转氨作用，衍生成其他的氨基酸类。

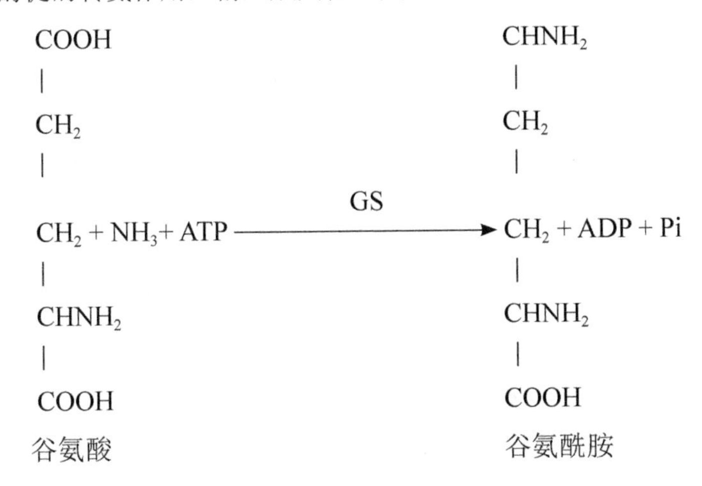

然而，最近二十年来的研究认为，高等植物及蓝藻对于铵（NH_4^+）的吸收与同化存在另外的径路。其中，谷酰胺是铵离子被同化生成的第一个产物。在这一径路中，被结合进谷酰胺中酰胺基的 NH_4^+，随后转换至 α- 酮戊二酸，反应结果生成谷氨酸。这一反应是通过谷酰胺酮戊二酸的氨基转换酶和谷氨酸合成酶的催化发生的。因此认为，谷酰

胺合成酶与谷氨酸合成酶的催化反应是微藻类对于铵吸收同化的主要径路。Stewart 等研究认为，对于大多数不同属类的蓝藻来说，GS 与 GOGAT 催化反应是铵吸收同化的主要路径。

在螺旋藻的生产培养上，缺氮对于藻的生长乃至藻的生物产量是一种致命的威胁。在“氮饥饿”发生时，首先是细胞内降解蛋白酶立刻处于激活状态或被合成出来，以促使藻细胞自身的一种或几种大分子含氮有机物的降解。在蓝藻细胞中，有两种重要的内源性氮贮存物质，可以在缺氧时被消耗利用，以应付生理逆境的变化：一种是蓝藻颗粒体（cyanophycin granule），这是一种多肽物质；另一种是藻蓝蛋白（phycocyanin）。前者是天冬氨酸与精氨酸的共聚物，在氮营养供应正常时，这种多肽颗粒处于相对静止状态，一旦氮源缺乏时，首先对它进行动用与消耗。与此同时，藻细胞的附随性色素—藻蓝蛋白，在细胞受到氮限制时，也会发生较快的降解，以维持藻细胞生命活动的暂时需要。

随着缺氮状态的延续，降解的演进，藻细胞的内源氮库存骤然减少。与此相反，当内源氮素有机物减少时，只要藻的其他生理环境未发生改变，细胞内碳素贮存物即会乘机发生充填性增加。如多糖和脂肪的积累将会显著地增多。这一特性正好被人们利用来有目的地生产藻的多糖类产品。

在“氮饥饿”发生时，藻的内源氮减少也影响到各种还原酶（包括硝酸还原酶 NR 和亚硝酸还原酶 NiR 等的活性降低）；细胞光合色素随着内源氮的消耗减少，导致藻细胞的光合速率也发生下降。此时，如立即恢复对于藻的氮素供应，藻细胞将表现出对于含氮化合物异乎寻常的吸收利用强度。在缺氮过程中消耗的胞内含氮有机物（包括藻蓝蛋白等）也将很快得到再生。

螺旋藻对于无机氮的吸收与同化，与光照也有很大的关系。首先是，光照对于氮化合物能起到直接的光还原作用。这一反应是借助还原剂 NAD(P)H，或还原的铁氧还蛋白进行的。据 Kessler 等研究，光照的作用能影响由铁氧还蛋白催化的亚硝酸还原过程；而且亚硝酸还原所需要的电子约有一半是由光化学反应提供的。其次是，光能促进藻细胞对于氮的吸收与同化，还借助于光合磷酸化作用产生的 ATP 贮存能，促使硝态氮进入到细胞内。但这一活跃机制对于进一步的还原反应却无济于事。ATP 的来源从细胞呼吸过程中也能得到一少部分，但仅靠这一点 ATP，无法保障氮吸收的最大速率。光促进无机氮吸收的第三种作用则更是间接的，即通过光合作用产生的碳素“骨架”系统而达到接纳还原氮的功效。光照与 CO_2 的有效结合获得了硝酸盐、亚硝酸盐和铵盐吸收的最高速率。这一点从经受过“氮饥饿”的培养藻，细胞内积聚有较丰富的多糖类，当处在黑暗中时，对于 NO_3^- 或 NH_4^+ 的吸收速率远高于正常获得氮供应的藻细胞，可以很好地得到诠释。

螺旋藻在对于 NH_4^+ 进行吸收同化时，要求保持极低的氧浓度环境。这是因为，氧对于酶的活性与酶的生成具有较强的抑制作用。而在藻的同化反应中，酶的活性起到关键作用。酶的活性还取决于有否 ATP、Mg^{2+} 存在以及还原剂存在。所以螺旋藻在氮的吸收过程中要求极低的氧浓度环境。这与藻细胞吸收 CO_2 时对氧的敏感性，具有共同的特性。

螺旋藻能够利用各种无机氮作为其专一的氮素营养源，但在根据不同氮态配制的生理浓度条件下，藻的生长效果却表现为有较大的差异（表 6.6）。这可能与它们具有不同的解离机制和吸收机理有关。铵态的 $(NH_4)_2SO_4$、NH_4HCO_3、NH_4Cl 及 NH_4NO_3，在培养液中直接解离成 NH_4^+，可以很快被藻细胞吸收利用；尿素在培养液中则需要受到藻细胞分泌的脲酶的催化，转变成铵态才能被吸收；而 $NaNO_3$ 的吸收利用则稍复杂，它有一个将 $NaNO_3$ 还原为铵态氮的过程，其中需要硝酸还原酶与亚硝酸还原酶进行分段催化。

表 6.6　不同氮源对于螺旋藻生长的效果（OD_{560nm} 测定）

光密度 / 氮源 / 培养日数（d）	$NaNO_3$（CK）	$CO(NH_2)_2$	NH_4HCO_3	$(NH_4)_2SO_4$	NH_4NO_3	KNO_3	$NH_3 \cdot H_2O$
0	0.065	0.065	0.06	0.065	0.065	0.065	0.065
5	0.10	0.095	0.06	0.06	0.075	0.090	0.10
10	0.30	0.40	0.37	0.40	0.29	0.29	0.33
15	0.35	0.58	0.37	0.40	0.40	0.35	0.35

硝酸钠（$NaNO_3$），氮含量占 16%。在 Zarrouk 培养基和印度 CFTRI 改进的廉价培养基中，均采用 $NaNO_3$ 为氮源。主要是因为这种硝态氮盐在藻的前后生长期都能以比较平稳和安全的方式供氮。据试验，培养液以 $NaNO_3$ 0.5g/L 直至 3.5g/L 的浓度范围配制的氮水平，均能促进藻细胞正常生长。在一个培养期内，不同 $NaNO_3$ 用量的藻生物产量相同。从第 7 天开始，各浓度的生物产量开始显示出差异，其中以 2.5g/L 的浓度，生物产量最高；在最高用量 3.5g/L 的 $NaNO_3$ 培养液中，螺旋藻依然正常生长，未发现有毒性现象。

以 $NaNO_3$ 作为氮源，唯对于初接种的藻有长达 19h 的滞迟生长期。19h 后藻细胞方完全适应硝态氮环境。在这方面，$(NH_4)_2SO_4$ 与尿素依其迅速提供 NH_4^+ 态氮，而使藻细胞表现为很短（＜ 7h）的滞退适应期。根据这一情况，以 $NaNO_3$ 加尿素，或 $NaNO_3$ 加 $(NH_4)_2SO_4$ 配合使用，对于藻的生长可起到相得益彰的效果。经作者课题组多年试验与应用，培养液以 $NaNO_3$1.25g/L+ 尿素 0.05g/L 配制，藻的生物产量高于单用 $NaNO_3$，更高于单用 $(NH_4)_2SO_4$ 或尿素，也高于加 $NaNO_3$ 和 $(NH_4)_2SO_4$ 等各组的效果。这可能是在培养液中同时容纳硝酸盐（NO_3^-）和铵盐（NH_4^+）的情况下，迅速解离的 NH_4^+ 离子首先保证了藻细胞的生理需要，而同时又抑制住硝酸盐的还原系统，阻挡了藻对 NO_3^- 的吸收。但随着培养液中 NH_4^+ 浓度的消耗下降，对于硝酸还原酶的抑制也就逐渐消退，于是对于 NO_3^- 的吸收与还原迅速恢复，从而使氮素得以充分供应，维持了螺旋藻的高速率生长。

当然，在藻的实际生产培养上，对于氮源的考虑选用，首先还是产率产量效果和价格成本相宜的优化方案。据作者课题组试验，在一个培养周期中，培养液以 $NaNO_3$ 1g/L+ $CO(NH_2)_2$ 0.05g/L 的配制浓度，尿素以每 3 ～ 4d 进行一次添加（添加浓度仍按 0.05g/L）的情况下，因螺旋藻生长的生理性吸收和氨的挥发损失，每升培养液每日氮素的实际消耗量约为 110 ～ 130ppm，氮素的有效利用率约 47%。生产 1kg 螺旋藻（原粉），约需 $NaNO_3$ 0.52kg，尿素 0.29kg ；在以尿素为唯一氮源使用时，尿素的用量约为 0.47kg。

尿素（urea），分子式 $CO(NH_2)_2$，氮含量占 46%。由于构成尿素的氨和 CO_2 都是螺旋藻需要的主要营养，因此，尿素对于螺旋藻是一种高效的化学营养物。同时也几乎是所有藻类可以吸收利用的最好的氮源。尿素通常要经过水解转化为铵态（NH_4^+）才能被藻细胞吸收和同化。藻细胞对于尿素的代谢是通过分泌的两种酶实现的，一种是脲酶，另一种是脲酰氨酶。前者仅起到催化尿素分解反应的作用

$$CO(NH_2)_2 + H_2O \xrightarrow{\text{脲酶}} CO_2 + 2NH_3$$

而脲酰氨酶则能催化整个反应

$$CO(NH_2)_2 + APT + H_2O \xrightarrow{\text{脲酰氨酶}} CO_2 + 2NH_3 + ADP + Pi$$

氨和铵是不同的化学形态。氨（NH_3）是一种化合物，易挥发，而又极易溶于水。铵离子（NH_4^+）是正一价阳离子。氨与水发生作用生成 NH_4^+ 和 OH^- 离子，习惯上被称为氢氧化铵（NH_4OH）。

$$NH_3 + H_2O \longrightarrow NH_3 \cdot H_2O \longrightarrow NH_4OH$$

由此可见，在螺旋藻培养液中存在着 NH_3 分子、$NH_3 \cdot H_2O$ 分子、NH_4^+ 和 OH^- 离子。尿素在培养液中这种水解与转化的速度与温度有关。在液温 30℃时，2d 之内可全部被转化。

螺旋藻对于尿素的吸收以铵态氮（NH_4^+）为模式。如以上反应式所见，NH_3 与 NH_4^+ 相共存。当培养液中尿素的用量水平超过了一定限度时，具有一定浓度的 NH_3 分子即会透过细胞膜而渗入细胞内产生毒性作用。中毒症状表现为：藻体发黄、下沉，严重时发生培养藻的大面积死亡。培养池中由于氨中毒而致的藻细胞破裂与蛋白质腐败，从而有腐臭气散出。

据作者课题组与农业部协作组（1984 ～ 1988 年）研究试验，尿素的用量水平控制在 0.15g/L 以内为最佳安全生长浓度。在这一浓度内，螺旋藻的生物产量与蛋白质含量均可达到或高于以 $NaNO_3$ 为氮源的生物产量（表 6.7，图 6.8）。

表 6.7　尿素不同浓度与施用模式对螺旋藻生物产量和质量的影响

施用模式（g/L）	平均生物量（$\overline{X}$） 藻的干重［（mg）/L（藻液）］	蛋白质含量（占干重 %）	生物量差异显著性	
			0.05	0.01
尿素 0.15+0.10	679	64.57	a	A
尿素 0.15	658	51.32	a	A
尿素 0.20	556	59.15	b	B
硝酸钠 1.50（CK）	512	54.78	c	C
尿素 0.40	387	49.82	d	D

注：培养期中午液温 32 ～ 36℃，液面光强 20 000lx

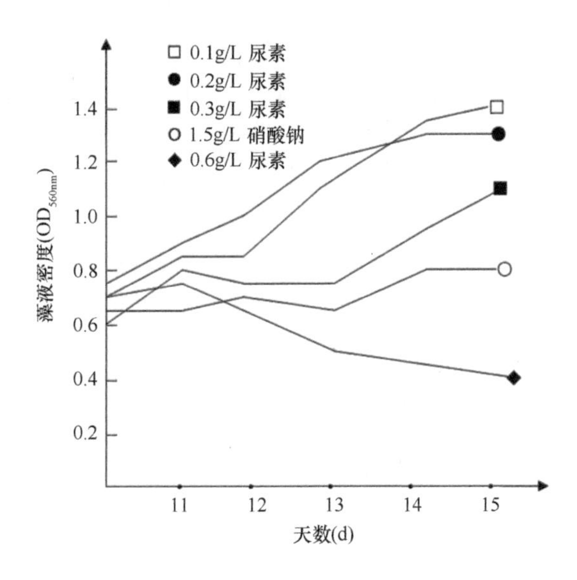

图 6.8　尿素不同处理量与藻液光密度变化

值得注意的是，在配制计算培养液的尿素施用量时，切不可参照标准配方中单一 $NaNO_3$ 的含氮量来计算总氮水平。虽然公认的 Zarrouk 培养基使用 $NaNO_3$ 的最佳浓度是 2.5g/L（含氮量 410ppm），但即使以其盐浓度的一半（1.2g/L，含氮 200ppm）作为总氮水平，折合尿素用量应是 0.43g/L。假若以此浓度的尿素施于培养液，培养藻必定会发生氨（NH_3）中毒症状。

经测定不同尿素配制浓度显示：在 0.5g/L 的施用水平时，培养液中铵离子（NH_4^+）浓度翌日即达到 37ppm，第 4 天高达 57ppm。NH_4^+ 的高浓度指标间接表明，培养液中同时存在着高含量的 NH_3 分子。在这一试验浓度中，培养藻在四五天之内迅速发黄，以至大面积死亡；对 0.3g/L 的尿素施用量检测，NH_4^+ 浓度指标在第 2 天和第 3 天，也分别达到 25ppm 和 34ppm，藻的生长势亦迅即变弱，且处于明显的抑制状态；尿素用量在 0.2g/L 浓度时，检测的铵离子指标在前期（施用后第 3 ～ 4 日）约在 15 ～ 18ppm，藻的生长基本正常。这时的氨中毒现象发生与否，还取决于环境温度、通风情况以及大池搅拌效率等管理因素。如培养池液温在 33 ～ 35℃时，这时氨的挥发较大，尽管 NH_4^+ 浓度在 20ppm 以上，藻细胞仍可以正常生长；而当液温在 26 ～ 28℃时，由于氨的挥发较少，NH_4^+ 浓度上升（达到 26 ～ 28ppm），此时藻的生长抑制症状会有明显反应。又试验，在静态培养时，0.2g/L 的尿素浓度常会表现出藻的中毒症状，而在池液充分搅动的情况下，即使 0.25g/L 的浓度水平，藻细胞仍可安全生长。上述试验证明，0.2g/L 的尿素剂量，应作为使用的安全临界浓度。

尿素的施用浓度即使在藻细胞生长的生理安全范围（0.05 ～ 0.2g/L）以内，不同的施用方式，对于藻的生物产量和质量亦有影响（表 6.7）。

试验证明，当培养液以尿素为唯一氮源时，施用剂量分别为 0.15g/L，0.15g/L+0.1g/L（两次分施）及 0.2g/L，各组培养藻的生物产量都显著高于对照组 $NaNO_3$ 作氮源。尿素的浓度在 0.15g/L 水平量时，最有利于藻的安全生长，表现为光合效率（以光合放氧测定）最强、生物产率亦最高。唯此浓度维持不了一个生长周期，在后期（第 8 天左右）即会出现缺氮征象，以致影响到后期藻蛋白质的合成与生物产量。改进的办法是采取0.15g/L+0.1g/L的分施，即在第一次投施0.15g/L尿素后，至第4天作第二次投施。采用这种分施办法，可使螺旋藻在整个培养期内氮源的供应做到前后平缓。这一方式可以作为在大面积连续培养生产上，获取稳产、高产行之有效的一个措施。

应用尿素作氮源，固然吸收利用速度比硝酸盐来得快，藻细胞生长迅速，且尿素的价格相对于$NaNO_3$也便宜得多，可以做到大幅度降低投入成本，但由于尿素在培养液中有易分解挥发之缺点，尤其在高温条件下，尿素在碱性的培养液中易形成NH_3气而挥发，造成部分氮素的损失。因此在实际操作中，尿素分施的具体时间和次数，还应结合检测培养液中的铵离子浓度来确定。在生产培养上，一般以保持池液的铵离子浓度15ppm为指标。当检测浓度低于这一指标时，即应对培养液予以补充供氮。考虑到中小型生产厂家的培养系统缺乏动态营养监测设施，建议采用纳氏比色法（于波长490nm处），可以简单而灵敏地检测铵离子的浓度变化。

硫酸铵（$(NH_4)_2SO_4$），含氮量21%。在碱性的螺旋藻培养液中，$(NH_4)_2SO_4$的解离作用发生很快。解离的NH_4^+能直接被藻细胞吸收与同化。因此，初接种藻在以$(NH_4)_2SO_4$为唯一氮源的环境中，滞留适应期较短（约为7h）。经试验，$(NH_4)_2SO_4$对于螺旋藻的供氮与生长效果仅次于尿素。在施用模式方面也与尿素一样，必须以低浓度配制氮营养。一般以0.1g/L或0.15g/L为安全使用浓度。

由于$(NH_4)_2SO_4$是一种生理酸性肥料，藻细胞吸收NH_4^+后交换出H^+。在藻的培养与生产中，如作为专一铵氮连续使用，易发生培养液碱性度（pH）的明显下降，并产生对于藻生长的副作用，如影响CO_2的溶解与吸收，异生杂藻的侵染等。因此在生产培养上，如做到$(NH_4)_2SO_4$与$NaNO_3$配合使用，可以起到相得益彰之功效，获得的生物产量与质量亦很高。

$(NH_4)_2SO_4$在作为单一氮源使用时，应注意配制浓度不能过高。试验证明，$(NH_4)_2SO_4$浓度超过0.4g/L，培养藻即会出现藻体萎蔫、发黄等中毒症状。氨中毒的发生甚至快于尿素。严重症状表现为藻细胞破裂，以至蛋白质腐败发臭。

其他铵盐作氮源。许多试验表明，螺旋藻对于各种氮源氮素的吸收与同化的选择性甚为广泛。除了硝态氮之外，还能吸收利用其他多种无机盐形式的铵态氮和酰胺态氮。因此，在配合使用大路化肥产品$(NH_4)_2SO_4$和尿素时，一些其他种类的铵盐，如NH_4NO_3、NH_4Cl、NH_4HCO_3等铵盐，均可作为因地制宜和扩大氮源的选择。

在这类铵盐中，值得一提的是NH_4NO_3和NH_4HCO_3。NH_4NO_3是仅次于NH_4NO_3的高效氮源。它兼有铵态氮和硝态氮的优点，含氮量高达34%。这对于螺旋藻的生长培养是有利的一面。但NH_4NO_3是由氧化性的酸所组成，受热分解为氮的氧化物，由此而造成氮素损失有时较大，甚至在严重受热时，会发生爆炸性分解，这对于运输和贮藏是一种较难克服的困难。

碳酸氢铵（NH_4HCO_3）是一种中性氮肥，其中除铵离子可作为藻的氮营养外，HCO_3^-也是藻需要的碳素营养。从理论上来说，NH_4HCO_3应该是螺旋藻培养十分适宜的碳氮资源。事实上，NH_4HCO_3是我国农村中使用较普遍的一种氮肥。NH_4HCO_3的主要缺点是分解极为迅速。在常压下，当温度升高至 69℃时，NH_4HCO_3 即全部分解；在螺旋藻培养液中，液温在 32℃以上时，铵离子（NH_4^+）的可利用水平降低，而氨分子的形成变多，挥发加快，对藻体的毒害性也较强。因此，如何做到合理利用 NH_4HCO_3 尚需做进一步的探讨。

迄今对于培养藻的氨中毒机理尚缺乏具体的研究报道。目前比较得到认同的意见是，在螺旋藻培养液中施用的铵盐，经解离后同时存在有 NH_3 分子、NH_4^+ 离子和 $NH_3·H_2O$ 一水化合物。在低浓度的铵盐溶液中，其中的 NH_4^+ 可以为藻细胞选择性地吸收与同化，参加氨基酸代谢；而在高浓度时，培养液中同时出现有更多的游离氨（NH_3）或一水合氨（$NH_3·H_2O$）。这些氨分子化合物，亦可能以被动吸收的方式进入到藻细胞内而形成毒性作用。氨的毒害机理主要是通过对于酶系统的解联，或抑制光合系统Ⅱ的作用。此外，NH_3 是一种弱电解质，当进入到细胞以后，会造成细胞的渗透性膨胀而破裂。这是藻细胞死亡腐败的直接原因。此说与 Fox（1985）的观点有相似之处。他认为高于生理浓度的铵盐，有可能以未经解联的 NH_4OH 分子形式渗入到细胞内，使细胞内的 pH 值升高而发生功能性紊乱，从而表现出毒性作用。

综上所述，铵态氮（铵盐）的共性是：①它们都极易溶于水，而且能直接解离成 NH_4^+ 离子供藻细胞吸收，表现为氮素供应迅速；②铵盐一般都不稳定，受热易分解。尤其在碱性度较高的螺旋藻培养液中，易产生游离氨（NH_3）而挥发，造成氮素损失；③铵盐的使用在藻细胞生理承受浓度的范围内，能起到明显的生长效果。但在超过了一定的浓度水平时，培养液中由铵盐解离而形成的氨分子 NH_3，开始大举渗入藻细胞产生毒性作用。铵盐浓度愈高，对藻体产生的毒害愈强。

经用各种无机氮对培养藻做对比试验，除 $NaNO_3$ 和 NH_4NO_3 而外，其余各种铵盐在培养液中的含氮量如超过了 150ppm，即会对螺旋藻的生长产生抑制作用（表 6.8）。中毒症状轻则表现为光合作用停止（可从光合放氧情况观察到），重则藻体失绿、发黄以至大面积死亡。

表 6.8　各种铵盐不同用量对螺旋藻（Sp.D 株）生长的影响

铵盐	每升培养液中含氮量（mg N/L）				
	250	200	150	100	50
$NaNO_3$	+++	+++	+++	+++	+++
NH_4NO_3	+	+	+++	+++	++
$(NH_4)_2SO_4$	—	—	—	+	+++
NH_4Cl	—	—	—	++	+++
NH_4HCO_3	—	—	—	+	+++

+++ 表示正常生长；++ 表示稍有抑制；+ 表示受抑制；—表示完全抑制（藻体失绿、下沉）

6.4.2　磷素营养

磷素是螺旋藻正常生长不可缺少的一种营养物质。在藻细胞氨基酸、蛋白质和碳水化合物的合成与转化中，磷元素起到关键性的作用。磷素尤其是在藻细胞的核酸DNA和RNA的生成方面，以及在作为膜结构物质——磷脂化合物中，具有重要的结构性功能。在藻细胞的代谢与能量传递过程中，有机磷酸化合物腺苷三磷酸及其同类物，则是最重要的活能物质。在光合作用中细胞内进行的各种代谢反应，如CO_2固定，离子吸收与运输、核酸生成等所需要的能量，皆来自ATP的磷酸键。由此可见，培养液中如发生磷素的供应不足或缺乏，对于藻细胞的生长与代谢活动产生的影响是严重的。因此，磷素在螺旋藻生长培养中也是一个较重要的限制性因子。

在自然界的天然淡水中，可以经常发现有机磷的浓度超过无机磷酸盐。螺旋藻细胞生长需要与细胞能够直接利用的磷素，主要是以无机磷酸盐（$H_2PO_4^-$或HPO_4^{2-}）的形式，或者统称为无机磷（Pi）。若以有机磷酸酯化合物的形式作为主要的磷源使用，还得经过一次胞外转化过程，即须先经过藻细胞分泌的胞外酶—磷酸酯酶或磷酸酶的分解作用，变成为无机磷（Pi）才能被吸收利用。

螺旋藻从周围环境中吸收磷酸盐的过程，是一种在光照激励下发生的需能反应。这一点从它对于解偶联剂甚为敏感可以判知。反应需要的能量则是从光合作用或呼吸作用中得到。

磷素的吸收速率，除受藻细胞自身生长与生物量增长的影响外，还受培养液中磷酸盐的浓度以及pH的限制。此外，培养液中存在的Na^+、K^+、Ca^{2+}或Mg^{2+}离子的含量水平，对于磷的吸收也有相当重要的影响作用。这些离子或起到控制细胞交换的电解质以改变细胞的渗透性作用，或直接与PO_4^{3-}发生反应生成沉淀物，而影响到磷素的可溶度。

藻细胞从培养液中吸收的PO_4^{3-}，一部分被同化为藻的无机聚磷酸化合物，一部分则转化为有机磷酸酯化合物，其中的“高能量”化合物ATP，则是经过3个步骤从正磷酸盐转化而成的。

$$\text{ADP} + \text{Pi} \xrightarrow{\text{加能}} \text{ATP}$$

经过的步骤：首先进行底物水平的磷酸化；其次是氧化磷酸化；最后是光合磷酸化。在这一过程中，藻细胞捕捉到的光能被转移至聚集能量的ATP磷酸键上。藻细胞的另一类磷素同化物——无机聚磷酸，则是通过消耗光合磷酸化过程中获得的ATP能量而合成的。在常规培养液中，在磷酸盐充分得到供应的生长条件下，从镜检可以观察到这类同化物，多以清晰的聚磷酸颗粒（polyphosphate granules）形态贮存于细胞中。这些积存的聚磷酸颗粒，主要是在两种情况下被动用：一种情况是发生在细胞的核酸生成或细胞进行分裂的特定需磷反应时；另一种情况是当环境中的磷素缺乏时，这些颗粒作为内源性磷素被动用与消耗，以应付藻细胞生理活动对于磷素的需要。

螺旋藻磷素缺乏的症状表现，在许多方面与缺氮相似。有经验的螺旋藻培养业者能从大池藻群体的生长情况观察到：培养藻的光合放氧（小气泡释放）明显抑制，生长（光密度增加）处于停止状态，甚至出现生物量的负增长。这种情形出现在氮营养和其他环境条件不是限制因子时，这时首先不能排除磷素缺乏的可能性。进一步的镜检观察，还可以发现藻细胞与藻丝体大小与形态学方面的改变，反映在超显微结构方面的一个显著特点是，细胞内的聚磷酸颗粒体基本消失。接着发生的是蛋白质含量、叶绿素 a，以及 DNA 和 RNA 的显著减少。与此同时，藻细胞内的碳水化合物含量相对增多。由于磷素的缺乏，细胞中的 ATP 大量减少，这是导致光合作用阻抑，生长停滞的主原因。

在螺旋藻的藻体总生物量中，磷素的含量约占到 0.8% ～ 0.9%。磷与氮的代谢不但在生理机制上具有密切的关系，有时氮与磷的比例（约 12:1）发生的变化，亦会影响到藻的群体密度与生物产量。因此，磷与氮也存在一种相对稳定的平衡状态。表现在藻细胞经历了一定时间的“磷饥饿”以后，一旦在培养液中恢复了磷盐的供给，就会以不同寻常的吸收率很快吸足磷素，直至细胞内的聚磷酸颗粒积累和恢复到藻细胞增殖的生理常态水平。

对于磷在溶液中的最佳供应浓度，Zarrouk 配方和印度 CFTRI 改良配方，均以速溶性的 K_2HPO_4 0.5g/L 为标准。采用这一配方浓度，培养液中的可溶性磷素约可达到 8 ～ 9ppm 的水平，在藻的正常生长情况下，足可以维持 8 ～ 10d 的磷素需求。对于螺旋藻磷素供应的下限或临界浓度，研究界持两种不同的标准。一种认识是，藻细胞可以赖以维持生命活动的最低浓度，即以 K_2HPO_4 0.01g/L（1.74ppm）为藻生长培养的下限临界浓度；另一种认识是，以实现螺旋藻的基础生物产量浓度为标准。据作者课题组实际培养试验，即在螺旋藻的生物量达到 0.6（干重）g/L 以前的一个生长培养周期中，磷素的临界浓度应维持在 0.05g（K_2HPO_4）/L 水平，亦即可溶性磷素至少应维持在 8 ～ 9ppm。

实际上，在螺旋藻的大池培养液中，由于 Ca^{2+}、M^{2+} 离子的总量较多，这些离子能使磷酸盐发生沉析，从而降低了可溶性磷素的离子浓度。此外，螺旋藻培养液又是一个多相化学溶解度的平衡体系，这一多相体系能对常规培养液中的磷酸盐浓度起到控制作用。因此，当培养液中磷素不断被吸收消耗，以致低于平衡浓度的情况下，磷酸盐的沉淀物还能向培养液进行反馈性补充磷素。根据磷酸的这一缓冲反馈特点，作者推荐，磷素的适宜用量可以是：磷酸氢二钾（K_2HPO_4）0.25g/L，或者过磷酸钙［$3Ca(H_2HPO_4)_2 \cdot H_2O+7CaSO_4$］0.5g/L。若以藻的平均生物产率 12g 干重 /（$m^2 \cdot d$）计算，磷素（速效磷）的理论真吸收值约为 0.53 ～ 0.6ppm/d。由于用量 0.25g/L 的 K_2HPO_4，全程可提供速效磷 43ppm，这一浓度水平按真吸收值计算，对于培养藻约可维持 7 天的消耗量。但实际的小、中试生产培养证明，磷素的有效利用率仅为 28% ～ 31%，250ppm 的 K_2HPO_4 约可供应 24d 左右的磷素消耗，因此，生产 1kg 螺旋藻（干重粉），实际消耗磷酸二氢钾（KH_2PO_4）0.14 ～ 0.16kg。

在螺旋藻的试验培养操作中，多以 K_2HPO_4 为主要的磷源。经试验（表 6.9 ～表 6.11），在一个培养周期中（藻的接种量从 0.3g/L 开始生长），无论是全量 K_2HPO_4（0.5g/L），还是其用量的 1/2、1/4、1/8，甚至 1/16，接种 3d 后，各组的磷素消耗速率相近；在 13d 内，全量至 1/4 量各组，磷素消耗的绝对值亦相差不大（图 6.9）；但当培养藻延续到第 2 个培养周期开始时，1/8 量与 1/16 量的磷酸盐几近耗尽。此时，藻的生物量生长开始表现出抑制。如培养液继续保持这种缺磷状态，藻的生长活动很快趋向停顿。上述试验得到的结论是：在大面积连续生产培养上，当检测到培养液中的磷酸盐（以 P_2O_5 为检测对象）低于 10ppm 水平时，应着手补充施加磷素肥料。

根据磷素的这一消耗特点，适合于螺旋藻生长培养的 K_2HPO_4 用量，可以有一个较大的使用幅度（0.25 ～ 0.5g/L）。所以在大池连续进行生产培养中，磷肥的添加无须像尿素等其他营养那样频繁。根据农业部课题协作组试验，螺旋藻在 K_2HPO_4 0.06 ～ 0.5g/L 的用量范围内培养生长，在连续两个培养周期中，不同磷素用量之间的光合速率、蛋白质含量以及生物产量，均无明显的差异。

表 6.9　不同磷酸盐用量在连续两个培养周期中螺旋藻的光合速率

剂量	光合速率释放氧 {mg/［g（干重）·min］}			
	第一培养周期		第二培养周期	
	第 4 天	第 5 天	第 5 天	第 6 天
全磷（0.5g/L）	7.60	7.90	7.20	6.70
1/2 磷（0.25g/L）	7.30	7.70	7.00	6.40
1/4 磷（0.125g/L）	7.40	7.80	6.70	6.20
1/8 磷（0.062g/L）	7.30	7.90	5.60	5.10
1/16 磷（0.031g/L）	7.50	7.50	4.30	4.00

表 6.10　不同磷酸盐用量在连续两个培养周期中生物量平均数多重比较

剂量	平均生物量（$\overline{X}$）藻干重（mg/L）		差异显著性	
	第一培养周期	第二培养周期	0.05	0.01
全磷（0.5g/L）	754.00	703.00	a/a	A/A
1/2 磷（0.25g/L）	757.00	692.00	a/a	A/A
1/4 磷（0.125g/L）	766.00	683.00	a/a	A/A
1/8 磷（0.062g/L）	744.00	615.00	a/b	A/B
1/16 磷（0.031g/L）	746.00	568.00	a/c	A/B

表 6.11　不同磷酸盐用量在连续两个培养周期中藻粉蛋白质含量

剂量	粗蛋白质（%）	
	第一培养周期	第二培养周期
全磷（0.5g/L）	68.90	65.40
1/2 磷（0.25g/L）	67.90	65.10
1/4 磷（0.125g/L）	68.60	63.00
1/8 磷（0.062g/L）	68.30	50.10
1/16 磷（0.031g/L）	67.30	43.40

螺旋藻能在低量磷的水平下生长，这为利用便宜的化肥磷酸二氢钙类代替化学品（K_2HPO_4）提供了廉价途径。在培养液的磷素配制上，国内有多种水溶性磷肥可供选择。这类水溶性磷肥中所含的 P_2O_5 绝大部分可溶于水，所以常被称为速效磷肥，如过磷酸钙、重过磷酸钙、磷酸和磷酸铵等。

我国农业上广泛使用的多是过磷酸钙，分子式［$3Ca(H_2PO4)_2 \cdot H_2O+7CaSO_4$］，通称为普钙。其主要成分是磷酸二氢钙和硫酸钙，外观呈灰白色粉末或颗粒状，含有效成分

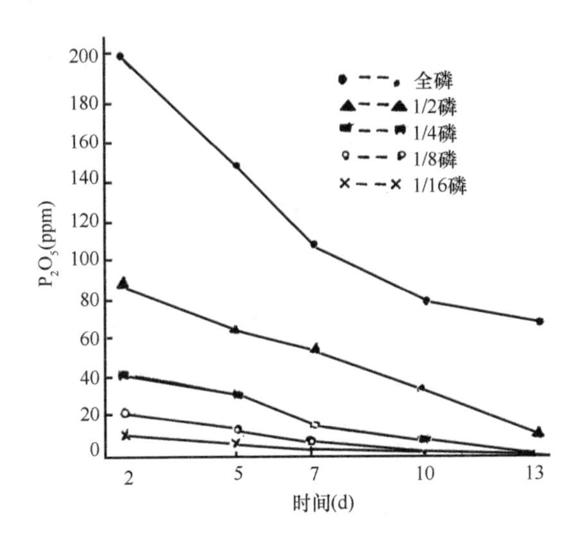

图 6.9　在不同磷用量水平的培养液中磷素含量发生的变化

P_2O_5 14% ～ 20%。在碱性的螺旋藻培养液中，因有 $CaCO_3$ 存在，易与可溶性盐的磷酸根发生反应，生成磷酸三钙而发生沉析

$$2CaCO_3 + Ca(H_2PO_4)_2 \longrightarrow Ca_3(PO_4)_2\downarrow + 2H_2CO_3$$

此外，培养液中的 $Ca(OH)_2$ 也会发生类似的反应

$$Ca(H_2PO_3)_2 \cdot H_2O + 2Ca(OH)_2 \longrightarrow Ca_3(PO_4)_2\downarrow + 5H_2O$$

鉴于普钙的这一特点，在螺旋藻的生产培养中，若采用普钙作磷源，且在大池用量较多的情况下，培养液中难免会产生多量的白絮状钙盐沉淀物。这对于藻的采收和产品质量将带来麻烦。因此，在使用普钙时，应先以清水浸提，或在浸提液中加适量的 $NaHCO_3$，以除去过多的钙离子。此外，还应注意尽量减少普钙每次的投施用量。这样可以避免白色絮状的钙盐沉淀物产生。

与普钙成分相似的重过磷酸钙，分子式 $5Ca(H_2PO_4)_2{\cdot}H_2O$，也是一种水溶性的速效磷肥，且重过磷酸钙含有效 P_2O_5 最高，可达 40 ～ 50%。其他可以推荐的水溶性磷素肥有如磷酸（H_3PO_4）、磷酸钙和磷酸铵（$NH_4H_2PO_4$）等。实际上工业生产制得的磷酸铵肥是磷酸一铵和二铵 $(NH_4)^{2-}$ 的混合物，灰白色颗粒，其中含氮 13%，含有效 P_2O_5 50%。近年国内有的厂家生产的液体磷酸铵肥，经大池培养试用，效果良好。

总之，在螺旋藻培养液的配制上，应以水溶性磷肥为宜；其他种类的磷肥，如钙镁磷肥等，一方面因其大部分不溶于水，另一方面含有较多的有害杂质，所以不宜直接在培养液中使用。

为做到定期监测培养液中磷素的消耗情况，对于中小规模设施的螺旋藻培养池，建议采用磷钼蓝比色法简单快捷地检测磷素的变化。一般在培养液中 P_2O_5 的水平量低于 10ppm 时，就应着手进行磷肥添加，以防止较长时间的磷素过低或缺乏，影响到藻的生物产量和质量。

6.4.3 钾及其他重要营养元素

钾 螺旋藻所需要的其他矿质大营养中最为活泼的一种阳离子金属元素，而且是藻细胞吸收量最高的一种矿质元素。在100g螺旋藻干重中，钾元素的含量水平高达1540mg。但尽管藻细胞中有如此高含量的钾离子，却只有极少一部分被固定于胞内有机物质中。

钾对于螺旋藻生长活动的作用是多方面的，其中最主要的是，钾离子具有比任何别种离子对于细胞膜更高的透过性。这种通透性特点，对于调节藻细胞的膨胀度，尤其是帮助其他营养离子向细胞内进行同向运输，以及在细胞内通过离子交换而使代谢离子反向运输出细胞外，具有十分重要的意义。

MacRobbile认为钾与钠的吸收有助于氯的吸收。当细胞对于氯的吸收表现活跃时，则有助于促进碳的阳离子流的被动式吸收。对于这种吸收的调节，一是受到钾－钠交换的影响。二是钾对于细胞内的多种酶都是一种协同因子，它能活化多种重要的酶。因此，培养液中一定浓度的钾能促进藻细胞的光合作用，加强对于氮素、磷素和CO_2的吸收能力。其结果是，使细胞内碳水化合物和蛋白质的形成与积累加快。三是有些少部分的钾直接参与细胞内的核蛋白结构和藻体蛋白质的生成。总之，钾对于藻细胞生长代谢的意义是非常明显的。

在以Zarrouk配方为基础的培养液中，钾素从两个方面获得供应。一是钾的酸式磷酸盐（K_2HPO_4或KH_2PO_4），K_2HPO_4在0.5g/L的浓度水平下，速效钾的浓度可以达到220ppm；二是硫酸钾（K_2SO_4），以1.0g/L的配制量，其中有效钾的浓度是K_2HPO_4的两倍。此两种来源可以超量提供螺旋藻对于钾素的生长需求。

在螺旋藻的生产培养上，常可使用KCl代替商品货源较紧的K_2SO_4。在藻的培养生长方面，可以做到效果相同而使NaCl的用量得以减少。试验证明，用KCl 0.5～1.5g/L与NaCl 0.5～1.0g/L配合使用，对于藻的培养可以取得更好的效果。

钾（K^+）与钠（Na^+）的离子浓度在螺旋藻生长培养基中的比例，亦是值得注意的。当K^+：$Na^+ > 5$时，藻的生长即会发生抑制。如两者之比率在5以下，即使钠盐的含量高达18g/L，藻细胞的生长亦不至于发生抑制，亦无碍于藻的生长。

硫 对于所有的生物有机体来说，硫是具有重要结构性意义的元素。在藻细胞中，通常以含硫氨基酸（蛋氨酸、胱氨酸、半胱氨酸）的形式存在。氨基酸作为基本的结构性单元，最终被组装成为蛋白质。细胞中如缺乏这些含硫氨基酸，许多重要的蛋白质就无法合成。尽管螺旋藻需要的硫在数量上相对较少，但吸收同化后的硫，在细胞内起到重要的结构性功能。除上述氨基酸外，藻细胞内许多重要的活性物质，如辅酶A、生物素（V_H）、硫胺素（V_{B12}）、某些生长素类以及硫脂类，也都是以硫基为重要的组成成分。

螺旋藻与大多数低等植物藻类一样，主要是从无机硫酸盐获得硫源，吸收过程也与氮的吸收相似，即藻细胞在光照的激励下进行硫酸盐的吸收反应，反应过程中需要的能量和还原剂则是在藻的光合作用中得到提供。所以藻细胞进行的吸硫反应，对于解偶联剂表现为十分敏感，而且在有 CO_2 存在的情况下，反应甚为活跃；环境温度对于藻细胞的吸收速度也有明显的影响。与硝酸盐的吸收一样，藻细胞吸收到的硫酸盐离子，先被还原为亚硫酸盐，再还原为硫化物。在还原态的硫酸离子中，绝大部分被同化为藻细胞的有机物质，并且定位于光合作用产物的“碳架”中。

钙　主要功能是掺入到螺旋藻细胞壁的中层，与果胶质结合，形成细胞的外形“架构”。钙对于调节细胞膜的透性也起到重要的作用。但钙主要是以与酸性的果胶质结合，形成为限制自由离子扩散的屏障。这一作用与钾、钠的渗透性调节细胞的张度不一样。当螺旋藻处于缺钙的逆境培养时，细胞膜会发生“渗漏”现象，丧失其作为自由离子扩散的屏障作用。至于钙在细胞生长与繁殖方面其他的作用，至今仍有不少问题需做深入的探讨。

但生产实践证明，为获得螺旋藻细胞的最大生长率，在培养液中提供一定量的钙是十分必要的。前节我们推荐的过磷酸钙（普钙），以及重过磷酸钙和氯化钙等，均可以根据货源供应情况加以选用。

镁　在藻细胞代谢中也具有多方面的作用，但主要是参与促进核蛋白的聚合，使其成为稳定的功能性单元。镁的特殊重要性是在藻色素的生成中，它与四个吡咯环相联结，作为叶绿素 a 的重要组分。因此，在培养液缺乏镁的情况下，螺旋藻的藻体颜色呈典型的叶绿素缺乏症，表现为藻体发黄，藻的光合作用和藻的生物量生长会受到明显的影响。此外，镁也是细胞内几种酶的特异性辅助因子，尤其是对于 1,5- 二磷酸核酮糖羧化酶能起到变构作用，这种作用能使细胞内物质代谢的速度得到调节。

钠与氯　钠离子对于调节细胞的渗透压具有一定的作用。但钠离子的主要作用可能在于它与钾构成 Na^+-K^+ 泵而起到重要的生理意义。钠离子对于螺旋藻细胞膜的通透性远比不上钾离子。在以丽藻（*Nitella*）的短形细胞试验中，如以渗透系数 P 最强的 K^+ 标定为 1.0，则 Na^+ 的 P 仅为 0.18。因此，细胞内 K^+/Na^+ 之比率很高。但不能因此而认为钾离子可以完全取代钠离子。相反，在细胞内钾离子缺乏时，钠离子可以取代钾的作用。钠离子除了形成 K^+-Na^+ 泵与循环磷酸化相联系外，它还是若干种酶的激活剂。

在培养液中，少量的氯对于藻细胞生长活动的参与是必要的，尤其是氯也介入细胞膨压的调节。氯与钾一起向细胞内做同向运输，使细胞内的电介质保持中性。此外，氯也能刺激细胞的光合磷酸化，从而加强光合作用的效果。

6.4.4　多效肥

在螺旋藻生产培养上，Zarrouk1966 年推荐的培养基，固然是营养物最全面、配比关系最合理的配方，然而也是成本最高、许多化学品市场上很不易得的配方。为此，一些研究单位和螺旋藻生产厂家对此作了大幅度的改进，以适应大面积生产培养的需要。目前普遍的做法倾向于采用化肥复合肥（NPK=15:15:15）、加低浓度 $NaHCO_3$ 或 Na_2CO_3（4.5g/L），再加粗制海盐（可补充微量元素），作为螺旋藻大规模商品化生产的投入配方，使生产成本获得了大幅度的降低。

多效肥，包括多种复合肥和混合肥。一般含有大营养元素的氮、磷、钾和其他多种大量营养元素。在复合肥中，由于氮、磷、钾元素和其他各要素的有效组分相应地集中，因而无效杂质含量大为减少。使藻产品中的灰分含量大大减少。国内正规厂家生产的N-P-K三元复合肥，有效元素不低于10%。在这类化肥品种中，有氮钾复合肥，其有效元素各为12%～14%；硝酸磷酸复合肥，含氮12%～19%、P_2O_5 12%～14%；磷酸铵肥，含氮12%～18%，P_2O_5 46%～52%。使用这类多效肥，能做到大幅度降低生产成本，同时肥料的运输成本和生产过程中的操作成本也得以降低。使用多效复合肥，可使化学营养料的投入与藻产品的产出之比降到4.2∶1左右。

由于复合肥的养分配比是生产厂家制定的，不能完全符合螺旋藻生产的营养需求。因此在实际使用中，还要使用一种或两种以上的单一化肥对其营养配制加以调整，以做到充分发挥和经济合理地利用复合肥的优势。

在微藻生产中对于复合肥的采用，还要注意计量每日的实际消耗水平。掌握的基本原则是：补充限于藻生物量被收获而带走的营养部分，务使大池培养液的营养物浓度始终保持在一定的水平上。

6.4.5 微量营养元素

在螺旋藻培养液的配制中，还需要多种微量金属元素和个别非金属元素。这些元素在数量上虽然极微少，但对于维持和促进藻细胞的正常生长与繁殖，却具有很重要的活性作用和生理学意义。其中最重要的元素有如铁（Fe）、锰（Mn）、铜（Cu）、锌（Zn）和钼（Mo）等。它们的主要功能是作为细胞中酶的重要构成物质。许多重要的酶，都是以其特异的蛋白质和与之结合的特殊辅基或辅酶，在藻细胞的生理活动中发挥重要的作用。这些辅基和辅酶，可能全部或部分地由金属元素Fe、Cu、Mn、Zn、Mo，甚至Ni和Co等组成。

微量营养元素只是以微量存在时，才对于藻的正常生长是必需的，但如果过量存在，则反而变成具有高度的毒性。这一类元素大多是重金属元素，而且藻细胞不能阻止这类元素（锰、铜以及高浓度的铁）进入细胞膜内，因此，必须十分注意培养液中这类元素的含量水平。微量元素的浓度范围，一般都是以每升培养液中微克或毫克盐浓度进行化学计量。在螺旋藻的实验室培养中，微量元素的配制普遍使用Zarrouk配方的A_5与B_6溶液。在螺旋藻的大规模工业化生产上，培养液中的微量营养元素通常都是以添加粗制海盐使主要的微量元素（铁、镁、铜、锌、钼等）大体上得到提供。

近年在螺旋藻等微藻的开发与应用研究中，对于螺旋藻的微营养元素在生理学需求和实际使用方面做了较多的研究。这些认识归纳起来说，肯定了如下几方面的特点。

（1）微量元素对于培养藻生物量的总体生长，具有积极的效果，能促使藻细胞完成正常的生命周期。

（2）能对藻细胞起到直接的生理学效果，而不是间接地通过对于培养藻营养物的平衡，或pH的调节等对细胞生长产生影响。

（3）某种微量元素的特定作用不是其他元素所能取代的。

（4）培养液中微量元素的缺乏，引起的微藻生理性变化和结构性变化是可逆的，即培养藻在早期某种元素缺乏的情况下，经添加该元素后可以立即恢复细胞的正常生长。

（5）对于该元素的生长效应可以在其他藻种、株系或试验处理中得到重复的结果。

铁（Fe） 是多种酶的重要构成物质。在这些酶中，铁原子与四个吡咯相连接组成大的环状结构。铁还在这些酶中进行可逆性的氧化与还原反应。例如铁氧还蛋白在硝酸盐和亚硝酸盐的还原酶反应中，起到电子供体的作用。铁在光合作用中的重要性，主要是它直接关系到光合色素（叶绿素 a 和 C- 藻蓝蛋白）的合成。

Hardie 等研究了缺铁对于藻细胞生长与生理学的影响。经过充分的含铁培养液培养，并达到较高光密度的藻生物量时，被转移到缺乏铁素的培养液中继续培养，16h 后，藻细胞出现缺铁性生长限制现象；但在 212h 内，藻细胞继续呈现良好的活力状态。

培养藻因缺铁而导致生物量生长下降时，首先是细胞内 C- 藻蓝蛋白和叶绿素 a 同时发生降解，此时藻体出现失绿症状；随后是细胞内的多糖生成与积累加快，且相对含量提高，以取代降解的 C- 藻蓝蛋白。此外，细胞内硝酸盐与亚硝酸盐还原酶的活性，在 50h 内仍处于激活状态，其后才逐渐消退。倘若此时对培养液恢复铁素的供应，藻细胞生长又可迅速得到恢复，细胞内色素颗粒又重新增多，相应地，多糖的生成与数量则逐渐减少。经透射电子显微镜观察，培养藻在缺铁的情况下，细胞内发生的超微结构变化，主要表现为核酸和类囊体膜的降解。而当铁素重新获得供应后，这些逆境变化均可以得到恢复。这一特点与氮、磷或碳素营养的限制性生长条件下发生的变化有很大的不同。

锰（Mn）与铜（Cu） 是光合作用电子输转系统的重要组分。一切依靠光合作用生存的藻类都需要锰和铜参加生命反应。铜还是某些氧化酶的组成要素。此外，该两种元素在细胞生理活动中，还起到与多种酶的协同因子的作用。

藻细胞对于锰与铜的最佳吸收浓度应在 0.1 ～ 1.0μmol。当离子浓度在 0.01 ～ 0.1μmol，甚至更低时，便成为藻细胞的生长限制因子。表现为藻的生长速度下降，叶绿素消退等症状。相反，在足量或过量的锰与铜的离子浓度（＞ 10μmol）条件下，藻细胞在初起时呈现毒性反应。但这种毒性现象对于藻细胞来说是一时性的反应，经过 24h 的适应后，藻细胞的耐受性立刻上升，并可达到 50μmol 的吸收量。蓄积容量约可扩大 500 ～ 1000 倍。

藻细胞对于金属离子这种巨大的吸收与蓄积能力，常被人们用以强化吸收铁、锌、硒、碘、锗等元素，其产品可应用于健康食品和膳疗食品中，并可作为医药原料（如富铁、富锌螺旋藻），用以防治微量元素缺乏症和增强人体健康；当被应用于污水处理时，可以吸附除去多种重金属元素，达到控制污染和保护环境的目的。

锌（Zn） 的作用主要是作为碳酸酐酶的组成要素。该酶能催化 CO_2 的水合作用，生成 H_2CO_3。这对于维持光合作用中大量需要的、潜在的 CO_2 库源甚为重要。因为 H_2CO_3 在碱性的培养液中，极易分解为碳酸氢离子（HCO_3^-）或 CO_2，从而使藻细胞能及时获得碳源供应。

钼（Mo） 主要是在藻细胞内硝酸还原酶和氮固定中得到利用。在以氮作为营养源的微藻细胞中，需要微量的钼元素进行酶促反应。微藻对于钼的需要量低至每个藻细胞仅需要 1200 个原子。因此，培养液中钼酸的浓度不宜过大。大于 0.1μg/L 时，对于藻细胞的生长反而产生不利的影响。而在完全缺钼时，藻体又会发生叶绿素含量的明显下降。

据试验，钼的浓度以 0.01 ～ 0.05μmol 为适宜的用量范围。钼酸盐可以为钒酸盐所替代。当培养液中有 100μg/L 浓度的钒酸盐时，可以明显地提高培养藻在初期阶段的生长速率。

镍（Ni） 据研究，低浓度的镍对于一些藻类具有毒性作用，但微量镍却是一种对于微藻培养中脲酶合成的必需元素。Rees 和 Beckheet 研究发现，培养液中如有微量镍存在，能使脲酶的活性迅速得到提高。他们的研究还发现，铜和钴元素不能代替镍，但钴可以做到部分地恢复脲酶的活性。

6.4.6 植物生长激素与生长调节剂的应用

植物生长激素是一种结构较为简单的有机分子，原本是植物某部分器官制造的一种生长调节物质，它以极低的浓度调节着植物的生理过程。生长激素通常能在植物体内很快运移到它的作用位置。

利用植物生长调节物质来提高光合效率，目前主要是从两个方面进行调控。一是利用调节物质控制光呼吸，以提高光合效率；二是通过某些调节物质协调提高作物对于营养物质的吸收、同化和积累功能，从而提高光合效率，增加生物质产量。

迄今已知的植物激素有五类，即生长素（auxin）、赤霉素（gibberellic acid，GA_3）、细胞分裂素（cytokinin，CK）、脱落酸（abscisic acid，ABA）和乙烯（ethylene）。这些生长激素和生长调节剂，对于植物的生长发育和细胞分化表现出不同的生理效应。

许多研究观察报道，对于藻类生长具有促进作用的外源植物激素和生长调节剂，目前得到使用的有三类，即生长素、细胞分裂（激动）素和赤霉素。

通过对活体藻细胞进行萃取，应用色谱仪进行特征描述，以及对于活体藻细胞的检定等技术观察到，微藻在一定的生长条件下，对于生长激素同样表现有积极的生理学反应。也就是说，激素和生长调节物质对于藻细胞的分裂、细胞形态大小、细胞生长以及细胞内含物变化等均有明显的正效应，也同样具有藻细胞—生长调节物质的特殊互补性。作为外源应用的植物生长激素本身对于植物并不具有营养作用。它的作用机制主要表现在激活酶的活性、改变定位于细胞膜上某种代谢离子泵的结构等方面，从而使细胞代谢过程中各种中间产物发生一连串的改变或提高。经试验，植物生长调节剂对于螺旋藻生长培养的直接效果主要有如下方面：一是促进光合作用，提高叶绿素含量和蛋白质总量；二是在某种情况下，还可限定细胞定向生成某种重要的有机化合物（如 γ- 亚麻酸，GLA）等。但在应用生长激素后，藻的生物产量有显著增加的报道还不多见。

目前在微藻培养上得到应用的生长激素类，在生长素类中主要是吲哚乙酸（IAA）、α- 萘乙酸（α-NAA）和赤霉酸 GA_3；细胞激动素类有 6- 苄基腺嘌呤（6-BA）和 KT 等。此外，一些具有生长素作用的除草剂类，如 2,4-D，Sandoz 9785 以及其他类型的植物生长调节剂，如三十烷醇（TRIA）、多效唑（MET）等。这些人工制取的具有相似生长素结构的化合物，在以超低量应用的情况下，对于螺旋藻生长也具有一定的促进作用，而对藻产品无任何毒性残留。从螺旋藻的商品化生产培养观点看，筛选应用各种生长促进剂，以提高培养藻的生物量增长率、改进藻产品质量和定向生产某种藻产品，而又不需增加多少生产成本来获取更多的经济效益，应不失为是一种可行的生产技术措施和发展方向。

近年在螺旋藻和其他微藻的培养与应用研究中，对于植物生长激素和调节剂的研究做了较多的试验。但总的来看，效果并不很理想。这里，笔者仅将这些试验中有明显生理活性的几种激素和类激素略作推荐介绍。

生长素（auxin），或称促植物生长激素类。在微藻上得到应用的有吲哚-3-乙酸（IAA）和α-萘乙酸（α-NAA）。这类生长素在超低浓度（0.01 ～ 0.1ng/L）时，对植物细胞表现为具有促生长作用，而在高浓度时则表现为抑制生长。生长素的作用主要是启动细胞核质中信使 mRNA 的合成，促进细胞的分裂，提高核酸和蛋白质的生成速度。生长素还通过影响细胞的组成成分，促进细胞伸长，从而达到刺激生长的作用。据 Nazakenko 等研究，同步培养的小球藻在细胞内干物质增长的过程中，内源性 IAA 也逐渐增多，直至细胞分裂发生。分裂后的藻细胞 IAA 含量处于最低水平。所以，藻细胞的正常生长繁殖与生长素水平有一定的相关性。

激动素（kinotin，KT），化学名 N^6-呋喃甲基腺嘌呤，俗称动力精。据 Spirescu 等试验，以动力精 10^{-7} ～ 10^{-4}mol 浓度对螺旋藻培养物进行试验，能显著促进藻细胞生长、光合放氧、叶绿素 a 含量以及藻的干生物量的提高。以试验浓度 10^{-6}mol 和 5×10^{-6}mol 浓度最显著。

6-苄基腺嘌呤（6-BA），属于细胞分裂素类的生长激素。经试验，以 0.1 ～ 1ppm 浓度使用，对于螺旋藻的生长培养具有明显的促生长作用。一般认为，这类细胞分裂素，主要是通过在核糖体蛋白质合成水平上的作用，诱导细胞的分裂发生。在实际的使用中，细胞分裂素与生长素相配合，能发挥更好的促生长效果。

赤霉酸（GA_3），国内俗称 920。是农业上应用较为广泛的一种植物生长调节剂。GA_3 能使 CO_2 进入乙醇酸途径的中间代谢过程受到抑制，于是促进细胞内多种有机物质的代谢，使光合效率提高。赤霉酸 GA_3 在微藻的研究与培养上经过一些试验后，有一定的正效应，但在培养藻的大面积应用方面报道不多。

2,4-D，在化学结构上与生长素相近，属于生长素类型，农业上作为一种除草剂被应用。在低浓度时，能起到与生长素相似的作用。以浓度 0.1 ～ 1ppm 的 2,4-D 应用于螺旋藻培养，有明显的促生长作用。经一个培养周期后，藻的光密度比对照有明显的增加，但未能达到极显著的效果。因此在藻的大面积培养应用方面还需做进一步的探讨。

多效唑（MET），是一种高效、低毒的植物生长调节剂。对于植物所起的作用是，能在抑制纵向生长的同时促进横向生长。对于培养藻的应用主要是促进藻细胞的旺盛代谢，提高叶绿素、蛋白质和核酸的含量。在正常的培养条件下，以 30ppm 浓度的多效唑应用，对于藻细胞有明显的促生长作用。同时，多效唑也是一种广谱性杀菌剂，对于真菌和细菌具有较强的抑制和杀灭能力。

三十烷醇（tracontanol，TRIA），是一种30个碳原子、终端为醇结构的化合物，分子式为：［$CH_3(CH_2)_{28}CH_2OH$］。这是一种从植物天然腊质中提取的植物生长调节剂。三十烷醇对于大多数植物的生长具有明显的生理效应，对于部分作物有一定的增产效果。Erhard用栅藻（*Scenedesmus acuminatus*）试验，经TRIA处理培养9d后，培养液中藻细胞的光密度比对照提高120%。研究观察认为，主要是藻细胞的还原氮总量明显得以增加，从而使藻体蛋白质增多。Haustad等研究了TRIA对于藻类生长、光合作用以及光呼吸的影响。在以莱因衣藻（C_3植物）的试验中，经用剂量2.3×10^{-8}mol的TRIA处理，培养4d后，细胞数明显增加，叶绿素在3d后含量有显著提高。此外，衣藻的CO_2吸收率在2%与21%的氧浓度下相等，氧抑制明显小于对照。由此，作者的结论意见是：三十烷醇能影响光合作用与光呼吸平衡过程，并能影响藻的生长速度。

三十烷醇使用的配比浓度有一定的要求。实际使用的最佳配比浓度以0.1μg/L（2.3×10^{-10}mol）效果最好。据TRIA的发现人Ries教授试验，有效配比浓度甚至可以低至1.0ng/L（2.3×10^{-12}mol）。如应用剂量高于有效配比浓度，植物细胞的反应反而下降。Ries本人解释，其原因很可能是TRIA在高浓度时，伴随的有抑制性的同系物杂质也增多，影响了TRIA的效应发挥。

6.4.7 其他类型的生长调节剂

此外，一些具有促生长效果的其他有机化学物，在藻的生产上也开始得到实际的应用。如超氧化物2,3-环氧丙酸，可用以抑制RuBP加氧酶的活性，增大羧化酶/加氧酶的活性比，能使光合效率提高40%～50%。

腺甙（adenosine）和α-脱氧腺甙（α-deoxydenosine），在使用浓度4-10μmol时，也被证明能有效地促进微藻的生长，生物量（细胞数）可增长20%左右。还有报道说茉莉酸甲酯（JA-me）对于植物的光合效率、净同化率及氮、磷的吸收方面有良好的作用。这些均有待于进一步试验证实。

除草剂Sandoz 9785是商品名，化学名［BASF13-338，4-氯-5（二甲氨基）-2-苯基-3（2H）哒嗪］，对于螺旋藻是一种生长抑制剂，但却是一种能使ω6脱饱和的有机化合物。Sandoz 9785对于光合作用表现为有一定的抑制作用，而当除去该抑制剂后，藻细胞可立即恢复正常的光合作用。于是近年来泰国和以色列的研究人员，在对螺旋藻的定向开发培养试验中，以生产高含量的不饱和脂肪酸（γ-亚麻酸，GLA）为目标，采用除草剂Sandoz 9785，对螺旋藻（*Spirulina platensis*）进行耐性处理，已显示出较好的应用效果。处理的过程是，先通过逐步提高Sandoz 9785的浓度，使螺旋藻驯化为抗Sandoz 9785的藻株。然后，从其中选择耐受1.0mmol浓度水平的藻株扩大培养。这些抗性藻株仍以Zarrouk培养基培养，在有该抑制剂存在的情况下，能生产出含量高达藻体干重2.4%的γ-亚麻酸。其产量比原生种有效光合辐射能藻种的γ-亚麻酸（C18）含量要高出将近一倍。

第 7 章

螺旋藻大池生产作业管理与维护

总的原则

螺旋藻的生物产量是光合产物的有效积累，藻细胞的光合作用则是实现螺旋藻生产的生物学基础。因此，从藻的大池生产管理至藻细胞生长的生理学观察，其目的均是以直接或间接的方式提高藻细胞的光合作用效率。

螺旋藻的大池生产培养是以实现高产出率、高投入报酬的藻生物量为目标。即要在一定的生产（环境）条件下，获得最大的单位面积产量，达到高品味食品级的藻产品质量，以及尽可能经济节约能量与投入物的消耗。藻的大池生产管理作业，就是优化各种培养条件，保障这种目标的实现，并使生产培养过程能持续、稳定地进行。

根据这一总的原则，对于藻的大池生产管理可以概括为如下四方面的作业内容。

一是创造最佳的生物物理学环境，使光照、气温、大池培养液流速和水分蒸发等，充分适宜于藻细胞的光合作用发生并达到最高效率。

二是维持培养液的最佳营养物浓度水平，并要做到既能满足藻的最大生物量产出的营养需求，又不至于发生营养物的过剩，还要防止营养物的挥发和流失。

三是保持螺旋藻生产的单种生长繁殖优势和维持最佳群体密度，使藻细胞繁殖获得最大的线性生长速度和生长效率。

四是严格控制外源性生物和化学污染因子的侵袭；同时加强培养系统自身的清洁卫生，防止营养物的沉析和内源性厌气菌的滋生。

总之，通过上述对于培养藻的大池生产管理，既要获得螺旋藻的最佳效益产量，又要生产出符合公众健康的高质量的螺旋藻产品。

在螺旋藻的大面积生产过程中，除了自然环境（太阳辐照和气温）是影响藻细胞生长繁殖的主要因子外，其他因子的可变性也很大，这给藻的稳定生产带来许多困难。但只要认识规律和掌握规律，这种复杂性是逐步可以得到克服的。

根据作者多年来的研究与实践，在螺旋藻的大池生产条件中，除了光照与气温，其他因子基本上是可以调控的。即使是光照和气温，只要做到因地制宜和因时制宜，或者采用全封闭或半封式的大棚温室设施，也是可以逐步使其成为或接近藻的非生长限制性因子。

7.1 生产作业优化管理模式

为使得螺旋藻业者和生产操作人员尽快掌握这些规律和顺利进行作业管理，作者于此推荐的优化管理模式可供参考使用（表 7.1）。

7.1.1 保持螺旋藻最佳生态环境，促进单种生长繁殖优势

在大池生产培养过程中，为时刻防患异生物的侵染，必须建立与维持培养藻的单种生长繁殖优势。大池生产管理的原则首先是生产藻池内的各种微生态环境条件，应尽可

表 7.1 螺旋藻生产作业优化管理模式

项目内容	管理参数
藻池类型	回流式（跑马道式）池道（长 / 宽比率 40:1）
培养液深度	15 ～ 18cm（池深 25 ～ 30cm）
使用水质	天然水（水库软水）或自来水、地下水纯净度 7°（1°=$CaCO_3$ 8mg/L），pH 6.5 ～ 7.0，Cl 与 Fe 含量<1ppm
营养物配方*	（$NaHCO_3$ + CO_2）+ NPK + $MgSO_4$（8C:1:0.1g/L），CO_2 气体注入速率 30 mL/（h·L）（培养液）
液流速度	40 ～ 45cm/s
温度（液温）	日温 32 ～ 35℃，夜温 25 ～ 28℃
光照	生产培养 15 000 ～ 30 000lx；藻种扩繁 4 000 ～ 8 000lx
培养液酸碱度	pH 9.5 ～ 10.5
保持群体密度	OD_{560nm} 0.5 ～ 0.6（藻的采收时机）
控制溶解氧	DO 16 ～ 18mg/L（日间光合作用进行时）
镜检观察	藻丝体均匀一致，藻色素深青色，无异源生物
水分蒸发与补充	8 ～ 10L/（m^2·d）（夏季 31℃时）

* 参见螺旋藻培养基配方

能保持在适合藻丝体生长繁殖的最佳状态；同时建立起一种或几种最适合于螺旋藻生长繁殖，而不利于或阻抑其他异源生物和伴生杂藻生存的环境条件。

当螺旋藻原种经过了一、二级扩大培养，进入到生产大池以后，直接与室外露天条件接触，不可避免地会受到外界各种异源生物，如杂藻、细菌、真菌、原生动物甚至昆虫的侵染。此外，在外界自然环境的某些条件改变时，常会诱导藻体本身的变异，严重时甚至形成大量的变异形态（如大量直条形藻丝体）。所有这些异生的和自生的生物体，当它们迅速滋生繁殖时，形成占据螺旋藻的群体，直接影响到藻的产量和品质。在对大池管理严重不周时，还会很快形成异生物优势，甚至置培养藻于全群覆没之地。

观察一座良好的螺旋藻生产培养系统时，首先反映的是满池呈现出深青色的培养藻生长势状态。如果观察到的是呈青黄色的藻群体与培养液，池面呈漂浮的白色或黄褐色片状物，说明藻的生长已处于逆境。

在藻的大池生产培养中，建立和保持单一藻种的生长优势是实现藻的同步生长繁殖，充分有效利用光、温资源，提高藻的产率和产量的一个重要环节。

在建立与维持螺旋藻的纯净培养方面，主要的调控措施有：藻的初期接种与管理和对于光照、温度、营养物供应、涡流发生以及碱盐度的控制。

7.1.2 建立和维持藻的最佳群体密度

培养藻的群体密度是生产性能和产率的体现。建立和维护螺旋藻在大池中的最佳群体密度，是实现螺旋藻生产稳产、高产的重要基础。在大面积工厂化生产上，尽量缩短初期的起繁周期，有利于扩大生产季节和实现全年高产计划。所以促使初期以较快的速度达到合理的群体密度，并在今后的连续生产中维持藻细胞在一定群体密度水平的生长势，这是生产管理上最重要的措施。

藻池接种与管理 生产大池在接纳新鲜培养液和迎接接种藻之前，必须先行仔细清扫、冲洗干净。对于池底与池壁的砂眼与裂隙要补平、磨光，必要时涂环氧树脂防止渗漏。藻池在经过清水存贮 2 ～ 3d 后，即可以投放配制好的各种矿物质营养物。与此同时，藻种经过二级藻种扩大池的生长繁殖，应达到光密度 OD_{560nm}0.5 以上的培养浓度。藻种的接种应该掌握的原则是镜检的藻丝体生长势良好。

配制好营养物的大池和扩大培养好的藻种均不宜久待。在大池培养的各项工作准备好以后，即应着手藻的接种。接种工作应选择在晴天傍晚时进行。藻种液量的扩大比例可以是 1:4 或更浓。一般以接种后大池培养液的藻浓度达到 OD_{560nm}0.1 ～ 0.2 作为起繁浓度。

初期接种量要大 建立培养池藻丝体的最佳群体密度，初期藻种扩大的接种量是整个生产繁殖的基数。因为藻细胞浓度愈大，愈能尽快建立起群体优势，总体生物量的增加也较快，藻的产量也就较高；相反，如接种量太小，初期的比生长速率虽然很快，但由于培养液的透光度太大，露置于日光中的藻细胞容易发生光休克，以致形成群体密度的时间太长；同时，培养液的透光度太大，反而对绿藻类等异生藻的繁殖有利，而对蓝藻螺旋藻不利。

对于生产大池的接种，应以提供足够数量藻种的一、二级原种扩大培养池为种源。当一、二级藻种扩大池的藻丝体密度达到或超过 OD_{560nm}0.5 时，即可以 1:（3 ～ 4）的液量，向已配制好营养物的三级生产大池进行扩种培养。

为加快三级生产大池的藻种向整个生产培养系统扩大的繁殖速度，尽快建立藻丝体的群体密度优势，对于首批扩大接种的三级生产大池，仍宜以标准的培养基（Zarrouk 配方）培养，并保持大池一定的液流速度和涡流。在经过约一周时间（适宜的光照与气温条件）的培养生长，并再次达到 OD_{560nm}0.4 以上时，可继续再以 1:4 的池液量，逐级向下一批大池扩种，直至最后一座池道被接种，经过 6 ～ 8d 培养生长，并达到一定的采收光密度时，即可分批进行生产采收。

培养藻初期的遮阴保护 培养藻在每次扩大接种后，或在经过了一次强度采收后，群体极度减小，透光度加大。在这种情形下，藻细胞往往要承受连续辐照（尤其是高光强时）的激应性（stress）的压力，由此引发光氧化的发生，甚至引起藻细胞的光解体现象。

为避免这种情况发生，在管理上应做到每次扩大接种的时间宜选择在傍晚进行。这样做的好处是，可以使藻细胞在夜间对新鲜培养液的稀释环境，先经历一个适应期。在翌日与随后的两三天内，对接种大池要采取遮光保护措施。同样，在每次采收作业后也要采取遮阴保护，降低光照强度。一般首起一两天，应使光强保持在 4000 ～ 6000lx 范围内，待藻细胞进入到指数生长期，光密度达到或超过 0.3 时，可逐步增强自然光照强度，使之适应室外自然光 20 000 ～ 30 000lx 的辐照强度。但需要注意的是超过了光饱和点的高光强（试验光强达到 60 000lx），对于藻的生长会产生较强的光抑制或促使光呼吸加强等伤害作用。在我国南方亚热带地区，夏季晴天时，地面光强常超过 100 000lx，甚至在 120 000lx 以上，在这种高光强情况下进行藻的大面积生产培养，即使进入了很高光密度的旺盛生长期，仍要采取遮阴保护措施。

搅动与涡流管理　除了藻细胞接种量的基数直接关系到群体密度的建立外，对于大池培养液进行搅动和产生涡流的效率，也是影响藻的群体密度的重要因素。在螺旋藻藻丝体生长到具有一定光密度时，藻体逐步发生的互相遮蔽度（这是群体密度的一个参数），会使藻细胞平均接收到的太阳辐照能量逐渐减弱。

对于生产大池池液的搅动，基本上应与藻细胞在发生光合反应的时间内同步进行。一般从上午 9:00 开始至下午 5:00 停止，作为一天的搅动作业时间。对于一座旺盛生长的藻池，在晴天中午前后，藻细胞的光合反应最为活跃，此时尤其需要进行连续搅动以产生“闪光”效应，促使全体藻细胞均匀获得充足的光能营养，并同时发生一定规律的暗反应。这时的液流速度以 45 ～ 50cm/s 效果最好。但在清晨与傍晚，还是以间歇方式搅动为佳，这样可以节省搅动机的能源消耗。间歇频率只需对搅动机加装定时装置即可加以调节，如设定为每经过 30min 搅动后，停歇 15min，然后又自动启动。这种搅动制式，可通过使用计算机控制实现，根据大池光照和光合放氧的反馈信号，进行自动化管理。

生产大池从藻种接种后的第三日起，要对池液进行搅动。初始时，每日搅动 3 ～ 4 次，每次 15min 左右；从第 5 天起，搅动作业应进入正常运转。这时仍以间歇方式进行搅动。液流速度以保持 40cm/s 为宜。中午前后，在藻细胞旺盛进行光合作用时，可将液流速度提高到 50cm/s。这时，可采取连续搅动的方式或提高搅动频率，这对于提高藻的生长和产量常可收到更加良好的效果。

藻的生产进入夏季高温时期，藻细胞光合作用活动十分强烈。在采用具有上浮性强的优良藻种（Sp.D）进行生产时，在池液静止状态时，藻丝体常在池面上结成大片深青色浮块。这时尤其需要通过搅动来加以驱散，以保持培养藻的均匀分布。安装于藻池内的涡流发生器，则在液流的基础上产生涡流和获得“闪光”照射效应，使藻细胞的光合效率显著得到增强。

虽然在夜间一般使池液保持静止状态以节省搅动能量，但为了防止藻体下沉或结团，并防止厌气菌的活动发生，因此有必要设定在每日午夜时刻自动开启搅动机，进行一、二次搅动，这样做取得的效果比整夜静止要好得多。

在白天对池液进行高流速搅动时，常可观察到在搅拌机附近和池端处液面上，有较多的泡沫和水花产生。这些泡沫一般应呈白色，并且在很短的时间内应自行消失。对于这种情况，可以不用担心培养藻的生长势。但如果形成的泡沫量很多，甚至在液层表面出现淡黄色“被覆”状时，首先会使光照受到阻挡，藻丝体的生长也将部分地受到影响。

一般来说，液流表面如有大量泡沫发生，并呈飘浮堆积状时，我们可以判断为培养液中已发生有藻细胞及其有机物变质或腐败发生。一种情形是培养液内已有部分藻细胞发生了解体现象，蛋白质变性物增多，此时出现的泡沫多呈淡绿色或淡黄色；另一种情形是藻细胞发生了代谢障碍，细胞分泌物增多，有机物腐败，此时泡沫颜色多呈淡黄或棕黄色。以上两种情况均表明，藻细胞的生长代谢已受到某种环境因子或培养液营养物的妨碍或限制。

在观察到培养液中出现的这些恶化变质征象时，应立即查明原因，并采取相应的改进措施。首先是分析检测培养环境中的物理化学因子；其次是镜检观察藻丝体与藻细胞的生长与形态变化。在查明原因后，最基本的做法是立即改善培养藻的生长条件。如是培养液的化学营养成分发生了污染变质，较快的改进办法是把培养藻采收出来，将滤液弃去（有活性炭砂滤池装置的，可经过滤后再用），大池中换进相当数量的新鲜培养液；如果是藻细胞发生营养障碍或是病原性生物入侵，应迅速采取相应的防治措施或对藻进行处理。一般情况在经过这一救急处理后，培养藻可迅速恢复正常生长。

温度与光照管理 温度与光照对于维持螺旋藻的单种生长繁殖具有很大的影响。32 ～ 35℃是喜温蓝藻最适宜的环境温度条件。温度低于 25℃，不但螺旋藻的起繁速度很慢，而且影响群体优势的建立。而绿藻的繁殖最适温度是 25℃左右，这时常会乘机建立优势，这是在管理上必须引起注意的。在大池生产中，白昼高温 32 ～ 35℃，夜间温度如降至 25 ～ 28℃，这种明显的昼夜温差最有利于螺旋藻生物量的增长与积累。由于在露天开放培养条件下，我们只能选择适温季节进行生产。如要达到藻的持续生产培养，尤其是在春、秋季温度偏低，且日温变化很大的环境条件下，最好是采用大棚温室等保护性设施。在这种人工控温的条件下，使白昼温度调节在 32 ～ 35℃，夜间温度不低于 25℃，这对于进行藻的生产是较为优越的小气候环境。

温度固然是对于藻细胞管理活动的基础，但对光合自养微生物来说，光照则是直接的决定性因素。正常生长的螺旋藻在饱和光强（50 000lx）以内，藻细胞的生长繁殖势与光强成正相关。经试验，培养藻在 OD_{560nm}0.4 时，12 000lx 光强的生产条件下形成的产量比 3000lx 光强条件下产量提高 20.6%。藻细胞在达到较高光密度（OD_{560nm}0.5 以上）和在较强的搅动液流和涡流速率 0.4 米 / 秒以上时，可以耐受高至 60 000lx 的光强照射。根据培养藻的这一特性，在管理上需要注意的是，初接种两三天的培养藻应控制光照在 4000 ～ 6000lx 以内；光密度较低（OD_{560nm}0.3 ～ 0.4）的培养藻不宜直接暴露在 20 000lx 以上的光照中。此外，初接种的培养藻在不同的氮营养环境条件中，对于光强的敏感性表现也有不同。如在 $NaNO_3$ 培养液中，6000lx 光强就可能使藻细胞发生光休克反应；而在使用硫铵、尿素的培养液中，8000lx 光强也不至于产生光休克反应。

保持培养液的最佳 pH 螺旋藻正常生长的碱性度为 pH 8.5 ～ 10.5。在夏季的温度条件下，藻细胞在旺盛生长的过程中，每日 pH 约可上升 0.1 ～ 0.15 单位。经常检测 pH 参数的变动，可以了解在光合作用中培养液的 CO_2 或 HCO_3^- 的消长情况。当碱性度接近于或超过 pH 11 时，说明培养液中 CO_2 或 HCO_3^- 的消耗接近最低值，藻的繁殖生长率将受到制约。这时应加强投注 CO_2 气体或补充加入矿物质盐类，使恢复到适当的碱性度。在后一种情况下，最好是以化学计量法添加碳酸氢盐或碳酸盐，使 pH 回落到 9.5 ～ 10.5。

生产经验告诉我们，虽然 pH 8.5 ～ 9.5 也是螺旋藻生长的适宜碱性度，但在这一碱性度范围内，绿藻小球藻也最易发生侵染繁殖。所以通常在螺旋藻的生产培养上，将 pH 调整到并维持在 9.5 ～ 10.5 较为安全。超过了 pH 10.5，藻的生长率和生物产量会发生显著的下降。

为使得螺旋藻在生长繁殖过程中，pH 保持在 9.5 ～ 10.5，在对培养液加注 CO_2 气体的同时，结合添加 $NaHCO_3$ 是较有效的控制办法。

值得注意的是，在螺旋藻长势良好的大池中，当 pH 上升到达 10 ～ 10.5 以后，进一步跟踪检测，常发现 pH 不再继续上升，而是保持在相对稳定的碱性度水平上。在这种情形下，并非是藻细胞的光合作用活性发生了停顿，而是培养液的碱盐度与空气中 CO_2 的吸收交换率达到了某种动态平衡。这时，一方面是具有较高光密度的藻细胞从培养液中摄取了较多的 CO_2 而使碱性的液相离子增加；另一方面，pH 只要略有升高，培养液层面上的气相 CO_2 分压降低，这一动态变化促使液面立即从空气中吸收更多的 CO_2，用以自动补偿藻细胞在光合作用中消耗的碳素。试验表明，在 pH 保持在 10.5 时，培养液仅从空气中吸收到的 CO_2，即可满足培养藻达到 7g（干重）/（$m^2 \cdot d$）生物产率对于碳素的消耗需求量。由此可见，在此基础上，要使藻的生物产量达至更高的水平，就必须为培养藻源源不断地提供更多的碳素营养。

此外，在大池生产上还必须注意避免在夜间藻细胞呼吸性 CO_2 损失。在对于大池的夜间管理作业时要适当调高和维持 pH（≥ 9.5），这样做的好处是可以继续保障藻细胞生物质的积累，并可维持营养成分，促进藻细胞在清晨前的蛋白质转化。

氧浓度的检测与调控　藻细胞的光合放氧与培养液的溶解氧增加，是微藻光合作用发生的基本生物学机制问题，在空气饱和度为 100% 的大池培养液中，液相中的氧分压 pO_2 等于空气的氧分压。其中氧分压占到 0.21 个大气压。

正常生长的螺旋藻细胞在光合作用过程中大量释放 O_2。螺旋藻的生物产量（光合产物）增长也与光合放氧速率相平行。在藻的各种微生态条件达到最佳状态时，藻细胞的光合作用也达到了最活跃的水平，此时，培养液的溶解氧浓度常可达到 200% ～ 400% 的饱和度。因此，检测培养液中溶解氧的相对浓度，是评价培养藻生长活力（光合作用活性）最有用的一个参数。检测手段只需应用一台氧电极溶解氧测定装置，即可较准确地测定培养液中溶解氧的浓度，从而可以判定藻的生长与生物产率情况。

在日常进行的大池生产管理中，对于溶解氧的检测与藻细胞群体生长的评价，一般的参考值是：在夏日高温（30℃）条件下，旺盛生长的螺旋藻，在培养液处于静止状态时，O_2 可达到记录最高浓度为 30mg/L，饱和度达到 400%；在池液流动的情况下，溶解氧的浓度常为 18mg/L，饱和度达到 240%。如在次日同样正常的培养条件下，检测的溶解氧降到 15mg/L 以下，基本上表明，培养藻已发生了不良生长。这时通过镜检观察可以发现，藻丝体的形态和活力已发生了改变，呈现的基本症状是：藻丝体的均质性变差，有大量无定形段节出现，藻色素颗粒变少变淡。这种情形再捱延至下一日，不良症状更加明显，以致溶解氧测定值下降到危险的最低点 8.5mg/L。

经验表明，对于培养液溶解氧的监测，只要稍一疏忽，培养藻即会从稍有生长不良迅速演变为群体溃败。因此，在生产培养上，当溶解氧下降到 15mg/L 时，可作为报警指标；溶解氧 10mg/L 应是采取紧急措施指标。如溶解氧到达这一危险值的最低点时，最简单的应急措施是更换 50% 的培养液。一般经过这一步调控处理后，翌日，培养液的溶解氧又可上升到 18.5mg/L，且镜检的螺旋藻丝体的形态和色素有明显的好转。

溶解于培养液的 O_2 总量是水温、光照强度，以及搅动速度的函数值。温度与光照如在藻细胞的生理限定以内，与光合产氧量成正相关，溶解氧与池液的搅动速度成负相关。因此，在藻细胞进行旺盛光合作用的过程中，加强对于池液的搅动与促使涡流发生，对于降低氧的溶解量具有积极的意义。

在培养藻的生长过程中，常可观察到，尽管藻丝体还在正常生长，表现为培养藻的浓度、叶绿素每日都有增加；但藻细胞的光合放氧能力却在持续下降。在这种情况下，尤其需要连续监测溶解氧水平。氧饱和度降低至 150% 应作为下限指标。因为氧浓度与光合自养藻的生物活性和生物产量密切相关。这也是在大池生产培养条件下，建立维护培养藻单种生长繁殖的一个重要参数。

7.2 大池营养物的消耗与补充

在螺旋藻的连续生产培养过程中，大池培养液中各种大营养元素的含量水平，以较快的速率被消耗而逐日降低，与此同时藻丝体对于营养物的吸收与转化能力则与日俱增，并且以显著增长的藻生物量而进行积累。随着大池中藻生物量被不断采收，培养液中的矿物营养物总浓度也发生降低，这部分营养物是正常的生产性消耗。

培养液中某些矿物质碱金属离子与酸根离子的结合，生成不溶性的盐类而发生沉析，如常见发生的钙离子与磷酸根离子结合生成的磷酸三钙絮状沉淀物等，即是营养物的有效性发生损失的一个方面；培养液中的有效氮与氨，在碱性度很高的情形下所发生的挥发性损失，则是培养液中的速效元素营养组分发生减少的另一个重要方面。

此外，在生产大池搅动作业停止时，或是在搅动与涡流效率较低的情况下，池液中一部分硝酸盐发生的反硝化，或者局部地发生了厌氧作用，也是造成培养液中有效营养成分减少或损失的一个原因。

针对上述营养物的流向与损失，在大池的生产管理上，主要的一项内容就是维持培养液的营养平衡。在具体的操作上，一是要每日对培养液的矿物质营养物进行动态监测，掌握营养元素（尤其是大营养物）的消耗规律，二是对培养液中各种元素成分的损耗部分进行化学计量并加以补充。

7.2.1 对于大池营养物进行补充管理的原则

（1）要从经济节约的观点来考虑，即务必使培养液中各种营养物的浓度，维持在达到藻生物量期望指标的最低需要量的水平上，亦即是要保持营养物的总体构成，使之稍高于下限生长浓度的水平上。这样做的好处是：可以维持不影响藻细胞生理生长需要的较低的营养浓度，减小矿物质的化学反应沉析和氨、氮挥发损失的基数；可使培养液的配制成本控制在较低水平上；尤其重要的是，一旦培养藻在发生了不可逆转的生理障碍时，或是因培养液中严重发生了异源生物的侵染而必须立即更换培养液时，以低浓度配制的培养液在经济上的损失可以降到最低程度。

（2）采用低浓度营养物配制，要以动态、精准监测培养液中营养物的消耗规律为依据，勿使某种营养元素成为限制藻细胞生长和影响生物产量的“桶板”浓度。

为防止营养物临界浓度缺乏情形的发生，对于营养物的投入量，应以化学计量法计算出应补充平衡在生物量被采收带走部分的营养物数量。当然在大池生产过程中的其他损耗与滤液回收过程中的损耗，也应当计算在内并加以补足。

（3）一些重要的矿物质营养在以必需高浓度提供时，对于控制培养藻的潜在竞争者，保持培养藻的绝对生态优势具有积极的意义。具体来说，在培养液中如小苏打浓度和碱性度水平维持在较高的阈值时，小球藻及其他异生杂藻和原生动物的滋生就能有效地得到扼制，而螺旋藻却能愈加旺盛生长。又如，补充磷酸二氢钾能起到抑制虫害的作用。在这方面，主要的营养性控制手段还是碳酸氢钠和 pH。

在螺旋藻培养基的配方中，碳、氮、磷、钾是主要营养（macronutrients）元素，其中以碳素和氮素营养是藻生产投入物中最重要的成本构成要素。因此，大池培养监测的主要对象也是此两种营养物。在手工操作中，一般采用标准比色法进行监测是快速可靠且简单易行的办法。实际上在检测众多的营养元素消耗时，一种简单的办法是只要检测培养液中氮素的消耗，就可以相应地推算出其他营养的消耗。以氮素作为藻细胞消耗营养物的总的参照指标，从氮素的消耗规律，可以相应地计算出培养液配方中其他元素（除了磷和碳素外）在藻生物量生产中相应的消耗量。

对于缺乏动态营养监测手段的中、小型螺旋藻生产单位，作者推荐采用大池营养物连续补料的办法是较为实用和简单易行。这里的连续补料原则是以各主要营养元素的消耗规律为基础，凭平时积累的生产经验（观察藻的长势情况）进行大池反馈补料。

7.2.2　大池藻生产培养添加营养物的方法和规律

（1）每隔 3 ～ 4d，添加 $NaHCO_3$ 0.5g/L，$(NH_2)_2CO_3$ 0.05g/L。

（2）连续培养达 4 周时，添加 $NaNO_3$ 0.5g/L，KH_2PO_4 0.125g/L[或 $Ca(H_2PO_4)_2$ 0.5g/L]，粗制海盐 1.0g/L，KCl 0.5g/L，$MgSO_4$ 0.05g/L，$CaCl_2$ 0.01g/L，$FeSO_4$ 0.01g/L[①]。

（3）连续培养经历 4 ～ 5 个月后，要对大池培养液进行一次全面的换液处理[②]。

7.2.3　二氧化碳注气

二氧化碳（CO_2）在螺旋藻的养殖生产上是主要的营养物，因此是生产作业重要的一环。根据作者对室外培养试验和观察，一般规律是：大池生长培养的螺旋藻，从第五日起，培养液的 pH/CO_2 缓冲系统确立后，每日有 4h 注气即可。在夏季（30 ～ 35℃）进行大面积生产培养时，对大池加注 CO_2 的气体量（V/V）推荐标准（同时使用低浓度 4.5g/L

① 在做上述添加时，添加了铁素可以省掉 EDTA，但以无机态铁对培养藻提供铁素时，由于培养液的 pH 较高，以致铁的磷酸盐沉淀发生。因此补充的铁要以螯合化形式提供。

② 已建立了木炭砂滤塔（槽）的生产基地，由于对采收过滤的回收液进行了经常性的纯化处理，换液时间可以延长至半年或一年。

$NaHCO_3$ 的情况下）是 25mL/（L · h）。每日加注 CO_2 气体的时间，基本上应掌握在藻的光合反应活动的高峰期，即从上午 9:00 始，至下午 4:00 这段时间内。

应该注意的是，不同的温度与 pH 条件时，溶解度有显著的差别。池液温度愈高，CO_2 溶解度愈低。

在连续供气的藻的生产过程中，常会发生培养液中 CO_2 的超饱和积聚，以致逸散浪费。为避免这一情况发生，可以采用测定 pH 的变化来确定 CO_2 注气的持续时间。由于池液的碱性度高低能较正确地反映 CO_2 缓冲系统的变化。在每个藻池单元中安装一个 pH 传感器，并通过一台 CO_2 调节仪使 pH 根据碱性度的变化调节稳定在 8.3。这样，一俟池液 pH 升高，pH 传感器将感测值传至调节仪，于是 CO_2 增溶罩内之注气管球阀立即打开，向池液连续进行注气，直至培养液获得足够的 CO_2，pH 恢复到 8.3。

上述装置最好再连接一台记录仪，用以记录昼间 CO_2 注气工作时间和注气总量。有了这样一套装置，CO_2 的注气速率可以得到校定。同时，通过这一记录仪还可以观察到培养藻的生长活动情况。如在白昼时间内，藻的光合放氧高峰期在中午前后，消耗的 CO_2 也最多，因此要求加强注气频度观察，这种应用 pH 调节仪以间歇式充气 4h 的效果，即在藻的生长繁殖和产率产量方面的比较，与 8 小时连续式注气相比无任何差异，而 CO_2 用量却可以节省一半。

CO_2 的注入速率以 3.5kg（液态 CO_2）/（100m^2 · d）（10h）较为适量。注入增溶罩的 CO_2 气体量，取决于罩内阀门的开张程度，而阀门的开张频率，又取决于充填于罩内的 CO_2 气体，向培养液溶解的速度和藻细胞对于 CO_2 吸收利用的快慢程度。

需要注意的是：在白昼期间，由于罩内藻细胞光合作用放氧和培养液中溶解氧的释放，使罩内 O_2 发生聚积，压力加大，影响到 CO_2 的进一步注入。所以在每日中午前后增溶罩进行一次排气（通过罩框上部的排气小孔盖，排放掉积聚之气体——主要是 O_2 和 N_2，CO_2 只约占排放气体的 4%）。

考虑到一般中、小型规模的培养生产单位，并不一定能对所有藻池加装 pH 调节仪，在这种情况下，采用每日间歇式 4h 加注 CO_2 气的方式较为经济实用。具体的注气时间模式推荐如下（表 7.2）。

表 7.2　注气时间模式推荐

CO_2 注气	停止注气
9:00 ～ 10:00	10:00 ～ 11:00
11:00 ～ 12:00	12:00 ～ 13:00
13:00 ～ 14:00	14:00 ～ 15:00
15:00 ～ 16:00	16:00 ～ 17:00
17:00 ～ 18:00	/

注：在长日照的夏天可以增加一次注气

以上间歇式注气模式，在夏季中午前后藻的光合作用进入高峰时，还可通过调节注气管的定时控制开关，增加注气频率，即作业与间歇时间可设定为 30min。下午 3:00 以后仍可恢复为 1h 注气作业。

7.3　群体密度的检测与产量收获

群体密度对于螺旋藻的生物学意义首先在于其对光能的获取与利用。在培养液中，如藻细胞密度处在 100mg（干重）/L 的极低水平时，在充足的光照（光强在补偿点以上）时，某一任意时刻虽有 50% 的藻细胞能直接获得光照，但其单位液面积上的辐射光能的利用率却很低。而且螺旋藻细胞的生理要求，并不希望同步得到光照和时延过久地暴露在光照中，而是要以一定频率的“闪光”照射模式，这对于藻细胞的光合反应才具有最佳的实际意义。

在生产培养上，保持培养藻的细胞密度在 400 ～ 500mg（干重）/L（OD_{560nm}=0.4 ～ 0.5）的水平，是使螺旋藻获得最大光合效率和生物产率的最佳群体密度。在这一模式状态时，太阳辐照的能量在上层 4 ～ 6cm 的液层中，差不多完全可以被吸收；而在同一时刻，下层 60% ～ 75% 的藻细胞则基本处于暗区状态并在进行着暗反应。但在生产过程中，通过对培养液不停地搅动与涡流发生，这部分“下层”未受光的藻细胞，立刻可在下一轮的“闪光”照射周期中，有机会得到光照和光量子能量营养。

但如果藻细胞处于更高的群体密度 600 ～ 700mg（干重）/L（OD_{560nm} = 0.6 ～ 0.7）时，生物产率反而呈下降趋势。这是因为，在超过了群体密度的生理限度后，藻细胞虽然还有生物量生长，但这时的生长量，仅能补偿因细胞之间严密屏障而发生的比生长速率降低的损失。同时，藻细胞由于处在过高的群体密度压力下，加剧了呼吸作用的代谢消耗，反而使藻的生物量发生负增长。

培养藻群体处在较低密度 200 ～ 300mg/L，或 OD_{560nm} = 0.2 ～ 0.3，这种情况多半发生在采收强度过大的情况下，也不利于藻产率的提高。这种稀薄的低密度藻群体，对于光限制固然大为减小，在一定的时间内培养藻可以获得更高的光能，但在同时，培养池内这种低群体密度藻细胞，对于单位液面积上所投射的辐照能，其利用率却相对降低。这时藻细胞以比生长速率（μ）为标志的绝对利用率虽然可以有明显的提高，但终因藻丝体的群体总数（或细胞基数）太低，以致大生物量的生长繁殖时间拉长，延误了藻的生产季节，这就是低群体密度在生产性培养作业上不可取的理由。

由此可见，对于培养藻群体密度的测定应是生产作业中的一项基本重要的工作（图 7.1）。常规测定每日至少应进行两次。检测内容：一是培养池的藻液浓度，二是培养藻的叶绿素浓度，三是对于每升培养液中藻生物量（干重）的计算。

在连续生产培养过程中，为获得藻的最大生物产量，并使之稳定在一定的水平上，上述三种测定参数可以起到互为参照的作用。其中对于培养藻浓度的测定，是一种反映藻的群体密度变化情况最快捷、最方便的方法。同样，单位容积法对培养藻生物量的测定，也是反映藻生物量变化的一个数量指标。

以上这些测定方法，仅是从定量的方面反映螺旋藻生长与产率的变化情况，而要对藻细胞进行真切的形态学与生理学“定性”观察，还必须进一步通过镜检法检定。因为

观察记录表

日期	时间	天气	温度(℃)		光强 lx	pH	透光度 (OD)	溶氧量 (DO)	液流速度 (cm/s)	藻色泽	镜检	采收生物量 (kg)	备注
			气温	液温									

图 7.1　大池日常观察记录表

每一种环境因素——微生态条件的改变，总会引起藻细胞行为学及生理形态学方面的变化。在进行每一次显微镜检查观察时，要对所观察到的这些细胞体变化，加以详细的描述记载。有条件可以采用照相记录，建立每一种情况的观察档案。这样，日积月累，就可以掌握生产中的变化规律。以后在大池管理中，随时能对生产培养中发生的每一种异常情况，立刻做出分析诊断和提供防治对策。

培养藻的群体密度与生长速度之间的关系，在全年不同季节中有不同的变化规律。显然温度是很重要的影响因素。夏季时，藻细胞在获得辐照时的温度愈高（在最适生理温度范围内），群体密度对于生物产量的形成作用愈大。因此，在夏季时（包括其他季节进行温度调控的温室生产培养），从维持最佳群体密度（400mg/L）获得的生物产率，要比维持过高群体密度（600mg/L）的生物产率提高三倍。同样的方法，若在较低的温度季节（低于最适温度），从维持最佳群体密度获得提高的生物产量却只有过高群体密度的二倍。

大池生产管理的一项重要任务就是维护藻的合理群体密度，建立和保持这种密度的动态平衡。在生产作业上，藻的采收时机是根据最佳群体密度确定的。根据作者经验，培养藻在达到 500mg（干重）/L 的浓度水平时，即可进行采收作业。每次的采收量以总生物量的 25% 为宜。当然，对于藻液的强度采收作业（采收量达到 50% 或更多）也是容许的，但须在藻细胞处于生长高峰期，即此时的光照与气温条件基本上不是生长限制因素。总之，要以维持培养藻很快恢复到最佳群体密度为原则。这样，一方面可使采收效率得到提高，同时在每次采收作业时可以获得最大的藻生物产量。

7.4　病虫害防治

对于一座管理措施得当、藻细胞生长茁壮的培养池，其病虫害的侵染与发生机会极小。相反，大池管理失当，藻生长的生态环境中某一环节欠缺或遭到破坏，这时有害生物的侵染即会乘虚而入。在一般情况下，螺旋藻培养液以其很高的盐浓度和强碱性，排除了绝大多数其他生物在其中寄生繁殖的可能，然而具有丰富营养的螺旋藻及其在旺盛的生长代谢过程中向培养液排出的次生代谢产物（分泌物），毕竟是其他生物竞食与寄生的对象。在这些能经受高盐浓度和强碱性的生物区系中，有异生杂藻、细菌、噬藻体（病毒）、真菌、原生动物和昆虫。它们以螺旋藻为食物链，以培养池及周围环境为栖生地，逐渐滋生繁殖其种群，对其寄主酿成危害。

螺旋藻的病虫害发生与流行，与地理位置、气候条件以及培养方式有极为密切的关系。在作者课题组试验点（江西中部地区），藻池中病虫发生的季节始于 5 ～ 6 月，危害严重的季节是 6 ～ 9 月。在培养液中，这些耐碱性（有的是经过多代栖息后适应了碱性环境）的异生物，一经出现并形成一定的群体时，即酿成为螺旋藻繁殖培养的潜在危险。这种情况的发生也表明了培养藻自身在生长性能方面，已处在某种胁迫之下。例如，一种情况是，可能是培养液的温度超过或低于藻的最佳生理范围，而这种异常温度恰好为别种生物的滋生创造了适宜条件；也有可能是在培养液中，某种最重要的营养元素已处在低于临界浓度的水平，或者开始缺失。所以培养藻及其环境发生的任何一种不良情况，都有可能为其他异生生物的侵染提供某种繁殖机会，进而迅速建立其危害群体，使培养藻发生衰退与溃坏。

异生杂藻　在螺旋藻生产培养中，常有可能区域性地受到异生杂藻的入侵，但从危害的种群来看，为数十分有限（图 7.2）。通过从生产培养池取样、镜检观察，可以发现的主要有小球藻（*Chlorella* spp.）和硅藻（*Diatoma* spp.），其次是月牙藻（*Selenastrun* spp.）和微囊藻（*Microcystis* spp.）。至于绝大多数其他外源性杂藻，由于难以在这种高盐浓度和强碱性的特殊生存条件下存活，通常并不存在，而且在旺盛生长的螺旋藻培养液中，即使可以观察到上述异生杂藻，也是为数极小。只有在培养液的温度、碱性度和 CO_2 浓度偏低的情况下，以外源性绿藻小球藻（*Chlorella* spp.）和硅藻（*Diatoma* spp.）为最主要的侵染杂藻，它们在螺旋藻培养池中最容易形成竞争优势，甚至占领主导地位。因此，在大池生产管理中，对付杂藻小球藻和硅藻的侵染常是最棘手的问题。

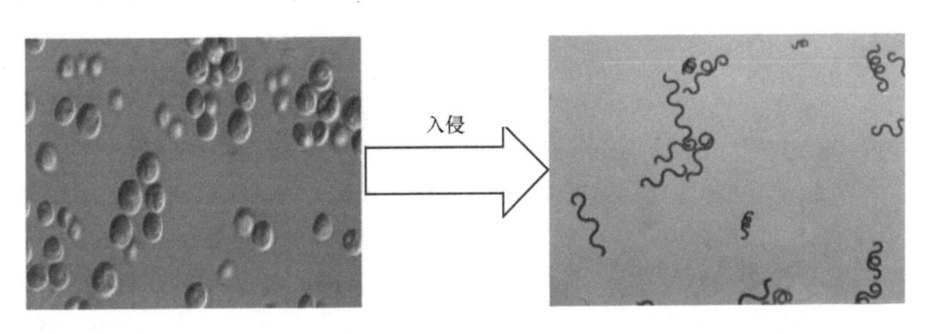

图 7.2　混进螺旋藻的小球藻则是一种异生杂藻

蓝藻－螺旋藻在最适温度下，对于低浓度的 CO_2 的利用要强于绿藻。当培养液的 pH 一经提高（>9.5），培养藻很快形成主导优势。如在 pH 偏低（<8.5）的情况下，添加除

$NaHCO_3$ 以外的其他营养物和 CO_2，反而会使绿藻生长压过蓝藻。

在培养池中 $NaHCO_3$ 的浓度是影响螺旋藻与小球藻竞争的一个重要因素。尤其当培养液中 $NaHCO_3$ 的含量在 4.0g/L（即 Zarrouk 标准浓度的 1/4），固然在短期内能基本满足螺旋藻对于碳素营养的需要，但在同一浓度下（如若 pH 也偏低），绿藻小球藻也最容易发生侵染和滋生繁殖，成为对于螺旋藻的污染杂藻。这一点对于采取以低浓度（$NaHCO_3$）制式培养螺旋藻尤其须引起注意。

引发异生杂藻小球藻和硅藻等滋生的另一个原因是藻的采收模式。螺旋藻在以 300 目尼龙滤布进行采收时，90% 以上的藻丝体可被采集，但培养液中的小球藻和硅藻因其个体远小于螺旋藻丝体，以致大部分仍然可以透过滤布，又随滤液返回大池。这样经过几次采收后，培养池中异生杂藻的数量相对增加，甚至以 50% 的生物量在藻池中形成群体优势。培养液中藻的群体发生的变化到了这种程度倘要挽回的话，可以采取提高 $NaHCO_3$ 的浓度，使达到 16g/L 的水平，并以 NaOH 或 Na_2CO_3 加以调节，使培养液的 pH 达到 10.5 ～ 12.0，通过这一方法，可以迅速压制异生杂藻，促使螺旋藻重新建立起优势群体。

此外，在低浓度 $NaHCO_3$ 的培养液中，小球藻在藻群体结构中成为主导优势后，还会引发以绿藻为食物链的多种原生动物的滋生。如多种纤毛虫（*Ciliata* spp.）、桡足虫（*Copepoda* spp.），甚至还会引发双翅目、鳞翅目昆虫的聚生。于是在这种低碳酸氢盐的培养池中，因小球藻的污染而酿成了生物区系十分复杂的严重后果。

培养液中除了杂藻小球藻和硅藻的污染外，一些其他杂藻，如月牙藻（*Selenastrum* spp.）和微囊藻（*Microcystis* spp.）的侵染也是令人担忧的异生物。这类异生杂藻亦是难以消除的繁殖群落，与螺旋藻争夺营养源，严重时甚至阻抑螺旋藻的生长，造成培养藻品质与产量的下降。

培养池一旦发生了异生杂藻的侵染，在一般性的管理措施下，很难做到彻底防除。因为一旦这些杂藻适应了螺旋藻的生态环境，它们就逐渐建立起自己的种群。因此，在大池生产管理上，选用或综合使用以下几种办法，建立并一贯保持螺旋藻的绝对种群优势，这是最基本的措施。

（1）建立螺旋藻的纯种原种培养与继代扩大培养程序，以达到和保障大池的单种藻繁殖优势。

（2）提高螺旋藻的初始接种浓度，以迅速建立起大池培养藻的竞争优势。

（3）保持螺旋藻的最佳群体密度。这是保持单种优势，抑制其他杂藻的有力措施。一般可使群体密度保持在 OD_{560nm}0.3 以上，其他异生杂藻就难以在其中繁衍。

（4）维持螺旋藻生长的最佳温度环境，也是实现培养藻单种优势的重要条件。池液温度在 32℃以上，有利于螺旋藻正常生长，而对于其他绿藻类则是逆境。

（5）加强对池液进行搅动。对培养液以 40 ～ 50cm/min 的搅动速度进行连续驱动，或者每日以间歇方式搅动（每次 15min 以上），这对于免除异生杂藻的侵染也有明显的作用。

（6）选择适当有效的化学品与药剂进行防治。

以上措施对于防止杂藻侵染，均能起到积极的阻抑作用，但仍不能从根本上进行防治。这是因为培养池发生杂藻污染的情况，大多发生在 pH 8.5 ～ 9.8 的环境条件下。根据这一特点，消灭杂藻最有力的措施是提高培养液的碱性度，摧垮杂藻的适生环境。具体的办法是：对培养液添加 Na_2CO_3，先将 pH 调到 10.5，翌日再升到 11.2。采用这一办法，在数日之内污染杂藻可以明显被抑制和趋向减少，待到第 14 天时，培养藻基本上可以达到和恢复为单种螺旋藻生长状态。

此外，对于混生在藻群体中的硅藻，据农牧渔业部和螺旋藻协作组和江西省农业科学院科技情报研究所（1958）报道，应用 GeO_2 配制成 2.5 ～ 5.0mg/L 的浓度加注进培养液，可以有效地抑制其生存。

细菌性侵染　藻的大生物量大池生产培养免不了细菌性污染的发生。首先是在培养藻的自养性生长环境中存在有丰富的无机盐营养，同时藻细胞本身在生长代谢过程中分泌有多量的有机物（次生代谢产物），这就为异养型细菌提供了繁殖滋生的有利条件。

在螺旋藻碱性培养液中发生与存在的细菌，一般是为数较少的普通非致病菌。这类细菌包括：细菌、酵母菌和霉菌。从室外培养液中可以鉴定出的细菌主要有微球菌属（*Micrococcus*）和杆菌属（*Bacillus*）两类，酵母菌和霉菌的相对数量差不多与细菌相平行。

绝大多数种类的细菌能伴生于微藻生存环境中，但并非是其特定的寄生对象。许多种黏细菌能分解淡水藻类的细胞体或其分泌物，这类微生物一般都属于好气性、具鞭毛的革兰氏阳性杆菌。在螺旋藻培养池内由于碱性度和盐浓度较高，尤其是当培养藻处在健壮生长的过程中，与之伴生的细菌数量也极少，一般大约在 1×10^3 ～ 5×10^3 个 /mL。对于这类细菌的小群体，可应用平皿等分计数法计算。

培养藻在良好的管理状况时，藻细胞处在旺盛生长的过程中，培养液中的伴生细菌和黏菌类，并无多少直接的影响作用，更不致引起病害而影响藻的生物产量。然而，当培养池中有藻体腐败现象发生时，培养液中的有机物大量增加，于是细菌数也迅速增加（有可能增加 1 个数量级或更高）。特别是在藻池管理不善，环境受到污染时，一些致病菌立即会侵染和滋生于培养藻中，这对于以螺旋藻产品作为食品或饲饵料应用，在安全性方面尤其受到公众健康组织的关注。

培养液中不同的碳源会影响到生存繁殖的细菌种类和细菌数。在培养液中，若采取以糖蜜添加来提高有机碳素营养进行藻的异养生长培养时，细菌繁殖的数量要比以无机碳为碳源培养增加 8 ～ 10 倍。因此，在培养液中，若以添加糖蜜的办法来提高藻的产量时，须限定在 140mg/L 以内，而且糖蜜添加的时间亦应选择在傍晚进行。采用这一办法既可以提高生物产率，又可以限制细菌的繁殖。

对于培养液的卫生学细菌检查，应是大池生产管理上的一项重要内容。对于细菌数标准的检测与判定，通常采用最可能数（MPN）技术。在接种的琼脂培养皿上计数每种细菌的菌落形成单位（CFU）。由于螺旋藻培养液的碱性度很高，即使在室外培养时，细菌的初检数量通常在 2×10^3 个 CFU/mL（表 7.3）。检测样在露置 15d 后达到的细菌数，一般在 9×10^4 个 CFU/mL。这种情况比其他藻类培养的细菌学检查要低许多。国际上对于这类食品规定的细菌数不得超过 5×10^5 个 CFU/g（样品）。

表 7.3　螺旋藻在室外培养条件下的常规菌检出数

培养藻（天数）	藻浓度 mg（干重）/mL	细菌数（个）CFU/mL	酵母菌 / 霉菌个（菌落）/mL
初接种	7.5	2.0×10^3（1.5 ～ 3.5）	100
5	30.0	3.5×10^3（1.7 ～ 4.5）	80
10	85.0	5.5×10^3（4.5 ～ 9.0）	70
15	100.0	9.0×10^4（6.0 ～ 15.0）	75
30	72.0	2.0×10^4（1.0 ～ 4.0）	65

注：以上值应为 5 个观察的平均值；在上述细菌数中不应有凝固酶阳性反应的葡萄球菌、沙门氏菌和大肠杆菌的检出

对于藻产品的食品安全性检查，通常以大肠杆菌为主要的细菌检测指标。在这类病原性污染细菌中，尤以埃希氏菌（*Escherichia coli.*）为重要检测对象。在大面积生产培养中，环境卫生不良是大肠杆菌类细菌发生的主要根源。至于病原性沙门氏菌（*Salmonella*）或金黄色葡萄球菌（*Staphylococcus aureus*），应该说在螺旋藻培养池中一般不可能发生。但也不能排除在藻产品的采收与加工包装过程中发生污染的可能性。因此，对于培养藻及其采收产品一方面加强环境卫生的检查，杜绝一切污染源的发生，另一方面还应在生产过程中严格做到无菌操作，切实保障藻产品的品质和安全性。

噬蓝藻体（病毒） 迄今在螺旋藻培养上尚未有噬蓝藻体（*Cyanophage*）呈病毒性侵染的报道。但在其他蓝藻的培养上，已发现有噬蓝藻体的侵染，并早有报道。首次发现丝状蓝藻织纤藻（*Plectonema* spp.）细胞被病毒解体的报道（Heussler et al.，1976）。这种噬蓝藻体与寄主之间的关系明显地受环境条件的影响。它对于碱性环境的耐受性与这种织纤藻的适生环境 pH 7 ～ 11 相符合，而在培养液 pH 低于中性时繁殖即行停止。

温度对于噬蓝藻体生存与繁殖的敏感性甚为明显。据试验，85% 的游动噬藻体在 40℃温度时尚具有侵染力，45℃时侵染力仍有 55%，50℃时则为 0.001%。

尽管在螺旋藻大生物量生产培养上迄未记录到噬蓝藻体的侵染，但也不能排除有非致病性病毒的存在。事实上，据 Heussler 等（1976）采集无病毒致病迹象的绿藻类栅列藻（*Scenedesmus acutus*）观察，在平板培养上，有 7 种病毒颗粒被鉴定为具有阳性反应，但在藻的实际培养中，尚没有一种具有致病性侵染的迹象。因此，藻细胞群体受到病毒直接攻击破坏的证据目前尚缺乏。

真菌 寄生真菌是螺旋藻实验室培养和室外大池培养常可观察到的病害微生物。培养池有寄生真菌的发生与存在，说明藻细胞已遭遇到某种逆境，如 $NaHCO_3$ 已消耗殆尽，温度和光照等条件不佳，或在培养液中有机物蓄积与腐败发生等。淡水微藻的寄生真菌最常见到的有壶菌（*Chytrides* spp.）、日冕菌（*Aphelidium* spp.）、毛霉菌（*Mucor* spp.）、曲霉菌（*Aspergillus* spp.）和青霉菌（*Penicillium* spp.）等，这一类真菌可以通过亚甲蓝染色技术进行特征鉴定。其中壶菌和日冕菌曾经在秘鲁和泰国（曼谷）的栅藻培养上发生过严重爆发，造成全池寄主藻细胞的溃坏。

对于这类水生寄生真菌的鉴定，通常根据其孢子囊、假根的形状与大小，以及游动孢子和休眠孢子的类型进行区分。

游动孢子和游动孢子囊在活体镜检的视野中极其细小。游动孢子以其吸器附着于藻体上，通过细胞对细胞的直接接触摄取藻细胞的营养，这就是它的侵染方式。寄生孢子的发育很快，体积迅速增大，形成孢子囊。囊内孢子一俟成熟，即向培养液释放出多个游动孢子，又去进一步侵犯其他藻细胞。游动孢子在黑暗中生存时，对寄主的黏着力很低，在白天强光照射中黏着力显著增强。

培养液在温度、氧浓度以及钾和镁离子浓度较低而光照较强的情况下，微藻最易受真菌感染。这类寄生真菌平时少量感染时，难以察觉其影响作用，但当严重发生时，能显著减少培养藻的生物产量。真菌感染对于产品作为食品和饲料应用并无卫生学上的严重意义。

防治真菌根本的办法是控制感染。对于藻的培养观察表明，在培养藻群体健壮、旺盛生长时，藻细胞表现为具有较强的抗真菌侵染力。因此，维持藻细胞的最佳生长环境——营养物、温度、pH、群体密度和搅动速度，使培养藻在整个生长生产期中，保持稳定的单种优势，这是避免真菌及其他异源生物侵染最基本的办法。

化学防治只是在严重发生真菌侵染时，作为一种“抢救”性手段的采用。在目前使用的化学农药中，有一类商品性灭真菌剂显示有很好的防治效力。据试验，对甲基磺酰胺（pto-luenesulfonamide）、克菌丹 50（orthocid 50），化学名：N- 三氯甲基 - 噻 - 四氢化邻苯二甲酰亚胺（N-trichloromethyl-thio-tetrahtdro phthalimide），或苯菌灵（benomyl），化学名：1- 正丁氨基甲酰 -2- 苯并咪唑氨基甲酸甲酯 [methyl 1-（butylcarbamyl）-2-benzimidazole carbamate]，均具有较好的防治效果。

杀真菌剂对于各种真菌虽表现为有较好的杀灭性能，且对螺旋藻的生长无妨碍，但杀真菌剂不宜反复使用。因用多了这类药剂，一方面会使真菌产生抗药性，更重要的是在藻产品中产生农药残留物蓄积。这是需要注意的一个方面。

霉菌类侵染主要发生在采收后未及时干燥处理的藻泥中，以及经干燥后包装不严密的藻粉产品中。防止霉菌发生的主要措施：一是控制产品的水分。即使是喷雾干燥的藻粉，也须控制水分在 5% ～ 7% 以内。二是对于采收的藻泥应及时加以喷雾干燥、晒干或烘干处理。三是藻的加工产品应及时以薄膜封装或铝箔真空包装。尽量避免产品过久暴露于空气中。

原生动物（protozoan） 在开放式培养池中，原生动物的侵染往往是难以避免的。在大池管理和环境卫生较好的情况下，虫口基数可以控制在最低限度，对培养藻的危害意义不大。但倘若大池管理不善，而温度和气候条件对它十分有利时，亦会酿成爆发性灾害。1987 年夏季，作者课题组在江西某地的中试生产基地，曾观察和处理过一次轮虫严重危害的实例。在轮虫发生侵袭的池道中，培养藻在 2 ～ 3d 之内大量被吞噬，留下一片淡黄色残藻体和轮虫的排泄物。同样的情况在国内外亦多见报道。

已发现的侵害性原生动物，主要是轮虫（*Rotifera*）和水蚤（*Phyllopoda* spp.）以及其他原生动物。据文献初步报道，侵染微藻的属类有：旋轮虫（*Philodina.* spp.）、臂尾轮虫（*Brachionus* spp.）、阿米巴虫（*Amoeba* spp.）、钟虫（*Vorticella* spp.）、长吻虫（*Lacrymaria* spp.）、豆形虫（*Colpidium* spp.）、尾棘（纤）虫（*Stylonychia* spp.）、侠盗虫（*Strobilidium* spp.）以及纤毛虫属（*Ciliata*）等。此外，还发现一种蓝管虫（*Nassula Ornata Ehrenb*）对于丝状体蓝藻表现有极强的吞噬力。这些原生动物在严重发生侵染时，可达到 30 个虫口 / 升的记录，甚至更多。它们在大量吞食下藻细胞后，加速繁殖（图 7.3）。用镜检可以清晰见到在轮虫的消化道中充满绿色藻体。被害藻池严重者，数日之内可酿成藻的“全群覆没”。

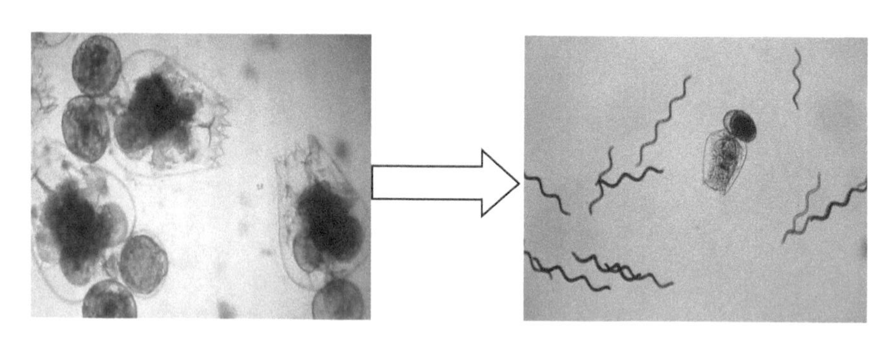

图 7.3　轮虫的繁殖与噬食灾害是爆发性的

对于原生动物的防治，基本的做法还是加强环境卫生的管制，防止污染源的进入与发生。但迄今为止，采用物理方法对于防治原生动物收效不大。目前最行之有效的办法是化学防治，一种方法是对培养液添加 NH_4OH 溶液，使培养液的铵离子浓度达到 20mg/L（以氮浓度计算）。此法主要是利用氨的毒性作用杀灭原生动物，如用于灭杀轮虫，24h 内百分之百的致死量 LD_{100} 只需 17mg/L 铵离子（$N\text{-}NH_4^+$）浓度。试验证明，以 NH_4OH 防治轮虫，其游离铵不但不会影响微藻的生长，反而能促使受害的培养藻迅速恢复群体生物量水平。另一种行之有效的化学药剂防治方法是，应用 0.1% 次氯酸钠可以有效杀灭各种原虫。原农业部课题组曾试验应用有机磷酸酯马拉松进行灭杀，即在培养液中，以 >2.0mg/L 配制浓度的马拉松投注后，在 48h 内可以杀灭绝大部分轮虫，而对于藻细胞生长无不良影响。

上述两种化学药剂的应用办法是目前最经济有效的防治方法。此外，在对付大池培养原生动物尤其是轮虫的侵染方面，还有一种有效的办法是休克处理。其方法是先向培养液中加注磷酸，使 pH 骤降至 3.5，经维持酸性 2 ～ 3h 后，随即以 KOH 将 pH 调回至 8.5 以上。培养液在经过这一先酸后碱的处理后，绝大多数轮虫和原生动物可被杀灭，而培养藻可以保持无恙。如使用这一办法一次不能肃清，还可反复处理几次，直至全部寄生性原生动物被杀灭。

另有一类食藻原生动物——裸腹水蚤（*Moina* ssp.，叶足目 Phyllopoda），在环境条件和气候对它适生时也会形成群体，大量吞食藻细胞，使培养藻迅速发生耗竭。防治措施除可选用药物外，最安全有效的办法有两种：一是将培养液 pH 提高到 9.5 以上，以恶化水蚤的微生态环境；二是加强池液的连续搅动，骚扰水蚤的繁殖活动。这也是防治轮虫等多种原生动物的一种有力措施，并可促进培养藻生物产率的提高。

昆虫　随着螺旋藻生产培养的日久进行，一些半翅目（Hemiptera）、鞘翅目（Coleoptera）和双翅目（Diptera）昆虫，如库蚊、按蚊、摇蚊及水蝇等，一俟在此发现了新的丰富的蛋白质食源，便逐渐开始栖生繁殖。这类种群的危害方式主要是通过在培养池内大量产卵繁殖，从孵化出幼虫开始，即以高营养的藻细胞为唯一食源，直至成熟羽化，完成其整个生活史。

由于这类昆虫的幼虫，能在螺旋藻的碱性培养液中很好地存活，既无天敌威胁，又有极其丰富的营养，因此虫卵的孵化和幼虫的生长成活率极高。幼虫的危害方式主要有如下三方面：一是大量吞食藻丝体，直接影响藻的生物产量；二是利用藻丝体和其他有机、无机物，筑起幼虫的掩蔽体或与丝体凝聚结块，由此而引发厌气菌的繁殖和腐败，使培养液发生污染；三是虫体的排泄物和分泌的代谢废物，对培养液的直接污染。

作者课题组在建立与培养了二年（1987）的螺旋藻生产池内，曾采集到多份害虫标本，经鉴定主要种类有 5 种。

Ⅰ. 致倦库蚊（*Culex pipiens* Fatigans）

Ⅱ. 长足萎脉水蝇（*Brachydeutera Longipes* Hendel）

Ⅲ. 双翅目水蝇属（*Scatella* spp.）

Ⅳ. 斑点翅绿色水蝇（*Scatella bullacostoq* Cresson）

Ⅴ. 白纹伊蚊（*Aedes albopictus*）

在以上种群中，对培养藻形成主要危害，并能建立优势种群的是Ⅰ、Ⅱ两种，即致倦库蚊和长足萎脉水蝇。前者 5 ～ 11 月发生危害，以 7 ～ 10 月对螺旋藻为害最严重；后者 6 月发生危害，7 ～ 9 月最为猖獗，11 月上旬后消失。

致倦库蚊　属于双翅目，长角亚目（Nematocera），蚊科（Culicidae），库蚊属（*Culex*）（图 7.4）。据调查，螺旋藻培养液的游离氨，对于致倦库蚊雌虫产卵特别具有吸引力。其生活史为：卵→幼虫（孑孓）→蛹（被蛹）→成虫。致倦库蚊的幼虫能在 pH 8 ～ 10 的碱性溶液中与藻细胞同步共生。全幼虫期 10.4d，完成一个世代的历期平均为 13.8d。幼虫以口器咀嚼吞食藻丝体，在双目解剖镜下可以清晰见到在幼虫的消化道内充满青绿色的藻体物质。幼龄幼虫的食量小，大龄幼虫食量大。培养藻在发生中度危害的情况时，多见上浮藻黄绿相杂。镜检可见藻丝体损断增多，受害藻的藻产量损失达 26.90% ～ 29.60%，藻生物量的蛋白质损失达 39.48% ～ 45.71%。在致倦库蚊严重繁殖时，其幼虫能将培养藻几近食光，池内出现一片淡黄色残渣。此时，池底多见黄白色幼虫，池壁多

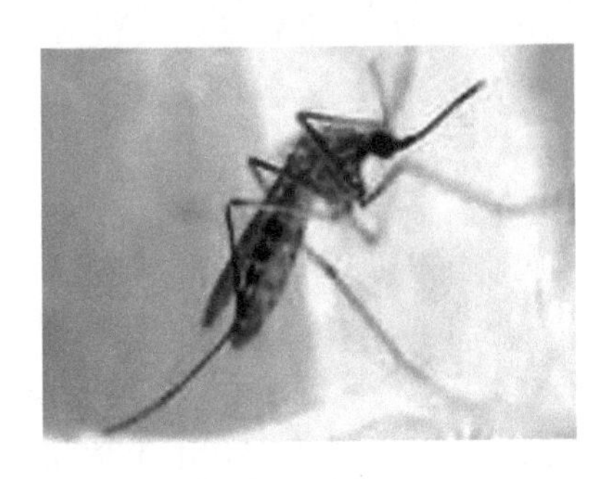

图 7.4　致倦库蚊（*Culex pipiens*）

附着褐色的蛹。当蛹羽化为成虫后，部分蛹壳脱落上浮于液面，而虫粪、一些死幼虫和死蛹则下沉。久之，池内沉积物增多，并有腐臭产生。

长足萎脉水蝇 其生活史是：卵→幼虫→蛹→成虫。繁殖一个世代需 15 ～ 20d，一年内可发生 6 ～ 7 代。水蝇以其幼虫对螺旋藻直接进行危害。据观察，从幼虫阶段到羽化成虫，在日平均气温 23.5 ～ 24.3℃的条件下，以螺旋藻为食物链的幼虫，从孵化出壳至老熟幼虫，成活率达 100%，比对照（清水中生活）的成活、羽化率高出 50%。

摇蚊和水蝇 据印度 Venkataraman 和 Becker（1985）报道，在侵害螺旋藻的昆虫中以摇蚊（图 7.5）和水蝇（图 7.6）最为严重，造成的损失也最大。摇蚊在培养液中产卵，孵化后幼虫呈红褐色，直接摄食藻细胞。在气候与气温对它有利时，大量发生和出现，造成培养藻的严重损失。除摇蚊而外，水蝇也是以相同的方式危害螺旋藻。水蝇不断飞临在培养池上，在液面上滑行时产下卵块。镜检观察可见到，这种双翅目水蝇产下的卵块，从孵化至三龄幼虫，直到羽化成虫，约 10d，与藻的生长繁殖基本上同步。

图 7.5 摇蚊（*Chironomus plumosus*）

图 7.6 水蝇（*Ephydra* sp.）

对于螺旋藻的虫害防治，应着重于周围环境。尤其是早春始繁前和越冬季节前，对于培养池的四周，要彻底清除污水烂泥，填平凹窟沟隙，定期喷洒杀虫药剂，杜绝虫源滋生的隐患。

由于螺旋藻被作为优质蛋白质资源开发，主要用于食品、医药原料和饲饵料添加剂，因此，选用药剂防治首先要考虑对于藻产品的残留物和残毒问题。

一般对于大池进行害虫防治，首先应考虑使用物理防治的办法。具体做法是：按池道横截面大小，制作一框架，以框架为网口，用 20 目不锈钢网或尼龙纱布做成网兜状，将制作好的网框横截在池道中，这样，在池液的流动过程中，培养液中之昆虫的幼虫和蛹，可被网兜滤住。坚持每日上、下午各清除一次滤物。这种捕获办法的防治效率可达 80% 以上。另外，对培养液加强搅动，也可起到抑制害虫存活的效果。在虫情发生时，甚至在夜间也应加以搅动，促使培养液的氧浓度降低至极限水平。采用这一办法，一些浮游性甲壳生物也可彻底得到控制。

生物防治也是值得推荐的防治措施。以“青虫菌 6 号”（含菌数 60 亿～ 80 亿 /mL）液剂，按 1×10^5 稀释后注入培养池，7h 后，对于幼虫和蛹的杀灭率可达 100%，而对螺旋藻无药害，可确保藻的正常生长。

化学防治对于培养池内幼虫与蛹的严重发生，能起到紧急高效的灭杀作用。经作者课题组试验，应用 20% 戊酸醚酯（S-5439），按 2×10^3 稀释，对灭杀致倦库蚊的幼虫与蛹效果甚为理想。用药后 1h 检查，幼虫死亡率 100%，蛹的死亡率 93.3%，48h 后蛹全部死亡。在大面积生产培养上，这是一种低毒、低残留农药，而对于藻细胞的生长繁殖影响甚微。

此外，由壳牌（中国）有限公司 [Shell（China）Limited] 经销的高效“灭百可”杀虫乳剂，对防治致倦库蚊幼虫效果极佳。稀释浓度至 1040ppb①，用药后 1h 的杀虫率可达 100%；配制浓度 17ppb，药后 24h 的幼虫死亡率达 100%。对螺旋藻无残留，生长无影响。这是一种值得推荐的优良杀虫剂。

7.5　工厂化生产技术操作规程（示例）

为使螺旋藻大生物量生产切实做到规范化，提高藻的产率和产量，保证产品的高质量，降低生产成本，取得良好经济效益，特制定本生产技术规程。

本工艺规程适用于：年产藻粉 50 ～ 100t 规模，淡水、洁净式螺旋藻工厂化生产。

本工艺内容包括：生产条件；藻种保存和扩大培养；生产藻种的扩大培养；大池生产管理；藻泥的采收、洗涤、干燥加工；藻粉的产品质量检验；藻粉的包装和贮存等。

7.5.1　生产条件

1. 环境条件

工厂要求建设在年平均气温 15℃，有 150d 以上良好日照，无长时间阴雨、大雾、暴雨和台风的频繁发生；工厂四周环境良好、空气清新。工厂周围至少 500m 范围内卫生条件清洁优良，无工业废水、废气污染、无垃圾、无蚊、蝇等滋生源，具备生产生活优质水源。

2. 生产车间

符合国家食品卫生法的要求，生产车间内配有工作人员洗浴、更衣、紫外线消毒预

---

① $1ppb=10^{-9}$。

备处理室。车间内水磨地面、排水沟、车间内墙贴有1.8m高瓷砖，并具有良好的通风、降温、防雨、防虫蚊、蝇、鼠为害的纱门和纱窗等设施，配有空调恒温调节设施。

3. 生产用水源

水质要求达到：洁净、透明，符合饮用水标准。供水量应得到充分保证，以确保养殖、清洗、洗涤、加工等设备的用水量。工厂日供水量每天不低于300t。水中不得有农药残痕物超标的检出。锌（Zn）、铜（Cu）的含量要低于0.03ppm，铅（Pb）、汞（Hg）、镉（Cd）和砷（As）等含量要符合国标饮用水质标准。

4. 主要生产设施和装备

（1）有塑料或玻璃大棚温室的生产用种池330m^2（一级藻种池30m^2，二级藻种池100m^2，三级藻种池200m^2）。

（2）室外生产大池30 000～60 000m^2（即面积为1000m^{2}的生产池30～60个）。

（3）生产大池叶轮式搅拌机15～40台。选用1.8～2.2kW低速电动机（960r/min或1600r/min），匹配以1 ∶ 40左右转速比的齿轮减速机。

（4）每小时蒸发量为150～200kg水分的离心式喷雾干燥机1～2台。

（5）20万kcal热量的节能高效热风炉1～2台。

（6）每小时采收量为50～100t的采收过滤装置一套。

（7）振动筛粉机1台。

（8）功率为200～300kV · A的供电变压器一台。

（9）二氧化碳储槽（塔）10t量1座。

5. 生产原料

主要生产原料为碳酸氢钠（食品级小苏打）和二氧化碳（液态），其余为氮、磷、钾等肥料可用农资化肥（表7.4）。使用前要对生产原料中的重金属（铅、汞、镉和砷）等含量进行检测；并要以试用后生产的藻粉经检测符合规定标准，方能施用于大面积生产。原料的选购途径或品牌一经确认以后，不要轻易变动。如必须更改时，要重新检测和试用。

6. 工作人员

工作人员必须经体检身体健康，无皮肤病和传染病带菌。并要定期按食品卫生法的要求进行身体检查。生产时要求保持良好的个人卫生习惯和工厂的清洁环境。

7.5.2　生产藻种的保存和扩大培养

1. 藻种

原国家卫生部批准用于生产的螺旋藻种是钝顶螺旋藻（*Spirulina platensis*）和玛西马

表 7.4　螺旋藻培养液配方表

原料名称和投入顺序	藻种培养 SBC-1g/L	生产种培养 SBC-2 g/100kg	生产大池 SBC-3 kg/t
1. 硫酸亚铁	0.01	1	0.01
2. 硫酸铁	0.2	20	0.2
3. 硫酸钾	1.0	～	～
4. 硝酸钠	2.0	150	0.8 ～ 1.0
5. 食盐	1.0	50	0.5
6. 氯化钾	～	50	0.25
7. 氯化钙	0.04	4	～
8. 磷酸氢二钾	0.5	～	～
9. 小苏打	10	800	5 ～ 6
10. 磷酸	～	20	0.15
11. 尿素	～	2	0.03
12. 碳酸氢铵	～	～	～
13. 硫酸钠	～	50	0.2

注：表中一些原料的化学名称，硫酸亚铁 . $FeSO_4 \cdot 7H_2O$；氯化钙 . $CaCl \cdot 2H_2O$；磷酸 . H_3PO_4 含量为 85%。

养殖液适宜的养分浓度参考值，小苏打 . 3% ～ 5%，不能低于 1%；PO_{4^-}. 30 ～ 60ppm，不能低于 20ppm；Mg. 10 ～ 19ppm，不能低于 5ppm；Fe. 1 ～ 2ppm；K. 150 ～ 200ppm

螺旋藻（*Spirulina maxima*）。目前国内用种的许多品系都是从这两个中优选分离培养出来的。本工厂生产用种，4 ～ 6 月，用玛西马螺旋藻藻种；7 ～ 11 月，用钝顶螺旋藻藻种。玛西马螺旋藻具有体型较大、产量较高、易于采收、较耐低温、品质良好等特点，不足之处是耐高温能力较差，抗外界环境变化能力较差。钝顶螺旋藻具有上浮能力好、蛋白质含量高、耐高温和强光能力好、不易受外界环境变化影响、稳产高产的特点，在生产中作为主要用种。

（1）藻种的保存和继代培养使用液体培养基。培养液的配制按修改的 Zarrouk SBC-1 配方配制（详见配方表）。经高压或沸水灭菌处理之后，在净化工作台内移接。每个种的保有数量各为 1500mL，分别用 3 个 500mL 的三角瓶装，三角瓶口加盖通气棉塞。培养藻种每 45d 移接一次。每次移接后要经过 4 ～ 5d 观察，待移接种生长良好后，方可进行批量藻种处理，以防意外原因造成藻种的死亡。

（2）藻种培养后，用同样培养液扩大到 1000mL、3000mL 的大口玻璃瓶内进行培养。培养液的配制方法同上。

2. 藻种室的管理

藻种室内的培养藻种须放置在有日光灯照射的培养架上，每天光照 8 ～ 10h，温度保持在 15℃以上（冬季）或 35℃以下（夏季）。每天摇动培养液瓶 6 次（上下午各 3 次），每次摇 2 ～ 3min。定期（45d）做一次镜检，观察藻种的形态和纯度，发现有被污染的藻种应及时处理。

3. 生产用种的制备

先使用 5 个 10 000mL 的大口瓶培养，然后用 2 个 250L 的玻璃水槽做扩大培养，培养液的配制同前，要采用沸水灭菌处理。生产用种的培养量以达到 250 ～ 500L 为妥。10 000mL 培养瓶的接种浓度保持在透光度 T=65 ～ 70（透光度 T 用 72-1 分光光度计测定），培养液显淡青色。在自然光或人工光照、温度 25 ～ 35℃、通气搅拌的条件下，经 5 ～ 7d 的培养，培养液成浓厚的墨绿色、培养液透光度 T=10 ～ 15 时，就可以继续扩大培养，直到有 250 ～ 500L 藻种液时，藻种室的扩种培养工作就完成了。

一般情况下，每年生产只需进行 2 ～ 3 次这样的扩种培养。生产大池全部投产后，仍要求保持 3 ～ 4 瓶 10 000mL 大瓶的原种培养继代，以备万一。

培养的藻种经镜检后要表现为藻体纯正、藻丝粗壮、上浮性好、色泽蓝青，无杂藻和轮虫等的污染。

藻种的保存和扩大培养是生产中极为重要的基础工作，一定要有专门技术人员精心操作，严格管理。藻种室每天都要保持清洁卫生，工作人员要换工作服和鞋后才能进入，禁止非工作人员入内。

7.5.3 生产大池的放养和管理

1. 生产种池的放养

生产藻种的放养是在有塑料大棚覆盖的水泥池中进行的，将藻种逐步扩大培养，达到 60 ～ 70m^3 的藻种液量后，供给室外大面积生产养殖池放养。扩种过程按一级藻种池→二级藻种池→三级藻种池的顺序进行。这是大面积大生物量生产进行的重要保证，是对付各种灾害如暴雨、台风、病虫害发生，以及藻体退化等必备的基础，以确保藻生产能长期连续进行。

1）水泥养殖池的处理

新建成的水泥池经用净水浸泡 2 周后，再反复用水清洗 2 ～ 3 次。然后用食盐水均匀刷涂池壁和底，让日光晒 1d 待用。

2）养殖液的配制

放种前按预订量灌入洁净水，投入 5ppm 的漂白粉消毒，24h 后，按 SBC-2 配方标准和投料顺序配制。肥料投入的顺序，要按一种料完全溶解后，再投入下一种，投料时要开动搅拌机。

3）藻种的放养

当室外气温达到 15℃以上时，或有大棚覆盖的藻种池内水温达到 20℃以上时，即可在一级藻种池内备好 500 ～ 1500L 的培养液，于 17:00 后，将室内培养好的藻种液 250 ～ 500L 接入生产种池内，接种浓度的透光度（T）在 60 ～ 65 为宜。

接种后 3d 内要细心观察管理，搅拌机在白天要一直开动运行。如遇温度低、光照强，还要适当采取遮光措施，以防在接种初期藻细胞受到强光伤害。正常情况下，7 ～ 10d 后当培养藻液的透光度达到 15% ～ 20% 时，即可按 1:3 的水量扩种到二级藻种池、三级藻种池，直到生产大池。生产大池的养殖液水位深度在 4 ～ 6 个月内为 20 ～ 25cm；在 7 ～ 9 月水位为 15 ～ 20cm。要求生产大池的水温温度最高不能超过 39℃。

扩种过程中最重要的是要掌握接种量，最低的浓度必须控制在 60% ～ 65% 的透光度，否则在强光照射下，容易发生藻细胞光漂白死亡现象，造成扩种的失败。接种时，应避免在强光下进行，以傍晚或阴天为适宜。

4）扩种生产池的管理

每天早晨应仔细观察藻的生长情况，正常的藻体色呈青绿、成片上浮。搅拌机 7:00 启动搅动藻液。每天上午、下午要测定气温、水温；17:00 左右测定藻的生长量（测定用 72-1 分光光度仪，在 560nm、1cm 比色皿测定透光率）。定期镜检各级藻种池的藻体生产情况，及时做好工作记录。

2. 室外生产大池的放养

当二、三级藻种池均已放满，藻液透光度达到 15% ～ 20% 时，便可向生产大池扩种。生产大池的培养液配方按 SBC-3 配制。配制方法和藻种池一样。当一个生产大池的养殖液放养后长至透光度 T 达到 15% ～ 20%，继续按 1:3 的比例面积（或水体量）连续进行扩种放养，直到生产大池养满为止。正常情况下，一般从藻种池放养开始，到大池全部放养直至采收，约需 30d（南方地区）。

生产大池的管理和藻种池相同。工作记录中要有降雨量和蒸发量的内容。

3. 采收（有关干燥加工操作见以下章节）

当生产大池中的藻液浓度达到透光度达到 10% ～ 15% 时，便可进行采收加工。每个大池的采收量控制在总量的 3/4 左右，即 $250m^3$ 的培养量，一次采收量约在 $187.5m^3$ 左右。余下的养殖液藻体，在加入采收过滤的回流液后，使其能继续生长。加入回流后的养殖液其透光度应维持在 65% ～ 70% 左右。

要妥善安排放养速度和采收工作，让生产能力和藻的生长速度处于相对平衡状态。

4. 培养液中主要营养成分的监测

在连续生产的过程中，培养液中大量消耗的主要成分是碳（C）、氮（N）、磷（P）、钾（K）和镁（Mg）。此外，藻液的碱度不断升高。为了确保藻体生长所需营养成分的供给既充足又经济合理，必须对以上消耗量大的营养成分进行定期的动态监测。具体测定方法有：① HCO_3^-：碱度滴定法；② PO_4^-：钒钼黄比色法；③ NO_3^-：紫外光分光光度法或 $FeSO_4$—Z 粉还原法；④ NH_4^+：纳氏比色法；⑤ K、Mg：火焰光度法；⑥ pH：电位法或 pH 试纸法。

每次分析测定取样，以采收后的培养液为宜，用以准确掌握大池肥料消耗的补充量。

通常对于 HCO_3^- 和 pH，每个大池每周测定一次。PO_4^- 每 15d 测定一次。NO_3^- 和 NH_4^+ 视藻的生长情况而定。K 和 Mg 的测定需要价格较高的仪器分析，如本工厂不具备，可 1 ～ 2 个月左右送外检单位进行一次大池平均养分含量的测定。

5. 虫害的防治

在敞开式大池连续生产中，为害螺旋藻生产的主要昆虫有：水蝇、变形虫、库蚊、轮虫等。整个生产季节都可能发生，一般以多雨、低温时发生较为严重。其中尤以轮虫为害性最大，为害方式是幼虫在养殖液中噬食藻丝体，影响藻的生物产量和藻的品质。要经常检查养殖液中害虫的发生情况，及时予以杀灭。

采用的防治方法主要有下面 3 种。

（1）环境防治。保持厂区的清洁卫生，用低毒高效药物定期清除蚊蝇滋生场所，杀灭成虫。

（2）物理防治。在养殖池内置滤虫网，发现有幼虫时，利用搅拌机开动时的液流，集中捞除。

（3）用氨肥 NH_4HCO_3 杀灭轮虫。当发现养殖液中有轮虫出现时（清晨搅拌机开动前藻液中出现微红色现象，用镜检可检出轮虫），按养殖液的水体量，投入 0.01% ～ 0.015% 的 NH_4HCO_3，然后连续开动搅拌机工作 8h 以上，可将轮虫杀灭。但要注意过量投入 NH_4HCO_3 会对藻细胞造成氨伤害。

7.6　大池计算机智能化（AI 5G）管理系统

螺旋藻的生物产率是多种环境条件（包括营养物因子）作用的函数。在进行室外开放式培养时，环境条件是最大的变量因子，也是藻细胞发生生长动力学改变的主要生长限制因子。太阳辐照和气温是最重要的环境条件，常随季节和气候而变化。这对于实现藻的生物产量首先是一种需要加以控制的变量。在藻的生长与采收过程中，各种营养物投入因子的消耗也处于动态变化之中。因此，在螺旋藻的大面积、大生物量生产中，只有实行控制条件下的培养生产，或者说，实行严格的封闭式或半封闭式工厂化规模生产，并建立起对于各种环境条件和营养因子的动态监控系统，才能达到稳产高产的目的。

在以往的人工操作管理中，很难对于生产大池系统进行全面的监测与控制，也很难对于各种具体的生长限制因子进行实时性综合评价，而使用计算机技术，却可以轻而易举地对培养系统进行实时组态监测分析，可以快速地对大池生产过程中出现的情况加以评价和做出相应的处理。因此，建立大池生产系统计算机监控的意义在于：①对出现的早期警报性迹象，可以做到及早发现，及时防止，以杜绝发生一两天之内全群覆没的危险（这是以往微藻培养最常见的情况）；②可以经常性评价藻细胞的光合作用或其他代谢方面的功能，于是可使藻的生物量生产维持在最大可能的潜力性基础上；③可以建立培养藻在整个生长与生产过程中的记录档案，使生产者积累丰富生产管理经验，能对于生产上发生的每一种情况随时作出判断。

大池计算机管理系统包括生产管理和环境及营养动态监控两个方面、三个子系统。在生产管理方面，计算机可以辅助进行各种营养物的称料与配料、大池供水与供 CO_2，池液搅动与涡流发生速率和大池光照、气温与通风等的调控，以达到维持大池最佳生产环境条件。同时，通过对培养池（生物反应器）安装的各种物理性和化学性的传感器，可以经常性地对每座大池进行动态检测，正确评判藻细胞生长过程中的各项参数，如培养液的溶解氧、藻细胞光密度等，以观察了解培养藻在光合反应中，各方面的反馈信息，便于管理人员快速、及时、可靠地评价藻的生理、生长状况，评估在各种情况下任何时刻藻的生长性能和产率、产量。

建立大池计算机动态（WiFi 和 5G)AI 智能化监测管理的主要工艺过程可以概括如下。

（1）计算机生产管理和动态因子监测系统的主控台和逐级菜单提示。

（2）培养池系统中各种环境条件和生长限制因子的实时监测与组态屏幕显示。

（3）各单项指标（单项生长参数）的计算机屏幕逐级查询、数据显示或图形显示。

（4）大池营养的反馈补料参数。

（5）对大池系统各种生长环境条件和生长限制因子的实时动态调控。

（6）显示结果的屏幕、数据传送或报表打印，作为档案记录。

计算机大池管理系统的硬件配置包括以下几方面。

（1）主控操作台。由 1 台高性能计算机（例：英特尔酷睿^{TM} 3.10GH$_Z$ CPU）与 STD 总线工业控制机组成。可配有 20 寸大屏幕、大型操作专用功能键盘（或触摸屏）。

（2）过程 I/O 板（带 AD 卡和信号放大卡）。

（3）各种物理、化学传感器（设置于大池内，联结至 I/O 板）。

（4）信号传输电缆（I/O 板至主控台及主机总线）。

（5）周边设备，包括打印机，UPS 等。

（6）MS-DOS V3.1 以上操作系统及局域网卡等。

大池计算机管理软件应是一种通用于 PC 总线类型的组态式、实时多任务控制系统。建立逐级模块化管理是计算机系统的核心，这是大池管理系统的基本软件。根据螺旋藻大池生产系统的特点，应建立多种调用模块程序（图 7.7）。

其中，系统总体结构可分成 4 个大模块。这 4 个大模块是：主控模块，以及在主控模块下建立的 3 个再度调用程序一级子模块，包括：动态监测模块、生产管理模块和采收作业模块。在每个一级子模块下，又细分为二级职能子模块（图 7.8）。

整个系统可在主控模块的控制下，将一级、二级甚至多级子模块联结起来运用，并在显示屏幕上进行实时调用和显示。各职能子模块系统还可单独调用运行，完成各自的

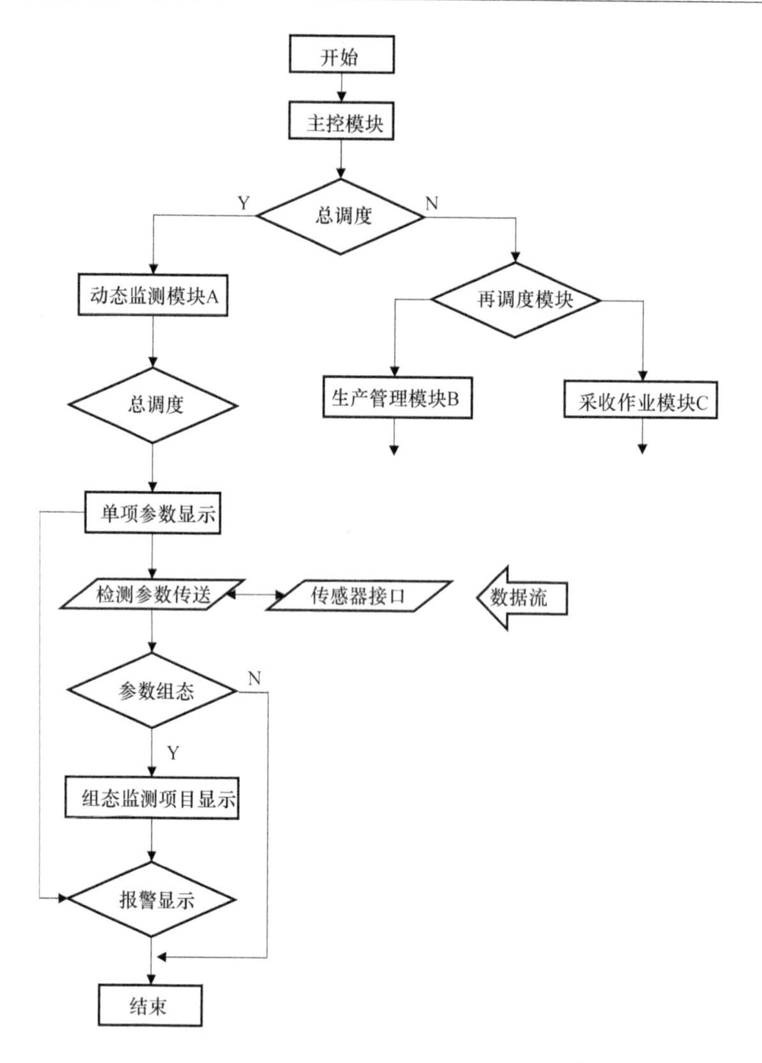

图 7.7　计算机大池管理（动态监测）示意图

功能。系统的这种结构既保证了其整体性和综观性特点，又增加了系统使用的灵活性和针对性功能。

职能子模块程序是大池管理的基础。试以动态监测模块程序下的职能子模块为例。

监测：该模块连接A显示菜单，可以调用过程I/O板传送来的各种化学离子参数和培养藻的生物学参数，实时反映培养池内的藻细胞生长情况。

调控：该模块与B显示菜单联结，可以显示与调控（通过大池系统中机械传动装置）各种物理环境参数，从而达到建立最佳环境条件。

报警：在该子系统模块中，设立有微藻生长的各项限制参数，这些参数包括藻细胞生长的物理环境、化学离子浓度和生长生物学参数，每种参数建立了上限值与下限值（表 7.5）。当任何一种参数超出了上、下限范围时，即会自动报警显示。

此外，在此子系统模块中，还设立有以下模块

打印：子模块运行结果除了用屏幕图形显示外，系统还提供报表打印这一功能。该

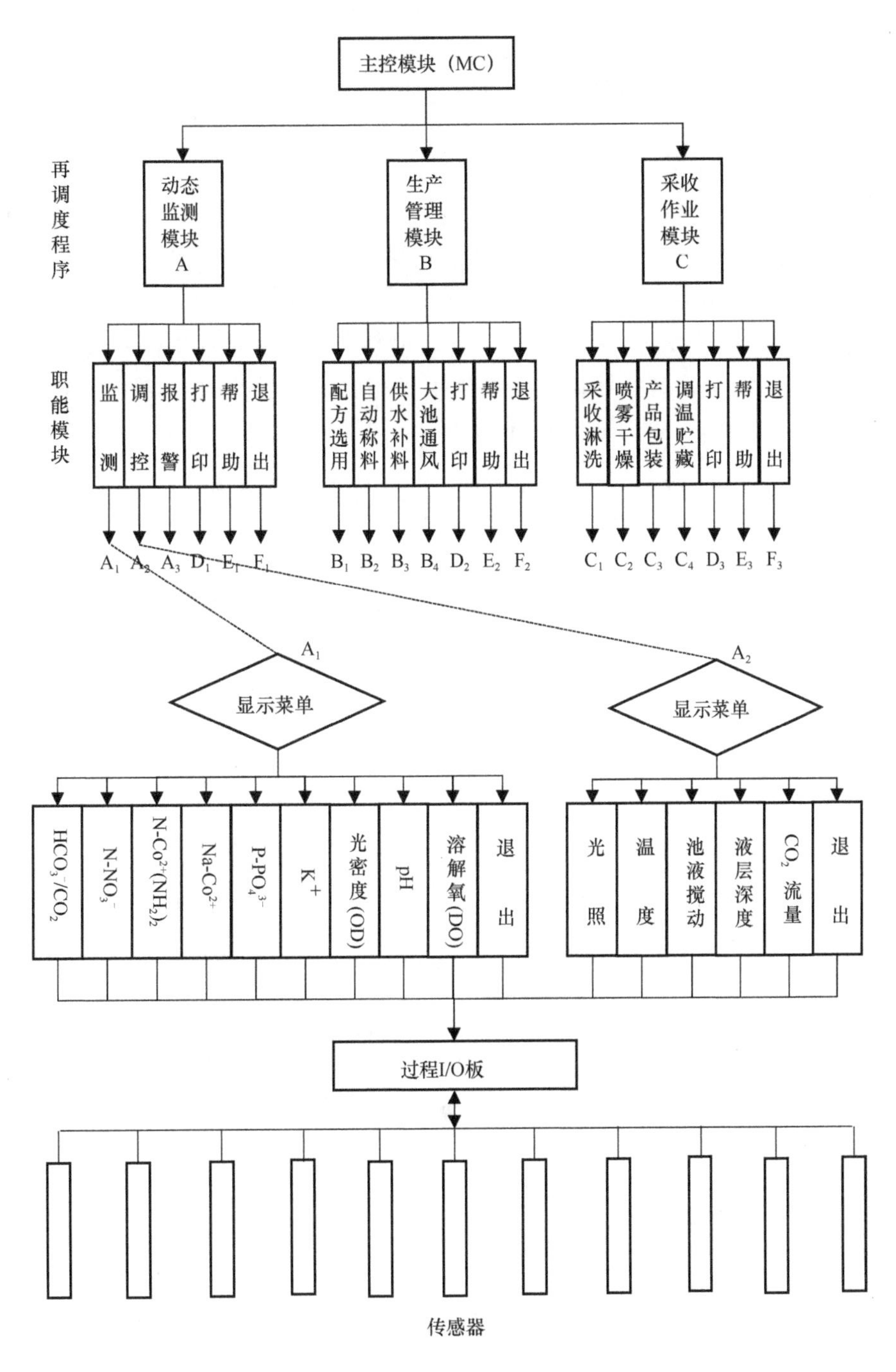

图 7.8　计算机管理二级职能子模块图

模块提供调用模块的结果打印和打印数据抽取过程中所需的咨询表。

帮助：在帮助功能模块中，提供给使用者系统的结构图，能使使用者对该调用的子系统结构有一个大致的了解；系统中还提供了几套针对不同情况和检测对象进行评价的指标体系，供操作者和管理者选用。

退出：此功能提供给操作者退出系统的出口。

以上介绍的计算机管理系统仅是大体的思路。在实际的编程和系统的实现中，这些模块的调试过程经常要修改数据和参数，甚至变换所采用的数据和方法，或修改模块程序，重新编制调试一个新的算法程序。

目前在许多管理系统中都增加了图形输出界面，使结果输出更为形象生动和具有直观感的效果。图形可以是圆饼图、直方图和曲线图 3 种，并有打印输出功能。

大池计算机管理系统的进一步提高，还可以采用多媒体和主屏幕多窗口显示技术；大池系统内通过 WiFi 局域网络和交互式联结，使整个生产培养系统和采收加工系统的管理置于中央控制系统中。这些计算机控制技术目前已完全可以付诸实现。这对于大幅度提高大中型螺旋藻生产厂家和生产系统的效率，无疑将起到很大的作用。

表 7.5　计算机大池管理动态监测调控报警参数

监控内容	监测项目	最佳参数	报警设定		说明
			下限	上限	
物理环境	光照	6 000lx	4 000lx	800lx	接种 1 ～ 3d 内
		12 000lx	6 000lx	40 000lx	正常生长培养
	温度	32℃	25℃	37℃	白昼液温
		27℃	25℃	30℃	夜间液温
	池液搅动	45cm/s	30 cm/s	52cm/s	
	液层深度	18cm	15 cm	20cm	
	CO_2 流量	25mL/（L·h）	20mL/（L·h）	35mL/（L·h）	9:00 ～ 17:00 注气
化学营养	pH	9.5	8.3	10.5	
	HCO_3^-/CO_2	4 000ppm/L（0.25mm/L）	2 000 ppm/L（0.15 mm/L）	8 000ppm/L（0.5mm/L）	
	N-（NH_2）CO	25 ppm/L	10 ppm/L	100 ppm/L	配合使用
	N-NO_3^-	300 ppm/L	100 ppm/L	450 ppm/L	
	N-NH_4^+	40 ppm/L	20 ppm/L	150 ppm/L	配合使用
	P-PO_4^{3-}	90 ppm/L	16 ppm/L	160ppm/L	
	K^+	300 ppm/L	200 ppm/L	600 ppm/L	
	其他重要元素 *				
生物学参数	溶解氧（DO）	16mg/L	10 mg/L	25mg/L	
	藻密度（OD_{560nm}）	0.45	0.20	0.70	

* 其他重要元素：Na^+，Ca^{2+}，Mg^{2+}，Fe^{2+}，SO_4^{2-} 和 Cl^- 可根据 N 素的消耗值进行相应的测算

第 8 章

螺旋藻的采收与干燥加工

8.1 生物质的增长规律与采收作业的最佳时间

在微藻生产培养作业中，正确掌握采收时间对于藻的产量与质量，乃至藻产品的深加工开发具有重要的生物工艺学意义和经济意义。

螺旋藻细胞在白昼进行的光合作用中，将大量吸收和同化的 CO_2 转化生成多量的碳水化合物和高能磷酸化 ATP，这是一个高效的吸能过程。与此同时，它还在硝酸还原酶和亚硝酸还原酶的催化下，从培养液中吸收同化较足量的 NH_4^+，这一过程是以消耗内源碳水化合物的贮存为代价的。同化反应的结果是将无机氮转化成细胞自身的有机氮化合物。在此基础上，又经过多种酶的催化和借助 ATP 的能量，生成多种蛋白质功能组及其氨基酸类。因此，螺旋藻生物量的增长与其蛋白质含量成正相关。

螺旋藻细胞的一个显著特点是，它有比其他生物强大得多的蛋白质合成体系与合成功能。蛋白质的合成是在核糖体中进行，螺旋藻的核糖体属于 70S 类型。到了夜间，由于藻细胞呼吸作用和代谢活动的加强，一方面它部分消耗了白天积累的光合产物碳水化合物；另一方面呼吸作用的中间产物提供了脂肪合成的碳的骨架，也促进了蛋白质的合成。此时藻细胞以 mRNA 为模板，在核糖体和特异性的起始 tRNA 等许多因子的作用下，首先将 20 种氨基酸加以活化，然后排列成多肽链，终至生成自身的蛋白质这一完整的功能过程。

经测定，螺旋藻蛋白质的含量变化有着十分明显的规律性。藻生物量中的蛋白质含量以每日清晨 8 时左右最高，从傍晚时开始直至夜间（17:00 ～ 20:00）含量显著变低（图 8.1）。其变化规律为：首先是在白昼进行的光合作用过程中，碳水化合物与氮的相对含量（C/N）和总含量不断增加；其次是进入夜间（20:00）后，白昼积累的碳水化合物不但不再增加，而是相当一部分被转化为蛋白质。从翌晨 4:00 至上午 8:00，蛋白质与氮的相对含量（N/C）大幅度增加。

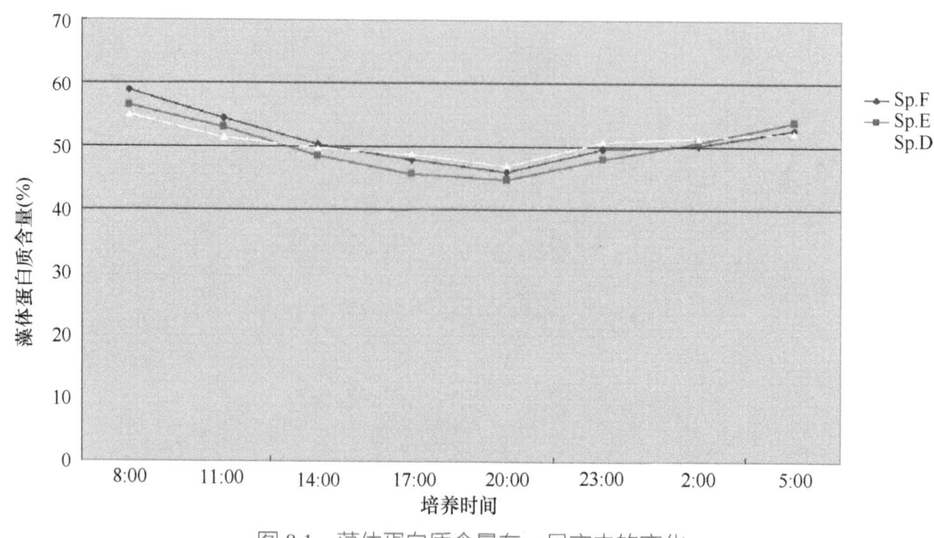

图 8.1 藻体蛋白质含量在一昼夜内的变化

经用早晨和傍晚采集的藻作抽样分析表明，藻体蛋白质的百分含量（以总生物量计）相差达 10% ～ 15%。根据藻体蛋白质的这一变化规律，在进行藻的采收作业时，可以按照藻生物质的不同经济用途来掌握一日之中的最佳采收作业时间。即：如欲在采收到的藻生物质中有较高含量的多糖，则以傍晚（17:00 左右）采收的产量较高；如若希望以藻生物质中有较高含量的藻蓝蛋白作为主要的加工开发产品，则以上午 8:00 ～ 9:00 采收的质量和产量为最佳。

同样，在螺旋藻生长培养的一个周期中，藻生物质中之蛋白质含量也表现出规律性的变化。由表 8.1 可见，藻生物质的蛋白质含量在培养第 3 天后达到最高。因为此时的藻细胞处于线性生长阶段，细胞增殖也最快，光合生成的碳水化合物能以较高的速度转化为蛋白质，使藻生物质中的蛋白质相对含量和总量水平不断上升。

表 8.1　一个生长收获期中藻体蛋白质含量的变化

藻种	蛋白质含量（%）				
	基数	3rd D	6th D	9th D	12th D
Sp.D	37.28	55.65	55.10	53.20	51.68
Sp.E	39.90	59.62	54.97	53.32	53.43
Sp.F	42.47	59.38	54.37	54.02	53.78

但随着培养生长期的延长，蛋白质含量便表现为下降的趋势。其中的主要原因可能是藻的群体密度有了大量的增长，使光合效率降低；同时也与藻细胞的老化有关。因此，为保障藻粉质量，在一个培养周期中，以生长前期，即在 OD 达到 5.0 或 6.0 时采收的质量为佳。在连续进行的生产培养中，应将及时采收作为提高藻生物量和质量的一个重要措施。

8.2　采收流程作业要点

螺旋藻的采收工艺过程包括：藻生物量的浓集、藻泥的淋洗脱盐，并使之均质化，以及过滤液和淋洗液的回收再利用。这是螺旋藻滤水预浓成为初级产品的前工艺阶段（图 8.2）。这一阶段的采收质量，直接关系到终端产品鲜藻泥，或者下一步干燥脱水和藻粉的产量与质量。

在螺旋藻的采收作业中应掌握的技术要点有如下三方面。

一是尽量避免藻细胞的机械损伤。由于螺旋藻的细胞壁主要是多糖结构，表面细胞膜是黏多糖，与其他微藻类相比，几乎无纤维素。因此在采收过程中如发生剧烈震荡和机械磨擦，常会损伤细胞壁而使内涵物流失，致使培养液中有机物徒然增多。其结果先是藻的采收生物量减少，质量变差；之后是为那些混养性和异养性微生物在培养液中滋生繁殖提供了营养条件，以致污染发生。

二是对采收分离的藻泥要进行充分的淋洗，达到酸碱度呈中性。由于螺旋藻的正常

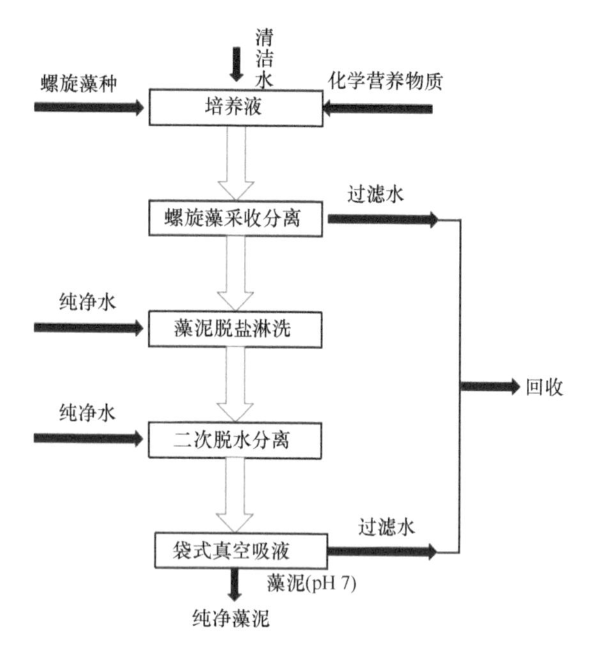

图 8.2　螺旋藻采收工艺过程

生长环境是 pH 8.5 ～ 10.5，培养液中含有多种作为营养基的盐分，其中尤以 $NaHCO_3$ 含量很高（如常以小苏打为培养基底物），这种情形如在采收阶段不予充分淋洗干净，将会使产品的灰分增多，影响到藻的品味和适口性，乃至藻的精深加工和抽提。

三是严格掌握采收与淋洗过程中的卫生学标准。具有丰富营养的螺旋藻在强碱性培养液中生长时，环境中的病原微生物很难对它发生侵染。但一旦采收分离后，尤其是在淋洗脱盐过程中，应避免在未经消毒的环境中，或应用受病原菌污染之水进行淋洗。在进行最后一道淋洗操作时要求应用无菌水。此外，环境、应用器具和淋洗水，均应杜绝其他生物和铅、砷、汞、镉等重金属离子以及化学农药等因子的污染。

螺旋藻每日采收量的计算通常有两条原则。

一是以生产面积和生长周期确定每日作业量。即每日以计划采收面积进行大池藻液过滤。以 10 000m^2 净生产面积为例，计有 40 条池道（每条池道设计为 240m^2，培养液深 0.18m），总液量即为 1800m^3。根据藻细胞的生长规律，以 7d 为一个培养周转周期，则需日采收处理 6 条池道，约 260m^3 培养液。

二是根据培养藻的实际生长光密度（即实际达到的藻生物量浓度）进行采收。在正常情况下，当藻的生长指标一周后达到 OD ＞ 0.5（g/L），每平方米面积即有 90g（干重）的生物量。如以在采收作业中发生 10% 的损失量，平均产量可以达到 11g/（d · m^2）（以离心法采收）。根据上述计算，日采收作业量 260m^3，可以采收到藻泥约 1200kg，以喷雾干燥法处理，每日约可产藻粉 120kg。

诚然，在一年的生产季节中，气候和光照的变化，病虫害的侵染，以及大池的正常清池作业等各种因素，都会影响到藻的正常生长和采收作业的正常进行。以上原则在具体的生产实践中可以结合参考应用。总之，应以 OD 法为主，达到了一定的光密度即需及时采收。但如完全依赖 OD 法而忽略了计划作业采收，往往会发生各大池同步生长，造成日采收作业任务忽大忽小，反而影响藻的采收与产量，这是在采收作业上应该注意和防止发生的。

8.3　采收方法的选择

使藻细胞从培养液中较稀淡的悬浮状态 [400 ～ 500mg（干重）/L] 浓集起来，在方法上有多种选择。但如何做到更为经济有效，既不损伤藻细胞，又要做到快速和低能耗。这是在采收工艺上需要考虑的一个重要方面。

目前国内外对于螺旋藻的采收和预浓缩使用的方法有：离心法、浮集法、过滤法、化学絮凝法、电浮法以及沉淀法等等；在采收的机械原理方面有：连续传送带过滤法、机械震动法、离心沉淀法以及砂床过滤法等等。然而上述这些方法和采收机械的应用，仅只有少数几种对于螺旋藻的收获较为经济有效。以下是若干种主要方法的要点介绍。

离心法　这是从微藻培养液中彻底收集藻生物质最直接的方法（图 8.3）。其中自动排渣分离机、喷嘴式和螺旋式离心机能够有效地浓集各种类型的微藻。应用离心力场 500 ～ 1000×g，0.25 ～ 1min，可以达到高度滤清的效果。离心法的最大优点是操作简单，效率高。因此无论是丝状或非丝状的微藻皆可采用。唯其投资成本大，能耗大（1kW · h/m^3 培养液）。此外，离心法应用于螺旋藻采收时，对于藻细胞仍会有一定程度的损伤，不如浮集法和过滤法安全。

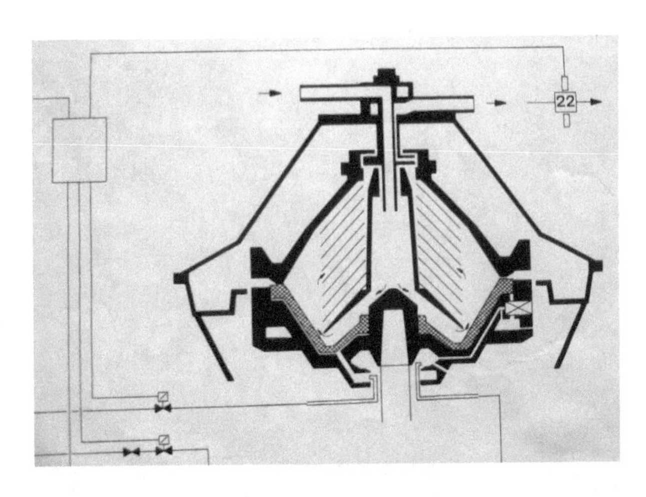

图 8.3　离心分离机结构示意图

在机器的选型方面，国外生产厂家多倾向于采用固体浮槽式滗析离心机。这种离心机可以采收到含 15% ～ 17% 固形物的藻泥。据 Venkataraman 和 Becker（1985）介绍，印度 CFTRI 使用的自动排渣分离机在螺旋藻生产上有很好的效果（图 8.4）。这种碟式离心机能连续分离悬浮藻体和向培养池排放分离液，并能自动进行清洗，不影响生产的操作进行。据了解，国内藻业生产厂家应用国产蝶式自动排渣机效果亦较好。

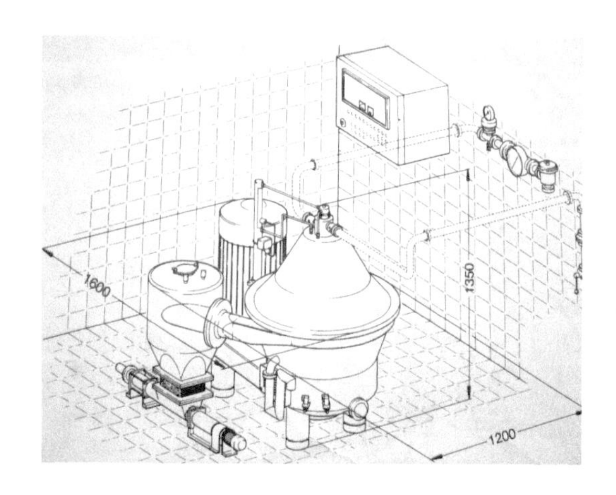

图 8.4　固体浮槽式滗析离心机安装示意图

过滤法　螺旋藻从培养池中经过泵汲或采用重力落差法，被引注入过滤框进行过滤，然后将过滤到的固形物（藻泥）用自来水和无菌水分别先后淋洗并再过滤，最后获得净纯之藻泥（图 8.5）。过滤介质虽有细砂、硅藻土和纤维布等多种材料，但在螺旋藻生产上普遍选用 60 目（部分采收）～ 370 目（全部采收）尼龙纱布或不锈钢金属筛网进行采收。应用尼龙纱布（框架式或传送带式）的优点是可以根据采收生物量进行选用和调换，对于藻细胞无损伤，产品的质量可得到保证，成本得到降低。缺点是在过滤进行到一定阶段时，常发生藻泥堵塞纤维网孔，使过滤效率徒然降低。在大规模生产中，对于这一缺点可通过采用传送带，及时更换筛网，结合反复冲洗等办法加以克服。

图 8.5　过滤法采收螺旋藻

螺旋藻的滤过式采收，还可以选用板框式压滤机。这是一种水平叶片或硅藻土过滤机，采用间歇式作业，此法具有物理性能稳定，耐碱性腐蚀，操作轻便与成本较低等优点。如压滤面积为 $0.3m^2$，其过滤速度比同面积重力法过滤要高 2.6 倍，生物产量也可增加约 10%。

微孔筛滤法 筛滤法的基本原理与板框式 / 传送带式过滤相似，只不过在过滤装置上增加了震动和摇转等方式，也有设计制造成旋转的鼓形装置。这种动态过滤筛在一定程度上可以消除藻泥沾结、粘网等问题。所有的丝状微藻几乎都可以应用 370 目微孔滤筛滤出。由于螺旋藻藻丝体长度一般在 200 ～ 300μm，因此采用 400 目以上密度的滤筛有效采收率可高达 95%。滤筛的口径一般制成 1 ～ 2m（图 8.6）。在大规模培养和连续生产过程中，可以应用多台这种设备同时进行操作。微孔滤筛的好处是可以获得纯净产品，有利于藻池的同步培养，采收效率可以有较大的提高。但同时，微孔筛在凭借震动过滤的过程中，对于藻丝体仍有稍许擦伤情况，造成少量细胞破损，以致回流入藻池中的有机物增多。

图 8.6　不锈钢微孔筛滤机

过滤法普遍存在的一个问题是，培养池经过了反复采收作业后，一些异生性微藻，如小球藻和硅藻等，会因每次采收都能透过滤网进入大池，这样实际上在培养液中这些微细的污染生物得到了富集，培养池中逐渐让小球藻等杂藻建立起群体优势，最后甚至有可能不得不废弃这些培养液。在这种情况下，培养大池必须彻底清洗消毒，并换入新鲜培养液，重新接入扩大的纯种藻种。

8.3.1　滗水法与离心法配套过滤

近年一种国产膜片式滗水机在微藻的采收过滤中得到推广应用。但目前仅被应用于以光合生物反应器为主的微藻生产采收作业中，作者试用后发现，藻泥的采收效率优良，质量纯净，以新鲜藻泥作食用时，适口性（无培养基盐离子味，pH 7）好。该滗水机系统设计采取卧式、膜片负压渗透法过滤。其中的膜片组串通过机电传动缓缓做推进式旋转。每片膜呈中空状，以负压滗水。其采收工艺流程如图 8.7。

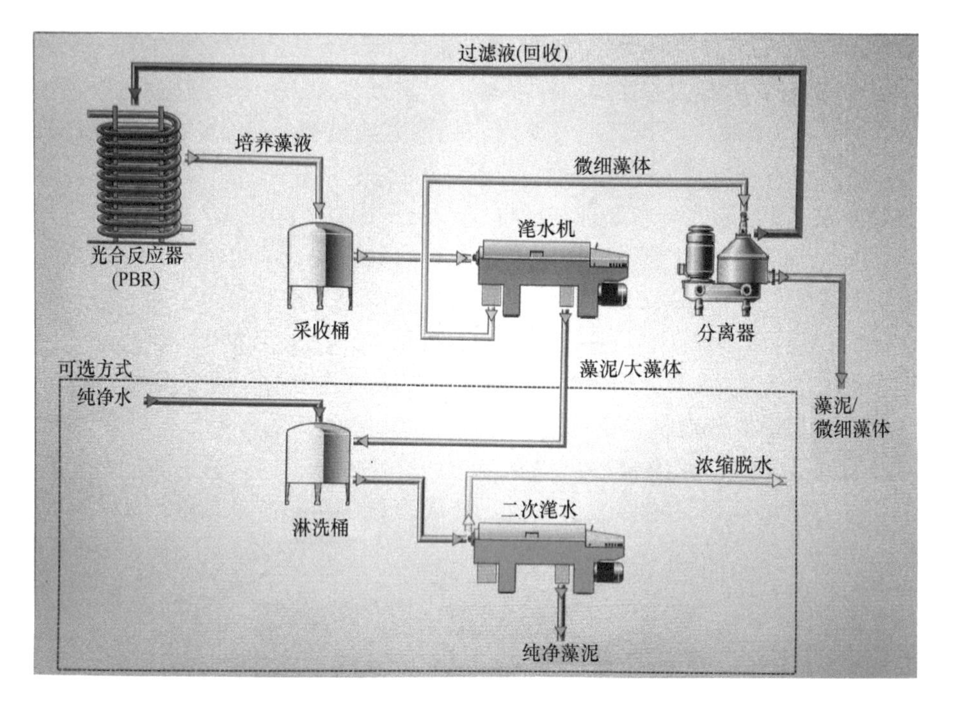

图 8.7　以滗水法与离心法配套过滤采收螺旋藻的工艺流程图

脱水过程是：首先，将培养液收集于采收桶内，然后经加压输送至一级滗水机中，培养藻与培养液在滗水机中以负压方式被滗析浓缩分离，水分经膜片透析分离后，此时大个体藻丝体被浓缩，以藻泥形态排出，再经过下一步从二级淋洗桶注入纯净水（3 ～ 4 倍于藻泥量）混合后，进行二次滗水过滤，这样可以收获到纯净藻泥。以上经一次滗水后所剩的小个体藻体混合液被输送到分离机进行离心分离。

滗水机与碟式分离机联动方式采收藻泥，可以从光合反应器系统等量产不大的培养生产设施收获到优质藻泥，但对于大池式规模进行大水体培养液的藻体分离采收，在现阶段还很难取代滤框式大生物量采收。

8.3.2　凝集法

微藻在正常生长的情况下，藻细胞的悬浮性较为稳定，自动下沉现象少有发生。但在培养液 pH 达到 9.0 时，除螺旋藻而外的其他微藻类皆会发生下沉现象。这种情况尤以清晨发生较常见，因其时的氧浓度最低。藻细胞自动絮凝并沉积于池液底部，这是自动凝集法可以得到应用的一个规律。在培养藻处于漂浮状态时，如应用明矾、氢氧化铁或氯化铁等多价阳离子，促进藻细胞发生絮状凝集并立即进行采集，这是微藻生产与采收技术上最经济的办法。在实际应用上，为了避免絮凝剂残留，一般多应用壳糖和马铃薯淀粉提取物等可食性絮凝剂。据试验，培养藻在 10min 内，絮凝效果可以达到 90% 以上。絮凝所使用的壳糖是一种天然生物糖，其化学物为 β-N- 乙酰 -D 氨基葡糖的脱乙酰聚合物。

壳糖的化学结构在絮凝作用发生过程中，溶解壳糖中的 $CH_3COOH > Ca(OH)_2 > KAl(SO_4)_2 > Al_2(SO_4)_3$。当以 50ppm 的最佳壳糖浓度絮凝大池培养藻时，采集成本和能量消耗只有其他浓集法的 20% ～ 30%。但絮凝法在螺旋藻生产培养的采收中迄今很少被采用，因为大多数螺旋藻株系的藻丝体具有较强的上浮特性，应用过滤法采收具有比凝集法更为经济的效果。

8.4　采收藻泥的淋洗

对于采收的藻泥淋洗方法有两种：一种是应用弱稀酸中和，随后用水淋洗，国外多以酸中和法除去藻泥中的盐分；另一种是仅以洁净自来水或地下水淋洗，至少重复 2 次，使 pH 降到 7。

一般每次淋洗用水量与藻泥之比以 10 ∶ 1 为适宜，以上述 10 000m^2 大池为例，日采收藻泥量 1200kg，则连续两次淋洗的用水量约 24m^3。作为食品和医药级的螺旋藻，要求最后一次淋洗应用无菌水（国产不锈钢陶瓷过滤器，出水量 1.5t/h，或水质净化器均可以应用。其他具有出水量大、吸附、消毒、矿化、磁化等效果的净化设备，也可以考虑选用）（图 8.8）。

图 8.8　螺旋藻采收藻泥的淋洗

采收作业的最后一道工序是滤水。淋洗后的藻泥须及时进行滤水处理（图 8.9）。再次过滤法是较为安全稳妥的办法，但速度太慢，且含水量太高，不利于下一步烘干或喷雾干燥处理；离心法速度虽快，但对经过上述几次作业后的藻细胞，更易造成损伤。国产袋式真空吸液机（0.6 ～ 1.8m^2）则兼有上述方法之优点，在大批量生产上可以采用。滤水后的藻泥可进一步做巴氏消毒，随后进行喷雾干燥处理。

至此，采收的新鲜藻泥已可直接供应食品行业调制应用，或作其他深加工产品应用，或进一步抽提。采收的藻泥如需较长时间的存放，应以 0 ～ 2℃的低温冷藏柜保存。

图 8.9　经滤水的螺旋藻

8.5　干燥处理

藻的干燥加工是微藻生产上最重要的一道工序。对于产品质量的影响在本书后部藻的各种营养成分章节中将作进一步说明。在螺旋藻的工业化生产中，干燥处理约占生产成本的 30%。各种干燥加工方式在经济和产品性状上的差别，一是反映在设备的投资额上，二是在能量的消耗上，三是加工方式直接影响到产品的质量和风味。

由于在螺旋藻的采收藻泥中，含水量仍然很高（90% 左右），干燥加工的主要问题是脱水。脱水愈迅速充分，消耗能量愈大。因此藻的干燥加工在方法上有多种多样。国内外目前应用较多的方法有：电热（蒸汽）圆筒式干燥法、冷冻真空干燥法、喷雾干燥法、回流空气干燥法、烘干法和太阳晒干法等。各种干燥加工的方法与效果见表 8.2。选用一种干燥加工的方法，首先要看生产操作规模的大小，还要看加工的产品作哪方面的用途。如作食品原料应用，以冷冻真空干燥法和喷雾干燥法为佳。如是小规模生产，精细化工等，主要是用于饲饵料添加剂，则太阳晒干法亦不失为经济方便的一种方式。

现将各种不同的干燥加工方法作简要叙述如下。

喷雾干燥法　这是目前在螺旋藻生产上普遍得到应用的一种脱水干燥模式，获得的藻粉质量亦最理想，藻粉的含水量仅为 4% ～ 6%。料液喷雾过程的基本结构为：料液输入系统、热风系统、喷头、喷雾干燥塔、粉料回收系统以及电器控制系统。喷雾干燥的原理是：经过滤器和加热装置加热的空气（电热风或蒸气热风），进入干燥塔顶部的热风分配器，热空气在干燥塔内呈快速离心式回转流动。在此过程中，当螺旋藻藻泥（含水量 80% ～ 90%）被注入燥塔顶部时，立刻为高速旋风雾化成极细小之雾状液滴，于是物料和热空气接触的表面积迅速增大，在热力作用下，水分蒸发在瞬时完成，不能挥发的藻体部分则在数秒钟内成为干燥精细状藻粉降落至塔底部（图 8.10）。

表 8.2　螺旋藻藻泥各种干燥方法及其效果比较

干藻方法	藻泥厚度（mm）	处理前藻泥含水量（%）	干燥的表面温度（℃）	干燥时间	产品残留水分（%）	产品形状	产品质量评价
喷雾干燥	＜0.5	90.0	80～110	7s	4～6	藻粉精细、青绿	营养物基本完好，达食品、医药级
电热滚筒烘干	＜0.5	95.0	120～125	17s	5.5	片状	藻的风味较好，但藻体部分营养变性
贯流式热风干燥法	3.0	85.0	62	14h	4～8	碎片状	营养物完好，达食品级
柜式真空层架干燥法	3.0	90.0	50～65	5h	4	片状	保持原藻特性，溶解性好，吸湿性强，可作食用
太阳热力干燥	2.0	90	35～37	14h	7～8	片状	保持藻的原始风味，晒干色泽差，可食用
冷冻干燥	6～30	85	23～30	4～6h	3	中孔	保持藻的原有特性和空干燥性，达食品、医药级

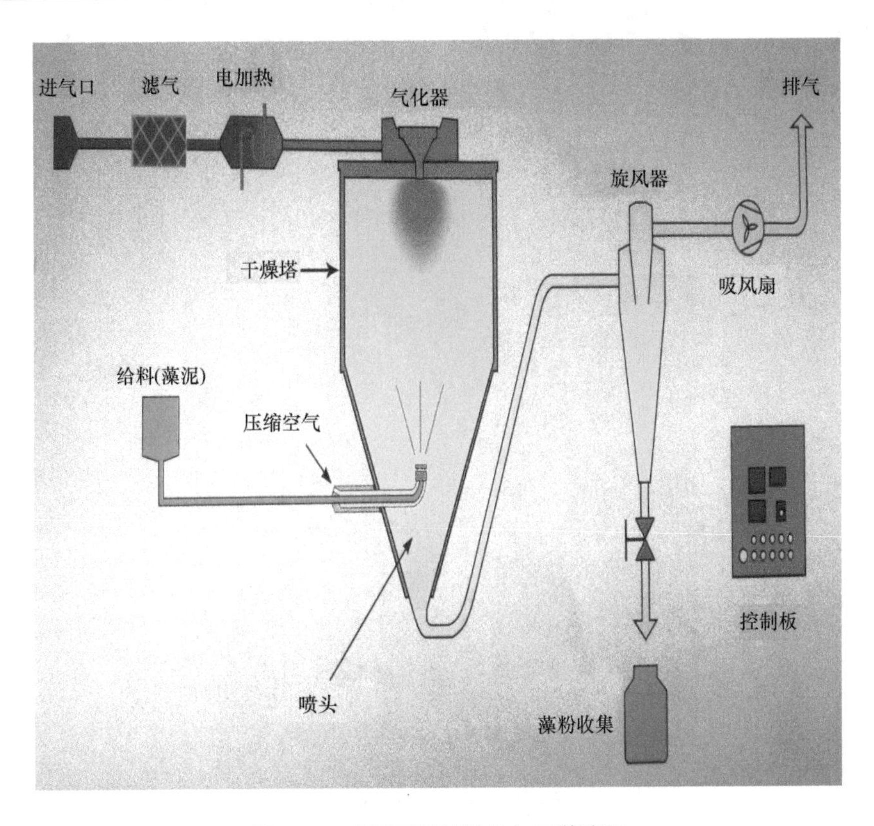

图 8.10　喷雾干燥的结构与工艺流程

喷雾干燥生产作业是连续进行的。由于藻泥的水分蒸发在瞬时完成，干燥塔中之空气热力迅速被吸收，因此干燥塔内之温度在整个干燥过程中甚低，只是当藻体微粒干燥后其温度才逐渐升至与排出空气相同之温度。

螺旋藻是一种热敏性很强的生物物料，80℃以上高温会使藻体内各种维生素、氨基酸等发生变性，同时还会使得藻泥更具有黏结性。因此，近年国内外对于螺旋藻喷雾干燥处理都注意到选用适当之喷雾喷头。这些喷头的技术特点是喷速、雾化更快，物料固形物（藻体）温度不超过 75℃。选用的喷头制式有两种：一种是离心式（图 8.11A），另一种是喷管式（图 8.11B）。前者是液料从干燥塔顶部的圆盘式离心喷雾头内喷出。由于液料经过圆盘时以高速转动变为细雾状喷出，对于液料无须加压，亦不必通过狭窄之孔口，因此无黏塞之虞；后者是液料在一双液喷管中被压缩空气吹散成为气雾状，喷管位于干燥塔之中部，先向顶上部喷出，而又被旋风雾化向下，使物料微粒在气室内获得最长之轨迹（图 8.12）。

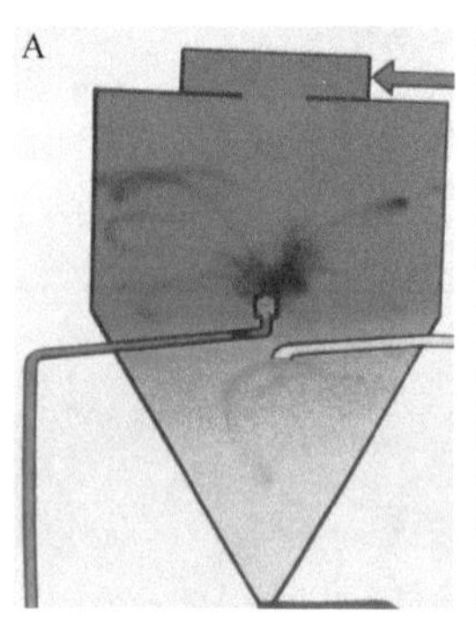

图 8.11　离心式与喷管式结构

图 8.12　运行中的喷雾干燥机

在螺旋藻喷雾干燥生产过程中，需要掌握的技术要点有如下几方面。

（1）经不同方式采收的藻泥含水量相差很大。在进行喷雾干燥时，一般要求的含水量在 90% 左右。如以喷管式喷雾，含水量要求低至 85% 左右。所以在喷雾作业前要经过预浓缩处理，这样可以提高喷雾效率和藻粉的质量。

（2）藻泥在喷雾干燥前添加抗氧化剂，能有效地保存藻蓝素和维生素等生物热敏性物质。

（3）选择并掌握好喷雾干燥过程的最佳温度，是保证获得优质藻粉的一个重要技术关键。对于物料（藻体）的受热温度有严格要求，因此热风的进口温度须随含水藻泥的蒸发量加以调节。

（4）为提高藻粉的回收率和增进藻粉的干燥程度，因此在螺旋藻喷雾干燥系统中一般采用二级以上旋风分离装置（图 8.13）。

图 8.13　螺旋藻藻粉的收集（示二级以上旋风分离装置）

（5）经常进行干燥塔清洗，保持气塔内壁光洁。这也是提高产品纯度，获得高质量藻粉的一个重要方面。喷雾干燥塔在使用过程中有时会发生物料粘壁和焦化现象，因此对于燥塔内壁要注意定期加以清洗。清洗的方法有干洗和湿洗两种。干洗的方法可用刷子、干布擦拭；湿洗的方法可用 0.5% ～ 1% 的 NaOH 温热溶液（＜ 60℃）进行擦洗，然后再用清水洗净。

除喷雾头以外，凡与料液接触的部分，如料液筒、进料管亦应经常清洗。此外，对于空气过滤器和离心式风机等亦要定期加以清洗。

电热（蒸汽）滚筒烘干法　经分离浓缩的螺旋藻藻泥，通过给料器以薄层涂敷于加热器上，迅速蒸发水分达到烘干之方法。这种干燥机有一对垂直旋转的滚筒。滚筒表面十分光滑，每一转鼓的表面积约 $0.5m^2$，蒸发能力约为 20L / （$m^2 \cdot h$）。整个滚筒干燥机的消耗功率为 52kW。以滚筒法烘干时，要求藻泥的含水量 70%，滚筒温度达到 120℃。藻泥的烘干时间约为 10s。

加热滚筒法烘干藻体处理，比喷雾干燥法成本低，操作简单。滚筒表面的高温对于物料能起到消毒作用，这是其优点。但滚筒法热力温度偏高，使得热敏性较高的螺旋藻细胞壁发生碎裂，内容物在干燥过程中易发生变性。应用双滚筒机干燥处理螺旋藻时，会因美拉德反应（Mailard reaction）而破坏赖氨酸成分。此外，滚筒法烘干的热效率较低，藻泥易在滚筒表面黏结、焦化，须经常停机进行清理抛光。滚筒法烘干结成之藻片，还需经过一次粉碎过筛才能成为粉状产品。

贯流式热风干燥法 培养藻经滤布网采收后，将藻泥以 2 ～ 3mm 的厚度敷摊于盘架中，置干燥室内，以 62℃的热空气贯流，促使水分蒸发，约经 14h 干燥，产品含水量在 4% ～ 8%。经此法干燥的产品质量可达到食用级水平。这种贯流式热风干燥法（图 8.14），比滚筒式烘干法经济实用，但一般只在小型规模生产上应用，尤其是在遇到阴雨天气无法利用太阳晒干时，可以发挥其优越性。

图 8.14 贯流式热风干燥机

柜式真空层架干燥法 螺旋藻藻泥应用柜式真空搁层干燥器干燥法，可以获得很好的干燥效果。当以温度 50 ～ 60℃、0.6atm[①]，对藻泥加以烘干 5h，残留水分可低至 4%。此法需要较多的投资费用，但经干燥的产品具有吸湿特性和多孔结构，作食用时溶解性较好。

太阳晒干法 在进行藻的小规模生产，藻泥的收获量不大时，采用太阳晒干法成本低，且可以保持藻的原始风味。这对于细胞壁无纤维素的螺旋藻尤为适宜，因其黏多糖的胞壁物在晒干过程中可以毫无损伤。但问题是，以太阳光自然能直接晒干，干燥过程太长，即使将藻泥摊成 1 ～ 2mm 的厚度，在夏日高气温（35 ～ 37℃）的条件下，晒上一天尚不能完全干透。

在这种情况下，时间一长，藻细胞的降解作用便会发生，随之产生一种难闻的气味，甚至会有细菌污染发生。

改进的办法可以利用日光干燥箱晒制加工。这比太阳直接晒干的办法在时间上缩短，效率可以提高。干燥器的制作只需一只木箱，内面涂成黑色，外加一块玻璃盖板即可使用。藻泥敷摊厚度约 2 ～ 3mm，箱内温度可以迅速升至 60 ～ 65℃。经烘晒 5 ～ 6h，干藻中的水分含量可以减少到与贯流式通风干燥箱相媲美的程度。

再进一步改进的办法是以 PVC 塑料板制作一座太阳能集热装置。该装置共分 3 层，

① $1atm=1.013\times10^5Pa$。

上面两层透光，底层涂成黑色，供藻泥铺放晒制。其特点是上两层既透光又起到保温作用，底层面有吹风装置，促使蒸发的水汽迅速逸散出箱外。这一方法在印度 CFTRI 做过试验，一座 30m 长的这种集热装置，可使内部气温升高至 70 ～ 75℃（日光辐照 = 400W/m^2，气温 = 31℃，空气流动速度 = 0.3 m^3/s）。由于该装置兼有加温、通风的作用，因此藻的干燥时间可以缩短一半，产品的含水量达到机械烘干的合格程度。

冷冻干燥法　在螺旋藻生产向更高档次发展，冷冻真空干燥法是值得推荐的最先进技术。冷冻干燥法是将含水藻泥先行冻结成固态，后使其中的水分从冰冻固态直接升华成气态，从而达到脱去水分，完好保存藻体内涵物的目的。冷冻干燥法分为四道工序，即前处理、预冻（冻结）、冻干和包装。在冷冻作业方式上有批量式和连续式两种。前者在产品规模不大时应用，后者可实现大规模连续生产。两者的区别只是在物料的装存与运输方面，冷冻的工艺过程则基本相同。

冷冻干燥装置的主体部分包括：干燥柜、热辐射传导板、凝气槽、真空系统与制冷系统（图 8.15）。干燥柜是用以存放冷冻物料的真空密封空间，其中的物料托盘以多层形式叠放；热辐射传导板是托盘的支承架，起到均匀分布传导热的作用；凝汽槽使冷冻真空过程中产生的水蒸汽立刻凝结于槽内。在制冷过程中，水蒸汽凝结后形成冰粒逐渐堆积起来，会影响到进一步冷凝，因此设计为双式冷凝器，当一个在凝汽运作时，另一个则在自动除冰。附属于主体的真空系统用以抽出冷冻干燥过程中释放的不可凝结气体，使柜内保持一定的真空度；制冷系统可根据不同冷冻要求，使冷冻柜温度降低到 –18℃、–23℃和 –30℃。

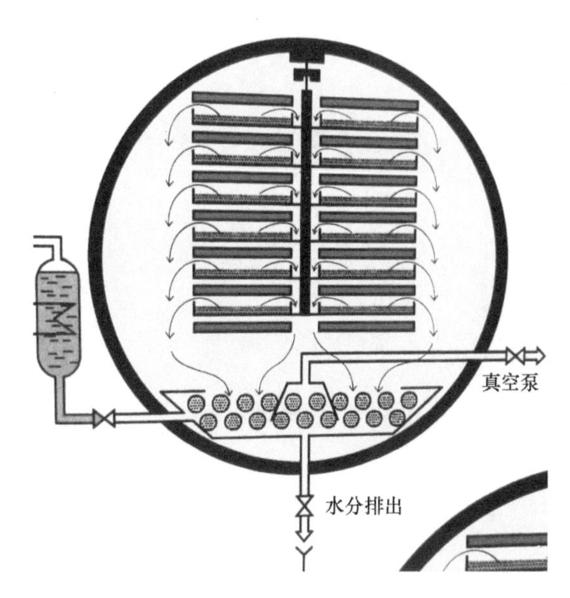

图 8.15　冷冻干燥示意图

冷冻真空干燥过程的特点是，物料中的水分以冰冻后升华的形式逐步向外运移。这样，物料（藻体）中的各种无机盐、维生素、蛋白质等营养物得以保持原形状态，不会因脱水而发生皱缩，藻的颜色和风味保持不变。而上述热空气干燥过程则是物料中的水与营养物一起运移。热风干燥法物料的结构性变化很大，其产品往往改变了原有的风味特性。因此冷冻干燥比热风干燥具有更大的优越性，能达到真实的保鲜效果。

冷冻干燥加工的螺旋藻产品的优越性还体现在，能快速完全地重新吸水复原；产品极少发生微生物污染，便于进行运输和贮存。藻产品以气密式包装袋包装后，可以有长期的货架寿命，因此市场价格也看好。但从螺旋藻目前的生产力与市场潜力看，冷冻干燥的螺旋藻尚属于高投资额、高能耗产品，它与热风喷雾干燥的螺旋藻产品相比尚缺乏前期竞争力。

第 9 章
螺旋藻的生物产量与规模效益

9.1 生物产量概念

螺旋藻的室外大生物量生产培养，可以说是一种特定经营形式的生物农业。与其他农作物一样，藻的生物产率和产量及藻产品的化学营养成分，不可避免地要受到气候变化与其他多种环境因子的影响。所不同的是螺旋藻是一种专性光合自养微生物，在生产工艺上，它的生长繁殖方式和产量形成模式，在许多方面又与食品工业与制药工业的微生物繁殖发酵过程十分相似，由藻细胞形成的生物质是收获的直接终端产品。只不过螺旋藻的生长动力学能源是太阳辐射能，而细菌培养、酵母菌发酵和真菌繁殖等则完全是以培养基的碳有机物为能源。因此，在进行人工控制条件下的螺旋藻大规模生物量生产时，优化各种培养条件，促进藻细胞最大限度地吸收利用光能以获得最大可能的净光合产物，这是实现和提高生物产率和产量的基础。

在描述螺旋藻生产过程中形成的生物量时，常常具体到以g（干重）/m^2（单位池面积）/d（单位时间）来表示它的生物产率；而以g（干重）/L（培养液）为单位表示藻生物的含量。后者这种表示法，一般都是在实验室培养条件下，用以描述藻的生物量浓度和藻的比生长速率。但由于使用这一量化概念时，并不能真实反映藻生物量的产出情况，因为决定藻生物产量最主要的因素是藻池的采光面积，而非藻池的容积（或池液的深度），所以人们通常使用以单位采光面积在单位时间（d）内获得的生物量，即生物产率来表示该培养系统藻的生产能力。

在比较藻的生物产量或产率时应该考虑到，一般在进行藻的小、中试培养生产时，根据生长参数计算出来的理论生长率并不等于实际的产出量。也就是说，实际采收到的净生物产量或获得的产率，一般至少低于理论估算产量的10%。这方面的差别主要是采收的方式、藻泥的淋洗程度，以及脱水干燥的方法和程度等多方面原因导致的。此外，一些研究单位和厂家在藻的生物产量计算方法上，对于定义的培养生长周期在时间上的不一致，也是藻产率在概念上有不同说法的一个重要原因。在实验室或在小、中试培养条件下，常以藻的一个连续生长期（或培养周期）内的日平均产量作为产率；而在藻的大生物量生产培养时，通常是以连续生产的一个或多个季节内的日平均产量，甚至以一年（生产期300d）的总产量计算产率的。显然，这期间很可能包括了气候的异常变化、病虫害侵染和管理上的失误等多种对产量发生逆影响的因子。因此，在大面积工厂化培养上，以吨/公顷/年表达的概念，则是该厂螺旋藻生产的实际年生产能力或年产率，尽管实际生产培养的天数可能是200d或更少。

无论在试验条件下或在进行实际的大生物量生产时，藻生物量产率的数据变幅往往很大，以短期试验计算的产率与实际生产的生物产率，两者显然不可能相一致。这一情况固然取决于藻的光合性能，而光合产物的形成和生物量产出又与选用的藻种（株系）、培养条件与气候环境、采用的生产制式以及病虫害感染等皆有密切的关系。例如，在试验条件下，选用Sp.D（*S. platensis*）藻种，通过人工模拟设定的各种最佳参数所获得的最佳生物产率，可以达到20g（干重）/（$m^2 \cdot d$）。如以此推算，藻的年生物产量应该达到 45 ～ 60t（藻粉）/（hm^2 · 年）。但事实上，采用常规技术制式在室外实际的大池生产培养中，收获产量很难达到这一水平。迄今对于螺旋藻的生物产率，国外报道的在实验条件下最好的数据在 25 ～ 35g（干重）/（m^2 · d），而实际进行大生物量生产的产率则在 8 ～ 15g/（m^2 · d）。即使是这一生物产率指标亦超过了 50 年代美国卡内基研究所，在微藻小球藻培养中创下的历史最高记录 11g（干重）/（m^2 · d）的水平。这一事实足以表明：从 20 世纪 80 年代以来，国际上在微藻生产技术方面已取得了巨大的进步。在 50 年代不敢想象、60 年代做不到的微藻生产工艺技术，到了新世纪已变成为可以普及化和进行工业化生产的事情。如日本 DIC 公司在泰国建立和经营的螺旋藻生产基地，生产培养池总面积仅 1.8hm^2，年产藻粉 75t；1992 年起建在中国海南省海口市的日本 DIC 螺旋藻生产基地，年产藻粉 400 多 t，平均年率达 35t（藻粉）/hm^2；美国 Earthrise Farrn 建在加利福尼亚的生产基地，培养池总面积 7.5hm^2，实际生产的大池 5hm^2，年产（生产时间只有 7 个月）藻粉达 110 余吨左右。由此可见，螺旋藻的实际生产（与常规农作物产率产量相比）已达到了很高的年产量水平，充分体现了现代生物技术与工艺的辉煌成就。

还应该看到，从 20 世纪 80 年代以来，在螺旋藻的生物技术中，还充分整合了现代其他前沿学科的技术成果，如计算机大池营养与藻细胞浓度动态监测系统等，这是实现藻的生物产量稳步提高的一个重要原因。日本、印度、泰国、意大利、美国、以色列和秘鲁等许多国家，甚至近年在我国南北方许多地方，均已纷纷建起了螺旋藻大规模工厂化生产系统和基地。可以说，当代微藻的大生物量生产已步上了高产、优质、高效益的道路。

但是，从我国最近 30 年的微藻生产看到，微藻常规技术生产的潜力产量留下的余地愈来愈小，理论产率 35 ～ 38g（干重）/（m^2 · d）的指标，几乎是国内螺旋藻光合产率不能到达的上限值了。即使大池培养螺旋藻在白天光合作用过程中达到了 38g/（m^2 · d）的生物量水平，由于培养藻自身在夜间随后进行的呼吸作用中所消耗的光合产物也达 10%，甚或更多一点。实际的净光合产物只有约 27g /（m^2 · d）。因此，目前在大生物量生产中唯有做到优化整合各种生产条件，尽可能维持和延长藻细胞的线性生长期和最佳培养生长期，从而获得较高的生物产量。

对于新生代藻类业者，他们对实现藻的大生物量生产抱有充分的信心，指望在藻的产率方面有更大幅度的突破，即达到：50 ～ 70g（干重）/（m^2 · d），以期颠覆常规生物产业产量。在这方面，我国微藻生物科技工作者最近进行开发的工业 3.0 技术制式，甚至研发的生物智能环境（Bio-tron）工业 4.0 制式的创新已接近完备。可以预见，实现我国微藻螺旋藻未来超大生物量生产 50 ～ 70t（干重）/（hm^2 · 年），一定能达到。

9.2　生产规模与投资成本

作为生物农业螺旋藻业者在考虑投资兴建一座具有一定规模效益的常规制式生产培养系统时，关心的重点是藻的生产成本和经济效益。在生产成本的形成中，生产规模与采用的技术制式是起决定因素的两个方面。业者为要在企业建立以后的若干年中，计划达到预定的利润目标规模效益，首先要对市场进行预测和调查研究，要对预期达到的产品销售数量、价格、固定成本和单位变动成本等因素，加以预测和反复测算平衡后，才能确定达到计划产值需要建立的生产规模。

鉴于投资藻类开发业者对于微藻产业生产成本构成情况和益本比的考量，基于上述生产成本构成情况的考虑，本书作者根据自己的实践和综合国内外已建立的螺旋藻生产培养系统投资及生产情况，对 2500 ～ 10 000m^2 实现的规模效益，在本章进行了如下的分析和阐述，并对 50 000 ～ 100 000m^2 的大规模工厂化生产系统的经济效益作了预测性分析（表 9.1 ～表 9.6）。以此作为螺旋藻业者在进行投资建厂前初步匡算的参考。

表 9.1　螺旋藻生产成本与效益核算的技术参考数据（示例）

方案序号	Ⅰ	Ⅱ	Ⅲ	Ⅳ	Ⅴ
培养池面积（m^2）	2500	5000	10 000	50 000	100 000
藻种接种池（m^2）	150	150	360	500	500
二级扩繁池（m^2）	1×500	1×500	1×500	2×1000	2×1000
生产大池（m^2）	2×1000	2×1000	2×1000	3x2500	3×2500
		1×2500	3×2500	4×10 000	9×10 000
日作业班制（8h 一班）	一班制	二班制	三班制	三班制	三班制
CO_2（液态）（日供应量 kg）	60	120	240	1200	2400
采收方式	浮集 / 过滤式	过滤式	过滤式	过滤式	过滤式
年产率（t/hm^2）（以 300 个工作日计算）	24	24	24	24	24
日平均产率 [g（干重）/ m^2]	8	8	8	8	8
年总产量（t）	6	12	24	120	240

表 9.2　螺旋藻生产培养系统（方案Ⅰ～Ⅴ）投资分析（示例）（单位：万元）

方案序号	Ⅰ	Ⅱ	Ⅲ	Ⅳ	Ⅴ
净生产池面积（m^2）	2 500	5 000	10 000	50 000	100 000
需租用土地面积（m^2）	5 000	9 000	15 000	56 000	107 000
1. 基础设施建设	55.0	85.0	125.0	345.0	640.0
1.1 土地租用（50 元 /m^2）	25.0	45.0	75.0	280.0	535.0
1.2 道路、围墙、绿化带等	10.0	15.0	20.0	25.0	45.0
1.3 配电、供水、供气等	20.0	25.0	30.0	40.0	60.0
2. 厂房建设（350 元 /m^2）	85.0	120.0	120.0	182.5	202.5
2.1 标准厂房（采收、干燥等）	52.5	52.5	52.5	70.0	80.0
2.2 实验室（藻种室、分析室）	17.5	17.5	17.5	17.5	17.5
2.3 仓库（肥料、产品等）	15.0	15.0	15.0	40.0	50.0

续表

方案序号	I	II	III	IV	V
净生产池面积（m^2）	2 500	5 000	10 000	50 000	100 000
需租用土地面积（m^2）	5 000	9 000	15 000	56 000	107 000
2.4 办公生活设施用房	/	35.0	55.0	55.0	55.0
3. 封闭式培养池	56.5	109.0	218.0	1068.0	2118.0
3.1 二级藻种池（80 元 /m^2）	4.0	4.0	8.0	18.0	18.0
3.2 生产大池（60 元 /m^2）	15.0	30.0	60.0	300.0	600.0
3.3 温室设施（120 元 /m^2）	30.0	60.0	120.0	600.0	1200.0
3.4 管道系统（30 元 /m^2）	7.5	15.0	30.0	150.0	300.0
4. 机械设备	43.0	49.5	75.0	172.0	280.0
4.1 搅拌机	4.0	8.0	16.0	80.0	160.0
4.2 采收过滤	6.0	8.5	12.0	15.0	20.0
4.3 喷雾干燥	26.0	26.0	40.0	65.0	85.0
4.4 真空包装	7.0	7.0	7.0	12.0	15.0
5. 其他设施	49.0	55.0	63.0	81.0	93.0
5.1 计算机监管系统	8.0	10.0	12.0	18.0	25.0
5.2 实验室仪器空调等	12.0	15.0	20.0	20.0	20.0
5.3 行政管理设施	6.0	6.0	6.0	8.0	10.0
5.4 交通工具	18.0	18.0	18.0	28.0	28.0
5.5 运作基金	5.0	6.0	7.0	7.0	10.0
总投资	288.5	418.5	601.0	1848.5	3333.5
单位生产池面积投资（元 /m^2）	1154.0	837.0	601.0	369.7	333.4

注：本表根据 2001 年度经济水平计算

表 9.3　年度藻粉生产直接成本计算（示例）　　（单位：元）

方案序号	I	II	III	IV	V
净生产面积（m^2）	2 500	5 000	10 000	50 000	100 000
日作业班制（8h 一班）	一	二	三	三	三
1. 水	7 500	11 250	16 500	45 000	82 500
2. 电	36 000	52 800	76 800	336 000	576 000
3. 燃油	2 880	5 760	11 520	57 600	115 200
4 肥料（$NaHCO_3$、尿素等）	5 400	70 800	141 600	708 000	1416 000
5. CO_2*	20 570	41 143	82 285	324 000	648 000

续表

方案序号	I	II	III	IV	V
净生产面积（m^2）	2 500	5 000	10 000	50 000	100 000
日作业班制（8h 一班）	一	二	三	三	三
6. 包装（铝箔包装）	30 000	60 000	120 000	600 000	1 200 000
7. 人员工资	132 560	192 080	313 120	539 920	863 920
8. 企业运作管理	85 000	125 000	145 000	420 000	450 000
藻粉年产量（t/ 年）	6	12	24	120	240
总生产成本	349 910	558 833	906 825	3 030 520	5 351 620
每公斤藻粉直接生产成本	58.32	46.57	37.78	25.25	22.29

*50 000 ～ 100 000m^2，CO_2 以自设制气厂供气，其成本以 CO_2 液态价的 70% 计算
注：本表根据 2001 年度经济水平计算

表 9.4　年度人员工资开支（示例）　　（单位：元）

方案序号	I	II	III	IV	V
净生产面积（m^2）	2 500	5 000	10 000	50 000	100 000
日作业班制（8h 一班）	一	二	三	三	三
	人数 / 工资额	人数 / 工资额	人数 / 工资额	人数 / 工资额	人数 / 工资额
总工程师	1/180 00	1/180 00	1/180 00	1/180 00	1/180 00
工程师	2/216 00	3/324 00	5/540 00	6/648 00	6/648 00
财务人员	1/140 00	1/140 00	2/280 00	2/280 00	2/280 00
机械师	2/192 00	4/384 00	6/576 00	6/576 00	6/576 00
操作人员	5/360 00	8/576 00	15/108 000	45/324 000	60/432 000
辅助人员	3/237 60	4/316 80	6/475 20	6/475 20	6/475 20
总人数 / 工资额	14/132 560	21/192 080	35/313 120	66/539 920	121/583 100
藻粉年产量（t/ 年）	6	12	24	120	240
每生产 1kg 藻粉应摊人员工资	22.09	16.00	13.04	4.50	2.43

注：本表根据 2001 年度经济水平计算

表 9.5　全年折旧与维修成本计算（示例）　　（单位：元）

方案序号	I	II	III	IV	V
净生产面积（m^2）	2 500	5 000	10 000	50 000	100 000
1. 基础设施					
1.1 土地使用（按租用面积计）	25 000	45 000	75 000	280 000	535 000
1.2. 附属设施（配电、供水、供气等）	11 491	15 791	19 700	28 080	44 876
2. 厂房建筑（生产房、实验室、仓库等）	22 100	30 705	30 705	44 820	49 178

续表

方案序号	Ⅰ	Ⅱ	Ⅲ	Ⅳ	Ⅴ
净生产面积（m^2）	2 500	5 000	10 000	50 000	100 000
3. 培养池系统（生产池、温房、管道等）	39 273	85 684	198 168	1 058 337	2 133 032
4. 机械设备（搅拌、采收、喷雾干燥、包装等）	62 781	56 609	94 500	217 135	330 967
5. 其他设备					
5.1 计算机监管系统	29 800	37 250	47 680	56 620	67 050
5.2 办公设施	7 196	7 196	7 196	7 196	7 196
5.3 交通工具等	30 420	34 670	36 730	47 320	56 400
折旧与维修总基金：	228 061	312 905	509 679	1 739 508	3 223 699
每生产 1kg 藻粉应摊折旧与维修基金	38.01	26.07	21.24	14.49	13.43

注：本表根据 2001 年度经济水平计算

表 9.6　每千克螺旋藻藻粉生产成本分析（示例）　　（单位：元）

方案序号	Ⅰ	Ⅱ	Ⅲ	Ⅳ	Ⅴ
净生产面积（m^2）	2 500	5 000	10 000	50 000	100 000
A1 ～ 6					
1. 水	1.25	0.94	0.69	0.37	0.34
2. 电	6.00	4.40	3.20	2.80	2.40
3. 燃油	0.48	0.48	0.48	0.48	0.48
4. 肥料	5.90	5.90	5.90	5.90	5.90
5. CO_2	3.43	3.43	3.43	2.70	2.70
6. 包装	5.00	5.00	5.00	5.00	5.00
B7 ～ 8					
7. 人员工资	22.09	16.00	13.04	4.50	2.43
8. 企业运作费	14.16	10.41	6.04	3.50	1.87
C9 ～ 10					
9. 折旧与维修	38.01	26.07	21.24	14.49	13.43
10. 生产资金利息	7.39	6.14	4.98	3.33	2.94
合计	103.71	79.40	64.00	43.07	37.49
D11					
11. 生产中事故性损失	2.07	2.14	3.20	2.15	1.87
每 1kg 藻粉生产成本	105.74	81.54	67.2	45.22	39.36

注：本表根据 2001 年度经济水平计算

近年国内外建立的螺旋藻生产规模，大都以 5000 ～ 10 000 m^2 生产池面积作为起步规模。而在这之前的 500 ～ 2500m^2 的螺旋藻生产培养池，至多只能作为中试生产面积。

从 2500m^2 扩大至 5000m^2 或 10 000 m^2，在厂房设施方面，如采收和干燥车间等基本上无须进行扩大。因为生产规模在扩大到 5000m^2 或 10 000m^2 后，可以实行两班制或三班制作业生产。大池建设成本亦随培养池系统的扩大而相对减少，但这方面的投资成本下降幅度不似前者明显。因此在扩大的生产规模中，每单位面积（m^2）的建池成本在投资中所占的比重始终居高不下（表 9.1）。

在培养系统的投资规模中，对于机器设备的投资伸缩性很大。这要视业者采用的技术制式与选用设备的厂家而定。如喷雾干燥设备，采用国产喷雾干燥设备甚至可以比同类进口产品成本要低 10 倍左右。在藻的采收设施方面，大型厂家固然可以采购先进的分离机，而对于中、小型业者则可以自行研制或按本书介绍的式样自行制造，在生产性能方面完全可以达到甚或超过国外水平。但总的来说，机械设备投资额在总投资中，仍占相当大的比例。从 5000m^2 的生产面积，扩大到 10 000m^2 的规模，机器设备投资的下降幅度减少 50% 左右。上了 10 000m^2 面积的生产规模，作为螺旋藻生产的主要肥料投入 CO_2 的供气方法和设备需要进一步提升，甚至自行建造 CO_2 制气厂进行供气，这部分投资的变幅也较大。

相比较而言，选择建设更大型生产培养系统（方案Ⅳ、Ⅴ），无论是基础设施、厂房建设或机械设备等，按单位生产面积比较计算的投资成本，将有显著的降低。所以螺旋藻生产在建立了广阔的产品市场以后，中小型规模（方案Ⅱ、Ⅲ）的成本结构一定会阻碍经济效益的提高。显然，扩大生产能力是提高规模效益最基本的选择（表 9.1）。

但规模效益的边际也不是无限的。从表 9.2 分析可以看出，单位生产面积的投资成本 320 ～ 400 元 /m^2 已是大规模生产系统建设的下限。况且，考虑到设备与材料价格上涨等诸多因素，实际的培养系统建设的规模投资，比上述单位面积投资成本还可能会高出许多。

由表 9.2 可以看出，螺旋藻的投资建设规模从 2500m^2 扩大至 100 000m^2，单位生产面积投资成本，从 1154 元 /m^2（净生产面积）下降至 333.4 元 /m^2；反映在每公斤藻粉的综合生产成本上，则从 105.74 元下降至 39.36 元（表 9.6）。生产池规模在 2500 ～ 5000m^2 的基础设施，一般足以支持中型 10 000m^2 的生产池规模，而无须做更多的投资。从 2500 ～ 10 000m^2 生产规模的扩大，其规模效益的递增也是明显的；至于大型生产培养系统（20 000 ～ 50 000m^2），则需要在水和电的供应设施方面，做相应的扩大。因此，从生产成本和规模效益的观点考虑，中小型培养系统的基础设施折旧与维护，对于单位产品的成本构成负担很重，而大型培养系统在这方面的负担，或在单位产品成本构成中间接生产费用的摊支份额可以大为减小（表 9.5）。

9.3 生产成本分析

对生产费用或生产成本进行核算是微藻开发与生产之前进行技术经济决策的重要内

容，也是在生产过程中实行利润目标管理的一项基本重要的工作。生产费用是构成藻产品成本的基础，但生产费用并不等于产品的工业成本。微藻生产的成本核算基本上由三部分构成（表 9.6）：①形成生物终端产品（以藻粉原粉为例）的直接投入成本，即直接生产费用 A1 ～ 6，包括：水、电、燃油等能量消耗，肥料与 CO_2 投入，初级产品包装；②非形成终端产品的直接投入成本，即 B7 ～ 8，包括人员工资和企业管理费用等；③间接生产成本，即 C9 ～ 10，固定资产的折旧与维修，生产资金的利息率以及不可预知的事故风险率（D11）等。因此，螺旋藻的生产成本＝ A（1 ～ 6）＋ B（7 ～ 8）＋ C（9 ～ 10）＋ D（11）。

为便于业者对于螺旋藻作为食品级和医药级初级产品（藻粉）生产成本的分析，作者给出如下的技术制式和进行核算的数据基础，作为螺旋藻同行编制成本核算方案时的参考。

生产年度：以 300 个工作日计算；

生产用种：*Spirulina platensis*，Sp.D 株系；

净生产面积：从方案 I ～ V，分别为：2500 → 5000 → 10 000 → 50 000 → 100 000m^2；

培养池类型：透光封闭式温房，循环式浅池道生产池；

产率：以常年平均值 8g（干藻）/（$m^2 \cdot d$）计算；

生产作业方式：2500m^2，采取 8h 日班制；5000m^2 实行两班制（16h）；10 000m^2 以上实行三班制（24h）。培养系统以连续方式进行生产，即使在生产过程中的大池清池工作与大池换种工作亦以不停顿方式进行。

CO_2 与肥料投入：10 000m^2 以内，CO_2 以液态瓶装方式，在日间以间歇式方式进行供气，总供气时间 5h；大型生产池采用液态 CO_2 槽罐（5 ～ 10t）与大池注气系统对培养液供气，或自办 CO_2 制气厂供气；其他各种化学肥料可按本书简化培养基配方进行配制投入。

生产成本的核算数据（以 1995 年不变价格为基础）如下。

水——220m^3/（$hm^2 \cdot d$），用于大池补水和采收淋洗作业；

电——按 1kg 藻粉耗电：15 kW·h（2500 m^2），11 kW·h（5000 m^2），8 kW·h（10 000 m^2），7 kW·h（50 000 m^2）和 6 kW·h（100 000 m^2）计算；

燃油——0.41kg/kg 藻粉；

CO_2——31kg/kg 藻粉；

$NaHCO_3$——5.21kg/kg 藻粉（在使用 CO_2 时，此项基本上可以省去）；

尿素——0.31kg/kg 藻粉；

包装——真空铝箔包装。

在以上直接形成终端产品的生产性消耗（A1 ～ 6）中，水、肥料、CO_2 和包装等直接生产成本，与培养系统规模的逐步扩大呈线性正相关增长（表 9.3），并不具有规模效益的意义。但在大型生产系统中，其中的 CO_2 如自行生产制气，可使成本有较大幅度的降低。

在非形成终端产品的直接生产成本（B7、8）中，还包括了人员工资与管理运作的各种费用。这部分费用在成本构成中的权重较大（平均约占23%）。表9.6显示，从方案Ⅱ～Ⅴ，权重比例分别为33%，29.8%，18.6%和11.5%。权重的递减基本上与螺旋藻生产培养规模的扩大之间是负相关。充分反映出生产规模的扩大，对于规模效益的递增具有明显的意义。同时，从以上直接生产要素（A1～6，B7、8）的综合效益看（表9.6），中小型生产系统对于投入能量的利用效率和规模效益，显然低于大型生产系统，反映在（表9.3）直接生产成本核算中，每千克藻粉的成本从58.32元下降至22.29元。

同样，以固定资产的折旧与维修为主的间接生产成本（C9）（表9.6），在单位产品（每千克藻粉原粉）生产的成本中，权重占到33%以上。因此，这部分成本构成的逐步递降，不但反映出来的规模效益更加明显，而且加快了投资的回报速度。但是这部分间接成本的特点是，在单位产品中的权重比例并不随生产规模的扩大而有明显的差异。如在大型生产培养系统100 000m^2的成本中，约占每千克藻粉的34%；而在5000m^2以下的中小型生产培养系统中也占36%以上。

此外，在间接生产成本构成中的其他成本，还包括生产基金的月利率（以11%计）损耗（C10），以及生产过程中发生的事故性损失（D11）（表9.6），其损失率按生产成本百分比计算：一班制2%，二班制2.7%，三班制5%。

综上所述，螺旋藻生产规模的扩大与先进技术制式的采用，虽然是经营企业显著提高经济效益的重要途径，但更主要的是加强经营管理，控制低技能的劳动用工，减少企业的非直接生产费用的开支，并尽力维持机器设备的完好率，以压缩除固定资产折旧以外的间接生产费用，这是提高微藻生产综合效益的一个重要方面。此外，作为一个经营企业所生产的初级产品藻粉原粉，必须进一步通过深层次加工与开发，生产高附加值的产品，才能获得企业的倍增经济效益。

第10章

螺旋藻的化学营养组分与营养价值评价

10.1 生物质的化学营养成分

从 20 世纪 60 年代螺旋藻或称蓝菌藻被发现以来，引起了国际上生物科学家和营养学家广泛的关注和重视。许多著名研究者，其中包括 H. Durand-Chastel（法），E. W. Becker（德），A. Richmond（以色列），C. Hills 博士（英）和 H. Nakamura 教授（秘鲁），以及日本东京国立医科大学的 Tadaya Takeuchi 等，在经过了长达 15 年的评测研究，对螺旋的营养质量和效价做了全面而严格的评测之后，得出的三点结论是：①螺旋藻是一种全 价高质量营养的单细胞蛋白浮游生物。藻的风味良好，食用后消化吸收率和生物学值可达到接近乳酪的完美程度；②含有多种对于人体具有重要作用的矿物质元素和丰富的叶绿素，尤其是叶绿素 a，堪称天然上好的“绿色血液”；③藻生物质与人类其他常规食品一样完美，安全，无任何毒副作用。可供人类作为日粮正常食用，或作为其他用途的食、饲原料，如饲饵添加剂，或作为医药精细化工原料等。

螺旋藻生物质的化学级组分是评价它营养学价值和潜在经济意义的最重要的指标因子。国内外所做的广泛的化学成分分析确认，螺旋藻的营养价值基本上不类同于一般常规食物或“保健品”（生物效价低，仅含有单一或某几种营养要素）。螺旋藻是一种天然复方全价的生物营养食物，并且与人体生理代谢直接需要的营养相符合，特别是其蛋白质、氨基酸、维生素、不饱和脂肪酸和重要的矿物质元素，竟天然配伍，浑然一体。食用 10g 螺旋藻（或 100g 新鲜藻泥）即相当于 1kg 各种蔬果营养的总和（图 10.1，表 10.1 ～表 10.6）。实验证明，螺旋藻是一种能够综合提供人体基本需要的超级生物营养包。

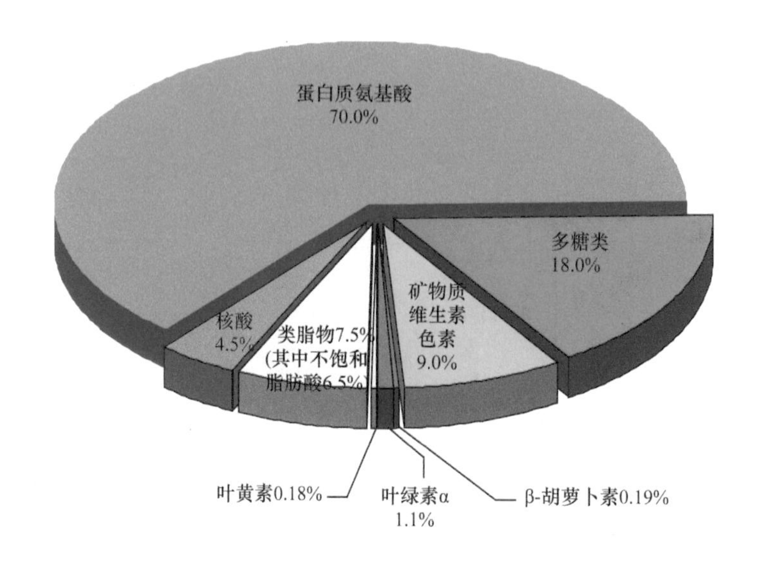

图 10.1 螺旋藻的营养组成

表 10.1　螺旋藻生物质物理性质和化学组分概要

物理性质		化学成分	含量	
			最小值（%）	最大值（%）
外观	细粉	粗蛋白质（% N × 6.25）	65.0%	72.0%
颜色	深青色	粗纤维	0.1%	0.9%
气味和味道	淡，海苔味	多糖类（碳水化合物）	13.0%	16.5%
体积密度	0.5g/mL	水分	4.0%	7%
颗粒大小	9 ～ 26μm	灰分	6.4%	9%
		类脂物	6.0%	6.5%
		叶黄素	1.4g/kg	1.8g/kg
		β- 胡萝卜素	1.5g/kg	1.9g/kg
		叶绿素 a	6.1g/kg	7.6g/kg

表 10.2　螺旋藻原粉总量中的粗蛋白及氨基酸含量

成分	最小值（%）	最大值（%）
有机氮总量	10.84	13.35
蛋白氮（N）	9.60	11.36
粗蛋白（% N × 6.25）	65.00	72.00
必需氨基酸		
异亮氨酸	3.69	4.93
亮氨酸	5.56	5.80
赖氨酸	3.96	4.70
甲硫氨酸（蛋氨酸）	1.59	2.17
苯丙氨酸	2.77	3.95
苏氨酸	3.18	4.17
色氨酸	0.82	1.13
缬氨酸	4.20	5.70
非必需氨基酸		
丙氨酸	4.97	5.82
精氨酸	4.46	5.98
天冬氨酸	5.97	6.43
胱氨酸	0.56	088
谷氨酸	8.29	12.57
甘氨酸	3.17	4.87
组氨酸	0.89	1.08
脯氨酸	2.68	2.97
丝氨酸	3.18	4.00
酪氨酸	3.16	5.20

表 10.3　螺旋藻的维生素含量

成分	平均含量（mg/kg）
生物素（维生素 H）	0.4
维 B_{12}	5
d-Ca- 泛酸	11
叶酸	0.5
肌醇	350
烟酸（PP）	118
维 B_6（吡哆素，抗皮炎素）	3
维 B_2（核黄素）	40
维 B_1（硫胺素）	55
维生素 E（生育酚）	190
类胡萝卜素	4000
α- 胡萝卜素	微量
β- 胡萝卜素	1700
叶黄素	1000
隐黄素	556
海胆紫酮	439
玉米黄质	316
叶黄素与裸藻酮素	289
叶绿素 a	7600
其他	150

表 10.4　螺旋藻产品原粉的各种矿物质含量　　（单位：mg/kg）

成分	极小值	玛西马值
灰分（占藻体 %）	6.4%	9%
钙（Ca）	1 045	1 315
镁（Mg）	1 410	1 915
磷（P）	7 617	8 947
铁（Fe）	475	580
钠（Na）	275	412
氯（Cl）	4 000	4 400
钾（K）	13 305	15 400
锌（Zn）	27	39
锰（Mn）	18	25
其他	36 000	57 000

表 10.5　螺旋藻的多糖类（碳水化合物）含量（平均值）

成分	平均含量（%）
多糖类	16.5
鼠李糖	9.0
葡聚糖	1.5
磷酰化环醇	2.5
葡糖胺与胞壁酸	2.0
肝糖	0.5
唾液酸及其他	0.5

表 10.6　螺旋藻（*Spirulina maxima*）类脂物及其脂肪酸的含量（原粉系 Sosa Texcoco 生产）

成分	最小	最大
类脂物总量	6.0%	7.0%
脂肪酸类	4.9%	5.7%
饱和脂肪酸	mg/kg	mg/kg
十二烷酸（月桂酸，C12）	180	229
十四烷酸（肉豆蔻酸，C14）	520	644
十六烷酸（棕榈酸）	16 500	21 141
十八烷酸（硬脂酸）	极微量	353
不饱和脂肪酸	mg/kg	mg/kg
十六烯酸（棕榈油酸，C16）	1 490	2 035
棕榈亚油酸（C16）	1 750	2565
十七（烷）酸	90	142
十八碳烯九酸（油酸）	1 970	3 009
亚油酸	10 920	13 784
γ- 亚麻酸	8 750	11 970
α- 亚麻酸	160	427
其他	699	7 000
不可皂化物	1.1%	1.13%
甾醇	100mg/kg	325mg/kg
三萜乙醇	500mg/kg	800mg/kg
类胡萝卜素	2 900mg/kg	4 000mg/kg
叶绿素 a	6 100mg/kg	7 600mg/kg
3-4 苄并芘	2.6μg/kg	3.6μg/kg

10.2 营养价值的评测

对于微藻螺旋藻化学营养的评测，主要有以下几方面。

（1）螺旋藻生物质总的特性：天然性，生物学特性和无害性。

（2）藻的浓缩、干燥处理与加工产品发生的物理化学改变。

（3）藻产品的卫生学质量。

（4）藻的产品特性：显微镜检，生物学特征变化，藻生物产品的可溶性与稳定性。

（5）实验动物饲喂试验。

（6）藻产品的安全性研究。

（7）藻产品的临床医学研究。

螺旋藻产品质量与化学营养的评价与检测，包括以下几项内容。

（1）可能存在的化学成分检测——氮、氨基酸成分、脂肪、粗纤维以及碳水化合物。

（2）该生物（内源性）遗传毒性物——植物性毒素、核酸、凝血素。

（3）非生物性遗传（外源性）毒性物——重金属、杀虫药残留（通过采收或加工引起），以及其他毒性物等。

人体极易消化吸收的优质水溶性蛋白质

最近20年，许多国家的微藻科学家和营养学家，对螺旋藻 *Spirulina platensis* 和 *S. maxima* 的生物质化学成分做了全面的分析，一致的结论是，螺旋藻是世界上迄今发现的最优质的天然蛋白质资源，其蛋白质功能基因组及其氨基酸成分，完全是适合人类生命的基础物质。

在收获的螺旋藻生物质中，粗蛋白含量至少占干物质的60%以上。据日本中山大树等对 *S. platensis* 的研究，在人工培养条件下藻体粗蛋白含量占干生物质量的72.6%；据印度中央食品技术研究所（CFTRI）L. V. 文卡塔拉门等对螺旋藻若干藻株所做的分析，粗蛋白质含量一般均在62%～72%。

当代食物新资源螺旋藻获得的普遍赞誉，不仅是蛋白质的含量水平在生物界（动、植物中）处于领先地位，更主要的是它在质量上可与鸡蛋和乳酪媲美（表10.7）。

表10.7 螺旋藻蛋白质含量与其他食品的比较

食品	蛋白质（粗）含量（%）
（脱水）螺旋藻藻粉	68～72
（烘干）鸡蛋	47
（烘干）大豆粉	37
牛奶粉	36
（烘干）花生米	27

续表

食品	蛋白质（粗）含量（%）
鸡肉	20 ～ 21
鱼	15 ～ 22
新鲜鸡蛋	14.8
新鲜牛奶	3.9

资料来源：农业部螺旋藻协作组

在人类的常规食品中，牛肉、鱼类等动物性蛋白质占 18% ～ 22%，新鲜鸡蛋含 14.8%；大豆中之植物性蛋白 33%，大米、小麦等植物性蛋白仅含有 7% ～ 12%。螺旋藻的高蛋白含量即使在微生物王国里也是无可匹敌的，尽管已发现某一两个种属的（SCP）细菌，如纤维单胞菌（cellulomonas）的蛋白质含量也达到甚或超过 75%，然而伴之以存在的是不可免除的高达 8% ～ 30% 的核酸。除此以外，酵母菌和真菌与其他微生物蛋白质资源，在作为人类食品利用时，其消化率较低。由于这些生物资源品质的种种缺陷，20 世纪 50 年代以来，人们寻找与开发单细胞蛋白资源陷入了困境。螺旋藻不同于世界上所有可食性动植物蛋白质食品之处是，它具有独特而完整的氨基酸组分和合理的含量，营养学上誉为全价蛋白质。在目前已知的所有动物性和植物性食物资源中，如鱼类、肉类、牛奶和蔬菜水果类等，虽然蛋白质氨基酸的成分和含量各有特色，但都不如螺旋藻这般齐全（表 10.8）。

表 10.8　螺旋藻与人类的主要动植物食物蛋白质、脂肪和糖类含量比较

种类		蛋白质（%）	脂肪（%）	糖类（%）
螺旋藻		67	6.7	16
谷物类	小麦	13 ～ 16	3 ～ 5	75
	水稻	8 ～ 10	2 ～ 3	73 ～ 78
	谷子	7 ～ 10	3 ～ 4	70
	大豆	39 ～ 43	17 ～ 20	26 ～ 28
	玉米	5 ～ 9	4 ～ 4.5	72 ～ 75
动物类	猪肉	9.5	59.8	0.9
	牛肉	20.1	10.2	-
	鸡肉	21.5	2.5	0.7
	鸭肉	16.5	7.5	0.5
	黄鱼	17 ～ 18	0.8 ～ 3.6	-
	蛋	14.7	11.6	1.6
	牛奶	3.3	4.0	5.0

资料来源：农牧渔业部螺旋藻协作组和江西省农业科学院科技情报研究所，1985

所谓全价蛋白质，是指它含有人体生理活动所需要的全部20种氨基酸和其中的10种必需氨基酸，而且具有合理的组分含量（表10.2）。水溶性的螺旋藻蛋白质，以其全价10种必需氨基酸（WHO对原来的8种，增加了两种人体不能充分合成的精氨酸和组氨酸），可以充分满足人体对于氨基酸营养的需要。相比较而言，人类的主粮——禾谷类食物的营养，主要是高热量的体能物质，其蛋白质成分不仅含量低，而且多是醇溶性的（可消化性差），所以人类还必须从其他食物获取到蛋白质和氨基酸类，作为机体生理结构性（长肌肉组织等）的"构件"材料和生理活动的酶类等。

螺旋藻之所以成为人类最精美的蛋白质食物资源，与其他生物品质不一般的是：其一，它是属于原核生物，核酸的含量远低于真核生物；其二，细胞壁由黏多糖组成，只有极少量的半纤维素。因此，螺旋藻不需要经过特别的化学或物理性方法处理即可直接应用。当被食用后，藻细胞蛋白内涵和其他营养物以及胞壁物质，几乎全部可被人体迅速消化和吸收。营养学家经动物体内消化试验测定，在18h内，85%的藻生质蛋白质、氨基酸和维生素能在机体内得到吸收和转化，净蛋白质利用率达53%～61%，相当于乳酪的85%～92%；其三，大多数植物性蛋白质属于醇溶性的，而且普遍缺少赖氨酸和苏氨酸，而螺旋藻的蛋白质是水溶性的，各种氨基酸组分模式合理（符合FAO/WHO推荐水平）。因此，把螺旋藻用作食品或饲料饵料添加成分，可以起到与禾谷类或其他植物性蛋白质的互补作用，可以解决植物蛋白质营养价值低的问题。

螺旋藻是人类最优秀的食物，还在于它包含多种人体需要的活性物质。国内外大量临床医学研究证明：螺旋藻的藻蓝蛋白和藻多糖具有增强人体免疫力、抑制肿瘤细胞的功能；尤其是新鲜藻体中的超氧化物歧化酶，具有清除人体中过氧化自由基的强大作用；其高含量的β-胡萝卜素和B族维生素具有抗氧化、抗疲劳和抗衰老的作用；而其ω系的不饱和脂肪酸类，更具有降低胆固醇和高血脂的功效。螺旋藻的营养组分，是螺旋藻成为当代保健食品新秀与药源食物的基础，对于人类健康具有非常奇妙的药膳功能。

螺旋藻除含有与人体相似的完整蛋白质基因组，同时还含有多种对于人的机体具有重要生理活性的物质。中国农业科学院专家最近对螺旋藻营养成分做了深入的研究，测定的结果（表10.9）表明：螺旋藻所含有的功能蛋白质以及丰富的生理活性物质，是它对于人体起到强大免疫功能的潜力所在。

表10.9　国内市场部分螺旋藻产品生理活性物质含量检测结果

产品编号	1	2	3	4	5	6	7	8	9	10
藻蓝蛋白（%）	7.70	6.46	8.76	7.50	6.45	8.55	7.91	7.50	8.97	9.20
别藻蓝蛋白（%）	4.04	4.78	5.01	4.77	3.55	4.28	3.68	4.10	5.18	5.47
藻红蛋白（%）	1.01	1.22	1.49	1.28	0.84	0.85	0.86	0.88	1.43	1.51
藻胆蛋白（%）	12.75	12.46	15.26	13.55	10.84	13.68	12.45	12.48	15.58	16.21
γ-亚麻酸（mg/100g）	1763.6	958.0	1394.5	1787.3	1780.7	1860.0	1554.7	1675.3	1452.8	1852.8
二十碳五烯酸（mg/100g）	42.04	19.40	28.07	55.73	19.60	32.50	16.22	38.90	20.68	24.40
二十碳六烯酸（mg/100g）	19.9	0	3.50	19.81	1.40	0	7.60	9.00	0	3.80

续表

产品编号	1	2	3	4	5	6	7	8	9	10
不饱和脂肪酸（mg/100g）	1824.83	977.40	1426.07	1862.84	1801.70	1892.50	1578.50	1723.20	1473.40	1881.00
叶绿素 a（mg/100g）	1043.04	915.76	939.60	1026.75	1162.47	1062.28	927.62	1046.00	1147.77	123567
β- 胡萝卜素（g/kg）	4.59	2.16	3.50	4.34	4.89	3.49	3.19	4.19	5.45	5.62
螺旋藻多糖（%）	12.5	10.7	14.9	16.6	12.7	9.8	11.5	10.5	10.47	9.1
超氧化物歧化酶（U/g）	2514	1429	2286	2457	1429	2414	2000	743	3086	2343

资料来源：王文博等，2011。本表因篇幅所限，仅采用其中部分样品数据

研究发现，在螺旋藻的蛋白质总量中，最具临床医学特殊用途的 C- 藻蓝蛋白约占 20%，但它与藻体中其他储存物不同，即以动态变量存在。这是因为 C- 藻蓝蛋白仅是在藻细胞指数生长期生成并积存，而在藻的持续生长阶段不再生成与积累；但藻的其他生物质却形成于藻的持续生长相中。C- 藻蓝蛋白在培养藻缺氮生长中，还能在一定时期内自动转化出 30% ～ 50% 蛋白氮，以供应藻体细胞的继续生长。

10.3　蛋白质的评价与检测

对于螺旋藻蛋白质的测定计算通常采用凯氏（K）法，即：N×6.25 系数。以这种方法获得的结果只是表示粗蛋白质的总量。实际上螺旋藻与其他真核类微藻、SCP 微生物等一样，在细胞质组分中包含了核酸等非蛋白氮（NPN），因此粗蛋白含量显然是稍高于蛋白质的实际含量。

正确的计算应该将核酸中的嘌呤氮分开。在核酸中嘌呤氮与嘧啶氮以相等分子量存在，但嘧啶的含量约为嘌呤氮的 40%。所以用嘌呤 N×1.4 即为核酸氮的含量。

根据杜朗 · 切塞尔对螺旋藻 *S. maxima* 的测定，在藻的干物质速效氮中，核酸氮占 11.5%，以平均数计算，在螺旋藻粗蛋白含量中，非蛋白氮（NPN）有机物约占 10%，所以螺旋藻的真蛋白应是 55% ～ 62%。

对于螺旋藻蛋白质质量的评测，国际上普遍采用的指标有：蛋白质可消化率系数（digestibility coefficient，DC）；蛋白质有效利用率（protein efficient ratio，PER）；生物学值（biological value，BV）和净蛋白质利用率（net protein utilization，NPU）。

国内外研究者多以哺乳动物小白鼠所做的饲喂试验证明：螺旋藻的蛋白质优于一切植物性蛋白质资源，各项评价指标堪与最佳动物蛋白资源相媲美（图 10.2，表 10.10），仅是它的个别含硫氨基酸（蛋氨酸）含量稍低于 FAO/WHO 对于人类食品的推荐标准，但在采用了其他含蛋氨酸食物混合补充后，螺旋藻的蛋白质效价可以全面得到提高。

蛋白质可消化系数（DC）法　对于螺旋藻蛋白质可消化系数的测定，是评价动物从摄食饲料中获得吸收氮比率的简单而重要的方法。计算方式是

$$DC = \frac{I-(F-F_X)}{I} \tag{10.1}$$

其中，I 为总摄食氮，F 为排出粪便氮，F_X 为内源性粪便氮。

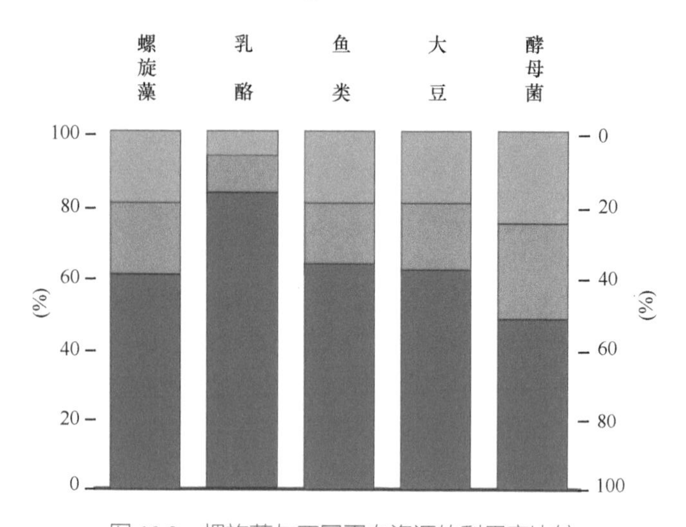

图 10.2　螺旋藻与不同蛋白资源的利用率比较

◆吸收利用的蛋白质；◆从尿中排出的蛋白质；◆未被消化吸收的蛋白质

表 10.10　螺旋藻的蛋白质含量、净利用率、可消化系数与其他食物比较

食物类别	蛋白质含量（%）	净利用率（NPU）（%）	可消化系数（DC）（%）
螺旋藻（脱水藻粉）	68	62	94
鸡蛋（烘干）	47	94	44
酵母	45	50	23
大豆粉（烘干）	37	61	23
奶粉	36	82	30
乳酪	36	70	25
麦芽	27	67	18
花生米（烘干）	26	38	10
鸡肉	24	67	16
鱼	22	80	18
牛肉	22	67	15
芝麻	19	60	11
燕麦（全粉）	15	66	10
小麦（全粉）	14	63	9
糙米	8	60	5

对于螺旋藻蛋白质可消化性系数的测定，Becker 等以试管法 - 胃蛋白 - 腩酶消化进行。试验结果是新鲜藻泥消化率最高，达到 83%；太阳晒干与冷冻干燥的最高可消化率约 68%（图 10.3）。这一结果与 Lipinsky 和 Litchfield 所做的以老鼠喂饲螺旋藻试验达到 80% 的可消化率相接近。

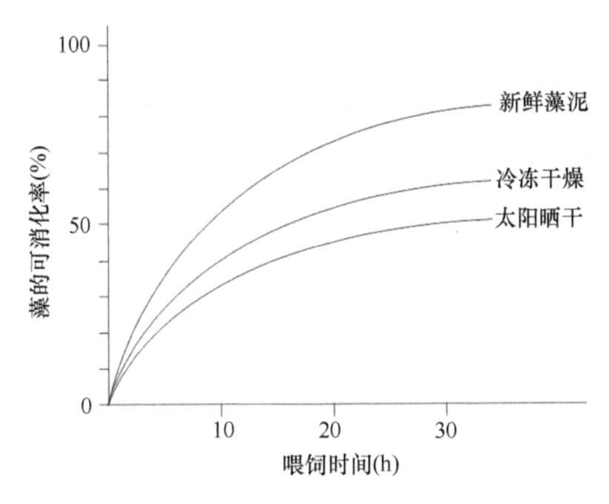

图 10.3　螺旋藻蛋白质可消化系数的测定

蛋白质有效比率（PER）法　是评价蛋白质质量最有用而且是最简单的试验办法。一般以哺乳动物（雄性小白鼠）进行 4 周时间的喂饲后，计算出每单位蛋白质（N×6.25）（克重）的增重效果（g），即

$$\mathrm{PER}=\frac{\text{增重量（g）}}{\text{蛋白质摄食量（g）}} \tag{10.2}$$

测定 PER 的前提是配制日粮必须做到充分被消化，其他相关营养成分（维生素、矿物质等）也必须在日粮中得到充分平衡的供应。据 E. W. Becker 等试验，不同的加工方法和不同藻株对于 PER 具有较大的影响（表 10.11）。测定值通常以乳酪的 PER 校定值 2.5 为参照。

表 10.11　螺旋藻的蛋白质营养有效比率

藻株 / 加工方法	蛋白质水平含量（%）	PER 值
酪蛋白	10	2.50
S. platensis / 晒干	10	1.78
S. platensis + 0.3% 氨基酸 / 晒干	10	1.89
S. maxima / 晒干	10	2.20
S. spp./ 晒干	20.5	2.10
S. platensis /（70℃烘干）	10	1.78

数据来源：Venkataraman 和 Becker（1985）

在这之前，Richmond（1986）比较了墨西哥藻株（*S. maxima*）与乍得湖藻种（*S. platensis*）的蛋白质有效比率。该试验在 10% 的蛋白质水平时，前者 PER 达到 2.20，后者却是 1.86。可见除了不同的加工方法对 PER 有影响以外，不同藻种与株系之间亦有一定的差别。但较一致的结论是，螺旋藻的 PER 值显然高于一般植物性的禾谷类和大豆等蛋白质资源。

在以螺旋藻作为日粮蛋白质补充资源进行的饲喂试验中，如添加少量的蛋氨酸（0.3%），即可以明显提高 PER 的值。

PER 法只是检验藻蛋白质量的一种最常用的方法，但不足之处在于它不能反映螺旋藻整体生物质的质量。尤其是它所表示的蛋白质的可消化率，而不表示蛋白质的实际含量。此外，为使蛋白质的 PER 得到精确测定，试验日粮必须被充分消化，所以 PER 法只是在一定限度的意义内加以应用。

10.3.1　藻蛋白的生物学值（biological value，BV）

蛋白质的生物学值（BV）是评测动物机体吸收氮与摄食氮比率的一种较好的方法。所谓吸收氮，是指总消化氮与从消化道排清氮之差值。生物学值通常的计算公式有两种：一种是活体消化物检测法，一种是试验动物机体水解检测法。BV 的计算公式为

$$BV = \frac{I - [(F - F_K) - (U - U_K)]}{I - (F - F_K)} \times 100 \tag{10.3}$$

$$BV = \frac{B - B_K}{I - (F - F_K)} \tag{10.4}$$

其中，I 为总摄食氮，F 为排出的粪便氮，F_K 为内源性粪氮，U 为尿排清氮，U_K 为内源性尿氮，B 为试验日粮喂饲结束时的试验动物机体总氮，B_K 为试验动物以无氮日粮预饲结束时机体总氮。

试验动物应用小白鼠分箱饲喂，对排出的粪、尿分别加以收集，称重测定。为校正内源氮损失，试验小白鼠先经过 7d 时间的无氮日粮饲喂。为避免在试验期中发生代谢与维持能损失，在基础代谢（无氮）日粮中，需增加 3% ～ 4% 的蛋白质。

10.3.2　藻的净蛋白质利用率（net protein utilization，NPU）

这是进一步评价螺旋藻蛋白质质量甚为精确的方法。试验动物仍然是雄性小白鼠。每只小白鼠经 4d 预饲后，再经 5d 的平衡期饲喂。平衡期结束时清箱底称量未食完饲料，同时计算出氮的摄入量。对于 NPU 的测定计算有两种方法，一种是试验小白鼠的总胴体水解法计算机体的总含氮量，即

$$\mathrm{NPU} = BV \times DC = \frac{B - B_K}{I} \tag{10.5}$$

另一种办法以试验动物饲喂试验进行测定计算，数据采用 BV 参数，这比试验动物胴体水平水解法简单易操作。

$$\mathrm{NPU} = \frac{I - [(F - F_K) - (U - U_K)]}{I} \tag{10.6}$$

经用上述方法对不同藻株和不同加工方法的螺旋藻蛋白质质量进行的综合评测，藻生物质的 *BV*、*DC* 和 NPU 的综合指标为乳酪的 79%（表 10.12）。

表 10.12　螺旋藻不同藻株蛋白质营养质量比较

藻株	干燥方法	蛋白质水平含量（%）	蛋白质有效率（PER）	可消化系数 DC	生物学值 BV	净蛋白质利用率 NPU
酪蛋白	—	10	2.5	95.3	94.4	89.9
S. platensis	晒干	10	1.8	83.3	77.6	65.0
S. platensis + 0.3% 蛋氨酸	晒干	10	1.89	91.9	79.5	73.0
S. maxima	喷雾干燥	10	2.18	—	—	56.6
S. platensis	喷雾干燥	10	1.86	—	—	52.6
S. maxima	喷雾干燥	10	2.08	—	—	—
S. spp.	晒干	10	1.80	82.7	75.0	62.0
S. maxima	喷雾干燥	10	2.00	84.0	68.0	57.0

资料来源：Becker 和 Venkataraman（1984）

据 Bourges 等对螺旋藻的典型代表性藻株 *S. maxima*（墨西哥藻株）和 *S. platensis*（非洲窄得湖藻株）进行净蛋白利用的测定，前者 NPU（56.6）稍高于后者（52.6）。Narasimha 等对螺旋藻 BV、DC 和 NPU 的评测证明，墨西哥藻株与非洲藻株在蛋白质质量方面并无明显差别，它们的可消化率分别为 75.5 和 75.7；并进一步证明，在日粮中添加少量（0.3%）的蛋氨酸后，BV 从 68.0 提高到 82.4，NPU 从 52.7 提高到 62.4。但其他研究者对此却持不同结论，经他们试验，对螺旋藻蛋白质添加蛋氨酸并不会进一步提高营养质量，蛋氨酸并不是其限量氨基酸。作者认为，显然这跟不同藻株具有不同的含硫氨基酸水平有关。

10.4　氨基酸的评测

螺旋藻不仅在大自然的植物王国中，或者是在 2000 多种人类可食的藻类中，应算是一枝独秀的超级营养食品。比较一下它们的同源氨基酸可以看出，螺旋藻所含的人体生理组织最重要的“构件性”氨基酸（如赖氨酸、苏氨酸以及蛋氨酸和胱氨酸这两种含硫氨基酸），在品种上和含量上，都与世界卫生组织（WHO）和联合国粮农组织（FAO）对于人类营养的推荐模式基本相一致（表 10.13）。

表 10.13　螺旋藻等几种藻类植物的主要氨基酸成分与 FAO/WHO 推荐模式的比较（以含 16g 氮的干藻计算）

来源	缬氨酸	亮氨酸	异亮氨酸	苯丙氨酸	赖氨酸	蛋氨酸 + 胱氨酸	色氨酸	苏氨酸
FAO/WHO	4.96	7.04	4.0	6.08	5.44	3.52	0.96	4.0
钝顶螺旋藻（*S. platensis*）	5.70	7.95	4.93	3.63	4.34	2.78	0.88	4.02
玛西马螺旋藻（*S. maxima*）	6.50	8.02	6.03	4.97	4.60	1.77	1.40	4.56

续表

来源	缬氨酸	亮氨酸	异亮氨酸	苯丙氨酸	赖氨酸	蛋氨酸+胱氨酸	色氨酸	苏氨酸
小球藻（*Chlorella*）	2.70	1.20	1.70	2.10	2.40	0.60	0.40	1.90
栅藻（*Scenedesmus*）	7.00	6.60	4.20	3.60	5.0	2.10	1.20	5.80
丝藻（*Ulothrix*）	2.60	1.40	0.60	3.40	1.50	—	—	1.80
尾丝藻（*Uronema*）	6.80	10.50	4.0	4.70	6.30	*	*	4.0

螺旋藻的蛋白质营养质量是其所含有的氨基酸组分决定的。普通植物在生长过程中能自身合成各种氨基酸类，但动物自身只能在摄食后合成某几种氨基酸类，而且多是非必需氨基酸类。因此，动物经常缺乏的却是生殖生长最需的必需氨基酸类，即：异亮氨酸、亮氨酸、赖氨酸、蛋氨酸、苯丙氨酸、苏氨酸、色氨酸和缬氨酸。这些必需氨基酸只能从食物中摄取到。至于具有人体生理重要的精氨酸与组氨酸则属于部分必需氨基酸。此外，胱氨酸和酪氨酸在动物机体摄入不足时，则是从必需氨基酸蛋氨酸和苯丙氨酸转化获得。固然，不同的动物种类对于上述必需氨基酸的需要也有不同。

对于螺旋藻的氨基酸组分的测定，无论是采用微生物学方法还是色谱法，以藻蛋白的水解物都无法区分出氨基酸的总存量，特别是对于蛋氨酸和赖氨酸。

螺旋藻生物质产品经长期存放或者经过了热处理以后，其赖氨酸的氨基团会与还原碳水化合物结成不能被消化吸收的复合体。因此，对于螺旋藻生物质的各种干燥加工、酸碱度处理和使用还原糖等方法应特别注意，否则会严重影响到这类氨基酸的可消化性。

对于螺旋藻蛋白质氨基酸效价的评测，通常采用以下两种方法，即化学记分（CS）法和必需氨基酸指标（EAA）法。

化学记分（CS）法 是根据待测蛋白质中必需氨基酸的极端缺失量与参照样品蛋白质中必需氨基酸比例进行测算的。

$$\text{化学记分}=\frac{\text{氨基酸缺失量（待测样品中）}}{\text{氨基酸正常含量（参照样品中）}}\times 100 \tag{10.7}$$

必需氨基酸指标（EAA）法 是指藻产品中蛋白质的生物学值与其必需氨基酸（相对于参照样品中蛋白质之必需氨基酸）的函数值。

$$EAA=\sqrt[n]{\frac{100a}{a_r}\times\frac{100b}{b_r}\times\cdots\times\frac{100n}{n_r}} \tag{10.8}$$

$a_1 b_1 \cdots n_r$ 为待测样品中之必需氨基酸浓度，$a_r b_r \cdots n_r$ 为参照样品中之必需氨基酸浓度。

化学计分法是以某种单一限制性氨基酸进行的测定，通常低于蛋白质的生物学值；而必需氨基酸指标（EAA）法的测定值，在做动物喂饲试验中显示非常接近于蛋白质的生物学值。

对于作为消费对象的人或动物采食，各有不同的必需氨基酸需求。与植物性蛋白质不同，螺旋藻的蛋白质属于天然动物性蛋白质，尤其是色氨酸、蛋氨酸和赖氨酸，因此其蛋白质氨基酸的得分率自然较高。

在藻类蛋白质中经常是含硫氨酸的蛋氨酸和胱氨酸缺乏。表 10.14 所汇集的氨基酸数据资料，是从多种文献中选择的。上表中鸡蛋蛋白质的氨基酸种类与含量是联合国粮农组织（FAO）和世界卫生组织（WHO）所推荐，作为参照。

表 10.14　螺旋藻不同株系的氨基酸组分模式　（g/16g 氮）

氨基酸	玛西马螺旋藻 *S. maxima*	吉氏螺旋藻 *S. jeitleri*	钝顶螺旋藻 *S. platensis*	螺旋藻 spp.	FAO/WHO（推荐标准）	鸡蛋
异亮氨酸	6.8	6.0	6.7	4.8	4.0	6.6
亮氨酸	10.9	8.0	9.8	8.4	7.0	8.8
缬氨酸	7.5	6.5	7.1	5.4	5.0	7.2
赖氨酸	5.3	4.6	4.8	4.7	5.5	7.0
苯丙氨酸	5.7	4.9	5.3	4.0	6.0	5.8
酪氨酸	5.9	3.9	5.3			4.2
蛋氨酸	2.3	1.4	2.5	2.3	3.5	3.2
胱氨酸	0.7	0.4	0.9	1.0		2.3
色氨酸	1.5	1.4	0.3	1.5	1.0	1.7
苏氨酸	5.6	4.6	6.2	4.6	4.0	5.0
丙氨酸	9.0	6.8	9.5	6.9		
精氨酸	7.2	6.5	7.3	6.6		6.2
天冬氨酸	12.2	8.6	11.8	9.1	11.0	
谷氨酸	17.4	12.6	10.3	12.2	12.6	
甘氨酸	6.6	4.8	5.7	4.9	4.2	
组氨酸	2.0	1.8	2.2	1.6	2.4	
脯氨酸	4.1	3.9	4.2	3.8	4.2	
丝氨酸	4.9	4.2	5.1	4.9	6.9	

氨基酸是蛋白质的水解产物。在螺旋藻所含有的 18 种重要的氨基酸组成中，有 10 种是联合国粮农组织（FAO）和世界卫生组织（WHO）推荐的人体必需氨基酸类。在螺旋藻的藻生物质中，它的氨基酸组分和含量与 FAO/WHO 对于人类蛋白质和氨基酸的摄入量推荐模式相比照，竟然基本上相接近（表 10.15，表 10.16）。例如，WHO/FAO 推荐的食物中的赖氨酸含量应为 4.7% ～ 5.5%。相应的是，螺旋藻藻体中的赖氨酸含量就有 4.0% ～ 4.8%，而且人体对赖氨酸的有效吸收率平均在 85% 以上。

从人和动物的消化生理来说，机体并不直接需要所摄入的完整蛋白质，而是蛋白质的水解产物——各种氨基酸类。所以无论是素食者（只从植物性食物中采食蛋白质），还是荤素皆食者（采食的是各种动、植物蛋白质），在人体的消化道里，都得水解成各种氨基酸，然后经消化系统有选择性地吸收，或成为机体组织的生理性构件，或在机体的细胞中被转化成为能量，派不上用场的只能排泄掉。

表 10.15　螺旋藻与若干重要食品必需氨基酸含量之比较　　（单位：g/100g）

氨基酸	螺旋藻	大豆	牛肉	鸡蛋	鱼	国际推荐标准（日摄食量）
异亮氨酸	4.13	1.80	0.93	0.67	0.83	4.20
亮氨酸	5.80	2.70	1.70	1.08	1.28	4.80
赖氨酸	4.00	2.58	1.76	0.89	1.95	4.20
蛋氨酸	2.17	0.48	0.43	0. 40	0.58	2.20
胱氨酸	0.67	0.48	0.23	0.35	0.38	4.20
苯丙氨酸	3.95	1.98	0.86	0.65	0.61	2.80
苏氨酸	4.17	1.62	2.86	0.59	0.99	2.80
色氨酸	1.13	0.55	0.25	0.20	0.30	1.40
酪氨酸	4.60	1.38	0.68	0.49	0.61	—
缬氨酸	6.00	1.86	1.05	0.83	1.02	4.20

资料来源：Becker 和 Venkataraman（1984）

表 10.16　10g 螺旋藻藻粉中氨基酸组分及含量

种类	含量（mg）	占总含量（%）	FAO 推荐含量（%）
必需氨基酸			
异亮氨酸	350	5.6	4.0
亮氨酸	540	8.7	7.0
赖氨酸	290	4.7	5.5
蛋氨酸	140	2.3	3.5[a]
苯丙氨酸	280	4.5	6.0[b]
苏氨酸	320	5.2	4.0
色氨酸	90	1.5	1.0
缬氨酸	400	6.5	4.0
非必需氨基酸			
丙氨酸	470	7.6	
精氨酸	430	6.9[c]	
天冬氨酸	610	9.8	
胱氨酸	60	1.0	
谷氨酸	910	14.6	
甘氨酸	320	5.2	
组氨酸	100	1.6[d]	
脯氨酸	270	4.3	
丝氨酸	320	5.2	
酪氨酸	300	4.8	
氨基酸总量	6200	100	

资料来源：FAO/WHO，能量与蛋白质需要量报告，1973；Becker 和 Venkataraman，1984

a. 包括丝氨酸；b. 包括酪氨酸；c.10 岁以下儿童必需；d. 现已被认定为必需氨基酸

氨基酸除了参加蛋白质的合成外，在一些特殊的酶类生成动物淀粉（如糖原），以及其他多种功能酶类的活动中，也具有决定性作用；在转化糖类释放能量的活动中，亦取决于肝脏和肾脏中是否存在某些特定的氨基酸和色素类（表 10.17）。

表 10.17　成年人必需氨基酸的日需要量与 10g 螺旋藻藻粉的供给量

必需氨基酸种类	需要量（g/d）	10g 干藻粉供给量（g）	占需要量（%）
异亮氨酸	0.84	0.35	42
亮氨酸	1.12	0.54	48
赖氨酸	0.84	0.29	35
蛋氨酸[a]	0.70	0.20	29
苯丙氨酸[b]	1.12	0.58	52
苏氨酸	0.56	0.32	43
缬氨酸	0.98	0.40	41

资料来源：美国农业部和厄斯拉斯螺旋藻公司，1982

a. 包括光氨酸；b. 包括酪氨酸

氨基酸在大脑化学物质多肽和激素的生成中也是十分重要的，它对于制造人体胰岛素的内分泌腺系统具有重要的调节功能。

再从以下列举的几种氨基酸，可以更多了解螺旋藻对于人体生理功能的重要性作用。

亮氨酸，是人体的必需氨基酸之一，它既可以促进体内蛋白质的合成，又能防止蛋白质分解，并且由亮氨酸组成的蛋白质，可以起到保留肌肉组织的作用，从而减掉多余的脂肪。世界卫生组织和联合国粮农组织对于人体必需氨基酸的推荐标准中，亮氨酸的含量为每 100g 必需氨基酸中含亮氨酸 7g。而在螺旋藻所含的必需氨基酸总量中，以亮氨酸的含量最高，每 100g 中含量为 10.4g。这一含量水平甚至比肉类、面包、鱼类和奶粉等常规食物高 4 ～ 5 倍。以螺旋藻作为减肥的配餐成分，可以发挥出色的作用。

精氨酸，能使血液在血管中畅流螺旋藻的精氨酸含量为 430mg/10g（干重），比一般食物要高。美国斯坦福大学医学院约翰 • 库克博士领导的研究小组发现，精氨酸能防治动脉血管粥样硬化。研究表明，人体血管中的氧化氮能舒张血管、防止白细胞和血小板在血管内壁沉积。氧化氮在健康人的体内是血液中的一种代谢产物，但中老年人和动脉粥样硬化患者，氧化氮的产生便会显著降低。临床试验表明，以螺旋藻作为精氨酸资源食物，服用后，能在体内稳定地直接转化为氧化氮。所以坚持服用螺旋藻，能有助于维持血流顺畅，能降低患动脉血管硬化的危险。

色氨酸，可以帮助你把愤怒的情绪压下来。营养学家建议，在吃晚餐的时候应该适量吃一些含有色氨酸的食物，因为这种物质在人体内代谢后，生成 5- 羟色胺，它能够抑制中枢神经的兴奋度。5- 羟色胺在人体内进一步转化可生成褪黑素，有很好的镇静和诱发睡眠的作用。英国剑桥大学的研究人员 1997 年在美国《生物精神病学》期刊上，发表了《血清素——一种负责处理大脑理智的信号物质》的研究报告，揭示了血清素含量与人的愤怒情绪相关。神经细胞需要借助血清素传递信息，而血清素则是人们从食物中摄取的色氨酸来合成的。研究专家发现，人体在缺少色氨酸时，会导致血清素含量降低，此时大脑中的愤怒反应就往往难以被抑制。

谷氨酸 临床医学专家的一项最新研究发现，经常摄食含有较多谷氨酸的食物，可以帮助高血压患者降低血压。研究人员对4680人进行的调查分析证实，被调查者每天摄入到的谷氨酸含量比一般人增加4.7%，他们的血压收缩压（高压）降低1.5～3.0个点数（1个点数为0.35mmHg[①]）。医学专家认为，这一降幅意味着因心脏病猝死和因冠心病死亡的风险，分别降低6%和4%。人们不禁会问：哪些食物含有较多的谷氨酸呢？答案仍然是：以螺旋藻为首选。在每100g螺旋藻的干藻中，谷氨酸在其氨基酸总量中有12.320g，这一含量是小麦的2.8倍多，是糙米的11倍多（表10.18）。

表10.18 螺旋藻谷氨酸含量与其他食物的比较 （单位：g/100g）

螺旋藻	肉类	小麦	糙米	面包	鱼类	奶粉
12.320	2.649	4.375	1.027	2.952	2.369	0.819

天冬氨酸 螺旋藻的天冬氨酸含量丰富，占氨基酸总量的9.8%。天冬氨酸能促进人体的新陈代谢和造血功能，能促进性腺发育，提高性功能，增强生殖能力。螺旋藻的天冬氨酸加上精氨酸，更是一种良好的助性营养品。

10.5 类脂物评价

在自然界已发现的动植物资源中，极少有较高天然γ-亚麻酸含量的种质，即如植物的籽实类产品，如葵花籽、大豆油、玉米油等的乳脂中，其含量仅在0.1%～0.35%。市面上一些以健康专家名义推荐的高含量脑白金（DHA）和花生四烯酸产品，据说，其直接产品“主要是从深海鱼类中提取到的”，有很多消费者竟对此置信不疑，而对DHA的真正来源并不了解。实际上，海洋鱼类自身并不会制造脑黄金（EPA）或DHA，仅仅是因为海洋中的鱼类，处于以浮游生物和藻类为食物链的顶端，从摄食的藻类中积攒到的一定数量的多不饱和脂肪酸（PUFAs）。

在自然界，迄今只在一些水生藻类植物中，发现到含量甚为丰富的不饱和脂肪酸EPA和DHA；在陆生植物类中即使有不饱和脂肪酸，但几乎都不含有EPA和DHA。于是，近年健康产业的开发者们将寻找PUFAs的目光转向微生物资源。这是因为：其一是微生物资源生产周期短，PUFA得率高，容易形成产业；其二是可以利用特定的藻种和培养基进行胁迫培养和定向培养，生产出某种高含量的PUFAs。

螺旋藻藻体中的类脂物——丰富的天然不饱和脂肪酸（polyunsaturated fatty acids，PUFAs），差不多全部是重要的不饱和脂肪酸类（表10.19，表10.20），而且其胆固醇含量极低（< 196mg/kg）。

① 1 mmHg=1.333×10^2Pa。

表 10.19　螺旋藻是高蛋白高不饱和脂肪酸低热量食物

营养成分	含量
蛋白质	65% ～ 71%
类脂物	7.1% ～ 8%
脂肪酸	5%
γ- 亚麻酸 C_{18}	1197mg
亚麻酸 C_{18}	1378mg
热量	14.48J/g

表 10.20　螺旋藻中各类脂肪酸的含量　　（单位：mg/kg）

脂肪酸	含量
总类酯物	70 000
脂肪酸类	57 000
十二烷酸（月桂酸 C_{12}）	229
十四烷酸（肉豆蔻酸）	644
十六烷酸（棕榈酸）	1 141
十六烯酸（棕榈油酸 C_{16}）	2 035
棕榈亚油酸（C_{16}）	2 565
十七烷酸	142
油酸（十八碳九烯酸）	3 009
十八烷酸（硬脂酸）	353
亚油酸	13 784
γ- 亚麻酸	11 970
α- 亚麻酸	427
不可皂化物	13 000
甾醇类	325
胆甾醇	196
谷甾醇	97
二氢 -7- 胆甾醇	32
其他	699

藻类的类脂物含量差别很大，可占藻生物质的 1% ～ 40%，但蓝菌藻（cyanobacteria）却很特别，所含有的大量多不饱和脂酸可达 35% ～ 60%。

几乎所有的微藻类脂肪酸都呈直链分子结构。螺旋藻类脂物的特点是，全部是典型的甘油酯和脂肪酸，且类脂物的分子碳架构多在 C_{12} ～ C_{30}，碳原子数都是偶数。这是由于在藻的生物合成中多以乙酸的 a- 加合方式生成。

环境因子对藻的脂肪酸生成物影响很大。研究发现，在极端培养条件下，即培养藻在“氮饥饿”发生时，藻体中类脂物竟会很快生成并可积存至 70% ～ 80% 的干物质量。但有的藻类在逆环境中却是生成为碳水化合物，而非脂类。

培养条件改变不仅会影响藻的化学成分相对含量，而且会改变化学成分。

Richmond（1986）研究发现，螺旋藻（*Spirulina platensis*）在高浓度（5%）CO_2 培养环境下，以聚（poly）-β- 羟丁酸（PHB）作为其类脂的储存物。

对于螺旋藻脂类生成具有影响作用的还有强光照射与较高的温度等。

又据 Becker 和 Venkataraman（1984）试验，在螺旋藻培养液中添加少量葡萄糖（糖蜜），同时提高 CO_2 浓度后，藻体细胞中的亚麻酸（$C_{18:3}$）含量会有较大幅度的提高；Kenyon 等研究认为，培养藻中的 α-18:3 亚麻酸含量可得到增加。

螺旋藻的特点是含有丰富的长碳链多不饱和脂肪酸（PUFAs），其中主要的脂肪酸是十八碳三烯酸（γ- 亚麻酸）、二十碳四烯酸（花生四烯酸）、二十碳五烯酸（EPA）和二十二碳六烯酸（DHA，俗称脑黄金）等，分属 ω-3 和 ω-6 系列的 PUFAs（表 10.21）。

表 10.21　螺旋藻中必需脂肪酸的含量

必需脂肪酸种类	mg/10g 藻粉	占总含量（%）
$C_{14:0}$ 肉豆蔻酸	1mg	0.2
$C_{16:0}$ 棕榈酸	244mg	45.0
$C_{16:1}$ 棕榈油酸	33mg	5.6
$C_{17:0}$ 17 烷酸	2mg	0.3
$C_{18:0}$ 硬脂酸	8mg	1.4
$C_{18:1}$ 油酸	12mg	2.2
$C_{18:2}$ 亚油酸	97mg	17.9
$C_{18:3}$ γ- 亚麻酸	135mg	24.9
C_{20} 其他脂肪酸	14mg	2.5
总含量	546mg	100

螺旋藻是世界上迄今发现的在自养生物中唯一含有丰富的 γ- 亚麻酸的生物。在螺旋藻的常规生产藻种（*Spirulina platensis*）中，其最高含量甚至占脂肪酸总量的 40%。因此螺旋藻是最有希望的产不饱和脂肪酸（PUFAs）的微生物性资源。多不饱和脂肪酸类对于人体具有结构性和功能性的作用。多不饱和脂肪酸类按其分子结构特点（长碳链上的双键个数）及其在人体内代谢的相互转化方式不同，又分为 ω-3 和 ω-6 两种系列。在多不饱和脂肪酸的分子式中，距羧基最远端的双键位置是在倒数第 3 个碳原子后的，被称为 ω-3 或 n-3 多不饱和脂肪酸；如该双键在倒数第 6 个碳原子上的，则称为 ω-6 或 n-6 多不饱和脂肪酸。

ω-3 系列的脂肪酸类是一组多元不饱和脂肪酸，是影响人体健康最重要的膳食脂肪酸。ω-3 家族的主要成员有 DHA 和 EPA 等。在近代营养学上，ω-3 脂肪酸是继氨基酸、蛋白质之后又一重要的里程碑意义的健康因子。美国加州和日本的研究人员发现，食物中的 ω-3 脂肪酸能够绑定到细胞表面的一种特化蛋白质上，这好比是一把钥匙插到了锁芯里，于是产生了一系列的细胞内连锁反应，这些反应有助于提高机体的免疫力。

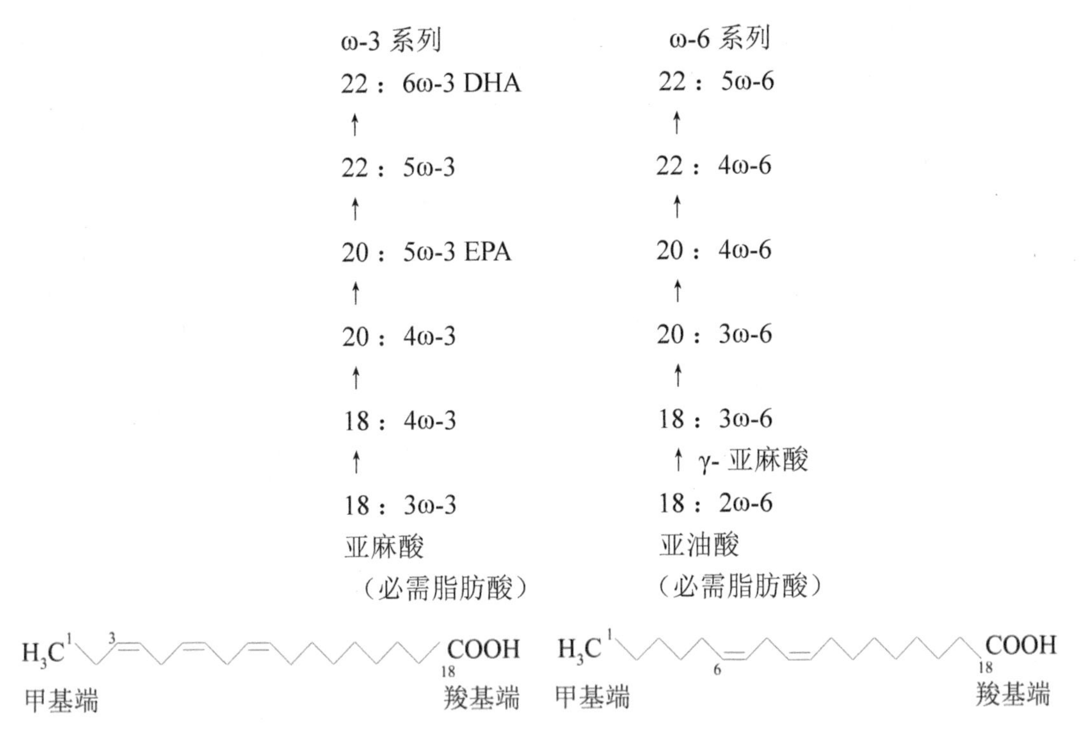

美国加州大学欧文分校的威廉姆•西尔斯（William Sears）教授研究证实，ω-3 EPA/DHA 对于孕妇、婴幼儿和儿童具有特别重要的意义。孕妇在妊娠期补充 ω-3 亚麻酸，可以促进幼胎与孕妇的健康，并能减少产后抑郁症的发生。正常发育的婴幼儿大脑含有 60% 的脂肪，其中 20% 是 ω-3 脂肪酸类。缺乏这一类脂肪酸，会引起婴幼儿生长滞缓。ω-3 亚麻酸对于大脑的重要性，就如钙对于骨骼的重要性一样。

DHA，二十二碳六烯酸，俗称脑黄金，属于 ω-3 不饱和脂肪酸家族中的重要成员。DHA 是一种对于人体生理活动非常重要的多不饱和脂肪酸。DHA 是神经系统细胞生长及维持活动功能的一种主要元素，是大脑和视网膜的重要构成成分。在人类的大脑皮层中，DHA 的正常含量高达 20%，在眼睛视网膜中所占比例约 50%，对视网膜的感光细胞的光刺激传导十分重要。DHA 作为一种脂肪酸，其增强记忆力与思维能力和提高智力等方面的作用，甚为显著。

人群流行病学的研究发现，体内 DHA 含量高的人，心理承受能力也较强，智力发育指数也高。DHA 还具有降低血液中甘油三酯和胆固醇的功能，能降低心脑血管病的发病率。

PUFAs 及其 DHA 还有促进血小板的抗凝作用，抑制高钠盐引发的高血压，以及减少动脉粥样硬化和冠状动脉血栓发生的风险。

国际脂肪酸和脂类研究会（ISSFAL）对成年人每日膳食脂肪酸 DHA 和 EPA 的建议摄入量为 500mg，而我国城乡居民成年人每天膳食中的多不饱和脂肪酸 EPA 和 DHA 的平均摄入量仅有 37.6mg，这一摄入量水平明显偏低。依据这一情况，以螺旋藻作为多不饱和脂肪酸的食物资源补充应是最佳选择。

ω-6 系列的 γ- 亚麻酸（GLA，γ-$C_{18:3}$）是人体前列腺素构成的前体物，其在人体内经代谢生成的衍生物是花生四烯酸。在普通培养条件下的螺旋藻产品中，其 γ- 亚麻酸 [GLA，十八碳三烯酸（全顺式 6,9,12）] 的含量高达 11 970mg/kg，约占其干藻质量的 1.25%，占藻体脂肪酸类的 20% ～ 30%。

实验医学证明，人们摄取的不饱和脂肪酸类，一般在体内经 δ-6- 脱氧酶的作用，转化生成 GLA（γ- 亚麻酸），然后 GLA 转化生成二高 γ- 亚麻酸（DGLA），而后再由 DGLA 生成前列腺素（prostaglandin，PGE1）。前列腺素在人体内起到多种重要的调节作用，如调节血压和胆固醇合成，控制炎症发生以及促进细胞增殖等。尤其是 γ- 亚麻酸降低血浆胆固醇的效果，要比亚油酸 LA 高 170 倍。

多不饱和脂肪酸（PUFAs）也是人体细胞膜磷酸酯分子的构成体，能增强人体抗体 T 细胞和 B（淋巴）细胞束缚抗原的能力。多不饱和脂肪酸 ω-6 亚油酸，对于提高运动能力有帮助。奥地利维也纳研究人员证实，ω-6 不饱和脂肪酸能有效提高机体的运动能力。

螺旋藻的二十碳五烯酸（EPA），对疏导和清理心脏血管有重要作用，能有效防止多种心血管疾病和炎症的发生，可用以增强机体的免疫力。临床医学研究证实，增加 EPA 的摄食和吸收，对减少血栓形成，预防冠状动脉心脏病、高血压和炎症，如风湿性关节炎等有效。EPA 在人体内与其他酶类发生作用后可进一步转化成 DHA。

应注意的是，在不同年龄人群的膳食中，ω-3 和 ω-6 两种系列的多不饱和脂肪酸的摄食量，也要做到平衡与合理。如成年人，每日摄食的热能约需要 9200kJ，其 ω-6 亚油酸摄食量应达到 8g，ω-3 亚麻酸应有 1.3g 的量。

10.6 灰分（矿物质）评测

螺旋藻属于单细胞原核生物，其细胞壁和细胞膜由多糖类物质构成。在日光下生长旺盛的藻细胞，从标准的化学营养物培养液中，就可选择吸收到它生理需要的多种矿物质和微量元素。因此，在采收后的螺旋藻藻产品（喷雾干燥粉）中，通常分析到的藻体矿物质和微量元素的含量约有 45 ～ 60g/kg（干重）。

从藻产品的灰分含量基本上可以反映出培养藻生长繁殖的环境条件，特别是从数量上和质量上反映出培养液中的化学元素丰量营养或不足的情况。海藻类产品的灰分（矿物质）甚至达到其干物质总量的 50%，而陆生微藻类（除硅藻和嗜盐性藻类外）产品中的矿物质含量，一般不超过 10% 的干生物质量。微藻类生物与普通高等植物一样，从营养学水平评价，其矿物质含量水平对于人和动物的食物营养学来说十分重要，但其含量水平却是边际性的。

但值得重视的是，如果从培养液收获的藻产品中检测到重金属元素超标（>10% 藻生物质干量水准），必须采取有效应对措施，如对大池培养液的化学肥料进行检查并重新配制培养基。

在生长培养过程中，藻细胞除了生理性吸收它所需要的矿物质元素外，还能依其细胞壁多糖膜对培养液中的一些重金属离子被动络合。于是人们利用藻细胞很强的吸收与有机络合的特性，有目的地在培养液中加强某种或若干种如铁、锌、钙等金属离子的浓度，胁迫藻细胞在生长过程中富集和络合超过自身需要几倍甚至十几倍的元素，以达到定向培养和有机富集某些有益矿物质的目的。据笔者课题组所做的试验，在以硫酸亚铁加强的人工培养藻池中收获的藻产品其铁元素的含量比一般含铁元素的食物高出 20 倍。

此外，如藻产品用作饲饵料时，还必须着重检测其中的钙磷（Ca:P）比例。因为，如果在培养液中发生的矿物质元素失衡，会影响到饲养动物的生理失调。

螺旋藻含有丰富的有机铁（580mg/kg），产品中的有机络合性铁是与藻蓝蛋白（phycocyanin）结合在一起的，当被人体摄食消化后，其有效吸收率比蔬菜和肉类获得的铁元素高 2 倍。通常，服用 10g 螺旋藻，人体可以获得 15mg 的有机铁。

螺旋藻在天然培养条件下能吸收有机络合钙离子，并贮存于藻细胞中。

螺旋藻的镁元素丰量水平高于一般食物。在常规生产条件下培养的螺旋藻，其产品中镁元素的含量高达 1915mg/kg。

多钾少钠的微碱性食物更宜于健康

用常规培养基配方培养生产的螺旋藻是一种优质的弱碱性食物，藻细胞中的钾元素比钠元素甚至高 37 倍多。在螺旋藻的细胞生物质（干重）中，每千克的钾元素含量高达 15 400mg，与之对应的钠的含量为 412mg（表 10.22）。

疾病预防与控制的专家指出，成年人每天摄入的钾低于 1500mg，医学上被定义为低钾摄入量。健康专家建议，成年人每天钾的最佳摄入量应在 2300mg 左右，这相当于约 15g 螺旋藻的含量。

每天食用富钾元素的螺旋藻，可以防范心脏病和降低中风的危险性，这是因为食物中偏高的钠元素会提升血压，而钾元素则具有降低血压的作用。钾与血压相关联，主要是钾元素能舒缓血管，并且有助于排除血液中的钠，从而降低血压值。美国疾病预防与控制中心的研究指出，在日常饮食中，钠 / 钾比例最高的摄食人群和钠 / 钾比例摄食最低的人群相比，前者的死亡风险高 46%，特别是患冠心病死亡的风险要高出 1 倍以上。为此，健康专家提出成年人钠盐（NaCl）的日摄食总量一般不要超过 4g。

表 10.22　螺旋藻矿物质含量与推荐日摄食量

矿物质	10g 干藻含量	推荐日摄食*	占推荐日摄食量（%）
钙（Ca）	13mg	100mg	13
铁（Fe）	5.8mg	18mg	32
锌（Zn）	390μg	15mg	2.6
磷（P）	89mg	1000mg	8.9
镁（Mg）	19mg	400mg	4.8
铜（Cu）	120μg	2mg	6
碘（I）	—	150μg	—

续表

矿物质	10g 干藻含量	推荐日摄食*	占推荐日摄食量（%）
钠（Na）	41mg	2 ～ 5g	2
钾（K）	154mg	6g	2.6
锰（Mn）	250μg	3mg	8.3
铬（Cr）	28μg	200μg	14
锗（Ge）	6μg	—	—
硒（Se）	2μg	100μg	2

* Robert（1989）

铁元素 缺铁性贫血是一种世界病，以妇女和儿童居多。铁元素对于人体细胞（红细胞）的生成具有决定性作用。螺旋藻含有丰富的有机铁（580mg/kg），螺旋藻产品中的有机络合性铁是与藻蓝蛋白结合在一起的，当被人体摄食消化后，其有效吸收率比蔬菜和肉类获得的铁元素高 2 倍（表 10.23）。通常，服用 8g 螺旋藻，人体可以获得 15mg 的有机铁，相当于美国对于成年人推荐标准 80% 的量。

表 10.23 螺旋藻与各种食物铁元素含量的比较 （单位：mg/100g）

食品	铁元素含量
螺旋藻	150.0
小球藻	130.0
牛肝	5.7
牛肉饼	2.7
面包	3.2
菠菜	2.7
鸡蛋	2.0
腰果	6.4
虾	1.8
豆腐	1.8
豆芽	1.6

资料来源：Henrikson，1989

据英国伦敦帝国理工学院研究人员克莱尔・肖夫林博士发表的研究报告称，人体血液中铁的含量过低，更易导致血栓症发生。铁含量水平过低，会使一种促凝血的血蛋白Ⅶ 因子含量过高，增加血栓形成的风险。因此通过服用螺旋藻补铁，既可促进血细胞生成，又可以有效预防血栓形成。

建议日摄入量 铁元素 18mg（成年）。

钙元素 螺旋藻在天然培养条件下能吸收与有机络合钙离子，并贮存于藻细胞中。

钙是构成机体组织的重要矿质成分，钙使骨骼形成有一定的强度，起着支撑身体的作用。血液中的钙，具有维持脑及心脏正常功能、调节所有细胞正常生理活动和激素分泌等作用。钙能协同镁元素提高肌肉神经的传导性，并可协同锌元素增进青少年的智力发育。

化学分析表明，螺旋藻有机络合钙（Ca-Sp）是一种与硫酸多糖（鼠李糖）结合的复合体。临床试验表明，Ca-Sp 具有显著抑制肿瘤细胞扩散和转移，抗疱疹病毒和 HIV 病毒，以及抗凝血酶等活性作用。

镁元素　也是维持人体细胞正常功能的必需物质，缺乏镁离子，易导致糖尿病、心血管疾病等的发生。清华大学医学院学习与记忆研究中心专家们的研究实验结果显示，提高大脑的镁离子水平，可以显著增强大鼠的学习与记忆能力。

当代中国老龄人口的数量已超过 1.8 亿。老龄化过程中的一个主要变化就是大脑认知能力显著下降。在这方面，有研究证明，镁离子对于维持大脑的学习与记忆功能，是由于其能显著增加神经突触的数量和加强调节改善突触的功能。

英国赫特福德郡大学 2012 年 3 月发布报告说，补充镁元素有降低血压的确切功效，补镁有助于高血压患者降低并发相关疾病的风险。如果每天补镁在 370mg 以上，可以降低收缩压 3 ～ 4mmHg，降低舒张压 2 ～ 3mmHg。并且随着补镁的剂量增加，降血压效果会更明显。

螺旋藻的镁元素丰量水平高于一般食物。在常规生产条件下培养的螺旋藻，其产品中镁元素的含量一般为 1915mg/kg。用螺旋藻作为镁离子的辅佐食品，对于维持和加强大脑学习与记忆的功能，预防、控制心血管疾病和糖尿病等有良好的作用。

建议日摄入量　镁元素 400mg（成年）。

螺旋藻细胞在生长培养过程中，经硒、锌富集处理后，硒、锌含量可提高数十倍。这种富硒螺旋藻对于降低血清总胆固醇、甘油三脂，提高高密度脂蛋白和预防克山病等，具有生理性重要意义和很好的临床医学意义。德国图宾根医科大学藻生物专家 Becker（1985），早在 1978 ～ 1980 年所做的研究和对于中国一些硒缺乏地区的调查表明，缺硒是克山病和大骨节病的主要原因。缺硒还会损害胰腺细胞，造成胰岛素分泌减少，血糖代谢失常，血糖升高。

螺旋藻细胞在生长培养阶段，对于非金属离子碘和硒的络合力也很强。我国科研人员还利用螺旋藻的这一特性，进行藻细胞碘和硒的定向富集培养，已生产出富碘、富硒的螺旋藻产品。

10.7　核　酸

当代已有许多藻类、真菌和单细胞生物类蛋白质作为人类营养被广泛食用，但值得注意的是一些真核类生物如真菌、多细胞藻类等，必须特别审慎，其中最重要的是核酸的含量水平。通常藻类生物质（如小球藻）中，含有比平常食物藻类较高甚至很高的核酸成分。在当代已开发的多种单细胞微生物（SCP）或真菌（菇类）中，其核酸（核糖核酸 RNA ＋脱氧核糖核酸 DNA）的含量，通常占 6% ～ 10% 的干物总量，但同为单细胞生物蛋白质的螺旋藻，其核酸含量却较低，核糖核酸仅占藻体干物总量的 3.5%，脱氧核糖核酸占 1%，RNA 与 DNA 之比约为 3:1。即在 50 ～ 100g 螺旋藻中，核酸的平均浓度以 2% ～ 4% 计算，只有 1 ～ 4g。所以消费者对于螺旋藻的蛋白氮和低量核酸完全不用担心，即使以螺旋藻的蛋白质长期摄食，也不致引起核酸超量的健康问题。（关于核酸的安全性含量，参见本书第 11 章“螺旋藻作为食品的安全性评价”）

10.8 维生素类

维生素 一种被称为促进人类生命活力的生物化学物质。荷兰科学家 C. 艾克曼于 1906 年首先发现了这种可以防治人脚气病的物质，1911 年，波兰化学家 C. 丰克等建议命名为 vitamine，（中国人最早译为“维他命”），即 vital（有活力的）amine（胺）。近代生物化学分析证明，这是一类水溶性的小分子有机化合物，它们是人体生命活动中的一类重要的辅酶，即现在所称 vitamin B 族维生素。

藻类生物的一般维生素含量与高等植物类似，并且与生长条件相关。螺旋藻的奇妙之处在于它浓缩有人体生理活动最需要的多种重要的维生素。它既含有水溶性的维生素类，如维生素 B_1、维生素 B_2、维生素 B_3、维生素 B_6、维生素 B_{12}、泛酸、生物素和叶酸等，还含有脂溶性的维生素 A（β- 胡萝卜素的前体物）和维生素 E 等（表 10.24）。维生素依其辅酶的不同特性，主要是在机体的生物化学反应中起到催化作用。

表 10.24 螺旋藻的维生素含量

种类	10 克藻粉含量	推荐日摄食量	占推荐日摄食量（%）
维生素 A（β- 胡萝卜素）	23 000IU	5 000IU	460
维生素 B_1（硫胺素）	0.31mg	1.5mg	21
维生素 B_2（核黄素）	0.35mg	1.7mg	21
维生素 B_3（烟碱酸）	1.46mg	20mg	7
维生素 B_6（吡哆素）	80μg	2mg	4
维生素 B_{12}	32μg	6μg	533
维生素 C	—	60mg	—
维生素 D	—	400IU	—
维生素 E（α- 生育酚）	1.1IU	30IU	4
叶酸	81μg	400μg	21
泛酸	10μg	10mg	0.1
生物素	0.5μg		
肌醇	6.4mg		

资料来源：Becker，1985

单细胞原核生物螺旋藻之所以具有特殊营养价值，在于它几乎包含了所有重要的维生素类。尤其是对于人体具有重大生理作用的维生素 B_{12}。

维生素 B_{12} 是参与制造骨髓红细胞，防止恶性贫血，防止大脑神经受到破坏的一种具有重要生理功能的生命要素。螺旋藻是世界上迄今为止在所有植物资源中，含天然维生素 B_{12} 最丰富的食物。在每千克螺旋藻干藻中，平均含量达到 5mg，而且螺旋藻的维生素 B_{12} 在被人体吸收后，其有效利用率高达 20%，大大优越于一切其他资源的维生素 B_{12}。有人试图通过人工方法化学合成，或以绿藻类生物定向培育，均不可能获得其生物量。唯有螺旋藻能在其生长培养液中以较高浓度自身生成。

现代医学确认，维生素是维持和调节人体正常代谢不可或缺的重要生命物质。如果人们的食物中缺乏维生素，就会引起人体代谢机能和各项生理功能的紊乱。两次获得诺贝尔奖的美国化学家鲍林（Linus Pauling）在他九旬高龄时说："维生素与健康长寿有着密切的关系，平时多服用一些维生素（当然是天然维生素）食物，可以防治心血管疾病，可以延年益寿"。鲍林认为"缺乏维生素比胆固醇过多危险性更大"。

维生素能够对环境毒素起解毒作用。服用足够数量的维生素类，人的身体就几乎不再吸收铅、镉和铬等有害重金属离子；经常服用维生素，人体就不那么容易受臭氧等污染空气的危害；维生素还操纵体内某些酶的活动，使人体合理地利用某些重要的矿物质和微量元素，如铁、锰、磷和钾等。

在螺旋藻藻体中，维生素 B_1 的天然含量为每 100g 干藻中含有 5000μg。这一含量水平，已是美国食物与药品管理局（US/FDA）和我国对于成年人推荐日服用量的 100%。

藻产品中的维生素含量与干燥和加工方式有关。尤其是热敏性的维生素 B_1、维生素 B_2、维生素 C 和烟酸，常因采收、加热和加工不当，其含量损失与鲜藻相比，分别达 40%、25%、60% 和 25%。

10.9　藻　多　糖

螺旋藻经用水溶解法抽提出藻蛋白质后，还可以获得约占藻生物质总量 16% 的多糖类。如再经过酸性水解，剩余的产物则仅仅是葡萄糖了。螺旋藻葡聚糖的理化特性表明：约有 85% 以上的葡萄糖残基与 α-1,4 连锁，其余残基与 α-1,6 连锁。多糖经 β- 淀粉酶降解后，产生的麦芽糖达到 50%～55% 的量，并混以一种糊精产物。据 Durand-Chastel（1980）等检测，螺旋藻（*S. maxima*）的多糖（碳水化合物）约占 16%，其中还有 9% 的鼠李糖，1.5% 的葡聚糖，以及葡糖胺和糖原等。

水溶性的葡聚糖——多糖，是螺旋藻藻体中碳水化合物存在的主要形式（表 10.25）。由于螺旋藻的藻细胞内容物以水溶性的蛋白质为主，它的总碳水化合物的相对含量仅为 14%～16%，但其中主要是特有的动物淀粉多糖类，而植物性的淀粉含量极少，所以螺旋藻是一种最佳的低热量食物。

表 10.25　螺旋藻的糖类含量

糖类	平均含量（%）
鼠李糖	9.0
葡聚糖	1.5
磷酰化环状糖醇	2.5
葡糖胺与牧氨酸	2.5
糖原	0.5
唾液酸及其他	0.5
总含量	16.5

资料来源：Venkataraman 和 Becker（1985）

这种动物性淀粉糖原是人和动物细胞内储存的主要能量物质。动物性淀粉多糖与植物性淀粉的葡萄糖等单糖最大的区别是，前者具有复杂的分枝链，更易溶于水，而后者葡萄糖由于它的分子量很小，很容易通过细胞膜渗漏出去，其植物性的大分子量的淀粉和糖又不易通过细胞的原生质膜，因此植物性糖类都不能在活体细胞中储存。只有动物性淀粉糖原才能在肝脏和肌肉中得以储存。肝糖原要在四种酶的作用下才转化为葡萄糖，然后进一步被代谢成 CO_2 和水，并释放出能量。

但是在血液中，一定量的葡萄糖也是不可须臾或缺的，其正常的浓度水平应维持在 0.1%（按体重）。葡萄糖能为大脑代谢活动快速提供能量，但对于肌肉组织需要产生持久耐力的运动员来说，这把“火”烧得太快了点，不能起到维持耐力的作用。因此，运动员需要有强大的能量库的支撑和能量的储存。

螺旋藻的神奇之处在于其多糖经摄食后，主要贮存在人体的肝脏与肌肉组织中，在人体机能代谢需要时，它们可以直接迅速向肌肉组织提供糖原而产生能量，使人体获得爆发力和经久的耐力。这种动物淀粉性多糖的优点是既不增加胰腺的负担，又不会产生低血糖，这一点对于运动员、演员和其他体能消耗量大的人群来说，具有十分重要的意义。实际上，当代的游泳和举重运动员教练，早就用上了螺旋藻，而且通过实际的服用，取得了很好的效果。

从螺旋藻中提取的多糖类化合物，具有抗肿瘤、抗辐射、促进 DNA 合成及增强免疫力的作用。近年来有众多的文献报道，螺旋藻可作为肝炎、糖尿病、胃溃疡的辅助治疗；螺旋藻多糖具有免疫增强，改善造血功能及促进蛋白质合成，所有这些作用也可能是其抗衰老的重要原因之一。

临床医学实验证明，螺旋藻多糖无论注射或口服，能使小鼠腹腔巨噬细胞的吞噬效率提高 33% ～ 52%，吞噬指数提高 0.9 ～ 1.8 倍，T 淋巴细胞数提高 46.8% ～ 87.7%，使小鼠的血清溶血素提高 39.5% ～ 98.0%。螺旋藻的糖原能促进血液循环，激活体内激素的产生，尤其是能促进肾上腺素与胰岛素的分泌，能提高神经系统的反应速度和促进肌肉组织的增生。

藻多糖能增强骨髓细胞的活力，能促进 DNA 的修复与合成，有良好的抗辐射功能和降低放疗、化疗副作用，对电离辐射损伤具有明显的防护效果。经试验，藻多糖能使受辐射试验的小鼠存活率提高 63%，对移植性体内癌细胞有明显抑制作用；脾脏白髓淋巴细胞排列密集，红髓内巨噬细胞明显增多。

临床试验还证明，螺旋藻多糖对体内腹水型肝癌细胞有显著的抑制率，其中，治疗组抑制率 54%，防治组抑制率达 91%。研究表明，螺旋藻多糖虽然不能直接杀伤癌细胞，但具有较强的抑制癌细胞的 DNA、RNA 和蛋白质合成的作用，且随着作用时间的延长而加强。藻多糖还能极显著地提高细胞内超氧化物歧化酶的活力，促进人体外周血液的 NR 细胞的活性等。因此螺旋藻多糖可以显著改善与提高人体的非特异性细胞与特异性体液的免疫功能，增强人体抵抗多种病毒感染的能力。对于肿瘤患者，它可以作为食疗的首选。

此外，螺旋藻多糖还能促进胸腺、脾腺等免疫器官的生长，促进免疫血清蛋白的合成，消除免疫抑制对免疫系统的作用。

藻多糖还有抑制机体内自由基的氧化反应，降低脂质过氧化作用，减少组织脂褐质的形成，达到减缓机体衰老的作用。

对于螺旋藻多糖的提取与实际应用，国内已有多家厂商在进行研发。采用现代生物化学技术与工艺，已从螺旋藻中提取出了多种生物活性的纯天然多糖类，该产品呈无色或淡黄色粉末，可溶于水，不溶于醇和油脂，具有良好的应用价值。

10.10　色素类

螺旋藻是天然藻蓝蛋白的宝库，每 10g 干藻中含有藻蓝蛋白（藻蓝素）约 1700mg（表 10.26）。

表 10.26　螺旋藻的天然色素

藻色素类别	10g 干藻含量（mg）	占藻体（%）
藻蓝素（蓝色）	1500 ～ 2000	15 ～ 20
叶绿素 a（绿色）	115	1.15
类胡萝卜素（橘红）	37	0.37
β 胡萝卜素	14	0.14

藻类的亲脂色素如叶绿素和类胡萝卜素等，在通常所属的绿藻纲中，占藻体干生物量的 3% ～ 5%。但蓝藻纲属下的原核生物之蓝菌藻，却与真核生物如小球藻类大不相同。螺旋藻仅以其色素蛋白而言，它包含了丰量且独特的叶绿素 a（chlorophyll-a）、β-胡萝卜素（β-carotene），海胆酮（echinenone），α- 隐黄质（α-cryptoxanthin），玉米黄质（zeaxanthin），蓝藻叶黄素（myxoxanthophyll），颤藻黄素（oscillatoxathin）或者类颤藻黄素糖苷，以及类蓝藻叶黄素糖苷。

藻蓝素以及其他色素，有助于合成和调节人体代谢的多种重要的酶。藻蓝蛋白能够提高淋巴细胞的活性，增强人体免疫机能，对抑制癌细胞的生长和促进体细胞的新生具有重要的作用。其中需要重点评价的是叶绿素 a。螺旋藻的天然 A 型叶绿素（chlcorophyll-a），堪称为人类的天然血红素资源，其含量占藻体总量的 1.1%，是大多数陆生植物叶绿素含量的 2 ～ 3 倍，是普通蔬菜的 10 倍。据中国农科院专家 2011 年对国内不同产地的藻样品检测，每千克螺旋藻干藻中，叶绿素 a 的最高含量达 12 910mg，各样品的平均值也有 9854mg。

螺旋藻中的叶绿素不仅量多质优，而且在它的色素蛋白—叶绿素 a 的分子中，其卟啉（porphyrin）的化学结构，竟与人和动物的血红素（血红蛋白）惊人地相似（图 10.4）。两者都是由 4 个吡咯环组成，其差别仅在人的血红蛋白卟啉结构的中心位置上是亚铁离子（Fe^{2+}），而螺旋藻叶绿素 α 卟啉结构的中心位置上螯合的是活泼的镁离子（Mg^{2+}）。

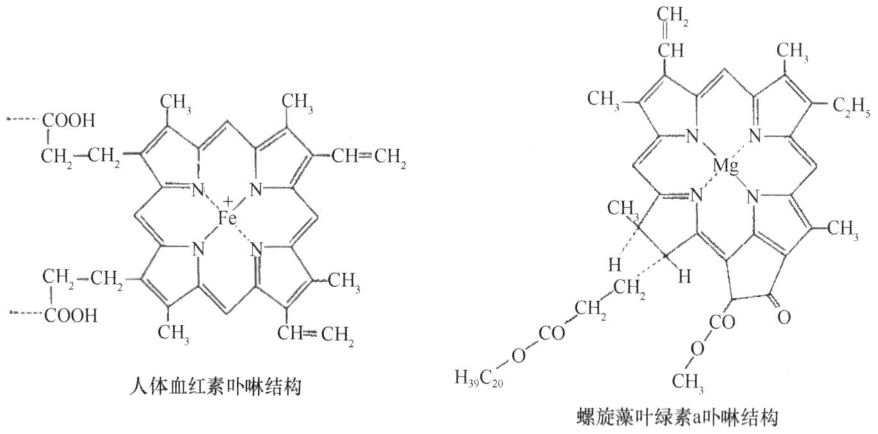

人体血红素卟啉结构

螺旋藻叶绿素a卟啉结构

图 10.4　螺旋藻叶绿素 a 与人体血红素卟啉结构相似

因此，螺旋藻的叶绿素 a 与它的优质蛋白质一起，可以作为人类血红素的直接补充原料；更由于螺旋藻的细胞壁和细胞膜是由多糖构成，所以人们在食用了螺旋藻以后，叶绿素 a 能有助于人体的血红素生成，所以螺旋藻叶绿素 a 堪称是人类“绿色的血液”。

血红素、叶绿素 a 和维生素 B_{12} 都有一个相同的化合物卟啉。自 20 世纪 80 年代发现卟啉具有抗癌作用以来，国际国内均在研发并已制成新型靶性生物抗癌药。研发的卟啉靶向抗癌药，经临床注射到人体后可选择性地被癌细胞吸收，“病灶”经激光照射后释放出氧原子，可立即杀死癌细胞。

螺旋藻叶绿素在临床应用上，还有中和血液毒素，改善过敏性体质，消除内脏炎症，增强机体免疫防御功能等方面的积极作用；螺旋藻叶绿素还促进肉芽组织的形成，对于外科创伤组织有修复作用；螺旋藻还具有保护和修复胃壁组织、增进胃肠功能，对于胃溃疡、胃下垂、胃酸过多等胃肠病可以发挥很好的辅助作用。此外，叶绿素能有效清除肠内腐败物，使肠壁肌肉的蠕动性增强，这对于消除老年人便秘有良好的功效。

螺旋藻的类胡萝卜素，在每千克干藻中，含有约 4000mg，这一含量本身就比平常所食用的蔬菜胡萝卜高出 18 倍。

在螺旋藻的类胡萝卜素中，其构成物主要是以对于人体健康最有意义的强抗氧化物顺式（*cis*-）β- 胡萝卜素（维生素 A 的前体）为主，每 100g 干藻中含量多达 170mg，即约合 94630 国际单位。此外还含有少量的玉米黄质，约占全部类胡萝卜素的 50% 以上（表 10.27）。

表 10.27　螺旋藻的 β- 胡萝卜素与其他色素含量

色素类	平均含量
类胡萝卜素	4 000mg/kg
cis-β- 胡萝卜素	1 900mg/kg
叶黄素	1 800mg/kg
隐黄质	556mg/kg
海胆紫酮	439mg/kg
玉米黄质	316mg/kg
叶黄素与裸藻酮素	289mg/kg
三萜烯醇	800mg/kg
其他	150mg/kg
3-4 苄并芘	3.6μg/kg

资料来源：The Secrets of *Spirulina*，Hills，1980

β- 胡萝卜素有顺式（*cis*-）与反式（*trans*-）两种不同的分子构型（图 10.5），它们的结晶和溶解性状也不同。天然的 β- 胡萝卜素大多为顺式结构，它在人体中的消化吸收和有效率，要比人工合成（多是反式结构）的 β- 胡萝卜素高 10 倍。

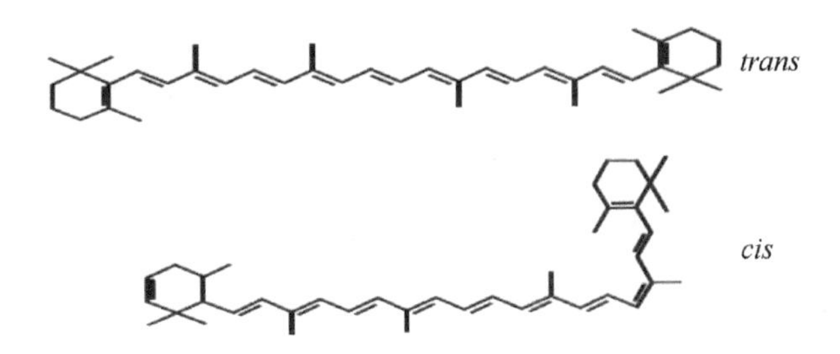

图 10.5　β- 胡萝卜素的两种分子构型——顺式（*cis*）和反式（*trans*）

值得注意的是，在一般植物中，所有这些类胡萝卜素，其构成物中 50% 以上是属于染色性的 α- 胡萝卜素。所以，在一般植物中，只有少量的 *cis*-β- 胡萝卜素才是天然最重要的抗氧化物。

螺旋藻的类胡萝卜素具有不溶于水只溶于油的脂溶性特性，在人体组织中可以较为稳定地发挥作用。每 20g 螺旋藻干藻中，含有约 30mg 的 β- 胡萝卜素，而等量的牛肝只有它含量的 1/4，等量猪肝的含量只有 16mg。所以一般成年人每日食用 2.5g 螺旋藻，即可充分满足人体营养与代谢对于β-胡萝卜素的需要。据世界卫生组织（WHO）研究专家测算，被人体消化吸收的β-胡萝卜素，约有16%可以被有效转化为维生素A，直接参与人体中重要的合成代谢，并在细胞生理活动中起到抗氧化作用。

此外，螺旋藻的β-胡萝卜素如作为饲料添加剂应用，它可使肉鸡的肉色、爪子和皮肤呈橘红色；可使蛋鸡的蛋黄色素（以比色计测定）加深两个梯度，具有较好的商品经济意义。

螺旋藻产品除亲脂色素外，还含有水溶性色素，如C-藻蓝蛋白（C-phycocyanin）、别藻蓝素（allophycocyanin），以及超氧化物歧化酶（SOD，super oxide dismutase）等。

藻体中的水溶性蛋白质多以辅酶的形式存在，它同时还含有多种重要的功能性酶，其中最具有生命重要意义的是SOD。在自然界动物和植物以及好气性微生物中普遍存在一种重要的生命物质——与金属离子结合的蛋白质基团。SOD是人体防御超氧自由基分子的重要的酶。在螺旋藻的活性生物质中，SOD尤为丰富，在10g新鲜螺旋藻（干生物质）中，含有10 000～37 500 IU（国际单位）。据中国农科院资源所对10个国产藻粉样品的测定（2011年），SOD的平均值达到1930 IU/g（干生物质）。

在人们摄食的营养物中和自身机体内的代谢产物中，其中的氧分子具有两重性，它既为体细胞生存所必需，而又具有潜在毒性。在细胞线粒体中当堆积了过剩的氧时，就会有约1%～4%的氧分子变得极不安分，而一旦它们与机体中的代谢产物相结合，就转变成活性很强的氧自由基。这种氧自由基由于它缺少电子，于是就从机体细胞中去“抢夺”电子，情况严重时，会引起生物大分子广泛的氧化损伤，其后果是导致蛋白质分子（如酶）的失活和降解，引起DNA链的碱基位置交换、单链断裂、染色体变性等损伤。

螺旋藻SOD在化学性质上是一种细胞内的活性金属酶，该酶以Cu^{2+}、Zn^{2+}为辅基的称为CuZn-SOD，有以Fe^{3+}为辅基的称为Fe-SOD。它们的特性就是专门对付机体细胞在代谢活动中产生的过氧化阴离子自由基（O_2^-），不待它们积聚，即进行无害化处理。它的处理方式是使之发生异化反应，变成对生物体无害的分子氧与过氧化氢。简单的反应式为：

$$2O_2^- + 2H^+ \xrightarrow{SOD} O_2 + H_2O_2$$

10.11 藻产品质量标准

经采收干燥的螺旋藻原粉产品（图10.6），其质量标准的常规检测内容通常包括：物理特性、化学成分、有害微生物含量指标，以及其他污染因子等卫生学指标。国际上目前对于螺旋藻产品尚未制定统一的标准。但根据其用途级别（食品级和饲料级）情况，一些生产国家及其质量管制部门已相应制定了暂行标准供生产厂家执行。现以喷雾干燥法产品为典型，将这类标准列举如表10.28和表10.29，供国内有关主管部门和生产厂家参考。

图 10.6　干燥后的螺旋藻藻粉

表 10.28　螺旋藻食品级产品质量标准（仅供参考）

项目	指标
Ⅰ. 物理特性	
1. 外观	精细粉末
2. 色泽	深青
3. 气味	平和清香，似海苔味
4. 容积密度	0.5g/mL
5. 颗粒度	8 ～ 25μm
Ⅱ. 化学成分	
1. 水分	＜ 9%
2. 灰分总量（占干燥）	＜ 9%
3. 蛋白质（占干燥）	＞ 55%
4. B 族维生素类	mg/100g ＞ 6.0
5. 维生素 B_{12}	mg/100g ＞ 100.0
6. β- 胡萝卜素	mg/100g ＞ 160.0
7. 磷（P）	mg/100g ＜ 850.0
8. 铁（Fe）	mg/100g ＜ 100.0
9. 锌（Zn）	mg/100g ＜ 35.0
10. 钾（K）	mg/100g ＜ 1350.0
Ⅲ. 有害微生物含量	
1. 大肠杆菌（个 /0.1g）	无
2. 沙门氏菌（个 /g）	无
3. 志贺氏菌（个 /g）	无
4. 大肠埃希氏菌（个 /g）	无
Ⅳ. 真菌（个 /g）	3.0

续表

项目	指标
Ⅴ. 其他污染因子	
1. 铅（Pb）	mg/kg ＜ 2.5
2. 砷（As）	mg/kg ＜ 1.1
3. 汞（Hg）	mg/kg ＜ 0.1
4. 镉（Cd）	mg/kg ＜ 1.0
5. 氰胺物（ppm）	＜ 0.2
6. 农药类	无

表 10.29　螺旋藻饲料级产品质量标准（仅供参考）

项目	指标
Ⅰ. 物理特性（参见表 10.28）	
Ⅱ. 化学成分	
1. 水分	＜ 9%
2. 灰分总量（占干藻）	＜ 12%
3. 蛋白质（占干藻）	＞ 50%
4. 脂肪总量（占干藻）	＞ 6%
5. B 族维生素类	mg/100g ＞ 5.0
6. β- 胡萝卜素	mg/100g ＞ 140.0
7. 磷（P）	mg/100g ＜ 950.0
8. 铁（Fe）	mg/100g ＜ 120.0
9. 锌（Zn）	mg/100g ＜ 45.0
10. 钾（K）	mg/100g ＜ 1450.0
Ⅲ. 有害微生物含量	
1. 大肠杆菌（个 /g）	无
2. 沙门氏菌（个 /g）	无
3. 志贺氏菌（个 /g）	无
4. 大肠埃希氏菌（个 /g）	无
Ⅳ. 其他污染因子	
1. 铅（Pb）	mg/kg ＜ 6.0
2. 砷（As）	mg/kg ＜ 2.0
3. 汞（Hg）	mg/kg ＜ 0.2
4. 农药类（ppm）	＜ 0.2

第11章 螺旋藻作为食品的安全性评测

11.1 保障食品安全性评估的规定

任何新开发的非常规食物资源，都必须经过食品权威机构严格的毒性学试验和安全性评估，需要评测结果的安全报告书，以及随后发放的应用许可证。

当今世界琳琅满目的绿色健康食品，大多是传统食物资源的再加工产品。螺旋藻则是国内外科学家在20世纪开发的一种人类非常规食物的新资源，它必然要引起世界权威组织的关注和评估。

作为单细胞蛋白质（SCP）资源的微生物螺旋藻与作为营养食品的螺旋藻产品，对于两者所做的毒性学评估与安全性评价是不同的概念，前者是能吃不能吃的问题，后者是吃得安全不安全的问题。

作为国际通则：一种营养食品或保健品如进入生产制作与消费的流通环节，一如任何其他原料食品，它的每一项卫生安全性指标，都必须严格控制在国际规定和国家食品标准以内。

◎ 该产品必须是高度的纯一性，不包含任何其他配方或添加剂成分；

◎ 该产品可以经常服食，且不产生任何毒、副作用；

◎ 即使以超大剂量，偶然性或一次性误食，亦不会产生任何毒、副作用；

◎ 可以每日服用，并确有提高精力、增进健康和预防疾病的效果。

对于新颖的单细胞微生物类蛋白质资源食品，国际通用的法则是：在开发应用之前，须经过科学家审慎的研究与评价，其产品必须通过国际国内权威机构对其进行食品安全性的长期试验，即要进行急性、亚急性、慢性、致癌、致变、致畸和致残等全方位的毒性学试验。

对于投放于大众应用的新产品，必须按国家标准和行业标准经过检测并得到批准；必须符合联合国世界卫生组织（UN/WHO）、联合国世界粮农组织（UN/FAO）的规定并得到美国食品与药物管理局（US/FDA）的安全认可。

11.2 产品的安全性检测与监测程序

通常，国际上对于待开发应用的单细胞蛋白食物新资源的毒性学和安全性评估的规定程序和内容见表11.1。

作为一种拟开发应用的人类新型食物资源，尽管它具有全面的或某种特定的营养学意义，或具有某方面的功能效果，或具有预防医学意义，但该食物新资源首先必须申报到国家（甚至国际）级权威机构进行论证，并经由权威机构授权的高资质的科学家们进行独立的和严格的科学试验，即毒性学安全实验（一般应做大规模试验动物的多代实验，为期至少100周）。只有在以科学的结论证明其在长期食用后，对于人类和动物自身，乃至下一代或几代，依然是绝对安全的，才允许被开发应用。

表 11.1　单细胞蛋白食物新资源的毒性学和安全性评估的规定程序和内容

分析程序	分析内容
化学成分分析	蛋白质、脂肪、糖类（碳水化合物）、矿物质（灰分）、核酸、氨基酸组分和维生酸类
生物性毒性物分析	致癌物、致甲状腺肿物、凝血素以及其他毒性物
非生物性毒性物分析	重金属离子类、杀虫药、培养过程与产品加工的残留物
营养学研究	蛋白质有效率（PER）、净蛋白质利用率（NPU）和可消化性
核酸摄食量问题	对于核酸引起尿酸的评测，临床学试验
卫生学检测	病原菌污染，微生物学毒性检测
安全性评估	经啮齿动物或其他动物（猪、鹌鹑、猴）短期与长期喂饲试验、多代繁殖试验、畸胎发生与诱变发生试验
临床学研究	对于人体健康（作为食物营养补充）与医学试验
适食性研究	食用感受性评价与食品开发的可行性

因此，作为一种蛋白质新资源的螺旋藻，在被人类与动物广泛食用或摄食之前，科学家们首先要做的是毒性学安全试验（用哺乳动物代替人的机体试验，是目前国际上规定的试验方法），其中包括急性毒性学试验和常规药物学试验。

本章以简要的试验过程为例叙述如下：

第一步，急性毒性学试验。即以螺旋藻（纯藻粉产品）作为设定试验动物的最小致死量的一半剂量（LD：50%）做一次性消化测试。科学家通常选用啮齿动物、哺乳动物类的小鼠做试验，给饲小鼠的一次性剂量是以 1kg 体重给食 4.5g 计算。

试验结果必须是：无任何试验小鼠因所给饲的食物死亡。

该试验（最小致死剂量）的结果值，通常可以转译为：当体重 50kg 的成年人，在以螺旋藻一次性摄入量（小鼠的计算剂量的 50 倍，即 50×4.5）225g 服用后，应不致发生任何急性、毒性学安全性的问题。

注：实际上，螺旋藻的日常推荐食用量，一般成年人为每日 4g（即 2 ～ 8 片，500g/瓶）。所以说，这一推荐剂量对于人体是绝对安全的。

第二步，科学家要做常规性药物学试验，用以证明螺旋藻对于人和动物的机体本身及影响其后代是否产生毒副作用。

试验还是以小鼠作为试验动物。试验的重点是检测中枢神经系统和外周神经系统及其控制的器官（心脏与呼吸器官）以及机体的其他器官。

首先，小鼠以口服方式给饲螺旋藻，连续喂食两周，其间，科学家要研究观察小鼠的中枢神经系统（大脑和脊髓），检测其喂食后对于睡眠、镇痛的效果和脑电波显示等。

结果证明：螺旋藻对于这些测试动物的正常生理功能毫无负面影响，也就是说，螺旋藻对于中枢神经系统控制的各种器官不产生任何有害的副作用。

然后，科学家进一步检测螺旋藻对于外周神经控制的各种器官，如心脏、血压和呼吸系统等有无不良症状和副作用发生。

试验方法仍然是以口服方式给饲螺旋藻，连续两周摄食。其间，测试小鼠的心律、呼吸和心电图。试验鼠经剖杀后，检查其心脏和消化道等有无器质性病变症状发生。

试验最终结果证明：螺旋藻对于给饲对象，不产生任何毒副作用。

11.3 产品的毒理学与安全性试验最终结论

国际上的正规试验，由联合国工业发展组织（UNIDO）于 1978 ～ 1980 年组织了一批著名生物学家与临床医学专家，进行了为期 100 周的螺旋藻（*Spirulina* spp.）毒性学安全研究与动物实验，并最终递交研究试验结论报告（文号为 UNIDO/10.387，1980/10/24，全文计 176 页）（图 11.1）。

附：联合国工业发展组织（UNIDO）

关于螺旋藻（*Spirulina* spp.）毒物性研究

（100 周动物试验）的报告书（结论部分）

（UNIDO/10.387，1980/10/24）

图 11.1　Dr. E. W. Becker 向中国同行专家推介联合国工业发展组织（UNIDO）批准发放的螺旋藻毒性学研究报告

本试验结论可以认定为，螺旋藻以 10%、20%、30% 的日粮浓度，在对于所做的动物常规亚急性毒性学试验、慢性毒性学试验、繁殖与泌乳试验、诱变试验和畸胎发生试验中，均不致产生任何生理参数方面的异常。

在某些情况下观察到的显著差异，不是由于剂量作用之比例关系引起的，而是一些孤立的例子，它们不是在试验的后期阶段产生出来的，因此绝不能归因于螺旋藻的影响。但在做连续多代亚急性和慢性毒性学试验以及在做繁殖与泌乳试验过程中，尤其在获得的血清抽样中，血液学与生化学指标具有检测意义时，这种情况就有价值。

本报告亚急性与慢性毒性学的测定结果均分别符合其他研究者对同一种藻（螺旋藻）采用其他配比浓度所做的试验结果，亦符合为其他研究目的而测定的结果。同时对其他藻类，如栅列藻和小球藻也做了短期试验研究。

在为期 2 年（100 周）的试验期，历经 3 代试验动物取得的繁殖与泌乳研究的结果显示，在受胎、妊娠、生存力和授乳等方面均未见异常。研究人员曾用低剂量浓度的螺旋藻作为蛋白质补充资源时，亦观察到对于猪的繁殖性能——无论是多产性或是其子代的生产性能方面均无影响。据本研究结果撰写者所知，迄今除 Pabst 以外，未曾有其他人进行过藻类的连续多代喂饲试验，尽管这一类研究被认为是十分重要的。因为，这使得被测定物质对于雄性的授精率和雌性的妊娠、产仔与畸胎发生方面的任何影响作用都可全面显示出来。

对被用作揭示诱变特性的老鼠和小白鼠所做的明显致死试验表明，螺旋藻对于母体子宫植入体（受精卵）的死亡数与存活数方面无影响作用。

经用 3 种动物所做的畸胎发生试验表明，以不同配比浓度在妊娠过程的 4 个不等长时间内服用螺旋藻，不会产生任何先天畸形或胚胎消失。

在分别对母体与幼胎试验数据加以阐释时，才有可能确定母体方面的正常妊娠与非正常妊娠的机率，以及全窝幼胎中每头仔胎遭受到的风险。这一方法仅适用于一次产出多胎的雌性品种试验动物，因为只产单胎的动物，其母体与幼胎遭受到的风险难以区别。

对于核酸、金属与非金属元素以及杀虫药和细菌所做的分析结果表明，螺旋藻符合国际组织要求于该地区的食品卫生条件。

关于核酸问题，迄今已知这种核酸物质在以高浓度服用后会罹致高尿毒症、痛风、尿毒性肾病和肾结石等病症，除了各种营养性因素以外，该物质的蓄积浓度还受摄食的酒精与药物产品的影响，同时也受性别与肥胖症的影响。

即以每日食进 46g 纯螺旋藻（干重）也只相当于摄食 2g 核酸（Bourges et al., 1971），根据联合国蛋白质顾问组（PAG）提出的标准，这一剂量仅是构成限量水平。所以这 2g 的核酸添加量即使加上所有其他食物，亦不至于达到每个成年人每日摄进 4g 以上核酸的总量水平。当然这是可以理解的：单细胞藻类蛋白不可能在食用时作为唯一的食物蛋白质来源，它仅作为一种补充营养来使基础膳食得到改善。

基于上述认识，这就免除了螺旋藻或许会引起核酸增多的危险性顾虑。

关于重金属与非金属元素问题，据最近的限量规定：铅与砷的食用浓度分别限制在 5mg/kg 和 2mg/kg 以下，这是国际理论和应用化学联合会（IUPAC, 1974）的推荐标准。汞的浓度限定在 0.01~0.2mg/kg，推荐水平是 0.1mg/kg。

规定镉的浓度应在 0.01~0.1mg/kg。因此，每周如摄取 5kg 螺旋藻，仅达到一个体重 60kg 的成年人每周极限摄取 0.5mg（OMS、WHO 和 FAO 推荐标准）的水平。

至于其他研究人员迄今所观察到的对于金属与非金属元素在定量方面发生的差异，部分原因是由于改进了螺旋藻的培养技术，而主要原因是该藻在其生长池的渠道中流动速度加快，产量得到提高的缘故（各种金属元素目前已在定期进行定量分析，迄今尚未发现含量方面的增加）。

3,4 苯嵌二萘是一种通用指标剂，可用以反映芳香族多环烃物质中致癌物的存在，这类物质在螺旋藻中的含量远远低于如菠菜、菊苣、大蒜等和一些脱水蔬菜（Truhaul and Ferrando, 1976）。联合国蛋白质顾问组（PAG）NO.15 标准文件建议的残量烃的最大浓度允许量为总量 0.5%，总芳香族烃 0.05%，苯嵌二萘 5mg/kg。在烃的总量中，17 烷占到

65%。从以前所知的这类化合物的毒性水平和已完成的长期试验结果来看，未观察到有慢性毒性现象发生。

至于其他毒性产品，如杀虫药，经分析表明仅有痕量存在。就目前的认识来说，这对于人体健康是没有危险性的。世界卫生组织（WHO）确定了对于这一类中某些产品的每日摄食量的许可水平，螺旋藻属于这些允许标准之列。

对于螺旋藻培养物的最终产品所做的微生物学检测，显示了该产品仅为常规污染。在螺旋藻中可能存在着抗菌物质，这也许是该藻具有抗菌性的良好保证，并使它得以具有较长时期存放的稳定性。从卫生学观点看，螺旋藻采收的整个工艺过程是可以接受的。何况目前，通过安装巴氏消毒设备，其加工过程的卫生条件进一步得到了改善。

基于在本审检研究过程中所得到的全部结果，可以这样做出定论：在本试验中所采用的螺旋藻配制日粮浓度，对于实验动物所测定的各种生理参数不产生有害影响。

诚如上述，这些研究结果所证明和鉴于人类在遥远的历史年代就采食螺旋藻而且如今继续在食用这一事实，由此可以确信地断言：今后如再做这方面的研究来证明螺旋藻的无害性，终其结果得到的数据资料。

11.4　非常规食品产品的安全性已得到国际认可

联合国粮农组织（FAO）、世界卫生组织（WHO）和世界食品协会（CFCS）根据联合国工业发展组织（UNIDO）所做的谨慎的安全性评估后一致认定：螺旋藻是人类最佳的食物新资源。

随着联合国工业发展组织的研究报告公布，以及结合美国自身开发的螺旋藻产业（CYANO-TECH CO. 夏威夷，EARTHRISE FARM，加州）和实际应用的事实，美国食品和药物管理局（FDA）在1981年批准螺旋藻作为人的天然健康食品，在美国和世界市场销售。

FDA关于螺旋藻作为食品销售的批文（批号：41，160号，1981年6月23日）如下：

Spirulina is a source of protein and contains various vitamins and minerals. It may be legally marketed as a food or food supplement so long as it is labeled accurately and contains no contaminated or adulterated substances.

译文为：螺旋藻是一种蛋白质资源，含有多种维生素和矿物质。只要是准确标明螺旋藻，并且未被污染，不含掺和物质，即可作为食物或食品添加剂合法销售。

世界卫生组织经过多方论证，也肯定了螺旋藻是一种高蛋白质和富含铁的营养食品，其推荐原文为：

Spirulina is an interesting food for many reasons，richness in iron and proteins，among other，and it can be proposed to children.

译文为：由多方面理由认知，螺旋藻是一种值得关注的食物，它在所有的食物中，蛋白质和铁的含量最丰富，可以被推荐作为一种儿童健康食品。

11.5　天然产螺旋藻与人工培养藻的安全性

天然生长的螺旋藻，它的原栖生地是非洲乍得湖（Lake Chad）和墨西哥 Texcoco 湖沼，当地的原生态环境是高浓度的碳酸盐湖沼和湿地，那里的气候是常年多晴、少雨、高温，空气洁净。当地原住民从沼泽中采食天然螺旋藻已有数百年历史（图 11.2）。当代微藻的人工培养始于墨西哥 Texcoco，由法国人杜朗 · 切赛尔创办，所配制的碱性培养液（pH 9 ～ 11）基本上依照它的原生态环境。这种高碱性的培养液能阻止几乎任何有害微生物在其中生长繁殖。而且，螺旋藻经采收后制成的产品，由于其本身含有抗菌、抑菌物质，可以在干燥、避光条件下常温保存 3 ～ 5 年而不变质。微生物学检测表明，只要是在常规标准培养（基）液中生长的螺旋藻及其产品，其品质完全能控制在普通食物的卫生学安全标准范围内。

图 11.2　这种被称作地叶（Dihe）的晒干藻片是当地的一种主要土特产

螺旋藻具有很高的安全度。国内生产的螺旋藻产品早在 2004 年经原国家卫生部批准，将螺旋藻列为普通食品管理。螺旋藻在我国作为健康食品消费已有 30 多年的历史，迄今未发生一例有不安全报道。螺旋藻可以与大米和面粉等普通食品一样食用。

鉴于螺旋藻的研发和产品生产在我国已有经年的历史，为此，我国螺旋藻产业协会和国家食品监督管理机构参照国际上有关标准和规定，于 1996 年和 1997 年，先后制定了螺旋藻食品安全的参照标准和食品级螺旋藻粉技术指标（表 11.2）。

据此，若干年来，国内有关科研单位和食品监测部门，多次逐项检测了螺旋藻产品的微生物、重金属、农药残留和核酸等各项指标，产品都能达到标准，并且安全无虞（表 11.3）。

至于国际上对于单细胞藻类蛋白食物的重金属元素的规定和实施标准则更早于我国（表 11.4）。

其实，从本文上述透明公开的螺旋藻培养基配方以及生产流程，到藻产品营养成分的全面分析，已用事实说明了一切：螺旋藻从培养生产到做成藻产品，都是有安全保障的。

表 11.2 食品级螺旋藻粉技术指标（引自 GB/T 16919—1997）

项目	指标	项目	指标
感官要求		重金属限量（mg/kg）	
色泽	蓝青色或深蓝绿色	铅	≤ 2.0
滋味和气味	略带海藻鲜味，无异味	砷	≤ 0.5
外观	均匀粉末	镉	≤ 0.2
杂质	显微镜镜检无异物	汞	≤ 0.05
理化指标		微生物学要求	
细度（μm）	≤ 180	菌落总数（个 /g）	≤ 1×10^4
水分（%）	≤ 7	大肠菌群（个 /100g）	≤ 90
蛋白质（%）	≥ 55	霉菌（个 /g）	≤ 25
类胡萝卜素（%）	≥ 2.0	致病菌（沙门氏菌、金黄	不得检出
灰分	≤ 7	色葡萄球菌、志贺氏菌）	

表 11.3 螺旋藻产品微生物学与非生物检测（合格指标）

微生物学检测	
平盘计数（个菌落 / 克藻粉）	2000
真菌	10
酵母菌	10
大肠菌	20
沙门氏菌	无
志贺氏菌	无
大肠埃希氏菌	无
非生物检测	
农药类	无
除草剂	无
添加剂	无
保鲜剂	无
染色剂	无
稳定剂	无

表 11.4 微藻类食物中重金属元素限量指标

	铅（ppm）	汞（ppm）	镉（ppm）	砷（ppm）	重金属元素总含量（ppm）
动物性水产品（美国 FDA）	—	< 1.0	—	—	
单细胞蛋白类（联合国 FAO）	< 5.0	< 0.1	< 1.0	< 2.0	
小球藻（*Chlorella*）（日本保健食物协会）	—	—	—	< 2.0	< 20.0
螺旋藻（*Spirulina*）（日本保健食物协会）	—	—	—	< 2.0	< 20.0
螺旋藻（*Spirulina*）（中国螺旋藻产业协会）	< 2.0	< 0.05	< 0.05	< 1.0	

11.6　作为常规食物应用的答疑

螺旋藻是一种新型高品味的生物性营养食物。20 世纪 70 ～ 80 年代，螺旋藻首先在欧美国家一些地区、以色列和日本等大力进行产品开发与生产，产品成为时尚健康食品，并引领绿色新潮漫向全球。如今，绿色食品螺旋藻在发展中国家也逐渐成为大众的健康消费食品。螺旋藻在我国作为产业化开发，始于 1990 年，同年被列为国家级"星火计划"。螺旋藻产品在我国消费与应用至今已有 20 多年的历史。

螺旋藻的健康营养作用和食品卫生的安全性得到人们普遍的认可。从国内外螺旋藻食品将近半个世纪的消费历史了解到，至今未有任何因食用螺旋藻而对人体发生不良副作用的报道。尽管如此，人们对于它的消费信心仍远没有达到常规食物的程度，尤其在以螺旋藻作为大众健康产品应用时，人们还是要对它的安全性加以一番考量，这也是在情理之中。这是因为，作为一种非常规食物，只要有一点事关安全性的问题，都会引起人们的警觉。所以，即使偶有的、相关的质疑，也是必须和值得引起科学家重视的。在这方面，国内外生物学与临床医学专家，根据近年收集的资料，主要有以下几个问题有必要向食品消费者进行释疑。

11.6.1　核酸（RNA+DNA）的安全性含量

世界上所有生物类食物无不含有核酸。螺旋藻与其他微生物类食物一样，也含有一定量的核酸，螺旋藻的核糖核酸（RNA=N×2.18）占藻体总量的 3.5%，脱氧核糖核酸（DNA=N×2.63）占 1%。在单细胞蛋白生物和常规食物中，螺旋藻的核糖核酸比例算最低。但某些单细胞（包括真菌类）蛋白（SCP）食物，其核酸成分高达 6% ～ 10%，甚至 20% 的高含量。

以往，人们曾经有过对于这一类高含量核酸经长期、大量食用后，引起血浆尿酸水平升高的案例，严重者会引起尿毒症、痛风或尿酸性肾结石。基于这一事实，联合国蛋白质顾问组（PAG）作出规定：人们从非常规食物资源摄食的核酸（RNA+DNA）的量，每个成年人每日不得超过 2g，加上他（她）从当日所食的其他食物的核酸，其总量不得超过 4g。

于是有的消费者担心，属于单细胞蛋白（SCP）的螺旋藻，在经长期摄食后，其核酸成分会不会蓄积产生这种副作用呢？

对此，科学家所做的多种动物试验和临床学研究给予了明确的答复：通常，在核酸（RNA）转化为尿酸的过程中，DNA 的转化量只占到 RNA 的一半，何况在螺旋藻藻体中 RNA 与 DNA 之比为 3 ∶ 1，即在 50 ～ 100g 螺旋藻中，核酸的平均浓度以 2% ～ 4% 计算，亦只有 1 ～ 4g。如若每日食用螺旋藻（干藻）的量达到 50g，也只相当于摄食了不足 2g 的核酸，而这仍然是联合国蛋白质顾问组（PAG/UN）对于摄食藻类核酸建议量的限量水平以下。

在螺旋藻作为健康食品实际的消费应用中，一般的推荐用量为：成年人每日服用 4 ～ 6g 藻。在此摄食量中，核酸的含量远低于安全限量水平，人体在长期摄食后，不会有核酸过量的副作用，所以不存在螺旋藻核酸的安全性问题。

11.6.2 脱镁叶绿酸 a 甲酯

早在 1977 年，日本有人在服用了小球藻片剂后，曾引起皮肤光过敏炎症。经查明，这一类过敏性刺激是由于小球藻的叶绿素降解产物——脱镁叶绿甲酸或其酯类物引起的。脱镁叶绿素对于人体的最低有害剂量为日摄入 25mg——相当于 20kg 藻粉中的含量。经科学家调查，实际上此次事件是由于小球藻产品的高温加工和潮湿存储，引起藻产品叶绿素分子结构中的镁离子失位，从而产生过量的脱镁叶绿甲酸。而且，以上情况到目前为止，还仅见于真核生物小球藻。尽管如此，日本卫生厅于 1988 年规定：小球藻的脱镁甲酯浓度最大允许值应控制在少于 1.2mg/kg。

再者，真核生物小球藻是属于叶绿素 b 类型，而螺旋藻是原核生物，它的叶绿素化学结构类型属于极有营养价值的 a 型。螺旋藻的干燥加工一般是采用喷雾干燥法，其最佳干燥温度是 60℃（出料温度），持续 8 ～ 12s，所以产品中的叶绿素酶是相当稳定的，螺旋藻产品在这方面的安全度毋庸置疑。

11.6.3 非生物学污染问题

以上关于核酸浓度与脱镁叶绿甲酯是藻产品的内源性问题，但在收获的藻生物质及其藻产品中，有可能出现的重金属元素和其他有害非生物学物质的污染，则属于外源性的问题。这种情况虽然偶有发生，但会成为人们特别关注的一个重大问题。

人们不禁要问：既然螺旋藻本身是在干净培养基条件下生产繁殖的，藻体细胞本身是纯净的，那为什么还会有这一类问题的出现呢？

的确，螺旋藻的高碱性（pH 9 ～ 11）的培养环境，几乎可以排除所有有害细菌和其他微生物和杂藻的生存与污染。在螺旋藻的整个生产培养过程中，完全不用杀虫剂、杀真菌剂、除草剂等农药或其他有机肥料，也不会有工业化污染物直接进入到培养系统中。以往，20 世纪 90 年代以前，在螺旋藻生长培养过程中大量使用碳酸氢钠（食品级小苏打）作为碳源原料，从 21 世纪开始已普遍直接采用二氧化碳（食品级）作为培养藻的主要碳源。但是，并不排除一些厂家偶有生产管理上的不严，也会导致外源性污染物的入侵，这是必须引起警惕的。

藻类生物的一个生物学特性就是，容易吸附与络合重金属元素，其络合的浓度，有时高于培养环境中存量的几个数量级。于是科研人员利用藻的这一特性，用以定向培养生产出富锌、富铁和富硒等特定用途的健康产品，这是好的一面。但不好的一面是，在生产过程中一旦发生有害重金属或其他非生物因素的污染，就会带来产品的安全性问题。

在藻类生产中有可能发生的重金属污染，两种情况是要注意的：一是藻生产厂家的建厂地址不适宜，生产场地（包括大池水泥等建材）存在有污染源；二是在微藻生产中使用的肥料和水源、水质有问题，以致在藻类生产过程中，发生藻生物质中的重金属元素的积聚和残留，这在建厂之前以及在生产过程中必须严加防范。

藻细胞对于重金属元素的积聚有两种情况：一是由于螺旋藻在典型的强碱性环境培养条件下生产的，培养液中存在有化学磷酸盐和硫酸盐等离子成分，其中有可能是从肥料中混进的溶解性的铅、镉等一些重金属元素，当它们在培养液中发生化学作用后成为可溶性化合物，一部分就会被藻细胞吸收络合，并与蛋白质结合；二是由于螺旋藻细胞壁和膜是由多糖物质构成的，于是就会有一部分化合物颗粒析出并粘附在藻细胞壁上，这些颗粒与藻生物质糅合在一起，被采收后混进藻产品中。这种情况尤其会发生在采收过程中，藻泥（藻细胞生物质）未经充分的淋洗（规定须用纯净水淋洗两次以上，达到 pH 7），或者淋洗次数不够。螺旋藻生产者只要认真注意，就完全可以杜绝这一类污染的发生。

11.7　食品安全的限量规定与允许日摄入量问题

国际上对于人类食品和动物饲饵料中的安全限制性类元素，都有明文规定。尤其是对于非常规性食物中的化学性和非生物性物质，联合国权威机构（FAO，WHO，PAG）和国际理论与应用化学联合会（IUPAC）分别制定并公布了一系列的安全限量规定。如铅与砷的限量浓度分别控制在 5mg/kg 和 2mg/kg 以下，汞的浓度限定 0.01 ～ 0.2mg/kg 之下，镉的浓度应控制在 0.01 ～ 0.1mg/kg 之下。

此外，考虑到这类重金属元素在自然界和植物中存在的广泛性和地域局限性，以及人与动物机体的代谢能力，还规定了每个成年人每天的允许摄食量（RDA）：铅＜ 500μg/kg（食物），汞＜ 50μg/kg，镉＜ 83μg/kg。

参照国际上的限量规定，我国制定了更为严格的食品中重金属类元素的限制标准，如食品中的铅≤ 0.5mg/kg。

此外，国家对于螺旋藻（食品级纯藻粉）的铅含量规定为：铅≤ 2.0mg/kg（藻粉），比国际上的限量规定严格两倍多。

应当注意的是，国际上的（成人）允许日摄食量之规定，与我国制定的食品中限量标准是两种不同的概念，前者是指每个成年人在每日所摄入的食物总量中，建议不要超过这一限量，如铅含量＜ 500μg（即 5ppm）；而后者是规定在每千克原料食品中，不得超过（铅≤ 500μg/kg）限定标准。两者并不矛盾。我国现行的国家标准是严格的，并且是非常安全的。

作为健康食品，螺旋藻的推荐摄食量一般为每个成年人每日 4 ～ 6g。如果某人每天食用 10g 螺旋藻，按国家标准铅≤ 2.0mg/kg（藻粉）计算，他这一天从螺旋藻摄入的铅含量也只是≤ 0.02mg，远远低于国际和国内的限量规定。即使有人因特殊体力需要，每天食用 100g 纯螺旋藻，其铅的摄入总量也只有 200μg，也远低于国际规定 RDA ＜ 500μg/d 的限量水平。

11.8 可以放心调制各种新潮食品

新采收的纯净螺旋藻鲜藻（指用纯水淋洗过滤过两次），在外观色泽上与菠菜等其他鲜嫩绿色植物一样，呈现深青色，其食味犹如豆奶般可口，但又带一种平和清淡的海苔味；新采收的螺旋藻藻泥在经过太阳的热力晒干后，散发出一股清香气味；工厂化生产采收的藻泥经过喷雾干燥处理后，其产品有如奶粉一般匀润，颜色依然保持青绿。无论是新鲜藻泥或藻粉，均可直接调制食用。

目前国内开发生产的螺旋藻有以下几种产品形式。

一是直接从培养大池中用过滤办法采收出来的新鲜藻泥。经用纯净水充分淋洗过两次后，再经巴氏灭菌，即可用以配制饮料或其他鲜食食品的配料（切不可采用高温蒸煮加工的办法）；或可作为美容霜或美容敷料等原料。其优点是它所包含的天然生理活性和生物活性成分，如 SOD（超氧化物歧化酶）、EPA（二十碳五烯酸）和维生素类等成分最完全、最有效。以新鲜螺旋藻作为一种天然食物资源，是对于人体最有效的蛋白质营养食物。

螺旋藻新鲜藻泥产品甚至用以提取其 GFL（一种多肽拟生长因子）和 FMP（一种荧光色素蛋白，可用作基因工程的分子探针）等高新技术产品，可以获得很高的经济效益。

二是以喷雾干燥法采收的新鲜藻粉，由于是低温（出料温度＜65℃）加工处理的产品，一般用以加工做成螺旋藻丸、片剂和胶囊，或配制成中小学生的营养快餐等。该产品的优点是生物活性成分较高，而缺点是生理活性已灭。但产品的存储时间长，可以调制为各种健康产品和战略储备品等。

三是太阳晒干或其他热力烘干的新鲜藻块。这类加工方法常为一般螺旋藻业者所采用。其产品经精细加工后，可作食品调配料、精细化工原料或经济动物的饲饵料添加剂等。该产品的优点是蛋白质与氨基酸等生物活性成分保存较好，但存放时间不宜过长。

11.9 食用方法有讲究

纯净的新鲜螺旋藻原汁原味，最具有生物活性，如能每天早上像喝牛奶一样，喝上一杯鲜藻液（用家用冰箱 -18℃储存藻块，10g / 块，以温开水一杯配制），对于人体的营养学意义最佳。但目前由于国内鲜藻的大生物量生产还远不能普及，消费者只能以藻粉产品或从市场购买的藻片服用。

应注意藻粉原粉须是均匀的深青色（如果是其他颜色，要注意该产品是否是假冒货）。在调制时，可以将螺旋藻藻粉一茶匙（5g）或一大汤匙藻粉（8g），用温开水或果汁、蔬菜汁调制后，在餐前饮用；也可作为绿色健康饮品在餐余啜茗。喜甜味者可适当加些蜂蜜或糖，但一定要随时调制，随时饮用，应避免长时间放置后螺旋藻养分的生物，如维生素、酶等活性降解。

此外，用藻粉与其他食品一起调制应用，可以制作多种新潮食品，如汤料、沙拉、羹糊，甚至可以配制果酱，用以涂抹面包。在作添加料应用时，一般只需加少量藻粉（3% ～ 5%）即可成深绿色（图 11.3）。

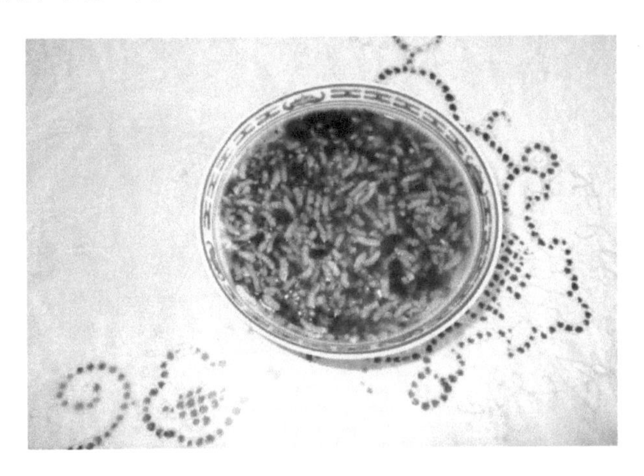

图 11.3　用鲜藻直接调制食物

用螺旋藻调制食品时，应尽量避免高温蒸煮或烘烤，因为螺旋藻的生物活性成分很容易在 80℃以上的高温中破坏掉，这是调制者和服用者尤其要注意的。

目前市场上供应的螺旋藻产品，大多制成颗粒状、片状，服用方便，可适宜制作中小学生的课间营养快餐螺旋藻小糕等，也可以在任何时候和任何场合食用，无论是直接嚼食或调制成各种点心，都不会失其风味和营养（图 11.4）。一般人为了恢复体力，保持旺盛的精力，每日服食 1 ～ 2 次，每次 3 ～ 4g，即可满足一天中维生素等营养物的需要。

如何保存螺旋藻？由于螺旋藻本身具有一定的抗菌、抑菌特性，所以螺旋藻产品的

图 11.4　用螺旋藻做成中小学生的课间速食营养块

生物活性可以保持较长时间而不致丧失。以瓶装和塑料包装之产品，在常温下存放，有效期可达 3 年，真空包装的产品可存放 5 年不变质。但是，当螺旋藻藻粉或片剂在空气中露置时，因有较强的吸湿性和光氧化特性，藻产品会因光照而变质，所以螺旋藻产品一般应存放于避光、干燥处。

第 12 章

从螺旋藻制取天然生物化学品

12.1 天然化合物综合开发利用

在喷雾干燥产品螺旋藻（*Spirulina platensis*）的原粉中，纯蛋白质占 46% ～ 55%，多糖类占 8.8%，类脂物占 16.6%；类胡萝卜素与叶绿素 a 之比率为 0.3。从工艺特点上进行评价，大多数微藻类生物，诸如绿藻门（Chlorophyta）小球藻属（*Chlorella*）等属于真核生物，具有完整的细胞核与较高的核酸含量，具有严密的纤维素或半纤维细胞壁结构，由此而限制了胞内的蛋白质等细胞内含物的分离与抽提；而蓝菌藻之螺旋藻则属于天然原核生物，无完整的细胞核（其核酸物质分散于细胞体内），细胞壁与膜由多糖类黏质鞘与类脂物构成。

螺旋藻的化学成分检测分析表明：螺旋藻的水溶性纯蛋白由多种重要的必需氨基酸组成。螺旋藻包含可以丰量提取的天然化合物，如藻蓝蛋白中光合色素核酮糖二磷酸羧化酶（Rubisco），铁氧还蛋白 -NADP 还原酶，超氧化物歧化酶（superoxide dismutase，SOD）；多糖类（polysaccharides）和长碳链多不饱和脂肪酸类（polyunsaturated fatty acids，PUFAs）。其中包括必需脂肪酸亚麻酸（18 ∶ 2ω-6）和 γ- 亚麻酸（20 ∶ 3ω-6）等。在螺旋藻可提的色素类中，主要有叶绿素 a，含量为 0.61%，β- 胡萝卜素含量约为 0.2%，叶黄素约为 0.2%。

12.2 蛋白质的抽提与纯化技术要点

螺旋藻蛋白质的抽提与纯化分为两个步骤：①在水溶液中将藻细胞匀浆均质化，提取可溶性蛋白质；②随后进行抽提剩余物，用有机溶剂处理，获得类胡萝卜素和叶绿素 a 等（图 12.1）。

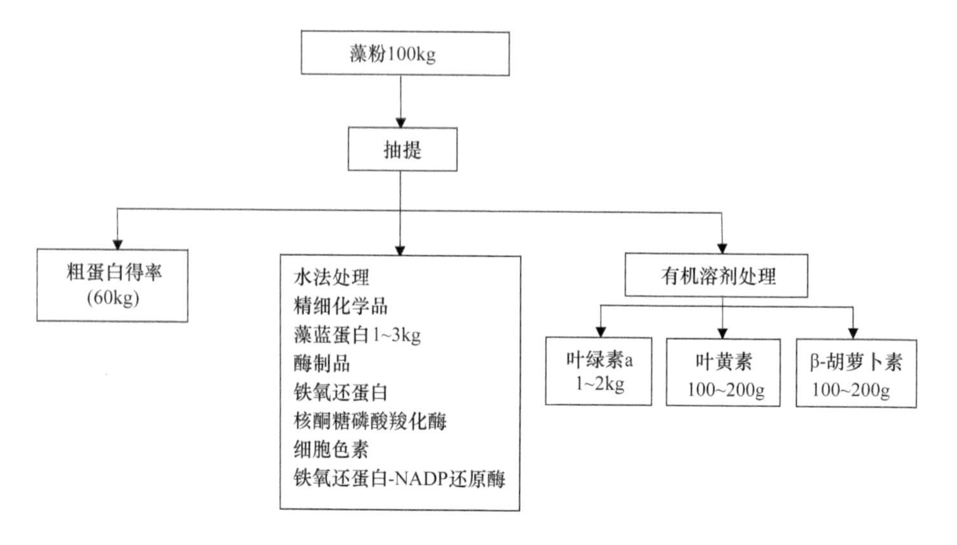

图 12.1 钝顶螺旋藻（*Spirulina platensis*）综合开发利用

在螺旋藻抽提蛋白质之前首先要进行藻粉的脱脂处理。即，将冷冻干燥的螺旋藻在己烷液中做成悬浮液进行脱脂。溶质（藻粉）：溶剂（己烷）=1 ： 10，在室温下放置 3h 后倾出上层清液，重复操作 3 次。脱脂藻在 25℃的流通空气中干燥，研磨成 60 目粉末，待蛋白质抽提用。

螺旋藻蛋白浓缩物的制取：将藻粉掺和进 20 倍体积的纯水中，经搅拌 60min 后，以 4000r/min，离心分离 20min，收取上清液，其沉淀物再以溶剂（纯水）进行两次重复抽提：第二次重复抽提的溶质（上次沉淀物）：溶剂（水）=1 ： 15，经 30min 离心分离；第 3 次重复抽提为（二次沉淀物）：溶剂（水）=1 ： 10，又 30min 离心分离。将 3 次分离的上清液混合，用 6N HCl 调节澄清液的 pH 至等电点 pH 3，静置，再行离心分离，收取全部上清液，将其沉淀物再分散于足量的纯水中，调节 pH 至 7.8，然后置磷酸缓冲液中反复冻融、透析，产物进行冷冻干燥（图 12.2）。

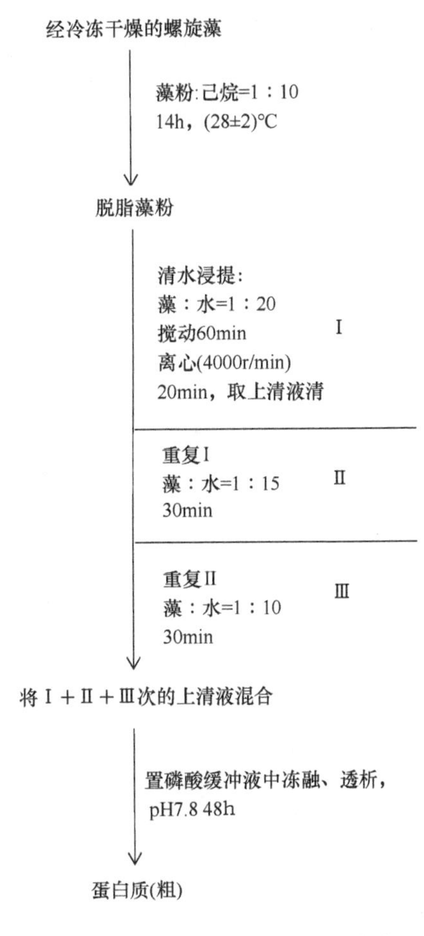

图 12.2　螺旋藻粗蛋白提取的基本流程

蛋白浓缩物水溶液的 pH 为 7。低浓度的盐可增加蛋白质的溶解度，而高浓度的盐则降低溶解度。

工艺要点：利用螺旋藻蛋白的水溶性特点，经冰冻和解冻使藻细胞裂解后，其粗蛋白可通过连续3次抽提获得，抽提率可以达到85%。

试验表明，浸提液在pH 8时，抽提效果最好，pH低于或高于8.0，则抽提效果明显降低。

螺旋藻在NaCl溶液的等电点和可溶性：螺旋藻的等电点为pH 3.0，在这一pH的溶液中，其总氮物有28%可被抽提。

以上处理若在经过匀浆的藻悬浊液中加进0.5%的2-巯基乙醇，经30min，即可显著提高蛋白氮的可抽提率。这比不加2-巯基乙醇的对照处理（抽提率仅15%），可显著提高至50%。如抽提时间延长至1h，则抽提率可达到65%。

螺旋藻作为蛋白质利用方面的特性如下。

12.2.1 藻粉及其蛋白质的乳化性能（emulsifying capacity，EC）

乳化性能通常发生在以油脂转换时蛋白质乳化的程度。乳化功能与pH相关联，其乳化起点在pH 3，随着盐浓度的逐步加深，乳化程度提升。当盐（NaCl）浓度达到0.6 mol/L时，乳化性能达到最高。按每百克藻粉样品计，对于水和脂肪的吸收能力分别为220g和190g。与藻粉相比，藻的蛋白质浓缩物具有较低的水吸收能力和较高的脂肪吸收能力，即藻蓝蛋白的乳化性能较大。

12.2.2 蛋白质的发泡性能（foaming capacity，FC）

蛋白质在被充气、搅拌或者震击的情况下，会发生体积极度膨化。当盐浓度从0.1mol/L逐步增加到0.4mol/L，此时，pH为10，蛋白质的发泡性能达到185%最佳程度。

注：螺旋藻蛋白质的这一发泡性能，在藻的生产上可作为培养液的pH和盐（NaCl）溶液浓度的指标。

12.3 藻蓝蛋白的提取与利用

藻蓝蛋白，一种模式蛋白质，其在活体细胞中主要起到光合作用的功能。它的另一个作用是储存氮和氨基酸。螺旋藻色素与蛋白质有力地结合在一起，蛋白质组分可以游离态存在或与同色素结合态存在。螺旋藻中的藻蓝蛋白含量高达10%～20%。

螺旋藻蛋白质主要以叶绿素蛋白（chlorophyll protein）和藻青素蛋白（phycobilin protein）的复合体形式存在，统称为藻青素蛋白（biliproteins），这是构成螺旋藻蛋白质功能组的主要部分。总体上来说，藻青素蛋白，依据其发色团（chromophores）的光谱，占螺旋藻可溶性蛋白质的60%以上。

藻青蛋白分属于两种不同蛋白质基团。一种是藻红蛋白（phycoerythrins），其含有线性四吡咯（linear-tetrapyrrole），即藻红素（phycoerythrobilin）；另一种是藻蓝蛋白

（phycocyanins）其也有一种相似色素（phycocyanobilin），即藻蓝素。

从螺旋藻（*Spirulina platensis*）提取的藻蓝蛋白质有两种：一种是 C- 藻蓝蛋白（C-phyco-cyanin），另一种是别藻蓝素（allophycocyanin）。

藻蓝蛋白产品无异味、无任何毒性，是一种天然色素，色调呈极为美丽的天蓝色，其水溶液带有淡红色的荧光（618nm 光谱）。

藻蓝蛋白产品的开发利用具有深度和广度的潜力。藻蓝蛋白一方面可作为优质蛋白质营养，可以调制各类功能食品，如乳制品、冰淇淋和软饮料等。

藻蓝蛋白的更重要的用途是，可作为生物医药和天然染料等的化工产品原料。

螺旋藻蛋白具有抗辐射、抗紫外线的功能，可用以制作工业无纺布并应用于制作宇航服等特种用途，具有很看好的开发经济价值。

藻蓝素在欧洲和日本早已作为食用色素，商业化广为应用，作为化妆品（口红、眼线等）取代了化学制品。

国内近年来对螺旋藻的利用还停留在原粉产品方面，主要是作为人的保健食品和经济动物的饲、饵料等。

在对于螺旋藻的综合开发利用方面，如若先提取螺旋藻中的色素——藻蓝蛋白，其残渣部分还可作为优质饲、饵料添加剂和其他应用产品。

藻蓝蛋白的提取方法　从螺旋藻中提取藻蓝蛋白方法较多。悬浮液经反复冰融，将水溶性蛋白提取出来、离心。经 DEAE- 纤维素柱层析、渗析、最后冷冻干燥；也有的将鲜藻在每升含 $CaCl_2$ 10g 的溶液中悬浮、搅拌，经减压过滤后再用 Na_2CO_3 和 $NaHCO_3$ 碱液进行二次提取，提取液经过滤后冷冻、干燥。无论是冻融提取或是 $Cacl_2$、磷酸盐的二次液相提取，原理都是先将藻细胞匀浆破壁，把水溶性蛋白提取出来，然后进行分离干燥。简易的办法：将新鲜藻泥悬浮于磷酸盐缓冲液中反复冻融 3 次，水溶性蛋白被提取出来、离心，将蓝色上清液在凝胶柱上进行层析，收取清晰透明的藻蓝蛋白溶液，通过分光光度仪鉴定其纯度，然后将藻蓝蛋白溶液在等电点下沉淀，离心，取出沉淀部分真空干燥。

据原农业部课题组试验，100kg 螺旋藻（干粉）可提取藻蓝蛋白（粗品）13.2kg，剩余残渣 46kg。

藻蓝蛋白的提纯过程（图 12.3）包括：提取、分馏和层析几个步骤。在此过程中，一直使用磷酸盐缓冲液（100mg 克分子 pH 7.5），先将螺旋藻（藻泥或藻粉），配制成悬浮液。经重复冰冻和解冻，将水溶性蛋白质提取出来。匀浆在 10 000g×1h，进行高速离心，取出沉淀，用于提取叶绿素 a 和 β- 胡萝卜素。蓝色上清液用 $(NH_4)_2SO_4$ 分阶段进行分馏。弃去以 $(NH_4)_2SO_4$ 20% 渗析时的凝聚物，经 45%、65% 和 75% 的 $(NH_4)_2SO_4$ 溶液渗析的凝聚物则含有大部分藻蓝蛋白。

用 DEAE- 纤维进行离子交换层析、渗析，经冷冻干燥得到纯净分馏物。

其中藻蓝蛋白在进行离子交换层析时，分成两种藻蓝蛋白。按吸收光谱分为 C- 藻蓝蛋白和别藻蓝蛋白。别藻蓝蛋白只需层析一次即可提纯；C- 藻蓝蛋白要经过重复层析才能提纯。经提取的 C- 藻蓝蛋白其吸光比为 A_{620} ∶ $A_{280} > 4$。经研究测定：C- 藻蓝蛋白的

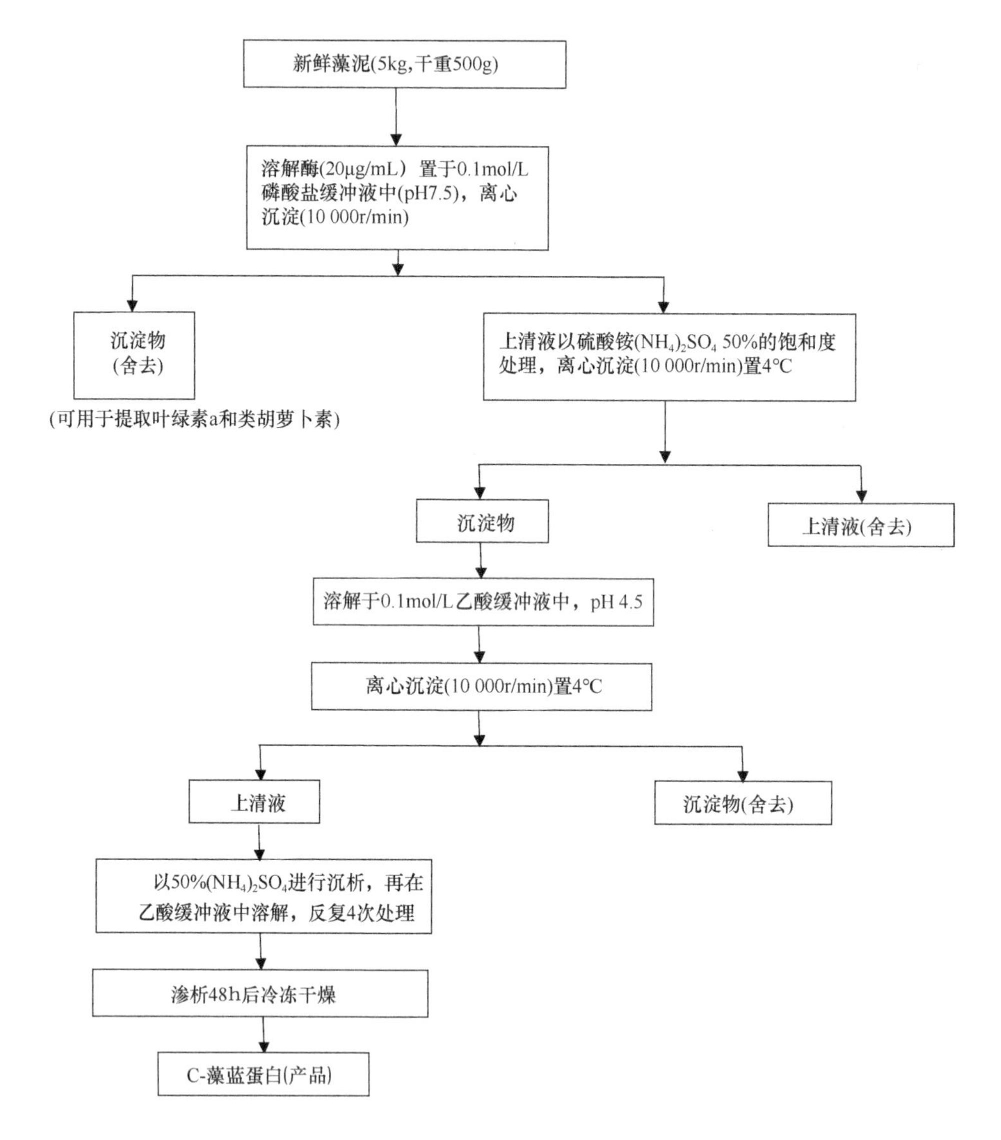

图 12.3　从螺旋藻提纯藻蓝蛋白的简要过程

最小分子量为 44 000，别藻蓝蛋白的最小分子量为 38 000。该两种藻蓝蛋白的消光系数分别为 C- 藻蓝蛋白 73 和别藻蓝蛋 58。

藻青素蛋白在以乙酸（pH 7.0）和磷酸缓冲液（pH 7.5）进行的测试，其在可见光与紫外光的吸收光谱中，藻青素的最大吸收光谱为 620nm，在荧光发散谱内的高峰值在 325nm。

质量检测：经抽提获得的藻青素蛋白（biliproteins）产品相当稳定，且耐贮存，置黑暗中，在 4℃的低温条件下，可长期保存，且其蛋白质功能特性不发生变化。

表 12.1 所列的是 C- 藻蓝蛋白和别藻蓝蛋白的氨基酸组成。从表中可以看出，它们的氨基酸含量极为相似，它们的脂族残基和酸性残基的含量相应较高。

表 12.1　以残基的数量表明藻蓝蛋白的氨基酸组成

藻蓝蛋白	C- 藻蓝蛋白（%）	别藻蓝蛋白（%）
氨基酸		
赖氨酸	13	16
组氨酸	11	0
精基酸	18	20
天冬氨酸	31	30
苏氨酸	18	20
丝氨酸	24	21
谷氨酸	30	32
脯氨酸	8	6
甘氨酸	27	35
丙氨酸	56	47
半胱氨酸	4	不确定
缬氨酸	18	23
甲硫氨酸	9	7
异亮氨酸	19	23
亮氨酸	29	28
酪氨酸	16	20
苯丙氨酸	12	5
色氨酸	不确定	不确定

12.4　酶与色素的提取与提纯

12.4.1　酶制品的开发利用

从螺旋藻开发的多种酶在精细化工上的用度甚广，如可制作实验室或临床用试剂 PGK，用以测定 ATP 酶。由于商品 PGK 对于 ATP 并非具有特异性，而且会使其渐变成 GTP 或 ITP，从螺旋藻制取的 PGK 产品对于 ATP 的测定则具有专一性。

铁氧还蛋白是一种重要的酶制品。其提纯与藻蓝蛋白的提取方法相似。在提纯与藻蓝蛋白结合在一起的铁氧还蛋白采用的方法上，也是经 $(NH_4)_2SO_4$ 分馏，在 $(NH_4)_2SO_4$ 溶液中分解后，少部分铁氧还蛋白存在于 75% 饱和度凝聚物中，而大部分的铁氧还蛋白则存在于上清液中。在藻蓝蛋白被洗提后，铁氧还蛋白则为 DEAE 纤维素柱所吸附，可用溶于磷酸盐缓冲液中的浓度为 0.8mol/L 的 NaCl 溶液洗提铁氧还蛋白，再用 DEAE 纤维层析，最后在葡聚糖凝胶 G-50 上进行聚胶层析。

螺旋藻铁氧还蛋白的产量与藻的亚种或株系有关，也与培养条件（如室外培养和光照等）有关。一般每 500g 藻（干粉）可提取 100 ～ 150mg。

采用同样的处理程序，藻细胞色素 C-554 也可以被提纯。从 50g 螺旋藻中，约可提取 2.8mg 的纯净细胞色素酶。

螺旋藻可提取的色素类产品较丰富，主要有：叶绿素 a、β- 胡萝卜素、海胆酮（echinenone）、β- 隐黄素、玉米黄质（zeaxanthin）、蓝藻叶黄素（myxox-anthophyll）与类蓝藻叶黄素糖苷、颤藻黄素（osicillaxanthin）与类颤藻黄素糖苷。还包括藻青（胆）蛋白类：C- 藻蓝蛋白和别藻蓝蛋白。

藻的色素（如叶绿素 a），对于人和动物的机体所起的作用主要是辅酶的功能，而 β- 胡萝卜素则是维生素 A 的前体成分，可作为营养保健剂。目前螺旋藻的类胡萝卜色素已在家禽养殖业（增进肉、蛋品质和色素）和水产业（包括观赏鱼、金鱼等）上得到较广的应用。

12.4.2 叶绿素 a 和类胡萝卜素的提取

从上述以水浸提后余下的螺旋藻沉淀物中，分离和提纯其中的叶绿素 a，可采用两种不同的方法（图 12.4）。

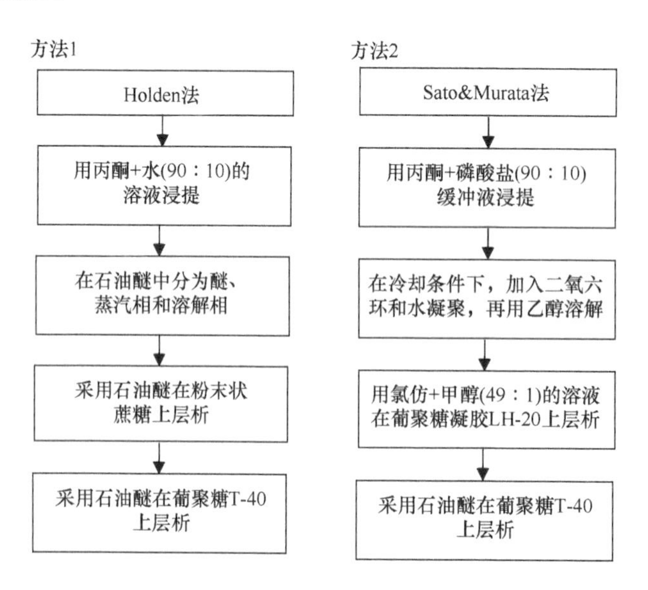

图 12.4　叶绿素提取的工艺流程

用上述两种方法提取叶绿素 a 都是可行的。获得的产量可达藻的干物质量的 1% ～ 1.5%。

将第一次层析、浸提和洗提过的叶绿素 a 以后的 β- 胡萝卜素的分馏物收集起来，除去水分，在氧化镁 + 硅藻土 1 ∶ 1（体积）的柱上进行层析；最后用己烷 + 丙酮 60 ∶ 40（体积比）的液体冲洗，β- 胡萝卜素的产量可以达到藻干重的 0.2%。

通过采用二氧六环凝聚，或用醚进行相分离，可获得富含叶黄素的分解物（占藻干重的 0.2%），经沉淀，然后以甲醇溶解，可以获得纯藻黄素。

12.5　多糖类产品的制取

螺旋藻多糖类（碳水化合物）虽然在藻的化学物构成中所占比例较少，但对于藻生物质的可消化性却起到重要作用。多糖具有显著的生物活性，是一种天然生物资源人体免疫调节剂。螺旋藻含有 13.6% 的多糖类碳水化合物，依据不同提取过程的产物，可分为游离糖、冷水可溶性糖、热水可溶性糖以及酸溶性多糖（图 12.5）。在这些分离的化学成分中（表 12.2），葡萄糖占 44.3%，半乳糖占 20.7%，鼠李糖 18.2%，甘露糖 7.6%，木糖 5.7%。此外还有两种稀有糖 χ_1 糖占 0.9%，χ_2 糖占 2.6%。螺旋藻的酸溶性糖为甘露糖

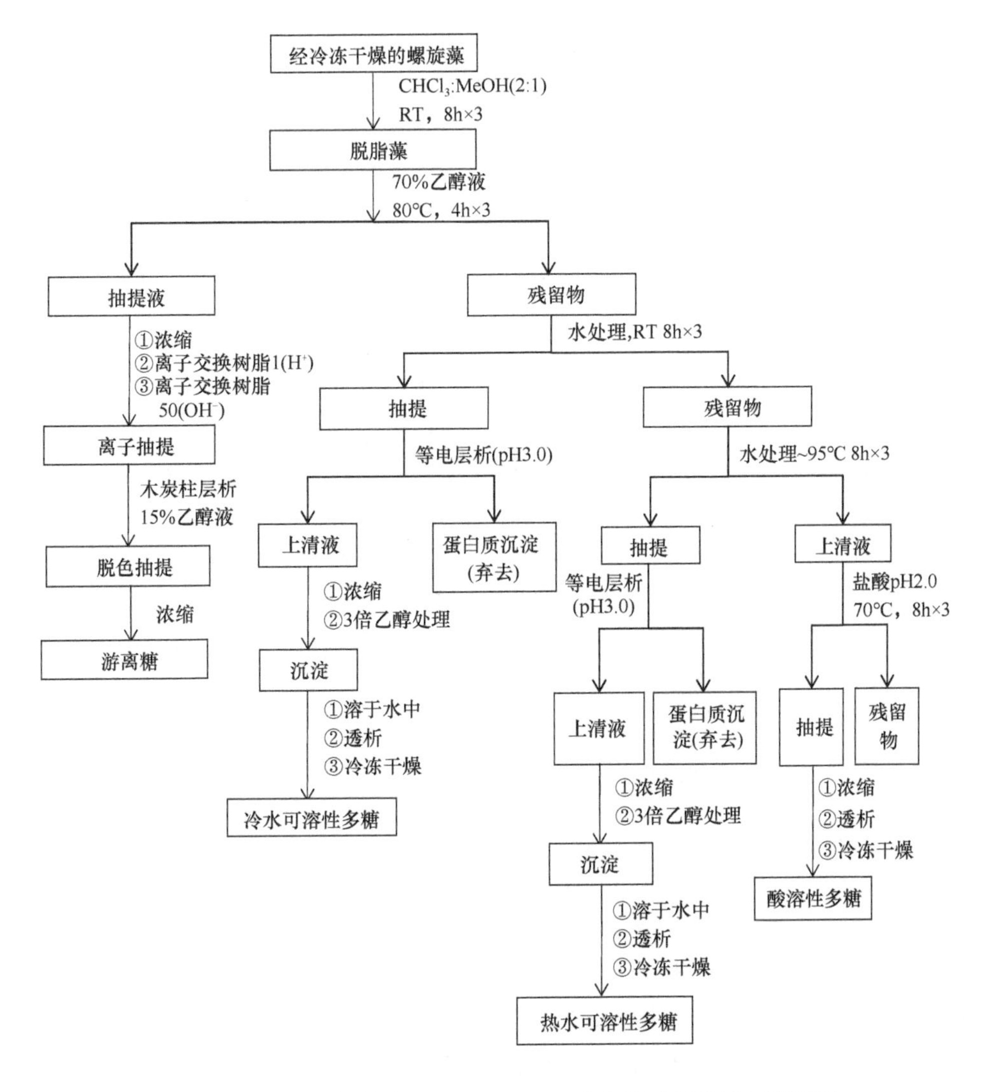

图 12.5　从钝顶螺旋藻（*Spirulina platensis*）制取多糖化学品流程图

表 12.2　钝顶螺旋藻（*S. platensis*）的多糖类化学提取物

	冷冻干燥处理藻	乙醇不溶残留物	冷水可溶多糖	热水可溶多糖	酸可溶性多糖	耐酸性残留物
总检测藻	100	74.4	5.1	0.6	0.5	43.1
水分	8.1	10.5	5.4	未检出	未检出	未检出
蛋白质	55.0	60.1	22.8	38.0	1.1	6.1
硫酸物	未检出	未检出	2.3	0.4	4.9	未检出
糖醛酸	未检出	未检出	9.5	9.1	6.1	未检出
总糖量	13.6	18.2	60.0	38.3	79.9	19.9
			糖类检测物			
χ_1 糖	0.9	1.2	2.1	6.1	—	—
χ_2 糖	2.6	2.3	6.0	14.5	—	—
鼠李糖	18.2	18.3	49.6	24.4	—	—
木糖	5.7	0.8	2.3	2.8	0.6	—
甘露糖	7.6	1.2	16.6	9.9	1.1	—
半乳糖	20.7	10.1	3.0	3.6	0.9	—
葡萄糖	44.3	68.1	20.4	38.7	97.4	100

数据来源：Venkataraman 和 Becker，1985

酸。螺旋藻细胞中仅有极少量的淀粉存在。能检测到的游离糖含量为 0.8%，其中的组分为：葡萄糖 40%，甘露糖 30%，木糖 26%，以及极少量的寡糖 4%（R_{Glc} 0.48）。

冷水可溶性多糖是提取物的主要成分，占总含量的 5.1%，其组分为：鼠李糖、葡萄糖和甘露糖（2 ∶ 1 ∶ 1），其中除 χ_1 糖和 χ_2 糖以外，还有微量的木糖和半乳糖。这些组分在 DEAE（二乙氨乙基）- 纤维素柱层上可解析为 6 个部分，而且均是非均质态的。

热水可溶性多糖约占总产物的 0.6%，其中主要有葡萄糖 38.7%，其余依次是鼠李糖 24.4%，χ_2 糖 14.5%，甘露糖 9.9%，χ_1 糖 6.1%，半乳糖 3.6%。

酸溶性多糖占总产物的 0.5%，其组分几乎全是葡萄糖。

至于上述两种稀有单聚糖，可以在醇不溶残留物中和在冷水与热水抽提的多糖中观察到。经气相色谱法（GC），气相色谱质谱法（GC-MS）和核磁共振谱法（NMR）联用法分析，鉴定结果为鼠李糖 -2- 甲醚和鼠李糖 -3- 甲醚。

酸溶性多糖（ASP）中主要是葡萄糖（97.4%）及少量的硫酸脂（4.9%），后者不能以乙醇沉析法或透析法分离，但可以通过 DEAE- 纤维素层析法，从聚合物中解离出来。这证明对于该硫酸酯基团的束缚不是共价性的，而是一种糖原型聚合物。对于分馏物的均质性可以采用电泳法、沉析法和凝胶渗透技术得到验证。以淀粉 - 碘试验，该糖原呈红棕色，经沉淀获得的多糖，基本上是均质的，糖原的分子重量为 4000。经葡聚糖甲基化方法处理以气相色谱（GC）法和气相色谱 - 质谱分析测定表明：在多糖聚合物中所包涵的 2,3,4,6- 甲基 -4- 葡萄糖，2,3,6- 甲基 $_3$- 葡萄糖和 2,3- 甲基 $_2$- 葡萄糖，以其分子量比率 1 ∶ 5 ∶ 1 通过 α- 链锁键链合存在。

12.6　类脂物的提取

螺旋藻类脂物含量占干藻总量的 8.5%，其游离脂、束缚脂和结构脂分别为 0.6%、7.6% 和 0.7%，而在全部脂肪酸中，棕榈酸占 43% ～ 46%。

表 12.3 中束缚脂的中性脂含量为 16.5%，糖脂 40.3%，磷酸酯 33.3%，螺旋藻中高含量的磷酸酯在目前文献中尚未见有报道。至于结合脂中的类脂如中性的糖脂和磷酸酯分别为 30.5%、26.4% 和 26.4%。

表 12.3　螺旋藻类脂成分

类脂成分	类脂含量（%）	
类脂物		
游离脂（FL）	0.6	
结合脂 （BL）	7.6	
紧密结合脂（FBL）	0.7	
结构脂（VFBL）	0.2	
类脂总量（TL）	8.5	
类脂分馏物	结合脂（BL）	紧密结合脂（FBL）
中性脂（NL）	16.5	30.5
糖脂（GL）	40.3	26.4
磷酸脂（PL）	30.3	26.4

在中性的类脂物产品中，含有 19.7% 的甘油三酯，23.7% 的游离脂肪酸和 27.7% 的烃类物质。其中游离脂肪酸产物成分中，不饱和成分远多于甘油三酯产物。在钝顶螺旋藻（*Spirulina platensis*）的类脂化合物中未检测到甾醇产物。但据 Durand Chestal 等（1980）对产自墨西哥的螺旋藻产品（藻种为 *S. maxima*）检测分析，其中的甾醇含量达 100 ～ 325mg/kg。

在糖脂的分级分离产物中，含有单半乳糖甘油二酯 27.4%，但糖脂的主要部分，双半乳糖甘油二酯和硫代类脂成分分别占 15.5% 和 2.1%。

磷脂的分级分离产物显示，其磷脂酰胆碱（卵磷脂）占 21.5%，是其主要的构成成分，其余是磷脂酰甘油 16.4% 和磷脂酰乙醇胺 16.7%。此外还有少量的磷脂酰肌醇和溶血磷脂酰胆碱（溶血卵磷脂）存在。在螺旋藻磷脂中含有磷脂酰甘油在迄今文献中尚未见有此报道。

关于螺旋藻游离脂、束缚脂、结合脂和结构脂的成分见表 12.4。

表 12.4　螺旋藻类脂的脂肪酸成分（百分含量）

脂肪酸类型	中性脂（束缚脂）	糖脂		磷脂	
		束缚脂	结合脂	束缚脂	结合脂
12 ∶ 0	15.6	0.7	4.9	—	0.9
14 ∶ 0	1.1	—	0.5	—	—
16 ∶ 0	26.5	42.8	39.4	56.1	45.0
16 ∶ 1	12.3	18.0	20.2	9.5	12.5
16 ∶ 2	5.1	1.2	2.5	0.7	1.2
18 ∶ 0	7.1	0.3	0.9	—	—
18 ∶ 1	4.7	0.6	1.6	2.3	2.7
18 ∶ 2	13.4	5.0	5.3	27.9	25.9
18 ∶ 3	14.2	31.4	24.7	3.5	7.6
20 ∶ 0	—	—	—	—	4.2

螺旋藻类脂的最重要产品是其天然多不饱和脂肪酸（poly-unsaturated fatty acids，PUFA）。螺旋藻生物质的特点是高含量长碳链多不饱和脂肪酸，包括十八碳三烯酸（γ- 亚麻酸）、二十碳四烯酸（花生四烯酸）和二十二碳六烯酸（DHA，俗称脑黄金）等 ω-3 和 ω-6 系列的 PUFA。

差不多所有脂肪酸都是直链式结构，且其碳原子数多为偶数（C_{12} ～ C_{22}）。藻类脂肪酸呈饱和态与非饱和态（1 ～ 6 个双链）。双链态脂肪酸多为顺式（-cis）多不饱和脂肪酸（PUFA）。

在进行藻的类脂物产品提取时，得率多寡与抽提方法（包括藻细胞裂解、冷冻、解冻、研碎或直接抽提等），以及所使用的溶剂等密切关联。通常，氯仿是最常用的溶剂，但如果在抽提程序中增加某种酸法处理，可以显著提高抽提物的产量。

据广西师范大学化学化系黄文榜、林红卫等研究，螺旋藻类脂物的提取有两种方法可资参考。

12.6.1　氯仿 - 甲醇 - 水冷提法

在通风橱内，向藻粉（20g）中加入一定体积比的甲醇 - 氯仿 - 水（1 ∶ 2 ∶ 0.8）混合溶液，经 2min 混合均匀，再加入一定量的氯仿，继续均匀混合 30s，然后加入一定量的蒸馏水混合 30s，静置，在 4.0×10^4 Pa 下通过 1 号砂芯漏斗真空吸滤，在滤液中加 0.1% Nacl 溶液至完全分层，待分出氯仿层，用无水 Na_2SO_4 干燥，在 N_2 流保护下蒸干，加入无水乙醚萃取，除去乙醚不溶物，蒸除乙醚，可得类脂物。

12.6.2　丙酮 - 水系统热提法

在藻粉中加入不同比例的丙酮和水（含水 25% 的丙酮），通入 N_2 回流 0.5h，抽滤。滤液再加入一定量的丙酮回流，抽滤，合并滤液，在 N_2 流保护下浓缩，加等体积的无水乙醇萃取，除去乙醚，得类脂。

12.7　锗、铁、锌和硒的生物络合与富集处理

所谓生物性有机络合物，严格限定为：必须是一种特异离子通过细胞吸收、转化而成的有机络合物，该种离子一经细胞有机络合，即失去了具有毒性的无机盐游离状态；必须是一种均匀分布于细胞质中的高浓度有机元素；该种有机络合物经人和动物采食后，在机体中可参与生理代谢活动。

目的与应用：利用螺旋藻具有较强的细胞吸收与络合无机盐甚至重金属的特性，我们可以选择性络合制取多种具有特殊医学用途的产品。可用以制成的药品如片剂、粒片、粉剂及胶囊等，可防治多种因营养缺失而引发的疾病，如贫血、糖尿病、胃溃疡、肝硬化及儿童生长发育障碍等。

用螺旋藻富集与生物性络合的几种重要的矿质元素，可以制成营养滋补型保健食品，如铁、锌强化饼干、夹心蛋糕、夹心糖、冰淇淋和雪糕等。1989 年原农业部螺旋藻协作课题组与首都儿童医院和南京鼓楼儿童医院合作所做的临床试验证明，以钝顶螺旋藻（*Spirulina platensis*）进行铁、锌有机络合与强化富集处理的产品，对于儿童厌食症与多种因营养不良发育滞缓的儿童进行治疗，临床结果显效率与有效率各达到 43.3% 和 46.9%。锗元素是人参的主要活性成分，富锗螺旋藻强过人参。日本国立食品研究所与亚洲有机锗研究所研制开发的富锗螺旋藻，用于临床医学用途和用作健康食品和食品添加剂。

近代临床医学研究报道，无机硒盐或硒的有机化合物均具有高度毒性作用。但微量元素硒的生物有机络合制品，对于哺乳动物和人类的健康调理作用，却具有特殊医学效果。国外最早研制的富硒酵母对于防治试验动物老鼠的肝脏局部性坏死具有明显的治疗作用（Becker，1985）。俄罗斯和日本近年研制开发的可食产品螺旋藻有机络合硒，对于控制哺乳动物癌细胞增殖具有较强的抑制作用。此外，螺旋藻经过络合强化了矿质元素后，还可以作为畜产、水产养殖业中各种配合饲饵料的添加剂应用。

12.7.1　络合方式简介与产品制取

钝顶螺旋藻在最佳 pH 9.5 ～ 10 条件下培养达到最佳细胞密度时（$OD_{560}=0.8$），俟其碳酸根离子趋于 pH 11.8 或 12.3 时，藻细胞停止生长，此时立即将培养液调低至 pH 8.6，加进目标矿物质无机盐（Fe^{2+}、Zn^{2+}、Se^{2+} 与 Ge^{2+}）。微藻螺旋藻在常温、较弱光强和改变培养液的 pH 的微生态条件下，强迫藻细胞络合铁、锌元素技术，可使藻体一次性主动地

大量吸收富集溶液中的矿物质无机盐离子。

12.7.2 锗的络合富集简介

首先是对于藻生物质的生长前期进行丰量培养，达到所需要的富集生物载体量。培养藻以 Zarrouk 培养基配制培养液，藻种以 OD1.0 细胞浓度 1 ∶ 20 接种到培养液中，置于 30℃温度，光照强度 6000lx，通气搅动，经 8 ～ 10d 培养。在培养藻第 8 ～ 9 天时，按每升培养液加注 50mg 二氧化锗（GeO_2），将培养液碱度（以 2mol/L KOH 或 2mol/L H_2SO_4）调高至 pH 11.8 ～ 12.3，再以 30℃温度，并以 10 000 lx 光照强度，经 24h 培养，随即进行络合以让细胞吸收锗元素。培养完成的藻体细胞生物质，以蒸馏水或去离子纯净水用 350 目不锈钢筛反复过滤、淋洗 3 ～ 4 次。然后产品以冷冻干燥法收获保存。

12.7.3 铁、锌络合富集简介

藻生物质的前期丰量培养与常规培养一致。待富集的藻细胞在预先经过纯培养，达到指数生长高峰，光密度 OD 达到 1.0 以上时，即以过滤法采收；采收藻泥以蒸馏水或去离子纯净水反复淋洗 3 ～ 4 次，至 pH 达到 7.0，收取该处理新鲜藻泥后，并立即投放到含亚铁（Fe^{2+}）300 ～ 500ppm，或锌（Zn^{2+}）300 ～ 500ppm；或亚铁（Fe^{2+}）100ppm + 锌（Zn^{2+}）100ppm 的复合溶液中，以 30℃温度，6000lx 光照强度，经 6 ～ 12h 的络合处理后，即行采收过滤，收取络合产品（表 12.5）。

表 12.5　不同浓度处理对藻粉铁、锌含量的影响及净增倍数

亚铁（Fe^{2+}）			锌（Zn^{2+}）		
处理液浓度（ppm）	藻粉含量（mg/g）	净增倍数	处理液浓度（ppm）	藻粉含量（mg/g）	净增倍数
0（对照）	0.579		0（对照）	0.089	
100	3.399	5.87	100	3.577	40.2
200	3.885	6.71	200	6.81	76.5
300	7.653	13.20	300	10.02	112.6
400	8.573	14.81	400	12.33	138.5
500	8.943	14.45	500	14.07	157.6
1000	10.91	18.82	1000	26.66	299.55

螺旋藻锗、铁、锌、硒强化处理是在活体藻细胞的条件下进行的，其络合机理是细胞主动吸收和依靠渗透压被动吸收的过程，因此其络合得更均匀、完全，且容量大，同时藻体蛋白质等完整无损失；在生产过程中，可以根据需要，随时调节水溶液中铁、锌离子浓度，从而可以达到调控藻体中锌、铁的含量要求。由于该络合技术采用了与螺旋藻生产

过程一次加工处理，节约了藻粉二次干燥所需的人力及能量消耗，降低了生产成本。

12.7.4　富硒螺旋藻络合方法简介

富硒螺旋藻的基本操作程序是：以 Zarrouk 培养液培养所需生物量的藻体。接种藻（*Spirulina platensis*）的细胞密度 OD 0.3 ～ 0.4，在 35±2℃温度培养，以光照强度 3000 ～ 4000lx 2d 培养，定期搅动，3d 后光照强度增加到 6000lx，经 5 昼夜培养达到所需生物量后，加入水溶性硒盐 Na_2SeO_3 或 Na_2SeO_4，以 0.22% 配比浓度，在培养藻第 6d 开始，分时段 8:30 ～ 9:00 ～ 10:30 加入。此法终端产品中硒的含量可达 16.2 ～ 18.5mg/100g（干重）。

俄罗斯列宁大学对于富硒螺旋藻的富集方法，改进了日本以无机盐 Na_2SeO_3 的富集方式，采用有机硒二水亚硒酸钴（Ⅱ），分子式为 $Co(HSeO_3)_2 \cdot 2H_2O$，对螺旋藻细胞进行生物络合强化处理。所制取的产品更优于前者。

方法一：先进行二水亚硒酸钴（Ⅱ）的制取，利用硒酸 (H_2SeO_3) 和二价钴的碳酸盐 $(CoOH)_2CO_3$，在不断搅拌情况下，与一定量的 $CoCl_2$ 和 Na_2CO_3 的水溶液混合，可获得钴（Ⅱ）的基本磷酸盐。用过滤器过滤，再以水冲洗，除去无关离子，即得 $Co(HSeO_3)_2 \cdot 2H_2O$，静置 2d，析出棱柱形红色结晶体。

方法二：待富集的螺旋藻（*S. platensis*，Geitl）以生物浓度 0.3 ～ 0.4g/L，接种入 Zarrouk 培养液，同时加入 10 ～ 20mg/L 浓度的二水亚硒酸钴（Ⅱ），进行藻的生长与络合培养，以光照强度 12 ～ 15klx（18 ～ 21klx），温度 35±1℃。经 5 昼夜吸收期后，以过滤方式采收藻生物，用 1.5% 醋酸铵溶液冲洗藻泥，进行干燥，收获产品。硒的含量高达 87.46% ～ 147.35%。

第 13 章

螺旋藻对于经济动物与水产养殖业饲喂效果的试验

螺旋藻活体或采收的干燥产品，以其优质的动物性蛋白及其氨基酸类、丰富的维生素类与促生长因子（growth deviation factors），对于经济动物与经济昆虫和在水产养殖业等方面的应用，具有显著的促进个体发育与生长、提高生产性能等效果，并具有重要的经济意义。

诸多试验表明，微藻在以 5% ～ 10% 的日粮水平内，用作家禽饲料，可以取代或部分取代常规饲用蛋白质（如进口鱼粉和卤虫等），免用化学合成的促生长剂等。许多国家的养鸡场，如日本、美国、法国和西班牙其所应用的家禽饲料中，掺和了藻粉、苜蓿粉、玉米粉和其他浓缩料，以提高禽肉产品的色浓度，用以满足消费者对于肉鸡产品及蛋产品的色泽满意度。

以色列应用处理污水养殖的藻类，其蛋白质主要用以取代大豆蛋白，作为肉用仔鸡的湿粉料。实验数据表明，饲料中以 7.5% 微藻可以取代 25% 的豆粕蛋白质；以 5% 的饲料级藻产品可作鱼粉取代物。若以 15% 以上藻的用量，反而会降低饲料的转化率。若以高达 30% 剂量的螺旋藻作为蛋白质添加饲料成分，其蛋白质与能量效率与 10% 的常规蛋白质效率相近。高配比的蛋白质效率反而降低了利用率。

Brune 等曾做了这样的试验，即：经抽提了类脂物的螺旋藻作为单一蛋白质添加剂，与未经抽提高的原藻饲喂效果相似，甚至更好。这说明抽提过类脂物的藻蛋白不至于引起肉用级鸡的生长抑制。

13.1 饲喂小白鼠试验

经对江西省农业科学院畜牧研究所（邓锡全等，1988，私人通讯）课题组中试生产量产的钝顶螺旋藻（*Spirulina Platensis*）所做的检测分析表明，螺旋藻粉（晒干，含水分 10%），含粗蛋白 57.73%，比豆粕含粗蛋白 44.75% 稍高，与鱼粉（智利进口）蛋白量相当。测定的螺旋藻的生物学值（BV）为 68%。

为探讨钝顶螺旋藻的实际饲喂效果、安全性及毒性学后果，该课题组在国内较早重复进行了小白鼠饲喂试验（表 13.1）。

表 13.1　钝顶螺旋藻蛋白质对于小鼠的消化效率试验

饲料类别	蛋白质含量（%）	小鼠初始重（g）	体重增重（g）	蛋白质消费（g）	PER（校正值）	BV	DC	NPU
酪蛋白（标准）	10	37.75	65.38	24.90	2.50	94.40	95.28	89.94
藻粉（晒干）	10	37.88	27.50	21.74	1.78	77.61	83.92	65.00
藻粉 +DL 蛋氨酸（0.03%）	10	37.75	42.75	22.89	1.89	79.49	91.89	73.04

小白鼠是典型的实验哺乳动物。本试验选用同日出生、体重约 20g 的昆明系小白鼠（来自江西生物制药厂）。10 只小白鼠分为两组，试验组与对照组各为 5 只。在等量蛋白质饲料水平下，以钝顶螺旋藻干粉（晒干品）代替智利鱼粉和大豆饼。饲料蛋白质含量：试验组为 22.68%，对照组为 22.35%。预试 9d 后进入试验。

试验 10d 后结果：在试验期试验组平均每只增重 2.86g；对照组平均每只增重

1.22g。试验组增重为对照组的 2.34 倍。差异极显著（$P<0.01$）。饲料消耗：试验组每增重 1.0g 消耗配合饲料 29.1g，而对照组则消耗 77.7g。试验组耗料为对照组的 37.5%。

小白鼠安全毒性学试验：以钝顶螺旋藻干粉（晒干）为原料，代替配合饲料中不同蛋白质饲料配合比例，即代替 30%、65% 和 100%，试验小白鼠预试 10d 后进入正式试验。试验分：①急性安全与中毒试验，分 4 个组，每组小白鼠 5 只，每只体重约重 20g，4 个组依次喂 30%、65%、100% 螺旋藻干粉；对照组喂配合饲料。连续喂饲 3d。②亚急性安全、中毒试验，分 3 个组，每组小白鼠 5 只，每只体重约 20g。3 个组依次喂 30%，65% 螺旋藻干粉，对照组喂配合饲料，连续饲喂 7d。（以上试喂饲料均以清箱底核称计算）

试验结果：急性及亚急性安全、中毒试验结束后，全部存活，并立即同时全部剖检，肉眼观察：除亚急性 1 号小白鼠的肺及肝呈灰色外，其余 14 只与急性组 20 只小鼠的心、肝、肺、肾、胃及小肠，均属正常。证明：饲喂不同比例的螺旋藻干粉，甚至高达 100% 螺旋藻干粉的喂料水平，经饲小白鼠是安全的。

蛋白质代谢试验：对于小白鼠以螺旋藻蛋白饲料试验，印度中央食品技术研究所（CFTRI）文卡塔拉门等，进一步做了蛋白质代谢效果试验和氮平衡试验。

评价蛋白质的质量与效价值，通常应用蛋白质有效率（PER）法。但此法在螺旋藻的代谢测定时，仍存在某种不足之处。因此在该试验中，改用消化氮平衡法。该方法更便于区别不同干燥加工方法的藻类蛋白的可消化性特征。在这方面螺旋藻细胞壁薄、嫩，由多糖组成，细胞壁几乎无纤维素结构，极有利于做消化代谢试验（表 13.1）。

显然，以螺旋藻的全价蛋白质，可以满足哺乳动物小白鼠乃至所有高等动物的营养需求。

综上所述螺旋藻对于哺乳动物小白鼠的营养试验结果可以证明：螺旋藻（*S. platensis*）蛋白质营养，对于所有依靠从外源摄食的低等动物和高等哺乳动物乃至人类，都具有普遍的营养学意义（表 13.2）。

表 13.2　螺旋藻蛋白质与禾谷类食物预混饲喂小白鼠试验

饲料	蛋白质含量（%）	试验初重（g）	试验结束重（g）	蛋白质消耗试验增重（g/4 周）	PER
全螺旋藻	58	37	95	28.8	2.01
全米食	34	37	71	14.46	2.35
米食＋螺旋藻（3 ∶ 1）	50	37	87	20.11	2.49
米食＋螺旋藻（1 ∶ 1）	65	37	102	25.36	2.56
全麦粉	23	37	60	18.96	1.21
麦粉＋螺旋藻（3 ∶ 1）	35	37	72	23.11	1.51
麦粉＋螺旋藻（1 ∶ 1）	53	37	90	27.00	1.96

注：表中数据为参试小鼠（每组 8 只）的平均值（CFTRI，1985）
以上各组的日粮中平均添加了矿物质和维生素

对于人类来说，从常规农业收获的水稻和小麦，早已是 50 多个世纪的主粮，人们早就发现，其蛋白质含量和质量之低，远不能满足人类生命之需要。近代科学早已明晰，谷物中所含的少量植物性蛋白质，其氨基酸成分对于人体基本上属于非必需氨基酸类。由于禾谷类籽粒通常缺少赖氨酸和苏氨酸等重要的必需氨基酸。因此，新型全价营养的微藻单细胞蛋白质资源，对于平衡人和动物所摄食的营养成分，尤其重要。

13.2 饲喂肉用仔鸡试验

为研究螺旋藻的饲用价值，江西省农业科学院畜牧研究所（“七五”国家重点科技攻关计划螺旋藻研发项目 [75-02] 任务承担单位）戴荣衮等，1989 年进行了肉用仔鸡的饲喂试验。

材料与方法：试验选用江西进贤县种鸡场同日龄出壳AA雏鸡280羽，随机分为4组，每组 70 羽，抽签决定组别进行试验。

饲料配合见表 13.3。

表 13.3 试验饲料配合表

饲料配比与营养成分含量		批试验组别							
		试验 1 组		试验 2 组		试验 3 组		对照组	
		前期	后期	前期	后期	前期	后期	前期	后期
配合比例（%）	糙米	59	63.3	59	63.3	59.0	63.3	59	63.3
	豆饼	29.5	28.5	29.5	28.5	29.5	28.5	29.5	28.5
	鱼粉（进口）	5	1.5	6	2.5	7.0	3.5	8	4.5
	螺旋藻粉	3	3	2	2	1	1	—	—
	预混料	3.5	3.7	3.5	3.7	3.5	3.7	3.5	3.7
	合计	100	100	100	100	100	100	100	100
每千克混合料含量	代谢能（大卡）	2942	3104	2942	3104	2942	3104	2942	3104
	粗蛋白（%）	22.4	20.2	22.4	20.2	22.4	20.2	22.4	20.2
	钙（%）	0.88	0.92	0.88	0.92	0.88	0.92	0.88	0.92
	磷（%）	0.46	0.47	0.46	0.47	0.46	0.47	0.46	0.47
	氨基酸（%）	0.51	0.48	0.51	0.48	0.51	0.48	0.51	0.48

注：营养成分学计算值

试验组与对照组日粮组成比例相同（表 13.4）。试验组 1 组、2 组、3 组中，以占日粮 3%、2%、1% 的藻粉量替换对照中的鱼粉。饲料为粉料，人工饲喂，耗用量以“清箱底”方法结算。每日添加饮水，及时清扫鸡舍，防疫措施按常规程序进行。

记载：试验开始时，全群称重，以平均重作为个体起始重。试验结束时，个体称重，计算其增重及日增重。

表 13.4　螺旋藻饲喂肉用仔鸡成活率比较

组别	起始只数（羽）	2 周龄		4 周龄		6 周龄		8 周龄		全期存活率（%）	比对照高（%）
		存活数（羽）	存活率（%）	存活数（羽）	存活率（%）	存活数（羽）	存活率（%）	存活数（羽）	存活率（%）		
试验 1 组	70	65	92.0	62	95.4	62	100	60	96.8	85.7	25.7
试验 2 组	70	67	95.7	67	100	67	100	67	100	95.7	35.7
试验 3 组	70	63	90	63	100	62	98.4	61	98.4	87.1	27.1
对照组	70	61	87.1	60	98.4	47	78.3	42	89.4	60.0	

表 13.5　试验期增重结果表　　（单位：羽，g）

组别	起始羽数	起始重量	2 周龄		4 周龄		6 周龄		8 周龄		全期平均日增重
			平均体重	平均日增重	平均体重	平均日增重	平均体重	平均日增重	平均体重	平均日增重	
试验 1 组	70	39	200.2±34.2	11.5±2.5	528.3±106.7	23.5±6.0	1104±223.1	41.4±9.1	1703±317.5	42.0±11.1	29.7±5.7
试验 2 组	70	39	203.5±32.6	11.7±2.4	497.1±101.6	21.0±6.1	958.5±191.7	33.0±9.5	1651±281.8	49.5±13.1	28.8±5.0
试验 3 组	70	39	192±28.9	10.9±2.1	471.0±87.8	19.9±5.3	1015.5±199.4	38.6±10.3	1660±317.1	45.9±14.6	29.9±5.7
对照组	00	39	207.2±30.0	12.0±2.1	337.2±94.1	9.3±6.1	533.3±212.6	14.3±11.1	889.1±321.7	23.7±15.3	15.2±5.7
差异显著性测定			不显著 $P>0.05$		极显著 $P<0.01$		极显著 $P<0.01$		极显著 $P<0.01$		极显著 $P<0.01$

饲料消耗以全群平均数计算，试验结束后，每个组各选接近平均体重的公母鸡各 5 羽，按中国畜牧学会对于鸡的饲养标准规定，测定其屠宰性能和进行品味鉴定。

增重和日增重：试验各组均比对照组（以增重与日增重 100%）高，分别为 195.8%、189.8% 和 190.8%。经方差分析，差异极显著（$P<0.01$）。此种差异从 4 周龄即开始产生。在两两比较时，3 个试验组与对照组的差异都极显著，而 3 个试验组间的差异不显著（表 13.5）。

饲料耗用比：在 56d 试验期内，每增重 1kg 消耗混合饲料，对照组为 4.11kg，试验 1、2、3 组分别为对照组的 77.2%、74.3% 和 72.1%，即比对照组节约饲料 22.8%、25.7% 和 27.9%（表 13.6）。

屠宰性能：试验鸡羽色、皮肤、喙、趾等颜色明显比对照组呈深橘黄，而且试验组鸡上述器官的颜色随螺旋藻粉剂添加量的增减呈现不同的橘黄色的深浅度。3% 试验 1 组的颜色最深；2% 试验 2 组次之，1% 试验 3 组最浅，试验 1 组、2 组鸡趾、喙的变色从第 12 天开始。试验 3 组从第 3 周开始变橘黄色，以后维持不变。试验结束时，试验 1 组、2

表 13.6　饲料耗用比较

组别	2 周龄		4 周龄		6 周龄		8 周龄		全期料肉比（%）
	日采食量（kg）	料肉比（%）	日采食量（kg）	料肉比（%）	日采食量（kg）	料肉比（%）	日采食量（kg）	料肉比（%）	
试验 1 组	22.6	2.0	62.7	2.7	112.9	2.8	171.7	4.1	3.2
试验 2 组	23.0	2.0	59.5	2.8	103.4	3.1	165.3	3.3	3.1
试验 3 组	23.4	2.1	57.1	2.9	100.4	2.6	160.6	3.5	3.0
对照组	26.2	2.2	53.4	5.8	55.1	3.9	97.8	4.1	4.1

组、3 组颜色明显优于对照组。胴体颜色变化也有同样效果。试验各组丰肥度都比对照组好。试验各组经方差分析，屠宰率、全净膛率各组间差异不显著（$P>0.05$），半净膛率差异显著，腹脂率差异极显著（$P<0.01$）（表 13.7）。

表 13.7　屠宰性能比较

组别	屠宰羽数（羽）	屠前活重（kg）	屠宰率（%）	半净膛率（%）	全净膛率（%）	腹脂率（%）
试验 1 组	10	1.73 ±136.5	87.7 ±2.8	78.5 ±2.0	64.4 ±2.3	1.7 ±0.9
试验 2 组	9	1.69 ±110.5	90.0 ±2.9	80.4 ±3.8	67.5 ±2.2	1.5 ±0.78
试验 3 组	10	1.75 ±122	88.7 ±1.4	77.4 ±2.1	64.7 ±2.1	1.2 ±0.8
对照组	10	1.29 ±162.5	90.4 ±1.4	78.1 ±1.4	66.5 ±8.8	0.36 ±0.41

13.3　饲喂鸡胸肌营养成分比较

经 3 次鸡肉品味鉴定，普遍认为采用螺旋藻饲喂鸡肉质较鲜嫩，颜色醇黄，鸡肉汤汁均比对照组明显优越（图 13.1）。

试验各组鸡胸肌营养分析，鲜肉中粗蛋白以试验 1 组最高，为 21.35%，试验 3 组稍低，为 18.31%；在主要氨基酸中，以试验 2 组最高，为 8.37%，试验 3 组较低，为 6.31%；含硫氨基酸（蛋氨酸 + 胱氨酸）各组较接近，均在 2.8% 以下。

综上试验结果，以螺旋藻作为饲料的添加剂成分，可以显著提高养殖肉鸡的经济效益和生产性能。以螺旋藻干粉等量替代鱼粉料，日增重提高 23.6%，饲料消耗降低 20.7%。此外还表现为鸡的外观（喙、趾）、皮肤、胴体和鸡肉品质均有显著的提高。

附：螺旋藻饲料喂产蛋鸡的试验

鉴于螺旋藻含有丰富的 β- 胡萝卜素和多种 B 族维生素、生物素等，对于鸡的生产性能和品质增益明显。

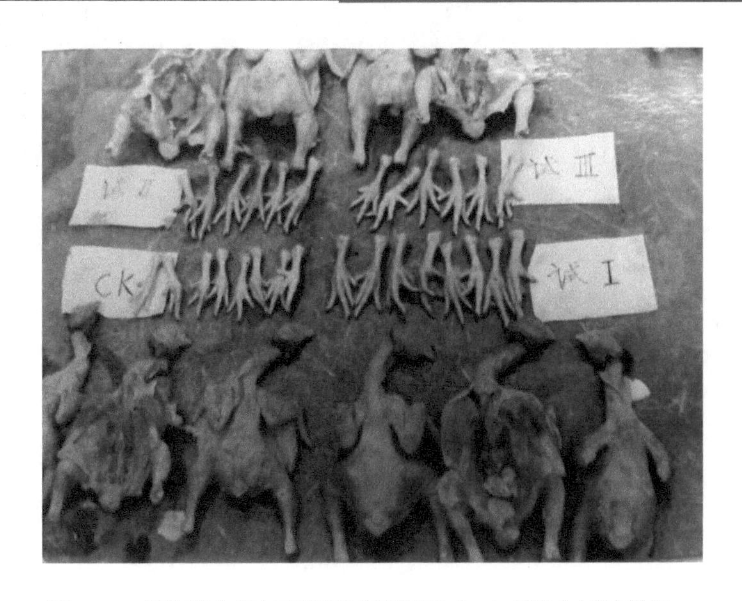

图 13.1　螺旋藻作添加剂饲喂肉用仔鸡（AA 品系）试验效果

试验Ⅰ：基础日粮 +3% 藻粉组；试验Ⅱ：基础日粮 +2% 藻粉组；试验Ⅲ：基础日粮 +1% 藻粉组；对照组 CK：基础日粮

以螺旋藻干粉料作添加剂饲喂产蛋鸡，可使产蛋率、饲料报酬和蛋黄色泽等各项经济指标显著提高。

为全面评价螺旋藻对于产蛋鸡的饲用价值与探讨作为产蛋鸡饲料添加剂的合理用量，江西省农业科学院畜牧研究所（“七五”国家重点科技攻关计划螺旋藻研发项目 [75-02] 任务承担单位），以螺旋藻干粉进行了饲喂蛋鸡试验。

试验鸡种用京白蛋鸡 90 羽，40 周龄，每 30 羽为一组，各组产蛋率相近，随机决定组别。试验采取阶梯交叉法进行。试验日粮配合：对照组喂基础日粮；试验一组在基础日粮中添加 1% 螺旋藻干粉，试验二组在基础日粮中添加 0.5% 螺旋藻干粉。

两个试验期最后一天，每组抽取 20 个蛋测定蛋黄颜色（以 Roche 比色扇比色）及蛋的重量。

试验结果：

产蛋率：两个试验阶梯的平均产蛋率：对照组为 58.96%，试验 1 组为 64.24%，试验 2 组为 62.52%。如以空白期产蛋率为 100%，则 3 种配料的试验期产蛋率，对照组为 91.8%，试验 1 组为 106%，试验 2 组为 105.7%。说明添加螺旋藻以后产蛋率有较明显增加。

蛋黄色泽：经试验加喂螺旋藻干粉后，蛋黄色泽明显呈深橘黄色。用 Roche 比色扇比色结果，饲喂添加螺旋藻干粉的蛋黄，由对照 5.39 上升到 11.12 和 9.04，这和饲喂肉鸡使胴体色泽改善是一致的。

添加螺旋藻干粉后，产蛋率提高 3.56% ～ 5.28%，每产 1kg 蛋节约饲料 9.9%。

从该试验 1 组、2 组各项生产指标结果比较，添加 1% 螺旋藻干粉的蛋黄色泽比添加 0.5% 的为好。其他指标（产蛋、蛋黄、饲料报酬）两组相近。如螺旋藻生产成本大幅降低的情况下，添加 1% 藻粉对改善鸡蛋品质、提高商品价值效果更好（图 13.2）。

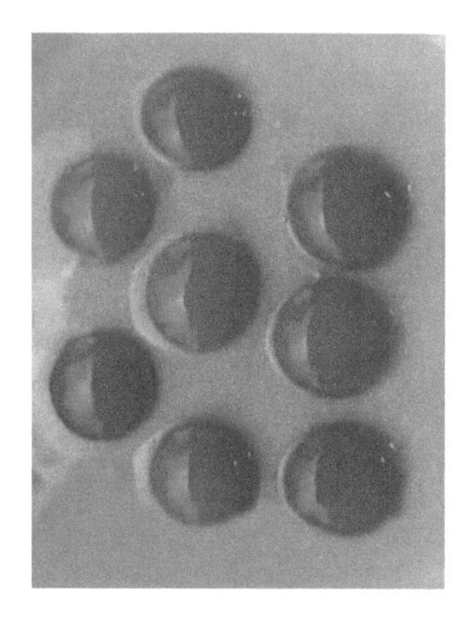

图 13.2　蛋鸡饲料添加螺旋藻藻粉 1.5% 的蛋黄色素

13.4　螺旋藻在水产养殖业上的应用

微藻螺旋藻应用于水产养殖，如鱼、虾、贝类，具有广阔的产业前景。无论活体鲜藻或藻的采收加工制品，只要藻的生理活性与生物活性基本得以保存（以鲜藻最好），对于各种淡水或海水水生生物的育苗、成活与繁殖生长有明显的效果。国内多家水产科研单位，如农业部黄海水产所等单位的试验结果证明：微藻饵料的转换效率与成体增重效果显著。应用微藻饵料可以取代 60% 花生饼、豆粕或棉籽饼，甚至更优于浮游生物和原生动物类饵料。

但也有研究报道，如用全价藻饵料喂养鱼类（如草鱼、鲤鱼），会使鱼体的脂肪过少，甚至死亡，对此，还有必要做进一步的研究。

13.5　喂养对虾幼体试验

长期以来，我国对虾人工育苗过程中所使用的饵料多为植物性（缺乏含硫氨基酸类）的单细胞藻类。其中的单细胞角毛硅藻和动物性的轮虫和卤虫幼体为主要的开口饵料。但由于上述微藻与卤虫等主要靠高价进口，相当于每吨 18 万人民币。许多对虾养殖场限于地区和生物资源等情况，于是应用豆浆和蛋黄代替生物饵料。由于用量不易掌握，投喂过多则败坏水质，影响育苗效果及幼虾成活率。

螺旋藻的蛋白质含量高，易活化，氨基酸组成合理，且与卵黄蛋白质很相似，具有丰富的维生素及不饱和脂肪酸及微量矿物质元素，在对虾（Penaeus orientalis Kishinouye）养殖业中用螺旋藻代替卤虫可大幅度地降低育苗成本。中国水产科学研究院黄海水产研究所陈立人等于 1987 年 4 ～ 5 月对虾育苗阶段用螺旋藻进行了多批次喂养对虾幼体试验。其结果是：①从无节幼体 5 期开始投喂螺旋藻，经过溞状一、二、三期及糠虾初期，均能顺利蜕皮变态到达糠虾二期；②从糠虾一期开始投喂螺旋藻，经 4d 变成仔虾，即每昼夜变态一次；③从糠虾一期开始投喂单一螺旋藻与投喂螺旋藻加卤虫的混合组对比，两组的变态发育所需时间一致。且混合组表现为仔虾的成活率高于单一的螺旋藻组。

中国农业科学院谢应先、张连德等在河北唐海所做的试验。以螺旋藻配合饵料代替50% 卤虫幼体的虾、蟹种苗，螺旋藻配合饵料主要成分为螺旋藻干粉、部分动物蛋白粉及少量营养添加剂，蛋白质含量在 50% 以上。螺旋藻配合饵料饲喂对虾、河蟹，每立方水体每天用量大致在 10 ～ 20g，分 4 ～ 5 次投入，依据种苗生长密度、大小进行调整，以减少 50% 卤虫的用量为目标（图 13.3）。

图 13.3　用螺旋藻取代卤虫作为对虾饵料个体发育良好

结果分析：用螺旋藻配合饵料代替 50% 卤虫幼体的虾、蟹种苗饲喂结果表明：对虾种苗的成活率从溞状一期到糠虾期的完成达到 59.4%，对照组为 25%，比对照组成活率提高 34.4%；河蟹苗的成活率从溞状一期到大眼幼体的出现达 46%，对照组为 20.8%，比对照组提高 25.2%（表 13.8、表 13.9）。饲喂螺旋藻配合饵料的苗体活泼、健壮。虾、蟹苗试验期内每天测定的存活率均明显高于饲喂 100% 卤虫幼体及加有微粒饵料的对照组，而且提早变态期 1 ～ 2d。

表 13.8　河蟹种苗饲喂螺旋藻配合饵料效果

时间（d）	饵料种类	种苗密度（万尾 /m^3）	总数（万尾）	成活率（%）	比对照提高（%）	幼体发育阶段
1	Sp.	130	2340	100	0	Z1
	CK	120	2160	100	0	
2	Sp.	120	2160	92.3	+17.3	Z1
	CK	90	1620	75		Z1
3	Sp.	105	1890	80.7	+35.7	Z1-2
	CK	54	972	45		Z1
4	Sp.	67	1206	51.5	+29	Z2
	CK	27	486	22.5		Z1-2
5	Sp.	63	1134	48.5	+27.2	Z2-3
	CK	25.6	460	21.3		Z2

续表

时间（d）	饵料种类	种苗密度（万尾 /m³）	总数（万尾）	成活率（%）	比对照提高（%）	幼体发育阶段
6	Sp.	63	1134	48.5	+27.7	Z3
	CK	25	450	20.8		Z2-3
7	Sp.	62.4	1123	48	+27.2	Z4
	CK	25	450	20.8		Z3
8	Sp.	61	1098	46.9	+26.1	Z4-5
	CK	25	450	20.8		Z3-4
9	Sp.	60	1080	46	+25.2	Z5- 大眼
	CK	25	450	20.8		Z4-5

注：1. 试验池水体均为 18m³；2. Z1、Z2、Z3、Z4、Z5 分别为溞状 1 期、2 期、3 期、4 期、5 期；3. 第 9 天后，因生产需要分池养殖试验终止；4. Sp. 为螺旋藻饵料处理，加 50% 用量卤虫；5. CK 为常规喂养用 100% 卤虫和山东产微粒饵料

表 13.9　对虾种苗饲喂螺旋藻配合饵料效果

时间（d）	饵料种类	种苗密度（万尾 /m³）	总数（万尾）	成活率（%）	比对照提高（%）	幼体发育阶段
1	Sp.	138	3519	100	0	Z1
	CK	140	6300	100	0	Z1
2	Sp.	137	3493.5	99.3	+20	Z1-Z2
	CK	111	4995	79.3		Z1
3	Sp.	122	3111	84.4	+40.5	Z2-3
	CK	67	3015	47.9		Z1-2
4	Sp.	110	2805	79.7	+41.1	Z3
	CK	54	2430	38.6		Z2-3
5	Sp.	109	2779.5	78.9	+46.1	Z3-M1
	CK	46	2070	32.8		Z3
6	Sp.	82	2091	59.4	+34.4	M1
	CK	35	1575	25.0		Z3-M 少量

注：1. 试验池水体 25.5m³ 对照池 45m³；2. Z1、Z2、Z3 分别为溞状 1 期、2 期、3 期，M 为糠虾期；3. Sp. 为螺旋藻饵料处理，加 50% 用量卤虫；4. 第 6 天后因生产原因试验终止；5. CK 为常规喂养用 100% 卤虫和山东产微粒饵料

河蟹的溞状 1 ～ 5 期、对虾 1 ～ 3 期的胃肠道中，用显微镜能清晰地观察到螺旋藻体呈青绿色的颗粒，证明配合饵料已为种苗摄食。

该试验的苗种放养密度，河蟹蚤状 >120 万尾 /m³，对虾苗 >130 万尾 /m³，达到了超高密度的育苗水平（国外资料所谓的超高密度水平大致 <40 万尾 /m³）。

经试验，饲喂螺旋藻配合饵料的河蟹苗试验组最后成活密度达 60 万尾 /m³；对虾苗试验组最后成活率达 82 万尾 /m³。该试验结果表明：螺旋藻饵料是一种非常适合于高密

度种苗的优质饵料，至少在仔虾初期、大眼幼体初期是安全可行的。

在螺旋藻配合饵料的用量方面，采用了 5g/（m^3·次）、10g/（m^3·次）、15g/（m^3·次）的投喂试验。结果显示：溞状初期的幼体在此条件下 12h 以内生长活动均正常。可以认为，上述用量范围内是安全可靠的。当然从实际生产应用来说，尽可能以少量多次投食为佳。

螺旋藻配合饵料有使用方便、价格相对卤虫较低（比全部使用卤虫幼体成本降低 46%），具有省工、省时，节约饵料孵化池的优点。

以螺旋藻做海参和鲍的饵料添加剂试验，幼参的成活率达到 51%，平均体长比对照组长 0.9mm（图 13.4）；试验组皱纹盘鲍的成活率可达 95%，平均日增长 9μm（图 13.5）。以螺旋藻饲养对虾试验，可以完全取代进口饵料（卤虫），解决了仔虾期和变态期开口饵料长期不能解决的难题，仔虾健壮活泼，生长明显加快。

图 13.4　用螺旋藻作为刺海参的饵料个体发育良好

图 13.5　用螺旋藻作为皱纹盘鲍的饵料个体发育良好

以螺旋藻鲜藻液对桑叶进行喷雾处理，能显著促进饲蚕从一眠到大眠各期的个体发育，成蚕的吐丝质量与结茧厚度显著提高（图 13.6）。此外，螺旋藻以其丰富的优质蛋白质和 β- 胡萝卜素等活性营养，对于名贵观赏鱼类（如锦鲤、小丑鱼和虹鳟等）的养殖生长与着色效果极佳（图 13.7）。

图 13.6　经用新鲜螺旋藻喷雾过的桑叶喂饲幼蚕和成蚕，其结茧的厚度和质量显著提高

图 13.7　用螺旋藻作为观赏鱼的饵料，其个体颜色美丽鲜艳

主要参考文献

江西省农业科学院 . 1987. 螺旋藻研究论文专辑 (增刊). 江西农业科技 , (2): 1-84.

联合国工业发展组织 (UNIDO). 螺旋藻毒性学研究结论 (UNIDO/10·387.1980/10/24).

缪坚人 . 1983. 钝顶螺旋藻 : 一种很有希望的蛋白质资源 . 农业现代化研究 , (5): 55-56.

农牧渔业部螺旋藻协作组 , 江西省农科院科技情报研究所 . 1985. 蓝藻——螺旋藻 (*Spirulina platensis*) 开发利用与生物技术资料汇编 (内部资料).

施永宁 , 陈善坤 . 1989. 不同磷酸氢二钾用量培养螺旋藻的试验研究 . 江西农业大学学报 , (1): 25-29.

王文博 , 高俊莲 , 孙建光 , 等 . 2009. 螺旋藻的营养保健价值及其在预防医学中的应用 . 中国食物与营养 , (1): 48-51.

王文博 , 孙建光 , 徐晶 . 2011. 螺旋藻产品活性物质检测与免疫功能研究 . 中国食品卫生杂志 , 23(1): 54-61.

Becker E W, Venkataraman L V. 1984. Production and utilization of the Blue-green alga *Spirulina* in India. Sharada Press: 25-105.

Chamorro G. 1980. Toxicological Research on the Alga Spirulina. UNIDO/10.387-24 October 1980-UF/MEX/78/048.

Ciferri O. 1983. Spirulina, the edible microorganism. Microbiol Rev, 47(4): 551-578.

Durand-Chastel H. 1980. Production and use of *Spirulina* in Mexico. Algae biomass. Amsterdam: Elsevier/North-Holland Biomedical Press :55-64.

Fox R D. 1985. *Spirulina*: The alga that can end malnutrition. Futurist, 19(1): 30-35.

Fox R D. 1996. Spirulina Production and Potential. Edisud.

Henrikson R. 1989. Earth Food Spirulina, How This Remarkable Blue-green Algae Can Transform Your Health and our Planet. Ronore Enterprises.

Heussler P, Castillo J, Aldave A. 1976. Prospects and Problems of cultivation of green algae in Peru. —Proc. X. Int. Congr Nutr, Kyoto.

Heussler P. 1985. Aspects of sloped algae pond engineering. Arch Hydrobiol Ergebn Limnol, 20: 71-83.

Hills C. 1980. The Secrets of Spirulina: Medical Discoveries of Japanese Doctors. California: University of the Trees Press in cooperation with the Journal of Nutritional Microbiology.

IUPAC. 1974. Proposed guidelines for testing of single cell protein destined as major protein source for animal feed. Technical Reports.

Oswald W J, Gotaas H B, Ludwig H F, et al. 1953. Algae Symbiosis in Oxidation Ponds: II. Growth Characteristics of Chlorella pyrenoidosa Cultured in Sewage. Sewage & Industrial Wastes, 25: 26-37.

Protein Advisory Group (PAG). 1974. Guideline No.15 on Nutritional and Safety Aspects of Novel Sources of Protein for Animal Feeding. New York: United Nations.

Richmond A, Becker E W. 1986. Technological aspects of mass cultivation of Micro-algae, a general outline. *In*: Richmond A. Handbook of Microalgal Mass Culture. Florida: CRC Press: 63-245.

Richmond A, Vonshak A. 1978. Spirulina culture in Israel. Arch Hydrobiol Beih Ergebn Limnol, (11): 80-274.

Richmond A. 1986. Handbook of Microalgal Mass Culture. Florida: CRC Press.

Richmond A. 1999. Physiological Principals and Modes of Cultivation in Mass Production of Photoautotrophic Microalgae. Chemicals from Microalgae. Londen: Taylor and Franeis: 353-386.

Richmond A. 2003. Handbook of Microalgal Mass Culture. Blackwell Press.

Robert H. 1989. Earth Food *Spirulina*. California: Laguna Beach .
Sler P, Castillo J, Aldave A. 1976. Prospects and Problems of cultivation of green algae in Peru. —Proc. X. Int. Congr. Nutr., Kyoto.
Vasquez V, Heussler P. 1985. Carbon dioxide balance in open air mass culture. Arch Hydrobiol Beih Ergebn Limnol, 20: 85-113.
Venkataraman L V, Becker E W. 1985. Biotechnology and utilization of algae. The Indian experience, DST Publ. New Delhi, India: 71-73.
Venkataraman L V. 1980. Algae as food / feed-A Critical Appraisal based on Indian Experience. New Delhi India: Proc Nat Work Algal Systems. Indian Society of Biotechnology IIT.
Venkataraman L V. 1982. Algae-a Future Food Source. Science Reporter, India.
Vonshak A, Guy R, Poplawsky R, er al. 1988. Photoinhibition and its recovery in 2 strains of the cyanobacterium spirulina-platensis. Plant and Cell Physiology, 29(4): 721-726.
Vonshak A, Guy R. 1992. Photoadaptation, photoinhibition and productivity in the blue-green-alga, spirulina-platensis grown outdoors. Plant Cell and Environment, 15(5): 613-616.
Zarrouk C. 1966. Contribution a l'etude d'une cyanophcee. Influence de divers facteurs physigques et chimiques sur la croissance et la photosynthese de Spirulina maxima. Paris.

附　　录

附录 1　螺旋藻——人类走向外太空的首选食物

科学巨匠，英国人史蒂芬·霍金曾预警说："除非我们移民太空，否则，我不认为人类在未来一千年还能幸存下来，因为有太多意外事故降临到栖身于这颗行星的生命身上……，火星则是适合人类生存的地方之一。"

事实上，人类进入 21 世纪以来，科学家首先就将目标锁定在火星上，美国国家航天局（NASA）已向那里发射了多颗探测器，努力寻找生命的迹象和人类可以定居的条件。已获得的证据是：火星上的氧气比地球低 200 倍，平均气温为零下 53℃，火星表面压力只有地球的百分之一。所以，人类离开了地球的大气层，呼吸氧气便是最大的问题。但是，丰富的太阳辐射能和二氧化碳，却是火星上最优越的生物光合作用的资源，在这种情况下，超级放氧生物螺旋藻是解决火星人氧气和食物的最佳选择。最近，南昌大学正在研制的螺旋藻 MARS FARM（火星农场）正在朝着这个方向努力。

附录 2　开发生物农业的生物学理论基础

光合作用是地球上一切生物质产生的基础

绿色植物的光合作用是地球上最宏大的化学反应。地球表面每年接受的太阳辐射能大约为 2.3×10^{24}J，或大约 418 400J/（cm^2 · 年），其中有约 280 000J/（cm^2 · 年）被用于光合作用或其他能量消耗。实际上，地球在一年之中对于太阳光能的转化与利用，平均只有 138J/cm^2，这意味着光合作用仅仅转化了有效能量的 1/2000。所以实际的光合效率（生物贮藏能 / 吸收的太阳辐射能），只不过万分之几。尽管如此，整个地球上的绿色植物每年进行的光合作用，仍将 200 亿 t 碳从大气中的二氧化碳转化成为生物质的基本单元糖原（附图 1）。

从 20 世纪中叶以来，经过生物科学家们的不懈努力，绿色植物光合作用的机制已在理论上获得了突破性进展。科学研究证明，地球上的绿色植物是靠光能和二氧化碳为主要营养的自养生物。绿色植物依其叶绿素和辅助色素，将太阳热核聚变反应释放到地球上来的辐射能——光量子，捕获在细胞叶绿体中，将从大气中吸收的二氧化碳和被光能裂解的水，经过复杂的化学反应还原生成碳水化合物——糖（$CH_2O \rightarrow C_6H_{12}O_6$）贮存起来，而后糖原材料在细胞内转化为以蛋白质氨基酸为主的生物质。在光合反应过程中，氧气作为副产物被释放到大气中。

$$CO_2 + H_2O + 光能 \longrightarrow (CH_2O) + O_2 \uparrow$$

然后，由 6 个 CH_2O 生成为 $C_6H_{12}O_6$（葡萄糖）。

在自然界所有的绿色生物中，藻类植物约占到生物总量的 2/3。藻类生物具有最强大的光能转化效率，其光能转化率可高达 15% ～ 18%，光合有效率高达 43%。而人类赖以为主食的禾本科植物，如小麦、水稻等（C_3 类作物），其光能转化率，仅为 1% 左右；即使如玉米、高粱、甘蔗等（C_4 作物），其光能转化率也只有 3% ～ 5%，且其光合有效率

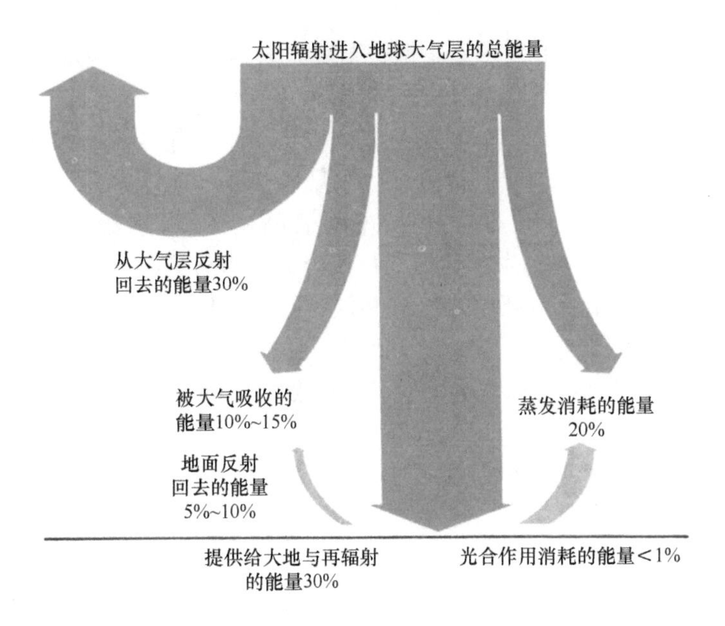

附图 1　太阳辐射能是地球上生物光合作用发生的无限能源

只不过 30%。更重要的是，螺旋藻有比任何其他植物更高的二氧化碳同化机制——它可以凭借自身的一种二磷酸核酮糖羧化酶，大量吸收利用它周围环境中的二氧化碳和氨氮，将其转化生成为糖原，进而转化成很高含量的蛋白质等生物质。螺旋藻的这种超高光能转化率的特点，正是人类开发利用太阳能来制造食物的巨大潜力所在。

附录 3　关于开发以微藻蛋白资源为主的生物农业建议书

自古以来，国人都知“民以食为天”，国之重任莫过于产粮，民之所患莫大于粮荒。改革开放以来，我国虽已基本解决温饱问题，然而作为有 14 亿人口的大国，粮食需求日益紧迫。最近 10 年间由于政策好，天帮忙，全国粮食总产稳超 6000 亿 kg。但人口增长的势头不减，以致粮食消费缺口巨大，近年年需从国外进口粮食（主要是大豆和玉米）8600 多万 t。况且，我国农业可耕地拓展已到尽头，尽管农业新技术不断改进，但农业单产和总产已很难大面积、大幅度增加。为此，在尽力保障常规农业可持续发展的同时，开辟非常规农业食物新资源，以保障国家粮食安全和人民群众身体健康，应当是国家决策和主管部门高瞻远瞩、深思熟虑的国之大事。

20 世纪 60 年代（1959 ～ 1961 年）三年大饥荒时，党中央、国务院曾发起代食品运动，时任国务院副总理习仲勋同志亲自主持救灾专家会（1960 年 9 月某日，在中南海），中国农业科学院领导和微藻专家陈廷伟等同志应召出席，1960 年 10 月 27 日，毛主席批准了在全国开发生产小球藻的建议。于是，一时以小球藻等微生物食品开发的战略举措在全国行动，以应急粮荒救灾。改革开放后，宋平和杜润生等同志，再次以战略家眼光提倡开发螺旋藻，中共中央书记处农村政研室以《送阅件》（1984 年 6 月 20 日）印发关于螺旋藻开发的建议。提出“开辟蛋白质来源是发展农业当务之急”，为此，农业部立即成立了螺旋藻协作攻关组，1985年列入“七五”国家重点科技攻关计划。我国科研人员经过多年研发，找到并完善一套适合农村的螺旋藻生产技术。如今，这种新的微藻蛋白质资源——螺旋藻，已在全国南北一些地方进行大规模产业化生产，且产量和蛋白质含量均数倍高于大豆和粮食作物，并已多年被用为保健食品和饲、饵料添加剂。

螺旋藻是一种极其优秀的生物活性蛋白质资源，包含人体需要的10种必需氨基酸、多糖、不饱和脂肪酸、多种重要的维生素和铁锌等矿物质元素，是人类最精美的潜力食物。到目前为止，尚未发现世界上有任何可以与螺旋藻质量与营养相比拟的植物蛋白质。30年国人食用证明，螺旋藻可以作为安全、优质食物蛋白（优于肉类鱼类和鸡蛋等蛋白），明显提高国人的营养与健康水平。

螺旋藻是一种高效固碳生物，生产1000kg螺旋藻，能吸收1850kg的CO_2，同时放出1340kg的O_2。

螺旋藻是一种高光合效率生物，光能转化率可达到18%，常规农作物的光能转化率仅1%～3%。螺旋藻的生长繁殖速度惊人，与常规农作物如水稻、小麦相比较，在同样的生长季节，同样的投入物成本（肥料、水和劳动力等），其产量比常规农作物高5～8倍。

螺旋藻生产不与常规农业争土地，可以在坡地、沙漠养殖生产。每公顷土地可收获螺旋藻20～30t（干藻粉），折收净蛋白质12～18t。最近20年，我国已在海南和内蒙古等南北各地建立了数十家螺旋藻产业企业，已形成上万吨的年生产能力，每吨藻粉的生产成本约2万元，远低于奶粉的生产成本（4万元/t）。

因此，从开辟蛋白质新资源的战略考虑，螺旋藻作为生物农业，应当及早列为非常规农业的预案，并列入国家发展规划。为此，我们这些老农业科学人士，聚首北京、共同撰写了关于开发非常规生物农业——螺旋藻蛋白资源产业的建议。企望能得到国家重视，以期达到为国分忧、为民造福的目的（附图2）。

附图2　开发生物农业——螺旋藻蛋白资源产业建议人合影

2014年10月18日于中国农业科学院

建议人：（签名）

孙建光　中国农业科学院　农业资源与农业区划研究所博士、研究员

（以下是原农业部螺旋藻协作组部分成员）

陈廷伟　中国农业科学院　退休教授、研究员

谢应先　中国农业科学院　退休研究员

陈婉华　中国农业科学院　退休研究员

徐　晶　中国农业科学院　退休研究员

缪坚人　江西省农业科学院　退休研究员

温永煌　深圳蓝藻生物公司总经理　副研究员

执笔人：陈廷伟　缪坚人